中国人民大学食品安全治理协同创新中心译丛

食品"私法"

[荷] 贝尔恩德·范·德·穆伦（Bernd M.J. van der Meulen） 编著

孙娟娟 等译

知识产权出版社

全国百佳图书出版单位

—北 京—

First published，2011

ⓒWageningen Academic Publishers

The Netherlands，2011

Translation rights arranged with the permission of the proprietor.

图书在版编目（CIP）数据

食品"私法"/（荷）贝尔恩德·范·德·穆伦编著；孙娟娟等译.
—北京：知识产权出版社，2019.10
（中国人民大学食品安全治理协同创新中心译丛／孙娟娟主编）
书名原文：Private food law
ISBN 978－7－5130－2621－5

Ⅰ.①食… Ⅱ.①贝… ②孙… Ⅲ.①食品标准—行业标准—荷兰 Ⅳ.①TS207.2

中国版本图书馆 CIP 数据核字（2019）第 201277 号

责任编辑：齐梓伊　唱学静　　　　　　责任印制：刘译文
封面设计：韩建文

食品"私法"

[荷]贝尔恩德·范·德·穆伦（Bernd M. J. van der Meulen）　　编著
孙娟娟　等译

出版发行：**知识产权出版社** 有限责任公司	网　址：http：//www. ipph. cn
社　址：北京市海淀区气象路 50 号院	邮　编：100081
责编电话：010－82000860 转 8112	责编邮箱：ruixue604@163. com
发行电话：010－82000860 转 8101/8102	发行传真：010－82000893/82005070/82000270
印　刷：北京嘉恒彩色印刷有限责任公司	经　销：各大网上书店、新华书店及相关专业书店
开　本：720mm×1000mm　1/16	印　张：25.5
版　次：2019 年 10 月第 1 版	印　次：2019 年 10 月第 1 次印刷
字　数：400 千字	定　价：128.00 元

ISBN 978－7－5130－2621－5
京权图字：01－2019－4451

译　者

负责人：

孙娟娟　中国人民大学食品安全治理协同创新研究中心研究员

（第1章、第2章、第3章、第4章、第5章、第6章、第18章、附录1、

附录2）

翻译成员（按照姓名拼音首字母顺序排序）：

董自政　中国人民大学法学院法律（非法学）食品安全方向第2017级研究生

（第14章）

杜泽佳　中国人民大学法学院法律（非法学）食品安全方向第2017级研究生

（第17章）

段雨潇　中国人民大学法学院法律（非法学）食品安全方向第2017级研究生

（第10章、第12章）

贾梦星　中国人民大学法学院法律（非法学）食品安全方向第2017级研究生

（第15章）

曲思佳　中国人民大学法学院法律（非法学）食品安全方向第2017级研究生

（第7章、第11章）

谭　歌　中国人民大学法学院法律（非法学）食品安全方向第2016级研究生

（第8章、第13章）

赵丽娜　中国人民大学法学院法律（非法学）食品安全方向第2017级研究生

（第9章）

周　明　中国人民大学法学院法律（非法学）食品安全方向第2014级研究生

（第16章）

序

当下，食品行业已经逐渐认识到，向高质量发展的前提要从恢复消费者信心开始，坚定食品安全的责任承诺与行动。对食品生产经营者而言，食品安全是非竞争性的，是带有"公共产品"性质的法定义务，必须符合行政法律针对食品安全的各项要求。从满足消费者"吃得安全"到"吃得丰富""吃得优质"。然而，在"食品安全"得以实现的同时，生产经营者需要借助"食品质量"这一竞争武器，以形成自身差异化的竞争优势。对于后者，《食品"私法"》这本书介绍了域外私主体通过"质量"标准这一自我规制的工具来提供更优质的食品。而且，为保障私营性质的"质量"标准要求的落实到位，认证、认可制度应运而生。三者相互配合，促进了私主体的集体共治和公私主体之间的共治。

与域外的私营标准相似，我国"食品质量"标准体系中的企业标准也为私主体在食品质量方面的差异化选择提供了工具。为实现这一目的，有必要厘清"食品安全"和"食品质量"的概念区别，进而界定食品安全标准这一强制性标准的覆盖范围，并以此作为食品安全监管的基本依据之一，直接与行政责任、刑事责任承担挂钩。不同于其他问题，质量是个性化的领域，是一个鼓励多样化、竞争化的空间，所以才会允许甚至鼓励企业标准的存在。于生产经营者而言，企业标准这样的私营标准便是为了实现所谓的"没有最好、只有更好"的产品内功和由此而来的"没有最贵、只有更贵"的市场收益。

域外案例的重要经验可以为我国提供监管借鉴。例如，对于如何监管违反"严于食品安全标准的企业标准"问题，我们国家由于对"食品安全"与"食品质量"存在认识误区造成了立法与执法的迷惑。但是，《食品"私法"》中的域外经验是依托于私人自我监管的模式，即通过合同的管理来实现比国家食品安全标准更为细化、更为严厉的要求，抑或管理食品安全标准尚未覆盖的食品成分、生产行为等。诚然,强制性食品安全标准基础上的严格监管、严厉处罚和严肃问责可以威慑生产经营者,以便以生产经营者倾向选择合规而非违规来履行法定义务。但"契约"性质的"入市"和"退市"等市场力量同样可以发挥对生产经营者的惩戒和奖励作用。这也是食品安全监管要相信"市场调节"力量的原因,尤其是在质量管理方面。例如,基于质量目的而存在的企业标准是生产经营者对自身产品质量的自我评价、自我宣传"标榜",其执行可依托于消费者对于其"言行一致"要约的监督。

综上,《食品"私法"》一书以理论、案例和国别经验的综合论述为我们反思"食品安全"和"食品质量"这两个基本概念的差异,以及相应的不同监管选择提供了新的契机。在当今"市场监管体制"的模式下,其对于我国实践的启发意义在于:如何正确分辨"安全"监管与"质量"监管、如何分别依托于政府行政监管力量和市场自治力量来分别实现安全保障底线和提升质量竞争,进而在安全第一的前提下促进食品行业发展。

国家市场监管总局执法稽查局稽查四处处长
冀　玮

译　序

　　从政府监管的角度来说，政府对于食品生产销售的干预已有如下重大转变：一是从危机导向的事后监管转向风险预防的事前干预，包括在政府监管中整合风险分析这一科学决策体系，并强调食品生产经营者的过程管理和危害防控，以及由此而来的保障食品安全的主体责任；二是从政府一元主导的监管体制转变到多元参与的治理体系，后者不仅包括承担主体责任的食品生产经营者，也包括行业协会、新闻媒体、学术团体、社会公众等的参与和互动；三是各国在更新和创新食品安全监管体制和方法的同时，也在不断强化国际层面的合作和协调，以便应对和把握全球化、信息化带来的挑战与机遇。

　　在这样的背景下，食品供应链的发展也有了如下的转变：其一，基于合规要求，食品生产经营者开始强化自我规制，尤其是结合自身的环节、体系特点，制定更为具体的食品安全操作规则；其二，在通过行业协会促进食品生产经营者集体治理的同时，回应社会组织和消费者以及公众对于食品多元化的诉求，以便以"始于安全更高于安全"的食品品质赢得消费者的青睐和竞争优势；其三，借助贸易的全球化和市场的虚拟化，不断拓展跨国、跨界的食品商业模式以及不同利益相关者之间的合作。

　　在这一过程中，食品行业格局的一个显著变化便是食品零售商取代了食品生产商在供应链中的主导地位。而凭借这样的地位优势，零售商在落实自我规制、行业合作以及跨国发展的进程中探索了一条以合同为管理工具，依托于私营标准、第三方认证的私人食品规制体系。当然，除此之外，还有诸如自我声明、行业行为守则等不同的私人规制体系，以及针对有机食品、宗教食品等的公私规制及其互动模式。所谓私法，是指食品从业者借助合同这样的私法解决合意基础上的自我规制，但实践中，自我规制的形式也很多，包括规则制定主体的多元性和形式内容的多样化。换而言之，除了法律这一规则形式，私主体自我规制所依据的规则也包括行业自律的商业准则，企业自律的内部规范。因此，结合本书的案例分析，"私法"既指向合同等相对于行政法等公法的私法规则，也指向私主体为开展集体式或个体式自我规制而制定的其他社会规则。对此，一如本书编辑贝尔恩德·范·德·穆伦教授所总结的，以"食品'私法'"这样的术语来归纳这些私人的项目是因为它们都是由私主体通过"私法"工具加以创建的，其目的在于通过规范食品企业的行为来减少政府的干预。

值得补充的是，上述"食品'私法'"的发展主要兴起于欧洲，这也与欧洲对于产品及食品监管所采取的"新方法"有关。概括来说，为了促进产品的自由流通，欧盟针对工业产品的立法只限于必要的安全要求，而产品的具体技术要求则授权给私人的标准化组织制定。尽管由此而来的技术规则是自愿性的，但是，符合这些私人规则的产品被推定为与法定的必要要求相一致，进而保障产品在欧盟内部的自由流通。诚然，该"新方法"本身并不针对食品领域，且食品领域也有科学分析、风险预防的特殊要求，但将"新方法"应用于食品领域不存在理论上的障碍，且实践中也有诸如卫生规范这样的适用实务。

综上，食品"私法"更多地是一种域外经验，但其发展业已对我国的食品安全体系产生了影响。例如，作为零售商私营标准发展后的重要协调机制，全球食品安全倡议的创建便助力了"食品'私法'"的全球化和"一处认证，处处认可"的一体化。鉴于此，中国 HACCP（Hazard Analysis Critical Control Point，危害分析和关键控制点）认证已经获得全球食品安全倡议的认可，而这意味着获得中国 HACCP 认证证书的食品企业进入"全球食品安全倡议"组织成员供应链时，可免予采购方审核或国外认证，从而降低贸易成本并提升在国际市场的品牌声誉。此外，修订后的《中华人民共和国标准化法》也明确了团体标准的法律地位，以鼓励社会团体等市场主体增加标准的有效供给，满足市场和创新的需要。因此，如何定位团体标准，如何发挥团体标准在食品领域内的自治效果，食品"私法"的理念、项目和执行机制也能为我国标准体系的后续发展提供有益的借鉴。

最后，从《欧盟食品法》《食品安全等于行为》到《食品"私法"》，此次的译书已经是中国人民大学食品安全治理协同创新中心译丛的第三本作品了。而且，从《欧盟食品法手册》到《食品"私法"》，后者也是本人第二次翻译贝尔恩德·范·德·穆伦教授的著作。在此，感谢中国人民大学食品安全治理协同创新研究中心各位老师和翻译小组成员方方面面的支持，也感谢贝尔恩德·范·德·穆伦教授一如既往的信任。希望译书的出版，像原著期许的那样，为完善食品法律体系提供一个新的发展方向。

孙娟娟

2018 年 9 月 10 日

中国北京

前　言

在过去的十年里，私营部门开展的全球项目给食品行业内的法律和规制环境带来了翻天覆地的变化。起诉的原因不再仅限于违反了法定要求，同样也包括没有遵循全球良好农业规范（GlobalGAP）、英国零售商协会标准（BRC）、国际卓越标准（IFS）、食品安全质量标准（SQF）等私营标准的要求。私营标准整合了公法的要求，并将它们嵌入合同关系中，进而使一些要求跨域了公共立法者的管辖范围。私营标准的目的包括矫正立法的不足，为消费者提供高于欧盟法定要求的保护水平，针对签约方规定新的要求，突破食品行业传统限制来管理风险和责任，并就企业社会责任做出实质性的贡献。

对于一些日益重要的特定市场的定性以及食品饮料商业性的交流/广告的自我规制，私营标准也能发挥作用。公法已经针对有机标准的发展做出了回应。清真食品及其标准也已经在全球范围内有了二十多亿名的消费者。就食品行业的检查而言，开展私人审计的审计员比官方检查员还要多。由此获得认可或者未能通过认可所带来的影响超过了公法的制裁效果。简言之，根据"私法"，食品领域内的法律框架业已形成，其与公法所构建的规制架构既并驾齐驱，同时也发挥了补充作用。

当欧洲食品法协会（European Food Law Association，EFLA）在 2010 年 9 月于阿姆斯特丹召开第 18 次国际大会时，探索了这一正在兴起的食品"私法"议题。大会讨论的内容包括：一是食品"私法"的发展、背景、架构，不同的具体案例，以及其对行业和欧盟内部市场的影响；二是由于以下发展而与公法产生的互动，包括认可、借助危害分析和关键控制点体系（HACCP）和卫生守则所落实的自我规制，以及通过合同内的约束性私营标准要求采用非强制性的食品法典委员会标准；三是其给食品部门带来的可能性，基于竞争法的限制，和对于欧盟食品法发展中涉及的律师、学者、质量管理人员、规制事项官员、公务员而言，应当知道的所有内容。

本书并不是一般意义上的会议集刊。其汇编的内容并不仅是会议期间的发表内容。然而，其也无法全面地反馈那些在会议期间的精彩争议。即便如此，这样的会议也激发了演讲者和其他专家进一步为本书的写作提供法学研究、食品"私法"分析的助力。而就食品"私法"这一主题而言，其也值得我们给予更多的关注。在这一背景下，同样可以论及的主题包括竞争法、合同法、国际商业、伦理，等等。让我们期待的是，欧洲食品法协会和本书的写作可以成为这一探索的起点，并启发更多的研究。

就我本人而言，特别感谢瓦赫宁根学术出版社（Wageningen Academic Publishers）和欧洲食品法研究院（European Institute for Food Law）为出版欧盟食品法协会的第一本著作所给予的合作。同时，其也被纳入了欧洲食品法研究院的丛书系列。至此，欧洲食品法协会和欧洲食品法研究院的合作也是硕果累累，且前景可期。对此，我也感谢所有参与写作的作者。最后，我想特别感谢本书的主编贝尔恩德·范·德·穆伦教授，其是欧洲食品法协会委员会中非常积极的一位成员，他做出的贡献包括设计会议主题、确认发言嘉宾和本书的作者，以及编辑本书。可以说，通过本书，一个所谓的"食品'私法'"的概念油然而生。

妮科尔（Nicola Coutrelis）
时任欧洲食品法协会主席

目　录
CONTENTS

第1章 | # 食品"私法"：概念的兴起

Bernd van der Meulen

1.1 有关食品"私法"的第一本书

当我邀请劳伦斯·布什（Lawrence Busch）参与欧洲食品法协会的食品"私法"会议时，其对"终于有律师参与"的会议安排及其效果做出了评价。在利用私法工具开展食品治理的领域，即便过去十年对于该领域的发展而言极为重要，也几乎鲜有律师认真地参与相关议题的讨论。而劳伦斯自身身为社会科学家，从事于开创性的实证研究，用他自己的话说，便是分级和标准。①

对于从事法律行业的读者而言，本书将是第一本以探讨食品"私法"及其范围为内容的著作。可以肯定的是，将"食品'私法'"视为一个独立的法律领域，这确实是开山之作。所谓的"从事法律行业的读者"，其所指也非常广泛。就食品法的世界而言，食品企业将其理解为规制事项，涉的读者远远多于律师这一群体。很多接触这个领域的人原本都是以食品科学为背景的，并在工作中深入了解相关法律的内容。

---

① 可以参见下列文章：Busch，L.，1997. Grades and standards in the social construction of safe food. Invited paper presented at a conference on The Social Construction of Safe Food and the Norwegian Technical University in Trondheim，Norway，April 1997；Reardon，T.，Codron，J. – M.，Busch，L.，Bingen，J. and Harris，C.，1999. Global change in agrifood grades and standards：agribusiness strategic responses in developing countries. International Food and Agribusiness Management Review 2：421 – 435；and most recently，Busch，L.，2010. Standards，law，and governance. Journal of Rural Social Sciences 25（3）：56 – 78. Generally see http：//cs3. msu. edu/people/pubs/busch-lawrence/. See for a special issue of the Journal of Rural Social Sciences focused entirely on the work he and his team have done on standards：http：// www. ag. auburn. edu/auxiliary/srsa/pages/TOCs/JRSS% 20vol25 – 3. htm.

当本书提到食品法这一世界时，其内容并不严格限定于法律学识，也包括令食品法读者感兴趣的实证研究和社会科学分析。[1]

本书并不是传统意义上的会议文集。2010年9月16日至17日在阿姆斯特丹召开了欧洲食品法协会两年一次的第18届科学会议，[2] 其间的发言和讨论激发了本书的写作。此次会议的主题是"食品'私法'：食品法中的非规制性内容"。本书中的一些章节便是由一些参会人员根据他们的发言内容写作而成。[3] 为了完善全书的写作，我们也邀请了其他一些作者，更新或者重写既有的文章，[4] 抑或撰写新的内容。[5] 正因为如此，这些努力使本书在食品"私法"崛起的当下，尽可能地在内容覆盖上具有广泛性。最后，我们也收录了欧盟委员会的重要政策文件作为附件，供读者参考。

1.2 食品"私法"

1.2.1 私人

所谓"食品'私法'"，其意在囊括所有适用于食品部门的且通常被标记为"私人"或"民事"的规则和工具。这些规则可以在民法典和相关的立法或者案例法中寻得。我们之所以用"私人"这样的措辞是为了避免由于"civil"的双重意义所可能导致的混淆性。后者可以作为私人的同义词来表示非公法的一个法律领域，涉及的主题包括财产、赔偿责任和合同。然而，在比较法中，所谓的"大陆法"（civil law）则是指不同于盎格鲁—撒克逊的普通法系的欧洲大

---

[1] 可以参见 Busch Lawrence 写的第 2 章，Otto Hospes 写的第 7 章，Margret Will 写的第 8 章，Tetty Havinga 写的第 12 章和 Maria Litjens，Harry Bremmers 和 Bernd van der Meulen 写的第 16 章。

[2] 有关欧洲食品法协会的会议计划，请参见 www. efla-aeda. org。

[3] 尤其是我写的第 3 章，Lawrence Busch 写的第 2 章，Spencer Henson 和 John Humphrey 写的第 5 章，Marinus Huige 写的第 6 章，Margaret Will 写的第 8 章，Ferdinando Albisinni 写的第 9 章，Alessandro Arton 写的第 10 章，Hanspeter Schmidt 写的第 13 章，Irene Scholten-Verheijenand 写的第 18 章，以及 Nicole Coutrelis 写的第 18 章。

[4] Theo Appelhof 写的第 4 章，Tetty Havinga 写的第 12 章，Maria Litjens，Harry Bremmers 和我写的第 16 章，以及 Fabian Stancke 写的第 17 章。

[5] Otto Hospes 写的第 7 章，Esther Brons-Stikkelbroeck 写的第 11 章，以及 Lomme Van der Veer 写的第 14 章。

陆（罗马—德国）法系，其包含了公法和私法。然而，食品 "私法" 已经超越了现有世界中的大陆法和普通法的边界。

食品 "私法" 可以包括产品责任法这样的主题，其相关的规则在民法典或者关联的立法中。也因为如此，范·德·维尔（Van der Veer）的写作中提及了针对网购食品这样的远程交易所做的具体法律规定。此外，竞争法也是本书的内容。① 这是非常出众的公法，但其主要关联的还是对私人合同的规制。正是从这个意义上来说，其为食品 "私法" 的扩张规定了边界。然而，本书的主要焦点还是阐述那些被称为自我规制、私人（自愿性）标准、行为规范或者认证项目的规则框架。这些框架都是由私主体通过私法工具加以创建的，其目的在于规范食品企业的行为。被规制的食品企业也会是合同的一方当事人，其角色也会是食品供应链中的上游方且相距遥远。因此，所谓的食品 "私法" 便是指由私人制定的食品法律。

1.2.2 法律

在欧洲食品法协会的会议讨论中，是否存在所谓的 "食品 '私法'" 是有争议的。有人主张企业制定私营标准并不是为了制定 "法律"，而是为了符合食品安全的规制要求。部分来说，这一讨论与其他的问题相关，如语言问题。就英语而言，"法律" 这一措辞可以指某一具体的立法。显而易见，当欧盟第 178/2002 号关于食品的公法可以以《通用食品法》来命名时，并没有现成的文本可以命名为 "食品 '私法'"。然而，"法律" 的措辞也可以用来描述以规则为基础的体系，抑或律师们所关注的某一领域。②

确实，我也认为在食品部门内已经出现了由供应链参与者利用私法工具制定的，以规则为基础的食品供应链的国家和国际治理体系。本书的意义就在于证实这一点。而且，我也相信这是值得学术界关注的领域。学术关注和学者用来描述他们发现的措辞未必与利益相关者所具有的意图和表达方式相一致，但这些内容都需要加以审视。

将食品 "私法" 视为一个法律体系的发展方向，走得最远的可能是劳伦斯及

---

① 参见 Maria Litjens 和 Harry Bremmers 写的第 16 章，Fabian Stancke 和我写的第 17 章，Nicole Coutrelis 写的第 18 章以及附录 1。

② 在其他的语言中，表示这两个意思的措辞是不一样的，如拉丁语中 Lex 和 ius 的区别。

其所做的章节论述了。根据其观点，标准领域内三位一体的私人项目具有"准国家"的特点。然而，这毕竟不是国家（即便相似）的，且不仅"只是"法律体系？费迪南多·阿尔彼斯尼（Ferdinando Albisinni）教授描述的"私人规制法律"和"集体食品法律"，即便不像前者那么明确，但对特点的概要也已经很直观了。

　　"食品'私法'"这样的措辞是非常有野心的，其将食品供应链的私人规制视为独立的领域，而不只是基于其他背景的具体说明。① 如果仅是这样谦虚，那么其所采取的立场便是不合格的，诸如"自我规制"这样的术语创建了一个公平、互动和向内的形象，使利益相关者可以规划自己的行为。但是，食品"私法"意在描述实践中的如下现象，即食品供应链中占据主导地位的参与者向其他独立的参与者施加"事实上"的义务要求，而用"自我规制"来描述上述现象便不太适宜了。本书中的一些作者也提出了类似的观点。也因为如此，本书的一些作者也会使用诸如"私营自愿标准"这样的标签。但也有其他的一些作者认为，自愿性的措辞有一定的误导性，进而限于法律理论但不适用于经济实务。比较而言，"食品'私法'"这一标签在各方面看来就相对中立了。

1.3　封面

　　正义女神（见图1-1）被视为法律的象征，其有以下的随身物件：剑、蒙眼布和秤（或者只是秤）。私法则是以握手（见图1-2）为代表。

图1-1　正义女神　　　　　　　图1-2　握手

---

　　① 为此，本书将其自身和其他有关讨论诸如认证的书相区别，当认证无疑也是私人食品中的一个核心问题时，其并不是一个可以概括某一法律部门的标签。

握手象征着私人关系是自行建立的，且基于公平和互认。就本书（英文原著）的封面而言，我们选择了由欧盟慷慨提供的图片，组合了两者的意义：法律由正义女神代表，而私人之间的自愿结合则由握手表示。

1.4 食品法

在整个食品法的体系下，食品 "私法" 所处的地位可以有诸多不同的描述。在接下来的章节中，我将讨论其与农业法以及其与食品法其他内容的关联性。

1.4.1 食用农产品法律

本书中所讨论的私人项目范围涉及从农场到餐桌的食品供应链全程，同时也包括从饲料成分到其零售的全程链。尤其是诸如全球良好农业规范和食品安全质量标准（SQF 1000）也涉及初级生产环节。有的时候，还有必要区分食品法和农业法的不同之处。但是，它们的差别也并非泾渭分明。由于食品供应链抑或食用农产品供应链都包括初级生产这一环节，因此，食品法和农业法也是有所交叉的。因此，一方面，食品法的范围包括初级生产这一环节；另一方面，农业法覆盖了所有与初级生产相关的法律事项，包括农场的饲料和食品生产。

本书中的许多问题既与初级生产关联，也涉及工业生产和零售环节。我们所使用的 "食品‘私法’" 这一标签并不只意味着本书所要探讨的话题都是食品法的内容。可以说，它们也会关联到农业法，以及更为一般的法律规制议题。

1.4.2 食品法的另一层面？

"食品法" 的概念是多层级的，其包括了不同的话题和不同层级。① 在诸多议题中，作为基石的内容是食品安全、粮食安全和食品贸易。这些议题由国家法律、诸如欧盟的地区法律以及国际法律所规范。有主张指出食品法是这三个层面之外的另一内容。根据图 1-3，国际食品法位于该金字塔的顶端。国际食品法是由联合国、世界贸易组织、联合国粮食及农业组织、联合国世界卫生组

---

① 本章作者在以下文献中进一步阐述了这一观点：Van der Meulen，B. M. J.，2004. The right to adequate food. Food law between the market and human rights. Elsevier，The Hague，the Netherlands。

织和食品法典委员会以及其他国际组织所制定的有关食品的法律组成。世界贸易组织强调贸易，食品法典则是食品安全，而联合国粮食及农业组织则关注粮食安全。因此，就这一金字塔的形状而言，这三个议题因为适足食物权而相互关联。其中，适足的概念要求可得的食品是无害的，因此，可以通过贸易保障粮食安全以及食品安全。①

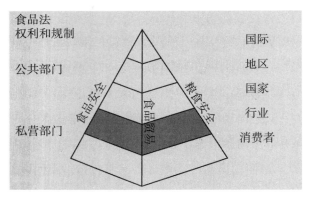

图1－3 食品法金字塔

国际食品法为其他层级的法律提供了范本和要求，如区域层级的食品法。② 在欧盟，这一区域立法针对成员国规定了要求，对于成员国的立法者而言，这些要求都是强制性的。在这样的情形下，地区和国家之间的差别就不太重要了。鉴于美国是一个联邦国家而不是主权国家的联合体，它的食品法在我们看来，是与欧盟的食品法更为相似，还是与成员国的食品法更为相似？或者我们是将其视为地区还是国家法律？相应地，成员国这一层级则表现为去中心化的特点。

这一食品法金字塔将私法部门置于这些公法层面之下。这一排位在一定程度上是聚焦于位阶抑或地理因素。就公法层面来说，可以主张的内容是金字塔自上而下而不是自下而上的排位，意味着不断增加的地理因素及其影响。食品

---

① 有关适足食物权，参见 Hospes, O. and Hadiprayitno, I. (eds.), 2010. Governing food security. Law, politics and the right to food. Wageningen Academic Publishers, Wageningen, the Netherlands。

② 有关国际食品法，参见 Van der Meulen, B. M. J., 2010. The global arena of food law: emerging contours of a meta-framework. Erasmus Law Review 3: 217 – 240. Available at: http://www.erasmuslawreview.nl/files/the_ global_ arena_ of_ food_ law。

"私法" 则不具有这样的性质，即没有地理的因素。在实践中，其可以是国际性的，也可以是非常独立的，但通常情况下其需要符合诸多不同公法层面的强制性要求。

食品法金字塔试图在企业和消费者层面区分私人部门。本书的议题主要是在企业层级，即由灰色标记的第四层级。对于位于第五层的消费者而言，其是否可以在食品法中保持一个独立的层级，这一点我也没有确切的看法。在规制的过程中，消费者的作用看似非常有限。在一些私营标准中，零售商的声明是在反映和迎合消费者的诉求。有的时候，一些公共或者私人的规制也会听取消费者或者非政府组织的意见，但其程度并不至于使食品法中出现消费者这样的独立层级。对此，从食品法金字塔的架构来看，其是建议将消费者独立为一个层级，但强调的是他的权利而不是规制作用。毕竟，食品法不就是围绕消费者保护和消费者权利的吗？但事实是否如此，我是质疑的。因为就欧洲而言，很遗憾的是，我看到很少有国家做出承诺，致力于实现与食品相关的人权，继而使其公民可以在法院内问责政府，并要求政府履行其义务。[①] 而且，欧盟食品法也要求企业承担很多责任，却没有赋予消费者相对于企业的权利抑或与机构相关的参与权利。食品法保护消费者，但并不见其以严肃的法律方式赋权消费者。[②] 对此，最好的方法便是赋权消费者，进而使其可以在法院起诉被其他主体剥夺的权利，如产品侵权责任。由法律所定义的不安全食品很可能符合产品责任法中有关 "缺陷" 产品的定义。

因此，此处的食品法体系图有以下几个意图。我相信食品贸易、食品安全和粮食安全有如支柱的排位是其基石所在。然而，其形状是否应该是金字塔状？如果是这样的，那么它应该在上端还是下端？是否应该有四层抑或五层？无论答案如何，我相信本书的意义在于将食品 "私法" 视为一个独立的层面，而这一地位可以与食品公法所在的几个层级相媲美。

比较而言，图 1 - 4 的意图没有那么野心勃勃，但其也描述了类似的关系，且更容易被人们接受。根据该图，国际食品法同时促进食品公法和食品 "私

---

① 关于这一议题，可以参见 Van der Meulen，B. and Hospes，O.（eds.），2009. Fed up with the right to food。

② 可以借助经济工具进行赋权，如确保信息的获取，进而可以做出知情选择。

法"的发展，且在地区和国家层级对食品公法有更多的要求。在本书中，我们将看到私人规制的模式主要是基于法典委员会有关危害分析和关键控制点体系概念的阐述，因此，其发展也受到国际食品法的激励。具体可以参见本书第5章的阐述。然而，当世界贸易组织限制那些有碍于贸易发展的措施时，这一私人规制并不受其影响。这一内容的阐述可以参见本书第6章。食品公法对于食品"私法"的发展影响很深，一如国际食品法对于食品公法的影响。然而，与国家或者地区食品法的范围相比，食品"私法"的地理范围来得宽泛很多。也因为如此，它会与许多不同国家的食品公法体系相关联，甚至一个体系内针对企业的出口要求可以在其他管辖范围适用。

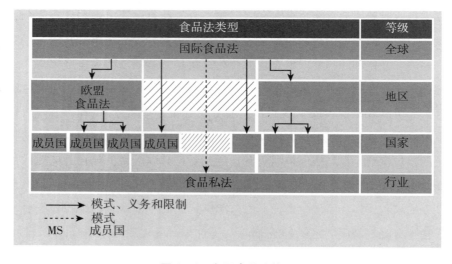

图1-4 多层食品法体系

鉴于以上分析，当我们认为食品"私法"具有一定自治性时，这并不意味着其与食品法的其他领域是相割裂的。

1.4.3 国际法律和国家法律

国际和地区食品法对于国家的影响是各不相同的，而这取决于它们在国际组织内的成员情况以及有关国际协议的批准情况。尽管不是所有的章节都是基于欧洲的视角，但本书中的多数章节是以欧洲为视角的，而欧洲法既有国际法也有地区法的特点。就国际层面而言，其是指世界贸易组织和食品法典委员会的成员方情况，而在地区层面则是指欧盟食品法的适用，国家层面则在各自的撰写中各有侧重。以下章节的写作反映了荷兰的情形，包括第 11 章、第 12 章、第 14 章、第 15 章、第 16 章，以及一定程度上由第 4 章和第 7 章提及的内容。而第 13 章和第 17 章则是关联德国的，第 9 章和第 10 章则是有关意大利的，以及第 12 章涉及美国，第 8 章涉及泰国和第 7 章涉及印度尼西亚。

1.5　食品 "私法" 中的分类

　　食品 "私法" 的发展以私营标准为中心，后者要求企业必须直接或间接符合标准中有关产品特性的要求。这些特性包括安全性、可持续性、宗教要求的合规性以及许多其他的内容。这些不同的内容可以以 "质量" 这样的标题加以涵盖，其被认为是符合消费者诉求的各类形式。那些直接描述产品特性的标准被称为 "结果标准"，而那些间接描述如何实现这些特性的方式则被称为 "过程标准"。上述内容可参见汉森（Henson）和汉弗莱（Humphrey）写的第 5 章。

　　被一些章节称为 "项目"（schemes）的结构形式中，整合了标准内容，进而确保诸如审计和第三方的认证可以保证这些标准的落实到位。玛丽亚（Maria Litjens）在第 16 章中提出了将所有的标准以及这些项目标注为 "体系"（system）。

　　鉴于不同的目标，各类提议中对于标准、项目和体系的分类也各不相同。一些人以制定标准的主体为分类指标，一些则是根据用于交流合规抑或应对这些交流的工具为依据，也有一些人是根据被规制方的要求进行分类。

　　汉森和汉弗莱是根据制定标准的主体将标准分为（单个）企业标准和团体标准。此外，他们又进一步将团体标准分为国家和国际标准。后者的分类依据是制定标准当事方的所在地。就项目而言，他们又确认了不同的功能：标准制定、采用（要求其他的企业执行标准），执行（履行标准制定者所提出的要求），合格评定（对履行情况进行查验）和应对不合规的情况。

　　其他的作者则强调结构中的认证作用，其是针对是否符合标准的情况进行评估和交流。例如，欧盟委员会在其针对农产品和食品自愿性评估项目中的最佳实务指南（附录 I）中提出了如表 1 - 1 所示的分类依据，即基于公法要求而开展的证明类型、受众、客体和要求内容。

表1-1 欧盟委员会提议的针对农产品和食品自愿性认证体系的分类

证明类型	受众	具体要求的目标	要求的内容
自我声明	B2C	产品和过程	多数都高于底线要求
认证 （第三方认证）	B2C	多数产品（包括服务）和过程	多数都高于底线要求
	B2B	多数管理体系	底线和高于底线要求

玛丽亚（Maria Litjens）和哈里（Harry Bremmers）以及我自己在第16章中是根据要求将标准分为纵向和横向标准。所有这些分类都有其限制性，但有助于分类和比较。随着食品"私法"研究的深入，非常有可能的一点是，上述所使用的分类及其差别和精确性会有进一步的发展。

1.6 本书所涉及的议题

1.6.1 介绍

本书介绍了许多食品"私法"的内容。鉴于食品"私法"的兴起，本书在探索其缘起的同时也调查了一些个人项目的情况。一些是企业所独有的，另一些则是由背景和诉求都各不同的利益相关者在探讨后得出的共识。本书回顾了这些不同的体系，进而给食品"私法"提供了丰富的研究素材。本书的写作以法律理论为分析工具，并进一步列出了一些具有重要意义的具体议题。这些都与国际食品法相关。一方面，一些私营标准的制定得益于食品法典委员会的工作；另一方面，对于全球食品法律的协调而言，食品"私法"也可能与食品法典委员会的法典形成竞争。一些人担心食品"私法"的发展有悖于世界贸易组织的发展目标，因而可能成为贸易壁垒。这部分关联到世界贸易组织的法律问题，另一部分则是私人项目的制定问题，以及如何开展能力建设的措施问题。

许多私人体系强调产品特性和生产过程，一个经典的例子便是有机标准。当公法中有关有机的规定越来越多时，又兴起了一些新的可持续性项目。另一个具有挑战的领域是宗教标准。从法律角度来看，一些国家采用了公法标准，另一些则是私营标准。从宗教角度来看，公私标准的合格评定都是有限的，因为它们都是有人类代理来评定其在法律上的重要性。然而，许多标准都是针对食品的质量，并特别关注安全。如果这是食品"私法"的"内里"，那么它的"外表"就是不同私人项目之间的外部关系。

除产品和过程外，一些体系还涉及通过标识和广告所做的交流。公共机构在执行针对误导消费者的禁令时显得比较迟疑，原因是这些情形下的规则缺乏明确性。私人项目使得产品在向消费者进行宣传时可以选择正确且适宜的方式。

就私人规制而言，商业模式作为私人创造，其在公法中没有与之对应的要求。加盟连锁规定了商业的经营方式以及如何向公众呈现的方式。

食品"私法"和食品公法以及立法的关系，是非常复杂且多样的。食品"私法"可以在国家的民法典中找到支持性的规定，如合同法；有的时候也需要回应新的挑战，如网络使用、知识产权法和产品责任法等领域。此外，国家民事法庭也会对私人协议做出支持性的裁决。很多私营标准中都融入了食品公法的要求，并且一些公共规则也要求符合一些私人的标准。公共控制也会考虑私人体系的执行情况。公共机构是否会借助私营标准来表达他们在公共采购中的诉求？

世界贸易组织框架下的法律是否对食品"私法"的扩张做出了限定性的要求，这是有争议的。在公法领域中，最有可能对私人体系做出合法性和正当性要求的似乎就是竞争法了。竞争法对企业之间的合同以及占主导地位的企业的可能限制竞争进而损害消费者利益的单边行为，都做出了严格要求。就私人体系所做的定义，几乎都在上述合同和单边行为的范围内。因此，从竞争法的角度来看，相关的企业应当意识到他们自身体系对于竞争和消费者利益的影响。

在 20 世纪 80 年代，欧盟选择了一个"新方法"。欧盟法律对其自身在基本安全要求方面的制定权限做出了限制，而私人项目的制定组织可以在这个方面发挥补充作用。符合私人的技术标准便被视为符合了欧盟的安全规则。在这样的情形下，符合技术标准的企业可以使用"CE 认证"的标记。[①] 然而，"新方法"的适用明确排除了食品行业。在本书的最后一章中，妮科尔（Nicole Coutrelis）认为应当将食品行业纳入这一范围内。然而，在我看来，实践中的食品"私法"已经实现了这一新方法所要达成的目标，即通过私营标准来实现

---

① EU，2002. Directive 2001/95/EC of the European Parliament and of the Council of 3 December 2001 on general product safety. Official Journal of the European Union L 11，15/01/2002：4 – 17.

食品法中最为基本的要求，即禁止不安全食品。①

当读者从头到尾阅读本书时，会发现本书章节的顺序安排具有剧情式的特点。然而，其写作的方法则可以确保读者无须借助前面章节的内容来理解每一章节中的观点。借此，每一章节的写作就犹如期刊中的独立文章。但是，为此所付出的代价便是阅读上难免有重复的内容。表1－2是本书章节以及附录1和附录2的组织情况。

表1－2　本书各章节及附录的组织情况

章节/主题	1	2	3	4	5	6	7	8	9	10	11	12	13	14	15	16	17	18	附录1	附录2
背景	×	×	×																×	
历史	×	×	×																	×
理论	×	×	×		×														×	
概念		×			×														×	
概要			×	×																
国际法					×	×														
第三世界的效果						×	×	×												
独立项目		×	×				×	×	×	×	×	×	×	×						
标准制定							×													
认证								×												
广告									×	×										
商业模式											×									
宗教												×								
可持续性							×						×							×
环境							×													
有机													×							
公平贸易							×													×
立法														×			×	×		

① 欧盟的《通用食品法》第14（1）条的规定。

续表

章节/主题	1	2	3	4	5	6	7	8	9	10	11	12	13	14	15	16	17	18	附录1	附录2
公共部门													×		×		×	×		
竞争法															×	×	×		×	
欧盟政策																		×	×	×

1.6.2 食品"私法"的缘起

紧接这一介绍章节的是由劳伦斯撰写的第 2 章"准国家性?食品'私法'的意外崛起"。在他看来,许多国际经济都在转型中,一如食品和农产品贸易的发展,许多超市供应链也开始跨国性经营,且供应链管理中现货市场的交易也日益失色。这一转变的一个重要表现便是兴起了所谓的"三位一体的标准体系",其是指大量的私营标准、认证和认可所构成的管理,且与正式的法律领域相并行,但同时也有赖于法律系统,包括与合同法、知识产权法和刑法等相关法律。这一限制国家作用的新自由项目使所谓的由单个企业、协会团体以及私人的自愿性组织所构成的"准国家性"管理意外兴起,其间关联到的组织都是为了借助私人规范、法律、规则以及规制来追寻自己的目标和利益。在这些准国家的机构中,是否部分抑或全部都能实现正当性以及执行民主化的管理,需要拭目以待。

1.6.3 食品"私法"的剖析

在第 3 章"食品'私法'的剖析"中,[①] 我试图通过确认所使用的法律工具以及有关创建架构、约束性质和食品"私法"的控制与执行,来介绍有关食品"私法"的法律理论。借此,这一章节勾勒了食品"私法"的法律框架。借助民法中最为基本的工具,如财产法、知识产权法、公司法、劳动法,以及大部分有关食品企业的合同法内容,构建了食品供应链中的私人规制。这些体系

---

① 根据以下书稿中的章节细化而来:B. and Van der Velde,M.,2009. European Food Law Handbook,2ᵉ edition. Wageningen Academic Publishers,Wageningen,the Netherlands。

包括标准的制定、审计、认可、执行以及偶尔出现的纠纷解决。

这一章节呈现了许多当下最为重要的体系及其总结，进而为读者提供了那些在食品安全私法中最为瞩目的规制议题。

1.6.4 食品"私法"的清单

在第4章，西奥（Theo Appelhof）和罗纳德（Ronald van der Heuvel）介绍了更多食品和饲料领域中的标准和项目。当许多其他的作者认为私营标准在一定程度上具有事实的约束力时，该章则将它们视为自愿性的。

该章一开始介绍了欧盟在 HACCP 系统中所要求的自我规制以及集体制定卫生规范的替代选择。这些规范在成员国抑或欧盟机构看来，是有助于企业执行卫生义务的适宜措施。作者继续介绍了荷兰有关检查监督的政策，其反映了公共机构也会考虑那些以官方控制为优先考虑内容的可信的私人体系。

随后，他们逐一分析了食品领域中的各个部门的相关内容，包括动物饲料、初级生产、加工、包装和运输，以便确认那些最为重要的标准以及它们的内容。由此观之，许多私人项目的发展似乎都是一夜之间的事。

1.6.5 食品"私法"中的食品法典内容

汉森和汉弗莱写的第5章"食品法典委员会和私营标准"通过私人和混合标准的分类以及制定和使用这些标准的利益相关者的角色差异，进一步详细介绍了所关联的法律理论。随后，他们讨论了食品法典委员会有关私营标准问题的反馈以及私营标准制定机构作为食品法典客户的情况，以便说明在这些私营标准中如何通过合同要求，使原本不具有约束力的食品法典标准和操作规范具有了强制性。

在汉森和汉弗莱看来，在过去的 10～15 年的时间里，私营标准已经成为全球食品价值链治理中日益流行的方法。私人企业和标准制定联盟，包括各类企业和非政府组织，已经制定和采用了那些有关食品安全以及食品质量和食品生产中关乎环境和社会方面的标准。由此而来的问题便是公共和私人机构在制定和执行食品安全规范时的作用。然而，这方面的讨论因为缺乏如下的意识而受阻，即没有意识到私营食品标准的多样性以及与其相关的机构和管理的性质、范围抑或职能。此外，也没有意识到私营标准和公共规制之间的紧张关系。对于应对食品安全问题的风险，私营食品安全标准占有优势地位，且很多这类标准也是根据规制要求制定的。当一些情形中的私营标准往往比官方要求更为严格时，它们的目的也是在规制合规方面建立更为可靠和具有成本效益的管理。尽管有担心认为私人的食品安全标准减损了国际食品法典委员会的标准、指南和建议的作用，但私营标准依旧可以被视为对国际食品法典规范和国家立法内容的打包处理。与此同时，私营标准也可以在国际标准缺位时发挥补充作用。诚然，私营标准的行为给国际食品法典的发展带来了挑战，包括反映其客户诉求的必要性、评估它的程序以及审视在私人治理作用增强的同时是否仍需要全球范围内的国际规范。

1.6.6 国际食品法还是食品 "私法"

在第 6 章 "私营零售标准和世界贸易组织法律" 中，马里纳斯（Marinus Huige）在世界贸易组织动植物卫生检疫措施委员会的框架下探讨了私营标准是否构成国际贸易壁垒的问题，以及世界贸易组织成员方是否有责任的问题。

有关私营标准的探讨以及针对欧洲良好农业规范（EurepGAP）或全球良好农业规范（GlobalGAP）的争议是基于世界贸易组织有关动植物卫生检疫措施协议第 13 条规定展开的。马里纳斯并不认为存在上述的争议，但呼吁改善以下双方之间的交流，即国际食品法律发展中的参与者和全球食品 "私法" 发展中的参与者之间的沟通。

1.6.7 食品 "私法" 的制定

制定公法需要符合既定的程序要求，以便保障民主性和正当性。食品 "私法" 则是根据标准制定机构之间的协议制定的。在第 7 章 "可持续棕榈油圆桌会议中的私法制定" 中，奥托（Otto Hospe）则分析了以下案例，即食品和其他使用中涉及的可持续棕榈油的私营标准制定情况。

在 20 世纪 90 年代和 21 世纪初期，兴起了由非政府组织和跨国公司发起的风格不同且涉及全球范围的私人立法活动，其主要针对的便是全球产品的可持续生产。其中的一项全球项目便是关于可持续棕榈油的圆桌倡议（RSOP）。在该章中，奥托便分析了该项目中的私人法律制定。其介绍了在市场力量、公法和国家机构方面，上述倡议中的规范性内容、参与者和工具是如何演变的。一个关键的问题是该倡议中的法律制定过程是否有助于可持续棕榈油的新公共标准的制定。其焦点是通过许多不同的方式，印度尼西亚政府和荷兰政府在制定该倡议的原则和标准方面，做出了不同的回应。

1.6.8 食品 "私法" 中的能力建设

在第 8 章 "针对小农户的全球良好农业规范集体认证：小农户参与全球价值链的机遇与挑战" 中，玛格丽特（Margret Will）论述了食品 "私法" 中的核心议题：认证。尤其是结合全球良好农业规范中的认证形式，克服了针对第三世界中小规模业者认证中存在的财政和技术壁垒。这一章节尤其强调了食品 "私法" 作为全球治理的意义：由于抗衡全球企业的国际政府并不存在，因此，只有从内部才可能实现治理的公平性。该章节的写作也是基于非洲、亚洲和东欧国家的实证研究。乐见其成的是，食品 "私法" 为发展中国家进入西方国家市场提供了机遇。

1.6.9 针对食品的私人广告法

在第 9 章 "意大利啤酒广告中的私人规制规范：迈向公共和私人食品法律竞争/合作的漫长征途"，费迪南多（Ferdinando Albisinni）介绍了意大利啤酒广告的自我规制史。就酒精饮料的销售和宣传而言，立法者和私人部门共同实现了针对保护消费者的目标。在第 10 章中进一步论述的私人规制规范在不同的利益相关者之间寻得了一个有趣的平衡点。

在第 10 章 "啤酒广告的自我规制规范" 中，阿列桑德罗（Allesandro Artom）将企业针对消费者的交流作为私营标准的议题，并介绍了在向消费者这一第三方提供私人项目的架构中，针对可预见的违规行为所制定的程序。借此，案例展示了一个对于食品 "私法" 而言非常有价值的模式。但是，食品 "私法" 中的一个弱点是如何依法保护利益相关方。一如劳伦斯在第 2 章中所论述，他们遇到的困境是没有充分的申诉机制。阿列桑德罗指出这也可以借助私人项目加以解决。

1.6.10　商业模式的规制

在第 11 章 "特许经营强化食品私营标准的应用" 中，艾斯特（Esther Brons-Stikkelbroek）论述了有关 "特许经营" 的议题，并以此来探讨食品 "私法"。这一议题有两个重要意义。特许经营自身便构成了一个食品 "私法"，基于私法 "特许经营" 合同的形式，其对于参与企业如何向公众展示以及如何开展经营提出了严格的要求。世界上的大多数人都能从外观上辨识出麦当劳餐厅，且知道其内部所提供的专业服务，这使每一个门店的所有者无法在这些方面做出很大的变更。

这一章节讨论了在特许经营的模式下，其他章节所论述的私营标准是如何发挥作用的。在特许经营中，似乎有两类食品 "私法" 的形式，且互为促进。

1.6.11　宗教标准

第 12 章是由特蒂（Tetty Havinga）撰写的 "国家法和宗教法的界限：荷兰和美国针对犹太食品和清真食品的规制安排"，其论述了规制标准。一如其他的西方国家，荷兰市场的清真食品持续增多，即所谓的符合伊斯兰教律法的食品。清真食品之所以日益常见是因为荷兰的超市、医院和学校都决定在其供给中加入这一类产品。特蒂比较了荷兰的清真食品和犹太食品规制，以及美国的案例。其分析指出规制安排中不同角色的作用，包括国家、食品行业、认证机构和规制机构。与预期不同，美国一些州即便是自由市场经济，其规制安排也仍是以国家为中心的。而在被视为中心文化主义的福利国家荷兰，其作用非常有限，因为这一规制安排是让商业和宗教的机构负责屠宰以及针对清真和犹太食品的认证。

1.6.12　有机食品

有机农业是基于这样的理念，即农场应当像有机物那样发挥作用，尽可能使用非常少的投入品，且不使用化学性的肥料和农药。① 在第 13 章 "有机食

---

① 需要反复重申的是有机的标签并不能说明其他食品是非有机的。

品:政府接管的私人概念和私人部门的持续性主导作用"中，汉斯珀（Hanspeter Schmidt）讨论了两种发展。一种是在许多国家内由私人倡导的有机农场，已经被纳入公共的立法中，这一发展被其称为"友好型的接管"。这一接管为有机农业提供了地位和保护。公法的执法会处罚违反有机标准的行为。许多国家的审计和认证依旧由私人机构进行。这一友好型接管的不利之处是立法者由此获得了"大笔一挥"便可以变更有机概念的地位。

汉斯珀讨论的第二种发展是指接管并没有完成。一旦出现空白，私人的活动便发挥了填补作用。他以化学污染的案例论证了这一主张。法定标准禁止在有机农场中使用一些化学性的肥料和农药。但是，它们并没有就如何应对由于外源性污染导致的有机食品中的残留做出规定。对此，德国的私营标准已经区分了是由外源性污染导致的残留还是因为使用疑似的未授权使用的化学物质导致的残留。也因为如此，私营标准持续地补充公共的有机食品法律。

1.6.13 "电子"食品法

在第14章"网络食品：探究食品法和民法典之间关于消费者保护的无人地带"，洛姆（Lomme van der Veer）把我们带入了网络空间。在荷兰，由于民法典针对远程销售的规定和公法对于食品标识的要求，通过互联网销售食品是具有争议的议题。尽管立法者针对远程合同为消费者提供了保护，但是，食品的特性使消费者通常无法获得额外的保护。而通过网络销售食品，消费者也无法享受到许多食品标识法所赋予的知情选择的权利。到目前为止，食品"私法"还没有解决这一空白。

这一情形并不像第一眼所见的那样黯淡。网络食品的消费者所面临的弱势，已经唤醒了一般合同法对于合规的要求。如果这些要求能够充分适用，其会为借助数字高速而发展的食品商家提供明确的营商环境。

1.6.14 食品"私法"的公共性

在第15章"国家公共领域和私营标准：荷兰案例"中，艾琳（Irene Scholten-Verheijen）就荷兰正在讨论的私营标准和公法的互动问题提供了一些案例。如果在立法中援引了一些私营标准，那么这些私营标准的性质该如何定性？如果政府机构根据欧盟采购法在招标的时候提及私营标准会怎样？在荷兰的案例法和实践中，应对上述问题的方式很具争议性。毋庸置疑，在这些问题中做出援引已经超越了荷兰的管辖。一些法院认为在法律中援用私营标准的做法使其具有了公法的地位；但这是不可以的，除非它们一如立法那样，是向公众公开的。但在上诉中，这一观点没有获得支持。在向公务员提供咖啡的政府采购中，要求采用荷兰版本的公平贸易认证，一些获得不同可持续认证的咖啡供应商提出了异议。到目前为止，荷兰法院认可了在政府采购中使用私营标准。但是欧盟委员会针对荷兰提出了违法之诉。

1.6.15 食品“私法”的外部

在第 16 章“食品‘私法’的外部：鉴于竞争法而存在于荷兰乳业中的交织型私人规则”，玛丽亚和哈里以及我自己提供了一个荷兰乳业的研究案例；其特点在于延伸了上游的管辖，以便在其供应链中包含向乳品农场提供饲料的管理。这一研究表明私人规制似乎是外部的，密切地关联着彼此，因此，食品“私法”可以被视为一个具有交织特点的互动规制体系。个人的体系包括了私营标准，并通过私人项目在执行中不断完善。它们通常管理着对于标准制定者和项目执行者而言的上游商家。

体系的关联性强烈地增进了它们对于被规制企业而言的强制性。一开始，荷兰的竞争管理机构针对这一发展设定了限制，以便应对其排斥其他商家参与市场竞争的问题。然而，随着私人体系的网络日益紧密，竞争管理机构并没有持续性地跟进管理。分析提出了一种可能的解释，是事实导致了竞争法的改变，还是正式政策的改变抑或源于竞争管理机构的兴趣索然？

1.6.16 食品“私法”的限制

一如上文所述，对于食品“私法”的发展，最大的限制很可能来源于竞争法。在第 17 章有关“食品‘私法’的有限性：食品部门内的竞争法”中，费边（Fabian Stancke）向公众说明了这一限制。

尽管竞争激烈，德国食品领域在当下所面临的挑战来源于竞争管理机构和法院。最近，德国联邦竞争管理办公室开展了突击检查工作，罚款金额高达三位数，即百万欧元。其中，涉及的公司包括糖生产商、水果进口商、甜味剂生产商、咖啡烘焙商、香料贸易商、乳品生产商和零售供应链。欧盟委员会和德国联邦竞争办公室表明他们会进一步强化食品领域内的竞争法执行。两个机构所关注的是自由竞争能有利于消费者。

1.6.17　新方法

在本书的最后一章，即第 18 章有关"同样适用于食品法的欧盟新方法"中，妮科尔（Nicole Coutrelis）对本书的研究内容进行了评估。针对 20 世纪 80 年代以来的政策，他使用了一个"新方法"的表述。根据妮科尔的分析，这一新方法可以做如下总结：

●欧盟立法应当仅限于制定必要的要求，关注具体的安全或者其他有关一般利益的要求；

●针对产品技术规范的起草工作，以确保符合立法中的必要要求，可以由标准化领域中能胜任这一工作的机构承担；

●这些技术规范不是强制性的；

●然而，符合这些要求的产品被推定为符合必要要求。

这一新方法并没有适用于食品领域。鉴于本书的研究，妮科尔提出了这样的问题：详尽无遗的私营标准细化了安全要求，这使其可能适用于食品领域，且也有了这样的诉求。但是，她在给出答复时也指出了一些负面的情形。这不是因为食品领域内的私营标准不适用于这一工作，而是因为食品公法的发展已经超过了仅限于必要要求的限度，尤其是可由私人部门细化的安全或其他有关一般利益的要求方面。

一如跟着食品公法的铁路轨道，其轨迹也和食品"私法"一样改变很多，但两者从来不会相遇。

1.6.18　欧盟参与

本书并没有就此结束。两份来自欧盟委员会的有关食品"私法"的通讯附在了本书的附录中。附录 I 是 2010 年的关于《欧盟针对农产品和食品的自愿性认证项目的最佳实务指南》。① 其就欧盟委员会所认定的定义和最佳实务做出了规定，其也细化了竞争法的限定性规定。附录 Ⅱ 是 2009 年的《助力可持续发展：公平贸易和非政府组织贸易相关的可持续保证项目的作用》。其提供了许多私人项目的信息，它们的特点都有道德层面的考量。

1.7 法律和治理

对于社会科学而言，治理这一概念的应用是为了描述社会的管理不再仅是政府事务的现象。这一"治理"的概念将"谁"管理社会的关注转移到了"如何"进行社会管理的问题。根据政府参与的情况，法律理论往往也会针对公法和私法进行分类。诸如自我规制的这些议题就是从政府的角度提出的：它们是否提供了替代性的方法，政府是否应当将其交由市场，等等。这一方法会日显不足，因为一如劳伦斯在第 2 章中所指出的，政府机构和非政府组织之间的差异会越来越模糊。

本书的贡献在于指出了在政府活动或者控制之外，一些私人治理的模式正在兴起，甚至是在那些政府尚未对利益相关者活动进行干预或者干预未有成效的领域，如国家比较弱，或者规制性的合规以及执行架构比较弱，包括存在于国际贸易中的一些情形。在国际贸易中，国家的政府作用仅涉及部分的执行，因此，有的时候，无法有效地影响进展中的事项。毕竟，没有一个国际政府的存在。诸如世界贸易组织等国际组织规定了政府角色在这一背景下的角色，而不是参与贸易的企业。国家政府的权力仅限于他们的边界。那些即便在世界另一端的贸易参与者也能有共识的规则，其是指通过他们也置身其中的私人项目所协商而成的规则。与国际公法相比，私法可能更能推定全球法律的发展。其可以规定一些并不需要政府参与的法律规则。

一些法学家会应邀参与这一发展，以便在他们的分析工具中纳入有关治理概念的考量。就来自瓦格宁根大学且参与本书写作的作者而言，隶属于荷兰法

---

① EU，2010. Commission communication-EU best practice guidelines for voluntary certification schemes for agricultural products and foodstuffs. Official Journal of the European Union C 341，16/12/ 2010：5 - 11.

律和治理研究所的他们正致力于推动上述法学理论的发展。①

1.8　最后但同样重要的内容

如果没有读者，一本书的价值便无法彰显。作为作者，我们相信我们可以为你们创造有价值的东西，即值得你们关注的东西。我们希望你们会喜欢这一本书，并从中受益。而且，我们也邀请你们参与一个致力于发展和研究食品"私法"的国际社区。相关的建议可以发送至 bernd. vandermeulen@ wur. nl。

1.9　致谢

如果没有各位作者的贡献和出版社的支持，本书便不会问世。就出版社而言，尤其是玛赖茵（Marijn van der Gaag）和迈克（Mike Jacobs），为本书的汇编做出了很多努力。也有一些人的贡献非常重要，只是不那么显而易见。其中，杰西卡（Jessica van Wijngaarden）设计了本书的封面。而作为我的学生，格鲁达（Geronda Klop）是在比较食品法研究中最为出色的，她的特长在于将许多作者的表述通过表格的方式加以表达。此外，还有罗宾（Robin Kaplan），也是瓦格宁根大学的学生，其在索引方面给了我很大的帮助。最后，我也感谢为本书的校对和评论做出贡献的所有人。

翻译：孙娟娟

参考文献

— Busch, L., 1997. Grades and standards in the social construction of safe food. Invited paper presented at a conference on The Social Construction of Safe Food and the Norwegian Technical University in Trondheim, Norway, April 1997.
— Busch, L., 2010. Standards, law, and governance. Journal of Rural Social

① http://nilg. nl/en/.

Sciences 25 (3): 56 – 78.

— EU, 2002. Directive 2001/95/EC of the European Parliament and of the Council of 3 December 2001 on general product safety. Official Journal of the European Union L 11, 15/01/2002: 4 – 17.

— EU, 2002. Regulation (EC) No 178/2002 of the European Parliament and of the Council of 28 January 2002 laying down the general principles and requirements of food law, establishing the European Food Safety Authority and laying down procedures in matters of food safety. Official Journal of the European Union L 31, 1/2/2002: 1 – 24.

— EU, 2010. Commission communication-EU best practice guidelines for voluntary certification schemes for agricultural products and foodstuffs. Official Journal of the European Union C 341, 16/12/2010: 5 – 11.

— Hospes, O. and Hadiprayitno, I. (eds.), 2010. Governing food security. Law, politics and the right to food. Wageningen Academic Publishers, Wageningen, the Netherlands.

— Reardon, T., Codron, J. – M., Busch, L., Bingen, J. and Harris, C., 1999. Global change in agrifood grades and standards: agribusiness strategic responses in developing countries. International Food and Agribusiness Management Review 2: 421 – 435.

— Van der Meulen, B. M. J., 2004. The right to adequate food. Food law between the market and human rights. Elsevier, The Hague, the Netherlands.

— Van der Meulen, B. M. J., 2010. The global arena of food law: emerging contours of a metaframework.

— Erasmus Law Review 3: 217 – 240. Available at: http://www. erasmuslawreview. nl/files/the_ global_ arena_ of_ food_ law.

— Van der Meulen, B. and Hospes, O. (eds.), 2009. Fed up with the right to food. The Netherlands' policies and practices regarding the human right to adequate food. Wageningen Academic Publishers, Wageningen, the Netherlands.

— Van der Meulen, B. and Van der Velde, M., 2009. European Food Law Handbook, 2ᵉ edition. Wageningen Academic Publishers, Wageningen, the Netherlands.

第2章 │ 准国家性？食品"私法"的意外崛起

Lawrence Busch

2.1 介绍

"通过审慎和智慧，是有可能建立一个繁荣和人人体面生存的国家的。这对于每个人而言，都是公共福利所在。"当托马斯·斯塔基（Thomas Starkey）在1538年以上文来描述国家时，其最早使用"state"这一英语来说明这样的场景。显然，托马斯·斯塔基将其视为一种独有的现象。每一个国家都有一个单独的且稳定的政府来确保公共利益，也就是说，其有助于共同的繁荣发展。食品法的研究和执行便是基于这样的假设，且无论是在一个给定的国家研究/执行食品法，还是研究/执行跨国的协议抑或便利食品贸易的协议。然而，在最近的几十年里，当许多专家都在讨论"国家空心化"时，① 国家的发展也似乎很迅猛。

在这一章节中，我会说明各种被称为"国家空心化"的现象；从统治到治理的转变，抑或国家的分权，都导致了许多准国家甚至伪国家的出现。相应地，这又进一步促成了以下内容的繁荣发展，包括标准、规则、法规、良好规范，以及其他使生产、加工、运输、零售和食品检测有序化和组织化的工具。

首先，我会检视与新自由主义崛起相关的一些关键事件。其次，我会论述全球食品经济的转型。再次，我会检视所谓的"三位一体的标准体系"（tripartite standards regime）。最后，我会质询食品的治理可否多元，而事实上，其是可以多元的。

---

① Peters, G. and Pierre, J., 1998. Governance without government? Rethinking public administration. Journal of Public Administration Research and Theory 8（2）：223–243.

2.2　构建新自由主义

在古典自由主义的理论和实践中，市场占有一席之地。实践者可能就这一市场所占有的空间规模、其内容以及如何组织存在争议；但其核心的一个特点是一个自由放任的空间，其应当独立发展，即在没有国家干预的情况下得以发展。因此，对于古典自由主义者而言，市场是一个自由的空间，是一个排斥专制国家、企业可以不受约束的场所。在亚当·斯密（Adam Smith）的开创性著作中，对于这一观点做了最佳的阐述。[①]

到了 20 世纪 30 年代，这一观点越来越受到质疑。一方面，苏联共产主义、纳粹和法西斯主义的力量控制了欧洲的大部分地区；另一方面，在联合国和许多依旧以民主为取向的欧洲地区，福利国家呈现规模化发展。出于对这些发展的担忧，法国数学哲学家路易·鲁吉埃在全球范围内遴选了一些智者，并把他们邀请到了法国巴黎，参与"沃尔特·李普曼讨论会"。[②] 在 1938 年的为期一个星期的讨论中，参与者们分析了当时社会中的许多问题，并提议要改革自由主义，由此，创造了鲁吉埃所谓的"新自由主义"。

对于众所周知的新自由主义而言，理解其含义，需要把握一些基础性的著作。沃尔特·李普曼（Walter Lippmann）的《美好社会》作为此次研讨会的核心内容，就是一个有关自由主义的更为激进的案例。[③] 在这一畅销书中，李普曼提出了其对于极权统治和美国大萧条的担忧。尤其是，李普曼质疑了无批判接受中央计划的观点。其主张考虑到现代国家的复杂性，这样的计划总是无法实现其预期内容。相反，经典自由主义已经指出了市场中会发生不计其数的转型，而这些都是可以更好地应对现代生活复杂性的工具。然而，李普曼也担心古典自由主义的原则——自由放任会过于负面。因此，其需要被以下的市场取代，即在法律变革的保障下，一个更为正面的且积极的市场。

---

① Smith, A., 1994［1776］. An inquiry into the nature and causes of the wealth of nations. Modern Library, New York, NY, USA.

② Travaux du Centre International d'Etudes Pour la Rénovation du Libéralisme (ed.), 1939. Le Colloque Walter Lippmann. Cahier no. 1, Librairie de Médicis, Paris, France.

③ Lippmann, W., 1938. The good society. George Allen and Unwin Ltd., London, UK.

另一个来自芝加哥大学的经济学家亨利·西蒙斯（Henry C. Simons）的精炼成果也同样重要，其提出了看似矛盾性的"自由放任的积极项目"。[①] 西蒙斯提议对经济体系进行全面的大整改，以便限制日益扩张的国家角色。然而，当上述的研讨会同样给出工作规划时，却因为随即到来的战争而没有落实。

我借由哈耶克（F. A. Hayek）和弗里德曼（Milton Friedman）的观点来详述新自由项目的具体内容。哈耶克的畅销书《通往奴役之路》成为新自由政策的宣言书。[②] 尤其是，哈耶克认为从福利国家到集权主义是"滑坡谬误"。除非是为了强化竞争和市场的计划，否则都应避免。如果是为了前者，则要予以鼓励。此外，通过创建国际组织也可以限制国家计划的其他形式，特别是限制国家的权力。

当战争结束后，哈耶克和朝圣山学社（The Mont Pelerin Society）的其他学者都复兴了鲁吉耶（Rougier）的项目。[③] 朝圣山学社自建立以来一直倡导自由主义的理念。但主要是哈耶克的三部曲和弗里德曼的《资本主义和自由》才更为清晰地描述出了自由主义的远景。[④] 由于本书篇幅所限，无法具体介绍这些著作成果，更不用提七十年以来的许多其他著作。尽管简述难免有所歪曲，但依旧可以说明一些被自由主义者共同推崇且已经由多数国家和国际法律认可的立场：

（1）应当积极推崇市场，因为它使商品和服务的流通无须借助中央的机构。毋庸置疑，要确保市场的充分竞争性，也需要政府的投入，也就是说，政

---

① Simons, H. C., 1948 [1934]. A positive program for Laissez Faire: some proposals for a liberal economic policy, In economic policy for a free society. University of Chicago Press, Chicago, IL, USA, pp. 40－77. 西蒙斯的观点衍生于许多其他新自由主义的观点，对此，其偏好锐减企业的权力、渐进性的税收体系以及限制广告。更多的论述，可以参考 Foucault, M., 2008. The birth of biopolitics: lectures at the Collège de France, 1978－79. Palgrave Macmillan, New York, NY, USA。

② Hayek, F. A., 2007 [1944]. The road to serfdom. University of Chicago Press, Chicago, IL, USA.

③ Mont Pelerin Society, http://www. montpelerin. org/. For a history, see: Mirowski, P. and Plehwe, D. (eds.), 2009. The road from Mont Pèlerin: the making of the neoliberal thought collective. Harvard University Press, Cambridge, MA, USA.

④ Friedman, M., 1962. Capitalism and freedom. University of Chicago Press, Chicago, IL, USA; Hayek, F. A., 1973－1979. Law, legislation and liberty, 3 vols. University of Chicago Press, Chicago, IL, USA.

府可以使市场更接近于市场的数学模型。①

（2）政府对于社会、政治和经济事务的规制应当尽可能限于对市场机制的支持作用。因此，公共服务和企业都应当尽可能私有化。

（3）个体应当成为自己的企业主。

（4）结合有竞争的汇率和市场定价来促进自由贸易。而且，意在确保自由贸易的国际机构也应当致力于限制国家主权。

在玛格丽特·撒切尔（Margaret Thatcher）和罗纳德·里根（Ronald Reagan）分别于英国和美国当选领导人前，所有这些内容都只是理论，且未有过多的实践（除了智利）。这两位领导都熟悉自由主义的价值，且承诺在这个方面有所作为，并将它们付诸实际。尤其是，他们痛斥了他们所认为的不必要规制和福利国家的负重。

此外，与这一治理新方法相当的举措包括在接下来的几十年里，成立或强化了"四大"国际治理机构。世界银行的最初设想是在第二次世界大战后帮助欧盟恢复，因此，其在债务危机后组建起来，作为根据自由主义重建落魄国家的政府工具。② 与世界银行一并开展工作的还有国际货币基金组织，③ 其保证了那些没有遵循基于"华盛顿共识"规则的国家，会迫于压力而履行责任。④ 世界知识产权组织构建了一个国际论坛，以便进一步扩张适用知识产权规则和实现该类规则的统一化。但是，最新的全球机构还是世界贸易组织。由于该机构的职能限于贸易，且避免了诸如环境、劳工等棘手议题，签订成立世界贸易组织几乎就是实现了哈耶克于 1944 年提出的设想。不同的是，世界贸易组织限制了成员方的作用，并且使贸易问题成为国际协商的核心内容，进而促进以市场

---

① 对于哈耶克而言，市场是自生自发秩序的形式。其老师米塞斯（Ludwigvon Mises）更是认为经济学并不是经验而是先验的。也就是说，市场的作用是先验且独立于检验的。参见 von Mises，L.，1978［1933］. Epistemological problems of economics. Ludwig von Mises Institute，Auburn，AL，USA。

② 有关银行政策的批判性评估，可以参见 Goldman，M.，2005. Imperial nature：The World Bank and struggles for justice in the age of globalization. Yale University Press，New Haven，CT，USA。

③ Harper，R.，2000. The social organization of the IMF's mission work. In：Strathern，M.（ed.）. Audit cultures：anthropological studies in accountability，ethics，and the academy. Routledge，New York，NY，USA，pp. 21 − 53.

④ Williamson，J.，2005. The strange history of the Washington consensus. Journal of Post Keynesian Economics 27（2）：195 − 206.

为导向的经济发展。确实，当世界知识产权组织的一国一票机制在一些国家看来该组织在强化知识产权方面的进程过缓时，世界贸易组织的《与贸易相关的知识产权协议》则显得更为有效。相似地，通过《贸易技术壁垒协议》解决了技术问题，以及通过《实施动植物卫生检疫措施协议》跟进了动植物卫生检疫问题。

总而言之，过去的三四十年里，全球治理的模式发生了许多显著的变化。包括从福利国家为主的治理向市场导向的治理转变。食品安全机构和相关政府对于食品和农业的监管已经被削弱，又或者被消除，抑或被那些倡导者所拥护的私人模式取代。① 尽管不同的国家会有不同的表现，但实践中确有践行哈耶克和弗里德曼等倡导的基于自由主义方式的治理，即使进程比较缓慢，在不同程度上也会与其他的治理模式相重叠。

2.3　全球经济的转型

很大程度上基于自由主义的改革，使 20 世纪的 1/3 历程都见证了全球经济的突变。食品和农产品的贸易增长速度非常惊人，超市的分布跨越了国界的束缚，而且，供应链的管理使现货市场上的企业交易黯然失色。让我们逐一审视这些现象。

2.3.1　食品和农产品的贸易

过去的 50 年见证了食品和农产品贸易的快速且惊人的增长。从 1961 年到 2007 年，全球食品进口的价值从 34,000,000 美元增长到 903,000,000 美元。相似地，全球食品出口的价值从 32,118,000 美元增长到 876,410,000 美元（见图 2-1）。②

---

① 针对美国，参见 Fortin, N. D., 2009. United States Food Law: consumers, controversies, current issues. European Journal of Consumer Law 2009 (1): 15 - 42. A comprehensive review can be found in: Fortin, N. D., 2009. Food regulation: law, science, policy, and practice. John Wiley, Hoboken, NJ, USA。针对欧盟，参见 Allemanno, A., 2009. Solving the problem of scale: The European approach to import safety and security concerns. In: Coglianese, C., Finkel, A. M. and Zaring, D. (eds.). Import safety: regulatory governance in the global economy. University of Pennsylvania Press, Philadelphia, PA, USA, pp. 171 - 189。

② Food and Agriculture Organization, 2009. FAO Statistical Yearbook 2009, FAO, Statistics Division, Rome, Italy.

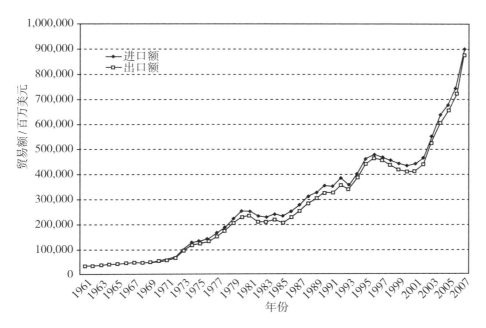

图 2 – 1 1961 ~ 2007 年世界农产品贸易

这一惊人的增长与世界市场的开放直接相关，而后者是指在关税贸易总协定下的世界市场，即随后的世界贸易组织框架下的市场。

2.3.2 跨国超市链的崛起

关税贸易总协定以及世界贸易组织所构建的全球食品和农产品市场的法定架构，尤其是基于《实施动植物卫生检疫措施协议》和《技术性贸易壁垒协议》，带来了另外一个非常重要的结果：它们为大型超市链突破原先封闭的市场，创造了新的机遇。

在那之前，很少有超市链的拓展会突破国界限制。如果它们这样做了，它们在一国的运营也会与其他国家的运营相分离，这是由关税和配额以及针对食品产品的地方法律和规制及其差异所导致的。换言之，这些差异使全球内的资源配置和流通非常昂贵，且困难重重，甚至不可能。

然而，随着新的贸易格局的建立，这些都发生了转变。对于大多数的新鲜和加工产品而言，全球配置变成可能。而且，不同的供应链也会借助不同的战略，以便适应不同的商店模式，如购物中心、便利店、小型超市等。更为重要的是，不同的供应链为了实现区域渗透，也会采取差异化的战略。一方面，一些供应链通过直接竞争或者收购更小国家的供应链来渗透到被其他供应链所占据的国家领域。例如，特易购这一英国的商超在美国市场的西海岸开设了连锁的高规格但小规模的商店，取名为"新鲜和易购"（Fresh & Easy）。另一方面，一些供应链冒着风险进入苏联的国家以及中低收入的非洲、亚洲和拉丁美洲国家，而这些地方本是很少或者不存在超市的。[①] 与此同时，一些企业也对本国的市场份额进行了重整，多数都是一些在工业化国家内占据主导地位的企业。[②]

2.3.3 供应链管理

伴随着超市链的规模扩张和地域拓展，超市的市场权力也一并增强。当诸如可口可乐、卡夫、雀巢等大型食品生产商占据主导地位成为 20 世纪的时代特征时，当前这一世纪的特点则是由不断增长的食品零售商占据主导。这是由多个趋势并行发展而来的。第一，一些规模庞大的零售商使食品加工行业的成果黯然失色。例如，沃尔玛以超过 375,000,000,000 美元的销售额成为全球最大的公司。[③] 这可与雀巢的年度销售额相媲美，后者是世界上最大的食品加工商，其 2008 年的年度销售额约为 100,000,000,000 美元。[④]

第二，在组织创新方面，超市一直居于前端。尤其是它们彻底改变了销售模式。在 20 世纪 60 年代后期，超市试图购买所有呈现在批发市场的产品，悄然无息地将它们运进超市，陈列在货架上，并于前场将它们销售出去。即便发明了条形码，也没有对这样的经营产生影响。除了新鲜产品的季节性变化外，预包装产品的缺货也是经常出现的问题，而这是由于运输中的货损抑或原材料

---

① Dries, L., Reardon, T. and Swinnen, J. F. M., 2004. The rapid rise of supermarkets in central and eastern Europe: implications for the agrifood sector and rural development. Development Policy Review 22 (5): 525 - 556. Reardon, T., Timmer, C. P., Barrett, C. B. and Berdegue, J., 2003. The rise of supermarkets in Africa, Asia, and Latin America. American Journal of Agricultural Economics 85 (5): 1140 - 1146. Weatherspoon, D. D. and Reardon, T., 2003. The rise of supermarkets in Africa: implications for agrifood systems and the rural poor. Development Policy Review 21 (3): 1 - 17.

② 有关集中的趋势，可以参见 Busch, L. and Bain, C., 2004. New! Improved? The transformation of the global agrifood system. Rural Sociology 69 (3): 321 - 346。

③ Wal-Mart, 2008. Annual Report. Available at: http://walmartstores.com/sites/annualreport/2008/message_ from_ lee_ scott. html.

④ Nestlé, 2008. Management Report 2008. Nestlé, Geneva, Switzerland.

的缺失所致。这意味着超市需要大规模的现场仓库，以确保额外的物品在有销售需求时，可以及时供应。又或者，超市需要足够数量的"缺货"物品。而这两者的成本都很昂贵。用于销售的仓储产品也需要额外的空间，而这些空间也可以用作货场。比较而言，缺货意味着货架空空如也以及销售的下降。

应对这一方法的有效措施是供应链管理。就这一管理的起源，有两种不同的版本。一种是认为其起源于 20 世纪 50 年代的系统，另一种则是认为其起源于日本汽车工业的转型，尤其是丰田，时间在 20 世纪 70 年代。① 无论其起源如何，供应链管理改变了食品行业。可以说，供应链管理既是概念的革新，也是实务的革新。其涉及了一个覆盖全链条的组织，进而确保产品可以及时送达，而且货架始终是充盈状态。这要求重点关注物流的所有细节内容，包括商品、材料、企业之间的信息，以及应对整个供应链的适宜处理方式。此外，其也包括了借助"供应链船长"（supply chain captain）来纵向协调涉足供应链中的多数抑或所有的参与者。所谓的"供应链船长"是指一家具有充分市场影响力的企业，进而可以规范供应链中的其他企业，并确保商品在供应链中的有序流通。

这对于实践而言的意义便是大型零售商有能力针对大量的产品质量和供应商操作制定具体的标准。然而，对于供应链中的供应商和购买者而言，他们之间的关系类型也是千差万别。对此，卡普林斯基（Kaplinsky）有如下的建议：在企业诉求的价值链中，有两类截然相反的价值链标准路径。其中一种是供应链中的关系非常紧密，且相互之间保持高度信任，也因为主要买家和第三方供应商之间在合作性上的努力而减少了成本；第二种则是通过标准来促进供应链中更具争议性但公平的贸易关系。②

至少对于食品行业而言，这一区别被夸大了。相反，在一个基本连续的关系链一端，我们发现企业正在应用"丰田模式"，即直接与供应商一起努力，以确保供应商所生产的产品符合他们对于质量标准的要求，且实现方式是最为有效的。这包括提供许多不同形式的建议，且几乎是无法忽略的，以及供应商

---

① 重要的是，战后威廉 – 爱德华兹 – 戴明有关质量控制的工作深度影响了丰田，参见 Edwards Deming，W.，1982. Out of the crisis. Massachusetts Institute of Technology，Center for Advanced Engineering Study，Cambridge，MA，USA。

② Kaplinsky，R.，2010. The role of standards in global value chains. The World Bank，International Trade Department，Washington，D. C.，USA，p. 5.

针对专业化的资本设备的投资（锁定成本），如包装、品种、运输安排等，以便提供利润和保持长期的合作。在这一连续链的另一端则是适用标准的买家，但是，他们与供应商的物理距离非常遥远。正如某审计人员所说的，"目标在于将保障食品安全和质量的责任回溯到供应商。然而，不幸的是，这也是需要对很多企业进行审计的原因"。① 这一存在于供应商之间的竞争也使苛刻的审计从中获利，以避免长期且亲密的关系中产生的成本。事实上，超市链和快餐业使用了大量的方法来建立供应商和买家的关系。

因此，一方面，零售商可以确认对食品包装的规格和形状要求，尤其是以私人标签的方式加以实现，后者也被称为自有品牌或者商店品牌。此外，要求也涉及产品的成分和加工技术。另一方面，零售商也可以干预供应商的操作，包括农场种植和处理的标准要求，乃至重组供应商的商业以便提高其效率，减少自身的成本。诸如沃尔玛这样的企业，也通过电子数据交换来构建与供应商的关系。换言之，当产品在零售端销售后，订单会自动地以电子化的方式传送给供应商，并说明补货的时间和数量。②

上述有关市场的新自由主义转型促进了供应链管理的应用。尤其是零售商非常认同和维护相对规制宽松的市场所带来的"自由运行"。然而，弱化市场规制所导致的"真空"也成为零售商的忧虑。对此，供应链管理集合私营标准为解决这一问题提供了方法。换言之，供应链管理为针对供应商的私营标准的制定和适用提供了工具。然而，吊诡的是，即便这避免了额外的规制，它也有赖于国家的法律体系，以确保合同和刑法的执行到位。③

2.4　三位一体的标准体系的崛起

全球贸易增长的另一个表现便是治理方面的重大转型。当新自由主义和其他的"自由贸易"的主张认为仅减少和最终限制关税和配额便足以实现"贸易

---

① Stier, R. F., 2009. Third party audits: what the food industry really needs. Food Safety Magazine 15 (5): 44.

② Walmart Corporate, Requirements: http://walmartstores.com/Suppliers/248.aspx.

③ 当大型食物源性的动物加工企业尤其是肉鸡产业想要风险和管理模式转嫁给它们的供应商时，合同法是确保其成功性的必要内容。

爆炸"，但其本身没有对规格、标准、质量和安全这些问题做出回应。简言之，即便是最为谨慎的公司，在开展贸易时，也想要了解以下问题：一是他们在合同中所使用的"术语"对于合同双方而言，是否具有相同的意思；二是买家和卖家之间共享同一系列的标准；三是卖家会遵循这些标准；四是各类法定的有关质量和安全的措施落实到位；五是针对违约有救济的方式。考虑到所有的合同都是不完全的，① 如果轻率地应对，势必会有问题。有鉴于此，作为一种新的治理框架，一个所谓的三位一体的标准体系发展起来，② 其由标准、认证、认可组成。接下来我们将逐一对它们做出分析。

2.4.1 标准制定机构

标准制定机构诞生于 19 世纪末。很多这类机构都有其专注的领域，聚焦于某一给定行业内的具体问题。此外，在 20 世纪 30 年代，几乎每个工业化国家都有一个国家级的标准制定机构，部分原因是第一次世界大战的意外所致，以便应对一些非标准化的问题。然而，在 20 世纪的最后 40 多年里，标准制定机构的数量和规模都增长迅速，以至于地球上的每一个国家都有一个国家级的通用类标准制定机构和许多专业化的这类机构。在食用农产品领域，规格和标准的事项也由这些日渐扩张的标准制定机构负责，即回应了上述的第一点和第二点问题。就这些标准制定机构而言，包括建立于 20 世纪中期的专业性和通用性国际机构，如食品法典委员会、国际标准化组织（ISO）、经济合作与发展组织（OECD），一些个体的买家也强大到足以制定自己的标准，以及许多新成立的标准制定机构，如全球农业良好规范（GlobalGAP），非洲、加勒比和太平洋地区联盟（COLEACP），国际有机农业运动联合会（IFOAM），英国零售商协会（BRC），以及食品质量安全（SQF）。重要的是，这些标准制定机构包括行业联合体、私人自愿性协会以及准公共机构。③ 一言以蔽之，他们的出现，打乱了既有的针对公共机构、国际机构和非政府组织之间的区别。

---

① Williamson, O. E., 1975. Markets and hierarchies. Free Press, New York, NY, USA.

② Loconto, A. and Busch, L., 2010. Standards, techno-economic networks, and playing fields: performing the global market economy. Review of International Political Economy 17（3）: 507 – 536.

③ Fulponi, L., 2006. Private voluntary standards in the food system: the perspective of major food retailers. Food Policy 31（1）: 1 – 13.

2.4.2 第三方认证机构

过去,对于买家和卖家之间的关系,通常是建立在买家对于卖家的信任和卖家自身对于未来销售的预期之上的。此外,在很多信任被辜负的情形中,买家将卖家诉至法院的做法也是切实际的。然而,大规模发展的全球食品贸易及国家直接干预的弱化,也导致了一些新的问题。买家可能面临着过百的卖家,与国内的生产商相比,国外的卖家可能提供更为物美价廉的商品,但也因此使这些由国外卖家提供的商品,其价值预期也不同于国产商品。背后的原因便是鉴于成本、时间、司法工具的有限性,而无法在出现合同违约问题时通过法院执行相关的约定。对于这一问题的常见应对方式便是引入不同形式的认证。这回应了上述第三点和第四点的问题,也使第五点的诉求随之消失。

主要的认证形式有三种。[①] 第一种是第一方认证,即由生产者认证产品是否符合关联的标准。当产品使用第一方的品牌时,这一认证的效果最佳,因为这与其声誉息息相关。第二种是第二方认证,其指买家针对流通产品开展持续性的检查。概要之,其要求买家持续性地对卖家进行管理。第三种是第三方认证,是指通过所谓的中立第三方,即由交易不涉及的一方,来开展合格评定的工作。也就是说,确认卖家的产品在多大程度上符合了双方合同所确认的标准。考虑到最后认证形式的成本由卖家承担,且其使卖家的角色与监管的角色相分离,因而,这成为认证圈最受欢迎的形式。

由此而来的便是一个新的快速发展的产业,即认证。当认证者一开始只关注某一特定行业且依旧保持这一风格时,当下的认证者更乐意进行跨行的认证。因此,大型的认证公司,如瑞士通用公证行(SGS)和挪威船级社(DNV),认证了从食品产品到炼钢厂的所有产品。相反,中小型的认证公司则是试图专职

---

① 就认证的参考文献而言,可举例如下:Busch, L., Thiagarajan, D., Hatanaka, M., Bain, C., Flores, L. G. and Frahm, M., 2005. The relationship of third-party certification (TPC) to sanitary/phytosanitary (SPS) measures and the international agri-food trade: Final report. Development Alternatives, Inc., Washington, D. C., USA. Deaton, B., 2004. A theoretical framework for examining the role of third-party certifiers. Food Control 15: 615 – 619. Gibbon, P. and Ponte, S., 2008. Global value chains: from governance to governmentality? Economy and Society 37 (3): 365 – 392. Hatanaka, M., Bain, C. and Busch, L., 2005. Third-party certification in the global agrifood system. Food Policy 30 (3): 354 – 369。

于单一领域，如食品产品，案例有如国际品质保证（Quality Assurance Internationa）和美国国家卫生基金会（NSF International）。

然而，很难说认证行业是大公无私的一个行业。尽管没有证据说明存在欺诈或欺骗的问题，认证者还是觉得自己的处境左右为难。对于认证服务的诉求主要源于食品产品的购买者，但是，支付认证的却是接受认证的参与者。因此，如果不给予接受认证的企业一个通过的结果，就相当于失去了自己的顾客。第 2.5.2 部分会进一步论述这一两难的困境。

2.4.3 认可者

仅购买受到认证产品是零售商日益增长的诉求，这一借助标准实现的诉求也促进了一个提供认证服务的全球市场的发展。一开始，几乎所有人都可以通过一个符号来声称自己便是一个认证者。诚然，直到目前，在多数国家也是没有什么制度来阻止一些人如此自我声明。但是，很快便显而易见的一点是，一些认证者比另一些认证者更值得信任。为了解决这一问题，在国家层面成立了许多的认可机构，这些机构既有公共部门，也有公私合作的，乃至私人机构。①此外，还有两个非政府组织参与国家认可者的认可工作。换言之，他们可以通过同行评议等认证的方式来确保认可者的可信度，即他们所认可的认证者会正确无误地做好本职工作。

一如其名称所显示的，国际实验室认可合作（ILAC）是国家实验室认可机构之间的合作，②其意在确保国家认可者适用同样的检测标准、具体要求以及国家检测实验室能力认证方面的准确性和精准性，以确认他们符合最低标准的要求。国家认可论坛（IAF）在其网站上也指出了"在管理体系、产品、服务、个人以及其他类似项目的合规评定领域内，其是世界合格评定认可机构的协会"。③ 重要的是，无论这一机构是否是政府机构，它们都毫无疑问地会参与治理活动。

---

① Donaldson，J. L.，2005. Directory of National Accreditation Bodies. National Institute of Standards and Technology，Gaithersburg，MD，USA.

② International Laboratory Accreditation Cooperation，Welcome to ILAC，http：//www. ilac. org/home. html.

③ International Accreditation Forum，International Accreditation Forum，Inc.，http：//www. iaf. nu/.

2.4.4 新的私人治理：三位一体的"标准体系"

标准制定机构、认证者和认可者一并构成了所谓的三位一体的"标准体系"，抑或更为精确地说，这是一个三者的混合体。借助市场，这三者的结合体一起管理着全球范围内的食品和其他产品及服务的生产。它们的作用可以被视为一种新型的法律制定和执行机构。尽管参与这一"标准体系"通常是自愿性的，但是，每一个生产和执行都是基于自己的私人规范、法律、规则、标准、具体要求和规制，且符合这些要求在"标准体系"内都是具有约束力的。不合规的行为会有市场制裁，即无法进入某一特定的市场，且通常是营利性的市场。此外，三位一体的"标准体系"也已经突破了国界的束缚，事实上，即便在理论上它们也不是地域性的产物。因此，一个给定的三位一体的"标准体系"，可能涉及危地马拉、墨西哥和加纳的种植者，泰国、法国和加拿大的超市，以及从种植农场到这些超市之间所涉及的商品运输者。

与此同时，很重要的一点是，三位一体的"标准体系"最终也有赖于国家的参与。国家为这一标准体系的执行提供了重要的服务，包括：一是企业、合同、知识产权和反欺诈方面的立法；二是除了市场制裁外，国家适宜的执法机制也很重要，包括民事和刑事的法院、警察、公诉等；三是国际协议和机构，如世界贸易组织。没有这些国家层面的支持性制度，对于有过错的参与者，三位一体的"标准体系"对其的规范也会毫无约束可言。

2.5 治理是否可以多元化？合法性和市场再探

民族国家用了几个世纪的时间获得了合法性。即便在当下，这样的合法性还会受到国家内部不同团体的质疑，如巴斯克分离主义者、苏格兰民族主义者、密歇根民兵等。然而，除了极少数的地区是双重法律体系，以及一些地区的国家失去了对本土和本地居民的控制权（如索马里）外，民族国家已经成为地球上的主要国家体。就我所知，没有一个地方是在公民找到自己偏好前便能在诸多的法律体系内选择其一的。然而，对于选择上述的私人治理体系而言，却是如此。下文将分析三位一体的"标准体系"的优势和劣势。

2.5.1 三位一体的"标准体系"的优势

针对供应链,三位一体的"标准体系"有诸多优势。第一且最为重要的一点是,它们具有灵活性。与国家制定的法律要求相比,它们更有弹性。如果这一体系中的某一当事方因为任何一个原因而觉得当下的形式是不可接受的,便可以很容易地变更相关的内容。第二,它们也更具前瞻性。因此,在收成有限的时期,质量标准可以相对宽松,以便确保加工商和零售商可以获得供给。相反,在丰收的时期,标准的执行就会严格很多,以便排除那些不合规的产品。第三,三位一体的"标准体系"可经调整后更好地适应具体的情形,这也比法律要求的调整程度大。第四,三位一体的"标准体系"通常伴有退出条款,而这是正规法律要求所缺失的。确实是这些额外的灵活性使私主体更青睐于三位一体的"标准体系",包括企业和私人的自愿性组织。

同时,对于其他的团体而言,三位一体的"标准体系"也有潜在的优势。而且更为重要的是,通过三位一体的"标准体系",这些团体可以参与某些不对外开放的市场,尤其是发展中国家的一些市场。[①] 而且,三位一体的"标准体系"可以帮助生产者提高生产操作的效益和效率。最后,在针对由于跨国导致的复杂的环境、劳工、人权问题方面,三位一体的"标准体系"也是更为有效的协调工具,而这是迄今为止的国际协议中缺失的抑或无法执行的内容。[②]

2.5.2 三位一体的"标准体系"中存在的问题

与此同时,三位一体的"标准体系"也存在一些问题。这一体系的最大问题是这一体系的作用类似于国家,抑或更胜于国家,类似于准国家。有如国家,每一个三位一体的"标准体系"都可以自行制定规则,开展规制,且每一个都有自己的执行体系,通常是针对违法规则的行为,拒绝其进入市场。[③] 当这一

---

① 在一些情形中,这是零和博弈。有些因为这样的标准体系而加入这一市场中,但同样有其他的人也因此被排挤出市场。

② Conroy, M. E., 2007. Branded! How the "certification revolution" is transforming global corporations. New Society Publishers, Gabriola Island, Canada; for a more critical view, see Gereffi, G., Garcia-Johnson, R. and Sasser, E., 2001. The NGO-industrial complex. Foreign Relations 125 (July-August): 56 – 65.

③ 对于工业国家而言,由于市场准入的否定而导致的后果不太多,因为还有其他不怎么受到歧视的买家存在。相反,在许多贫穷国家,地方垄断导致否定市场准入,就相当于商业失败。

体系从技术层面来说是自愿性时，在很多情形中，它们都具有准约束力，因为在一个给定的区域内，三位一体的"标准体系"包括了所有的市场参与者。但是，不同于国家，三位一体的"标准体系"通常没有上诉机制，或者很少有这样的机制。而且，也不同于国家，它们的权力应用也没有地域性，而是波及地域限制之外。一如上文所述，它们有赖于国家针对法定义务的执行机制，同时，它们通常也可以针对任何国家之外的区域执行规则。

此外，它们确实不同于民主化的国家。它们通常没有所谓的分权，其所代表的几乎是某一供应链中的一小部分人士，且通常是最具有权力的那些人士。这些人在适用规则时具有反复无常的特点。这使人联想到了乔治·奥威尔的《动物庄园》，① 即所有动物生来平等，有些动物会更加平等。

三位一体的"标准体系"具有国家的特点，包括民主赤字的问题，并由此导致了一些其他的问题。这包括问责、效益、透明、创新、公平和合法性。② 以下将逐一做简要介绍。

问责

对于三位一体的"标准体系"的参与者而言，该问责谁是尚不明朗的问题。三位一体的"标准体系"的设计初衷是促进某一供应链中的私主体之间的信任。③ 然而，三位一体的"标准体系"同时发挥着传统上由国家所完成的功能，即保障食品安全。因此，它们对于一些公共产品也负有责任。此外，一如某一观察家所指出的，"当下多数的私人安全规制都以北方国家为主。其保护着发达国家的利益，且在整合发展中国家生产者和公共的诉求时显得犹犹豫豫，采纳得也非常有限"。④ 此外，标准的多元化也给问责造成了困难。

---

① Orwell, G., 1984 [1945]. Animal farm. Folio Society, London, UK.

② 此外，还有一个问题是有关这些私营标准和世界贸易组织的匹配性，尤其是 SPS 协议和 TBT 协议，可以参见 Schroder, H. Z., 2009. Definition of the concept "international standard" in the TBT Agreement. Journal of World Trade 43 (6): 1223 – 1254；以及本书第六章。

③ 国际认可论坛指出，促进信任是其核心目标，参见 International Accreditation Forum, Inc., http://www.iaf.nu/. Cf. O'Neill, O., 2002. A question of trust. Cambridge University Press, Cambridge, UK。

④ Meidinger, E., 2009. Private import safety regulation and transnational new governance. In: Coglianese, C., Finkel, A. M. and Zaring, D. (eds.). Import safety: regulatory governance in the global economy, University of Pennsylvania Press, Philadelphia, PA, USA, p. 233.

效益

一如某一观察者所指出的，"……私营标准是否能使消费者和社会都受益，最终有赖于它们给当下情形所能带来的实际改善"。① 当前通过广泛适用 HACCP、ISO 9000 以及其他管理导向的项目带来的效益是基于如下的假设，即参与者都是有能力的，且愿意改善他们经营产品的质量和安全。显而易见的是，如果选择的控制点没有包括这些相关内容，那么所谓的 HACCP 体系也没有价值了。事实上，在一些地方，这一所谓的危害分析和关键控制点 HACCP 体系（Hazard analysis and critical control point）还被拼写为"再来一杯咖啡，并继续祷告"（Have another cup of coffee and pray）。

就认证的观察而言，也可以做出类似的评议。美国最近发生的花生酱中出现沙门氏菌的问题也表明了这一问题的存在。这一家业已结业的美国花生公司为很多食品生产商提供原料。其由尤金·A. 哈特菲尔德开展对其的检查工作。作为知名已久的食品认证员，哈特菲尔德先生负责 AIB 国际（AIB International）认证。② 根据该公司的网站信息，AIB 国际获得了美国国家标准学会和英国皇家认可委员会的认可，它们分别是美国和英国的国家认可机构。企业知道审计人员开展审计工作的时间，因而有足够的时间来应付这些检查。此外，哈特菲尔德先生也只有不到一天的时间来评估每个月要加工上百亿磅的花生的厂房。

哈特菲尔德先生并不是一个新手，而是一个 66 岁的调味品厂检查员。然而，他的经验主要是针对新鲜产品的检查，而不是落花生。在认证中，其给该工厂的检查结论是"较好"。然而，联邦的调查员在随后的调查中发现失修的厂房已经被沙门氏菌污染，其已经波及花生和面糊，且这一问题至少已经存在 9 个月之久了。但是，他们已经无法阻止这一问题的扩散了，最终这成为了近年来全国皆知的食源性疾病危机，且在这 9 个月里，已经造成了死亡和多达 22,500 人的患病问题。③

---

① Liu, P., 2009. Private standards in international trade: issues, opportunities and long-term prospects. In: Sarris, A. and Morrison, J. (eds.). The evolving structure of world agricultural trade: implications for trade policy and trade agreements. Food and Agriculture Organization of The United Nations, Trade and Markets Division, Rome, Italy, p. 218.

② 译注：AIB 国际（AIB International）是专业、严格、公平的三方检查之一，是对食品生产商的品质与安全卫生保证能力的全球通用考核标准。

③ The New York Times, 6 March 2009, A1. See also: Stier, R. F., 2009. Third party audits: what the food industry really needs. Food Safety Magazine 15 (5): 43–44, 46, 48–49, 60.

购买其原料的企业也不得不召回具有潜在危害的产品。尽管没有证据表明存在共谋或者欺骗的问题，但显而易见的一点是，审计并不充分。但问题并不只是这些，"如果认证人员为一家利润导向的公司工作，其在解释和执行标准时也会比较宽松，以避免客户选择在解释方面更具有灵活性的竞争对手。而且，当针对不合规撤回认证时，其也意味着失去了这一客户"①。

所有的这些都发生在一个工业化的国家，其特点是国家很强势，而且购买者和公众之间有着高度的信任感。当一个国家的政府比较弱势且缺失信任时，这一问题的影响会更为深远。例如，一些研究探讨了三位一体的"标准体系"在国家比较弱势的地区的有效性，以越南的"蔬菜生产体系安全性"为例，其研究结论是有效性方面很差。②

还应当注意的是，以下的情形也会出现，即为了非价格的价值和/或注意义务，购买商不仅会要求产品符合高质量要求，也会提出比健康监管部门更严格的安全要求。这对于新鲜水果蔬菜的生产者而言，是极具挑战的，因为他们对于经常出现在这类产品中的微量微生物而言，是不具有控制力的。此外，这些极易腐败的产品也需要在价值消逝前予以销售。例如，一项研究表明蓝莓的买家针对未曾出现在疾病暴发中的微生物提出了极不合理的数量要求，在某一案例中，这一买家的要求可以是另一个买家的 20 倍。③ 这一类类似的要求并没有提高公共或私有商品的流通有效性，但确实增加了成本。

透明

当超现实的法律体系确实存在时，在很多国家，大多数的商业法律都是公开且众所周知的。但是，很多标准体系却故意制定得比较模糊。④ 这一模糊性

---

① Liu, P., 2009. Private standards in international trade: issues, opportunities and long-term prospects. In: Sarris, A. and Morrison, J. (eds.). The evolving structure of world agricultural trade: implications for trade policy and trade agreements. Food and Agriculture Organization of The United Nations, Trade and Markets Division, Rome, Italy, p. 224.

② Pham Van Hoi, Mol, A. P. J. and Oosterveer, P. J. M., 2009. Market governance for safe food in developingcountries: the case of low-pesticide vegetables in Vietnam. Journal of Environmental Management91 (2): 380 – 388.

③ Bain, C. and Busch, L., 2004. Standards and strategies in the Michigan blueberry industry. Michigan Agricultural Experiment Station, East Lansing, MI, USA.

④ Kaplinsky, R., 2010. The role of standards in global value chains. The World Bank, International Trade Department, Washington, D. C., USA.

表现在以下几个方面：第一，大多数的标准制定机构出售他们的标准。可以说，这是他们主要的收入来源。因此，将标准流通限于购买的客户，符合他们的既得利益。第二，在一些情形中，标准可能确实是商业秘密，进而要求签订一个不得披露的协议。第三，根据买家变更的要求，对标准也会经常性地加以修订。这一缺失透明性的问题确实比较麻烦。

创新

三位一体的"标准体系"经常成为创新的壁垒。当其内容是针对过程标准时，这一问题尤为突出。例如，许多当下针对食用农产品的三位一体的"标准体系"都要求生产者严格遵守有关种植、播种、施肥和收获的日程要求，以及严格地针对牲畜管理的要求。当这些要求有助于根据既定的日程生产统一的产品时，其灵活性不足的问题也妨碍了创新的可能。经常出错的一点是，这一做法是基于如下的观点，即所有的创新都应当来源于供应链的控制者。相反，这样的做法限制了供应商的管理能力。同样的问题也存在于加工行业。

公平

一个经常在文献中指出的问题是针对小型生产者的不利影响。确实值得一提的是，在这一连续性的关系链中，两端都存在歧视小型生产者的问题。一方面，小型生产者可能在投资专业设备方面缺乏必要的资金；另一方面，在没有技术的助力下，它们也经常发现自己被排挤出市场。许多公共的和私人的援助机构都试图应对这一问题，也有了一些成功的做法。在一些情形下，生产合作社和小规模的组织可以成功地迎合购买者的要求；[①] 而在其他的一些情形下，一些目标依旧无法实现。此外，当一些标准经常发生变化抑或非常模糊时，他们也需要一些常设的咨询机构来保持公平性。但这一前景并不乐观。

合法性

三位一体的"标准体系"带来了许多的合法性问题。第一，当供应商需要符合更为严格的具体要求时，其合法性便遭到了质疑。[②] 经常存在的问题便是下游的参与者通常有能力将上游的参与者排挤出市场。[③] 在未来，气候变化和

[①] 对于这一话题，参见第 8 章的论述。

[②] 当标准要求很高而价格溢价的空间很少或没有时，这一问题就加剧了。

[③] Competition Commission, 2000. Supermarkets：a report on the supply of groceries from multiple stores in the United Kingdom. Available at：http：//www. competition-commission. org. uk/rep _ pub/reports/2000/446super. htm.

高昂的石油价格都可能改变这些情形，但依旧需要观望。而且，由此而来的一个意外可能是在一些贫穷国家会发生食品关联的暴动。第二，即便所谓的道德标准（如公平贸易、可持续性）都会带来合法性问题，当一些私人的自愿性组织制定一些标准时，毫无疑问的是他们会有自己的诉求，并将这些诉求强加于生产者，后者在使用和执行这些标准时几乎就没有什么发言权。① 第三，每一个三位一体的"标准体系"或者每一个供应链也会制定他们自己的规则，并创建自己的市场和由此而来的产出。就这些产出而言，包括了那些参与既定的一个标准体系的成员，但也会包括那些与该体系相关但又不是成员的参与者。换言之，一个三位一体的"标准体系"可能有意或者无意地导致两极化的"公民"，包括标准体系内的参与者和被排挤并因此被忽视的人。例如，贝恩已经指出在有关智利鲜食葡萄的三位一体的"标准体系"中，劳工合同是如何系统地排除有关劳工保护的内容。② 此外，就一个国家而言，标准使得法律多元化，但同时也使得预估、预见市场行为以及构建渠道等工作更为困难，并损害了国内和国际的政策。

最后，不断发展的三位一体的"标准体系"似乎给国家的规制者一个错误的信号，即他们可以高枕无忧了。对于食品新技术规制的缺失，如针对纳米技术，表明了至少在一些领域依旧存在一个放任自由的状态，此间，事后回应式的法律使事项可以自行发展，又或者没有足够的资金来采取行动，即便已经有了关注的事项。③ 很有可能的一点是，一旦发生关联纳米技术的灾难，必然又会促使国家严正以待。简言之，无论是对于国家，还是三位一体的"标准体系"，都有合法性的问题。

---

① Gereffi, G., Garcia-Johnson, R. and Sasser, E., The NGO-industrial complex. Foreign Relations 125 (July-August)：56 – 65.

② Bain, C., 2010. Structuring the flexible and feminized labor market：Globalgap standards for agricultural labor in Chile. Signs：Journal of Women in Culture and Society 35 (2)：343 – 370.

③ Busch, L., 2008. Nanotechnologies, food, and agriculture：next big thing or flash in the pan? Agriculture and Human Values 25 (2)：215 – 218；House of Lords, 2010. Nanotechnologies and food：evidence. House of Lords, Committee on Science and Technology, London, UK；Institute for Food and Agricultural Standards, 2007. An issues landscape for nanotechnology standards：report of a workshop. Institute for Food and Agricultural Standards, Michigan State University, East Lansing, MI, USA；Taylor, M., 2006. Regulating the products of nanotechnology：Does FDA have the tools it needs? Woodrow Wilson Center for International Scholars, Project on Emerging Nanotechnologies, Washington, D. C., USA.

2.6 结论

就标准而言，其看似自愿性的特点表明管理借助标准、认证和认可解决问题的方法并不是以发声或者忠诚为凭据的，而是存在性。[①] 换言之，有人会主张即便不能或者不愿意参与这一工业世界的市场，其依旧可以向中低收入的国家销售其产品，后者的标准更低一点，且当下也有这样的机遇。而且，考虑到诸如印度、中国和巴西的购买力及其增长趋势，可以说这也是合理的替代性选择。然而，这些国家的买家和政府也日渐采取更为严格的标准要求来规范优质和安全的产品。因为在这些国家里，一是他们的供应商也面对着全球的市场，且意识到了优质产品的经济和安全优势；二是当受过教育的中产阶级面对各类食品问题时，他们也对本地的无良生产者提出了保护消费权益的要求。[②]

当然，如果将国家导向的治理视为完美无缺，也是天真的。可以说，离这样的判断还很遥远。但是，由多样的准国家治理所带来的多元性也给民主带来了根本问题。在我看来，总体来说有以下四个选择。

2.6.1 重回一元规制

毫无疑问，很多人会倾向于回到由国家限制的一元规制。这意味着严格限制非国家组织在制定质量标准方面的能力，进而瓦解了三位一体的 "标准体系"。作为替代，其也意味着强化国际治理，如强化世界贸易组织的作用并扩张《实施动植物卫生检疫措施协议》和《技术性贸易壁垒协议》在许多非私人交易中的影响。诚然，一些观察者指出这些协议应当适用于私人部门。[③] 但是，

---

① Hirschman, A. O., 1970. Exit, voice, and loyalty: responses to decline in firms, organizations, and states. Harvard University Press, Cambridge, MA, USA.

② 针对中国案例，可以参考如下文献，而更为重要的是，三聚氰胺的问题也迫使中国政府制定了更为严格的食品安全法以及鼓励认证项目。Yamei, Q., Zhihua, Y., Weijun, Z., Heshan, T., Hongping, F. and Busch, L., 2008. Third-party certification of agro-products in China: a study of agro-product producers in Guangzhou, Shenzhen, Hangzhou and Qingdao. Food Protection Trends 28 (11): 765 – 770. Moreover.

③ Dankers, C., 2003. Environmental and social standards, certification and labelling for cash crops. Food and Agriculture Organization of the United Nations, Rome, Italy.

进一步在国家政策中使用私营标准的做法也说明了政策发展的方向不同于前述的内容。然而，世界贸易组织成员方赞同私营标准的统治地位也是不太可能的。

2.6.2　持续性地繁荣发展

最有可能的是标准和三位一体的"标准体系"的持续繁荣发展，尤其是在大型企业的支持下。这包括了针对消费者的非价格竞争、供应商锁定、向供应商转移风险，以及即时的配送。然而，食用农产品行业内的日益集中趋势和有关不参与某些标准类型竞争的决定都会抵消这一繁荣。例如，全球食品安全倡议便是根据以下的理念成立的，即食品安全是一个非竞争的内容。①

2.6.3　新的封建主义

第三个可能是一种新的封建主义，即一些大的食品零售商会越来越像近代的一些封建领主，借助它们的市场力量来应对有力的国家政策，并通过特定的供应链约束供应商。事实上，瑟曼（Thurman Arnold）在很多年前就指出了企业是封建制度的最后残余。② 目前，弗拉迪米尔（Vladimir Shlapentokh）也指出了在当代社会中出现的封建趋势。③

2.6.4　混合主义

最后也存在的一种可能是出现一些混合型的协议。在这样的系统下，可以是国家运作的、全私人的、公私标准和各类三位一体的"标准体系"。然而，一些实体领域会有占支配地位的形式，另一些领域则又是别的形式。例如，一种决策便是让多数的食品安全成为国家标准，但是，表面的一些质量要求则是由买家自行裁量。针对销售方的过程标准可能由国家界定，但是其管理则由非

---

① Fulponi, L. , 2006. Private voluntary standards in the food system: the perspective of major food retailers. Food Policy 31 (1): 1 – 13; Global Food Safety Initiative, http: //www. mygfsi. com/.

② Arnold, T. , 1937. The folklore of capitalism. Yale University Press, New Haven, CT, USA.

③ Shlapentokh, V. and Woods, J. , 2007. Contemporary Russia as a feudal society: a new perspective on the post-Soviet era. Palgrave Macmillan, New York, NY, USA; Shlapentokh, V. and Woods, J. , 2011. The Middle Ages in America: feudal elements in contemporary society. The Pennsylvania State University Press, University Park, PA, USA.

国家的参与者负责。这些协议的可能性是无限的，但如何使其制度化则需要考虑长期存在的政治的、法律的和经济的争议以及冲突。而这些争议和冲突的结果又几乎会影响到这个地球上的每个人。

2.7 致谢

诚挚地感谢经济和社会研究委员会（Economic and Social Research Council，ESRC）的支持。这一工作是该委员会致力于基因组学的经济和社会研究中心（Cesagen，ESRC Centre for Economic and Social Aspects of Genomics）的基因组学网络研究项目。对于本章的书稿，感谢 Allison Loconto 和 Carolina Maciel 给予的有益评价。

翻译：孙娟娟

参考文献

— Allemanno，A.，2009. Solving the problem of scale：The European approach to import safety and security concerns. In：Coglianese，C.，Finkel，A. M. and Zaring，D.（eds.）. Import safety：regulatory governance in the global economy. University of Pennsylvania Press，Philadelphia，PA，USA，pp. 171 – 189.

— Arnold，T.，1937. The folklore of capitalism. Yale University Press，New Haven，CT，USA. Bain，C.，2010. Structuring the flexible and feminized labor market：Globalgap standards for agricultural labor in Chile. Signs：Journal of Women in Culture and Society 35（2）：343 – 370.

— Bain，C. and Busch，L.，2004. Standards and strategies in the Michigan blueberry industry. Michigan Agricultural Experiment Station，East Lansing，MI，USA.

— Busch，L.，2008. Nanotechnologies，food，and agriculture：next big thing or flash in the pan? Agriculture and Human Values 25（2）：215 – 218.

— Busch，L. and Bain，C.，2004. New! Improved? The transformation of the global agrifood system. Rural Sociology 69（3）：321 – 346.

— Busch，L.，Thiagarajan，D.，Hatanaka，M.，Bain，C.，Flores，L. G. and

Frahm, M. , 2005. The relationship of third-party certification (TPC) to sanitary/phytosanitary (SPS) measures and the international agri-food trade: Final report. Development Alternatives, Inc. , Washington, DC, USA.

— Competition Commission, 2000. Supermarkets: a report on the supply of groceries from multiple stores in the United Kingdom. Available at: http: // www. competition-commission. org. uk/rep_ pub/reports/2000/446super. htm.

— Conroy, M. E. , 2007. Branded! How the "certification revolution" is transforming global corporations. New Society Publishers, Gabriola Island, Canada.

— Croom, S. , Romano, P. and Giannakis, M. , 2000. Supply chain management: an analytical framework for critical literature review. European Journal of Purchasing & Supply Management 6: 67 – 83.

— Dankers, C. , 2003. Environmental and social standards, certification and labelling for cash crops.

— Food and Agriculture Organization of the United Nations, Rome, Italy.

— Deaton, B. , 2004. A theoretical framework for examining the role of third-party certifiers. Food Control 15: 615 – 619.

— Deming, W. E. , 1982. Out of the crisis. Massachusetts Institute of Technology, Center for Advanced Engineering Study, Cambridge, MA, USA.

— Donaldson, J. L. , 2005. Directory of National Accreditation Bodies. National Institute of Standards and Technology, Gaithersburg, MD, USA.

— Dries, L. , Reardon, T. and Swinnen, J. F. M. , 2004. The rapid rise of supermarkets in central and eastern Europe: implications for the agrifood sector and rural development. Development Policy Review 22 (5): 525 – 556.

— Food and Agriculture Organization, 2009. FAO Statistical Yearbook 2009, FAO, Statistics Division, Rome, Italy.

— Fortin, N. D. , 2009a. Food regulation: law, science, policy, and practice. John Wiley, Hoboken, NJ, USA.

— Fortin, N. D. , 2009b. United States Food Law: consumers, controversies, current issues. European Journal of Consumer Law 2009 (1): 15 – 42.

— Foucault, M. , 2008. The birth of biopolitics: lectures at the Collège de France, 1978 – 79. Palgrave Macmillan, New York, NY, USA.

— Friedman, M. , 1962. Capitalism and freedom. University of Chicago Press, Chicago, IL, USA.

— Fulponi, L. , 2006. Private voluntary standards in the food system: the perspective of major food retailers. Food Policy 31 (1): 1 – 13.

— Gereffi, G. , Garcia-Johnson, R. and Sasser, E. , 2001. The NGO-industrial complex. Foreign Relations 125 (July-August): 56 - 65.

— Gibbon, P. and Ponte, S., 2008. Global value chains: from governance to governmentality? Economy and Society 37 (3): 365 - 392.

— Goldman, M., 2005. Imperial nature: The World Bank and struggles for justice in the age of globalization. Yale University Press, New Haven, CT, USA.

— Harper, R., 2000. The social organization of the IMF's mission work. In: Strathern, M. (ed.). Audit cultures: anthropological studies in accountability, ethics, and the academy. Routledge, New York, NY, USA, pp. 21 - 53.

— Hatanaka, M., Bain, C. and Busch, L., 2005. Third-party certification in the global agrifood system. Food Policy 30 (3): 354 - 369.

— Hayek, F. A., 1973 - 1979. Law, legislation and liberty, 3 vols. University of Chicago Press, Chicago, IL, USA.

— Hayek, F. A., 2007 [1944]. The road to serfdom. University of Chicago Press, Chicago, IL, USA.

— Hirschman, A. O., 1970. Exit, voice, and loyalty: responses to decline in firms, organizations, and states. Harvard University Press, Cambridge, MA, USA.

— House of Lords, 2010. Nanotechnologies and food: evidence. House of Lords, Committee on Science and Technology, London, UK.

— Institute for Food and Agricultural Standards, 2007. An issues landscape for nanotechnology standards: report of a workshop. Institute for Food and Agricultural Standards, Michigan State University, East Lansing, MI, USA.

— Kaplinsky, R., 2010. The role of standards in global value chains. The World Bank, International Trade Department, Washington, D. C., USA.

— Lippmann, W., 1938. The good society. George Allen and Unwin Ltd., London, UK.

— Liu, P., 2009. Private standards in international trade: issues, opportunities and long-term prospects. In: Sarris, A. and Morrison, J. (eds.). The evolving structure of world agricultural trade: implications for trade policy and trade agreements. Food and Agriculture Organization of The United Nations, Trade and Markets Division, Rome, Italy, pp. 205 - 235.

— Loconto, A. and Busch, L., 2010. Standards, techno-economic networks, and playing fields: performing the global market economy. Review of International Political Economy 17 (3): 507 - 536.

— Meidinger, E., 2009. Private import safety regulation and transnational new governance. In: Coglianese, C., Finkel, A. M. and Zaring, D. (eds.). Import safety: regulatory governance in the global economy, University of

Pennsylvania Press, Philadelphia, PA, USA, p. 233.

— Mirowski, P. and Plehwe, D. (eds.), 2009. The road from Mont Pèlerin: the making of the neoliberal thought collective. Harvard University Press, Cambridge, MA, USA.

— Nestlé, 2008. Management Report 2008. Nestlé, Geneva, Switzerland.

— O'Neill, O., 2002. A question of trust. Cambridge University Press, Cambridge, UK.

— Orwell, G., 1984 [1945]. Animal farm. Folio Society, London, UK.

— Peters, G. and Pierre, J., 1998. Governance without government? Rethinking public administration. Journal of Public Administration Research and Theory 8 (2): 223 – 243.

— Pham Van Hoi, Mol, A. P. J. and Oosterveer, P. J. M., 2009. Market governance for safe food in developing countries: the case of low-pesticide vegetables in Vietnam. Journal of Environmental Management 91 (2): 380 – 388.

— Reardon, T., Timmer, C. P., Barrett, C. B. and Berdegue, J., 2003. The rise of supermarkets in Africa, Asia, and Latin America. American Journal of Agricultural Economics 85 (5): 1140 – 1146.

— Schroder, H. Z., 2009. Definition of the concept "international standard" in the TBT Agreement. Journal of World Trade 43 (6): 1223 – 1254.

— Shlapentokh, V. and Woods, J., 2007. Contemporary Russia as a feudal society: a new perspective on the post-Soviet era. Palgrave Macmillan, New York, NY, USA.

— Shlapentokh, V. and Woods, J., 2011. The Middle Ages in America: feudal elements in contemporary society. The Pennsylvania State University Press, University Park, PA, USA.

— Simons, H. C., 1948 [1934]. A positive program for Laissez Faire: some proposals for a liberal economic policy, In economic policy for a free society. University of Chicago Press, Chicago, IL, USA, pp. 40 – 77.

— Smith, A., 1982 [1759]. The theory of moral sentiments. Liberty Fund, Indianapolis, IN, USA.

— Smith, A., 1994 [1776]. An inquiry into the nature and causes of the wealth of nations. Modern Library, New York, NY, USA.

第 3 章

食品"私法"的剖析

Bernd van der Meulen

3.1 介绍①

3.1.1 规划

本章阐述了食品"私法"的法律框架，即所谓的解剖食品"私法"。为此，3.2 部分描述了食品"私法"的发展路径。3.3 至 3.11 部分则是讨论那些共同构成食品"私法"架构的因素，包括供应链编制（chain orchestration）的形式（3.3）、私人项目的所有情况（3.4）、食品"私法"的执行（3.5）、仲裁和纠纷解决（3.6）、审计的作用（3.7）、认证（3.8）、认可（3.9）、认可的私人替代选择（3.10），以及标准制定（3.11）。3.12 部分以图像形式对研究发现做了总结，即我们后续会看到的食品"私法"的架构。3.13 和 3.14 部分讨论了私人项目的关联性（3.13）以及私人项目和公法之间的关系（3.14）。3.15 部分探讨了食品"私法"发展的潜在动机。3.16～3.22 部分描述了当下一些重要私人规制的内容，包括良好农业规范、良好生产规范、危害分析和关键控制点（HACCP）的内容（3.17），全球良好农业规范（GlobalGAP）（3.18）、英国零售商协会（BRC）（3.19）、国际卓越标准（IFS）（3.20）、食品安全质量标准（SQF）（3.21），以及食品安全认证体系（FS22000）（3.22）。3.23 部分则介绍了全球食品安全倡议（GFSI）针对

---

① 本章的写作是基于《欧盟食品法手册》一书的第 17 章。参见 B. and Van der Velde, M., 2008. European Food Law Handbook. Wageningen Academic Publishers, Wageningen, the Netherlands。中文翻译参见孙娟娟译：《欧盟食品法手册》，华东理工大学出版社，2018 年。

协调食品"私法"的工作。第 3.24 部分和第 3.25 部分分别分析了与欧盟和世界贸易组织相关联的食品"私法"。本章结束部分 3.26 则是做了一些小结。

3.1.2 自愿性规则

在食品法中，有一些类型的规则并不具有应当合规的义务要求。换言之，它们并不具有约束力，或者说法定约束力，如卫生规范，抑或食品法典委员会所细化的行为规范，又或者是其他许多有关食品的要求。

食品企业也可能选择符合这些规则的要求，因为在他们看来，如此选择可以表明它们在法律强制性要求方面的合规性，如适用卫生指南可以证实符合了有关 HACCP 的要求。借此，也可以提高产品的安全性以及其他质量特点，当然，也有许多其他合规方面的原因。

如果企业的所有者选择适用这些不具有约束力的规则，那么他们也会因此确立一项内部义务：这一选择所涉及的工厂和在此工作的员工有义务符合这些规则要求。这些义务背后的法定机制并不是这些规则本身，而是基于以下法律的要求，包括财产法（所有者有权规定其企业的要求）、公司法（企业合伙人制定的公司章程要求）或者劳动法（劳动合同使雇主有权对雇员科以义务）。

如果企业告知其贸易合作伙伴，尤其是客户，它在产品生产过程中适用一些规则，[①] 那么这些规则所要求的事项应当是其在市场提供产品时所一并涵盖的内容，即保证其产品根据所适用的规则，具有某些质量特征。如果这一特征对于客户而言非常重要，那么生产者和其客户所签订的合同应当包含这一内容。对于当事人而言，合同是具有约束力的。如果对当事人而言，没有约束力的规则被约定在了合同中，那么这些规则对他们而言便具有了约束力。

客户可能要求他们的供应商适用一些规则或者符合一定的标准要求。[②]如果供应商同意，且这些要求成为合同的内容，那么遵守这些要求便是义务所在。合同要求合意，其具体的内容可由任何一方提出。

只要没有合同，那么便没有义务去适用一些不具有约束力的规则。即便市场上的多数购买者（抑或一些非常具有购买力的买家）使适用一些规则成为形成合同关系的严格前提时，适用这些规则的程序要求依旧不是法定义务。然而，

①　例如，针对有机食品的规则，参见汉斯珀的第 13 章。
②　如有关公平贸易的要求。

应当知道的是，只有愿意接受这些义务要求，才能获得这些合同。因而，这些义务无处不在，且就存在于合同的内容中。尽管法律上并没有要求适用这些原则，但是如果你不适用这些规则，你将无法展开业务。在这样的情形下，我们可以说，这些规则具有事实上的约束力。尽管没有源于法定的义务，但是依旧因为事实情况而不得不适用这些规则，即在实务中，这已经成为一种义务。

通过合同创建这类义务的权力，以及一些当事人对合同条款的控制进而使这些要求在合同签订前便成为内在要求的权力，共同构成了私营部门制定食品规则的法律基础，且业已与立法中食品的法律要求形成补充乃至竞争的关系。合同是私法的内容。① 正因为如此，我们将食品部门所遭遇的这一类规则称为"食品'私法'"。

3.2　食品 "私法" 的历史

诸多针对欧盟食品法的公法论述，其视角往往都是疯牛病危机及随后所采取的应对措施。如果我们从历史维度论述发展的进程，那么有关食品法的许多内容都会易于理解。因此，在论述食品 "私法" 的时候，其发展进程也是重要的内容。然而，这一发展是碎片化的，且并没有太多的记录。正因为如此，以及为了保障论述的简洁性，本章论述的诸多发展内容可能涉及很多不同的时段，也发生在许多不同的地方，因此，当部分内容可以视为其发展历史时，一些内容更多的是类似于故事性的说明，但也能像历史所起的作用那样，帮助我们理解食品 "私法" 的发展。

我们可以想象一下，食品供应链中涉及的合同也经历了由简到繁的发展。一个简单的合同仅是介于买家和卖家之间有关产品种类、数量和价格的内容。但是，如果合同涉及安全或者其他质量特征的内容，如污染程度，那么，合同就会变得很复杂。经验表明，食品会因为处理方式如卫生条件而影响其安全性。因此，合同可能并不仅是产品的内容，也会包括产品如何加工的内容。

对此，我们可以设想一下第二种发展情形。一个企业花费了时间和资源（为法律和技术咨询支付酬劳）来细化一个复杂的合同，且非常满意合同的内

---

① 这方面常用的表述为 "自我规制"，参见 EU, 2010. European Parliament, Council and Commission, The interinstitutional agreement on better law-making, Official Journalof the European Union C 321, 31/12/2003: 1 - 5。

容，为此，其会乐于反复使用这一合同。如果这一企业具有议价能力，进而使其可以将这一合同的要求强加给它的合作伙伴，其会将这一合同作为格式合同，进而适用于所有的合同相对方。

设计上述格式合同需要很多的经验。市场上或行业中的咨询专家可能会配合来设计这样一个优质且复杂的格式合同。对此，通过一个格式合同来替代每一次合同签订期间所进行的大量文案交流工作，不是更为简便吗？当今，仅是根据国际标准化组织食品安全管理体系 ISO 22000、英国零售商协会或者食品安全质量标准（SQF）来确定合同所涉及的产品种类、数量和价格便足够了。

3.3 供应链编制

3.3.1 合同

私人项目的影响并不只是影响即刻确立的合同关系。合同是两个当事方之间的关系。然而，当其中一方向另一方提供安全且优质的食品产品时，其很大程度上可能采用早期供应链中便已经存在的方法。为此，客户也是依赖于其供应商和前一个环节的供应商之间所达成的协议。然而，其自身并不是这一合同的当事方。当要求这一关系中的当事方适用某一标准时，购买者可以对上游的合同关系产生深远的影响。例如，一个核心的问题是在所谓的公平贸易项目中，供应链源头的工人（多数是第三世界的雇员和小农）可以获得合理的报酬。这一商业所追求的愿景并不是由与这些人有直接商业关联的供应商设定的。为此，有这一愿景的当事方会要求供应商通过认证提供与公平条件相关的证据。正是如此，私营标准可以作为一项工具，发挥"供应链编制"的作用。[①]

3.3.2 纵向整合

另一个可以确保供应链上游绩效的方式是纵向整合，其可以替代通过合同对供

---

① 译注："orchestration"可以被定义为管理、协调以及关注价值创造的网络的活动。目前，"orchestration"以及"orchestrator"在供应链管理文献中受到了越来越多的关注。参见刘晓红、周利国：《供应链环境下的物流金融服务——基于 SPL 的"orchestrator"角色分析》，中国物流学会年会，2015 年。

应链进行编制。所谓的纵向整合是指供应链中各个不同的环节成为同一个关注事项的部分。可以通过成立一个企业或者兼并的方式来管理整个供应链,抑或通过和供应商一起创办合资企业。在这些情形中,治理的法律工具是财产法或者公司法。

3.4 拥有一项标准

本段前后所描述的模式代表了一定的价值,有的时候,可以免费获取介绍这些模式的文本。[①] 这可能是为了商业的利益,因为免费可以使这些内容更易于传播。此外,也有付费使用的标准。[②] 版权这一法律工具使确认这些标准文本的所有权成为可能。版权的持有者有权确认这些标准流通的条件和价格。

3.5 执行

一般而言,立法明确了公共机构作为社会代表的职责所在。在没有履行相关义务时,一种结果便是惩罚。[③]

合同明确了当事方的义务,并规定了在其中一方未履行义务时,可由另一方采取行动。在由于未履行而导致损害时,合同关系可以结束,而合同中业已同意的所有结果都可能出现,如基于合同的赔偿款。公法规定下的义务不履行的后果不同于私法规定下的义务不履行的后果,这使通过合同确认的义务也倾向于与公法既有的规定相类似或相一致。例如,大多数的食品 "私法" 所涉及的标准都会包括适用 HACCP 体系的要求。这并没有对供应商科以新的义务,而是为购买方提供了私法的工具来执行这一原本已经由公法规定的义务要求。

3.6 仲裁

合同规定的权利和义务可以通过民事诉讼的方式解决纠纷。然而,一些项

---

① 例如,全球良好农业规范。这与欧盟有关农产品自愿认证项目的最佳实践指南第 5.1 (4) 条相一致,参见 OJ 2010 C 341/5。

② 如 ISO 标准。

③ 确实,欧盟有关农产品自愿认证项目的最佳实践指南第 6.2 条规定,如果检查不令人满意,可能导致适宜的应对行动。

目也可以为纠纷的解决提供其他的解决机制，如仲裁。为了诸如消费者这样的第三方利益，合同中也可以涉及针对第三方的申诉机制的内容。

3.7 审计

在合同关系中，其内容可以同意客户具有以下这一项权利，即通过访问供应商的工厂来确保操作符合相关规定。这一为了检查所进行的访问即所谓的"审计"。根据记录，一些大型的生产企业内设特别的部门，专门有工作人员负责接待审计工作。根据公平程序的要求，所有的审计人员都应当根据相类似的要求开展审计。随着发展，格式合同推进了协调的进程，因此通常会采用相一致的模式，为此，又促进了一项新的发展。

不同于某一类生产者的客户审计这一生产者，在后续发展的模式中，一个参与者可以作为代表开展审计。① 如果审计人员认为被审计内容符合适用标准的要求，他们就会向被审计的企业签发一项认证书，使其可以借此向客户表明其产品的合规性。

如果审计发现违规问题，则不会签发认证书，或者其使用认证书的权利也会被撤回。作为代价，该企业便不能向其客户表明其产品通过了相关的认证评估。

在上述过程中，标准的制定、合规情况的检查和通过认证所证实的合规情况以及通过撤销认证对违规进行的处罚，进一步发展成为所谓的认证项目。如果认证所要应对的客户是其他的购买企业，认证项目被称为 B2B（企业与企业）；如果客户是最终消费者，那么认证项目被称为 B2C（企业与消费者）。

3.8 认证标志

与认证项目密切关联的是一个由项目所有者持有的象征符号，且通常以商

---

① 这一参与者可以是独立的第三方机构，其被所有的相关方所信任。为此，有三类不同的审计：第一种是第一方审计，即所谓的自我审计或者内部审计；第二种是消费者开展的审计；第三种是由第三方开展的审计，即独立于任何一方的机构。作为法律术语，"第三方"往往是指无关乎涉及事项当事人的独立方。对此，无论当事方是双方还是多方，独立的一方都可以被视为第三方。以一个合同关系为例，在这一关系之外的人便是第三方。以欧盟为例，不是成员国的国家便是第三方。

标的方式存在。商标的所有者有权许可或者禁止他人使用这一标志。根据这一点，项目及相关商标的所有者有法定权利来要求意图使用该商标的人符合相关要求，并以此为证，作为合格的证明抑或在违规时加以惩戒。

文本摘要 3.1　食品安全质量标准（SQF）有关认证商标的使用

> 3. 使用 SQF 2000 认证商标的条件
> 3.1　所有的生产者在认证期间都应当证实符合食品安全和质量项目机构或者许可认证机构的要求，即其质量体系符合最新 SQF 2000 守则的要求。
> 3.2　生产者只有在其认证书注册且执行相关规则后方能使用 SQF 2000 认证商标。

3.9　认可

认证机构的可信度被认为是至关重要的。为保证这一点，应当针对认证者来构建一套认证制度。这一项目可以是完全私人的，但在许多国家，都是由公共机构履行这一职能。在这些国家，会通过法律制定针对认证的认可标准。根据这些标准，认证者可以申请认可以便向其客户证实其所提供的产品是符合要求的，而其产品便是针对私营标准的合格证明。

因此，认可是针对认证者的官方认证，经常是在官方同意的情况下开展。

从 2010 年 1 月 1 日开始，欧盟建立了针对认可的框架。欧盟议会和欧盟理事会 2008 年 7 月 9 日第 765/2008 号有关产品销售的认可要求和市场监测法规要求欧盟成员国设立独立的国家认可机构。这一国家认可机构应当在评估后签发认可证明。对此，根据这一法规，合格评定机构有开展具体的合格评定活动的权能。

3.10　在认可之外

相对于项目和项目的所有者，认可的开展是独立的。并不是所有的项目所有者都认为通过认可可以确保获得认证机构认证的商业具有很高的合规水平。

针对全球 GAP，有关的问题是当全球 GAP 认证的产品在市场上被发现并不符合适用的兽药最大残留量的标准要求时，如何确保标准认证的认可有效性。

为了提高审计的成果和认证的质量，全球 GAP 设立了真实性项目。这一项目由真实性监测委员会负责，其于 2009 年开始运行。这一真实性项目包括了一项品牌真实性项目和认证真实性项目，其中，前者提供被认证企业的在线数据，且有公开的搜寻网站。这使企业在遇到全球 GAP 真实性质疑的申诉后，可以通过在线查询确保真实性。后者的目标是确保被认证的生产者可以符合统一的标准，进而使针对这些生产者的控制也可以保持一致性。相应地，也可以保证每一个负责认证的机构都以同样的方式执行全球 GAP 的认证工作。除了认可外，认证机构也需要加以许可。认证真实性项目所涉及的认证机构的评估结果对于认可机构而言是可以获取的。最后，认证机构的许可在他们没有符合认证真实性项目的标准时，可以吊销。

3.11　标准制定

上述介绍已经指出私人项目是由那些在市场中占据主导地位的企业所倡导的。一开始，那些具有著名品牌的企业针对 B2B 要求认证，以便保障产品质量的稳定性进而可以保持其自身企业品牌的美誉度。这一品牌相关联的项目依旧发挥着重要的作用。然而，通过私人标签这样的项目，零售品牌不仅在市场占据了主要地位，且成为食品"私法"构建中的主要领导者。[1]以下介绍的许多案例都是源于零售商的项目。

即便如此，私营标准也并不总是凭借市场力量建立的。它们也可能是基于不同利益相关方之间的合同建立，例如，通过圆桌谈判的方式建立私营标准。[2]在诸如保护环境或者企业社会责任等利益的项目中，就有不同于合同谈判方的第三方参与，即考虑他们提出的观点，而这些通常是非政府组织。例如，以全球 GAP 为例，其开始是基于权力设置的私营标准，但随后扩展到更多代表参与

---

① 有关私人标签的权力，可以参见 Bunte，F.，Van Galen，M.，De Winter，M.，Dobson，P.，Bergès-Sennou，F.，Monier-Dilhan，S.，Juhász，A.，Moro，D.，Sckokai，P.，Soregaroli，C.，Van der Meulen，B. and Szajkowska，A.，2011. The impact of private labels on the competitiveness of the European food supply chain. Publications Office of the European Union，Luxembourg，Luxembourg。

② 参见第 7 章的介绍，或者参见 Hospes，O.，2009. Regulating biofuels in the name of sustainability or the right to food? In：Hospes，O. and Van der Meulen，B.（eds.）Fed up with the right to food? The Netherlands' policies and practices regarding the human right to adequate food，Wageningen Academic Publishers，Wageningen，the Netherlands，pp. 121–135。

的模式,即其他利益相关者也可以参与决策。

3.12　食品 "私法" 的架构

　　食品 "私法" 的架构总结如图 3 – 1 所示。

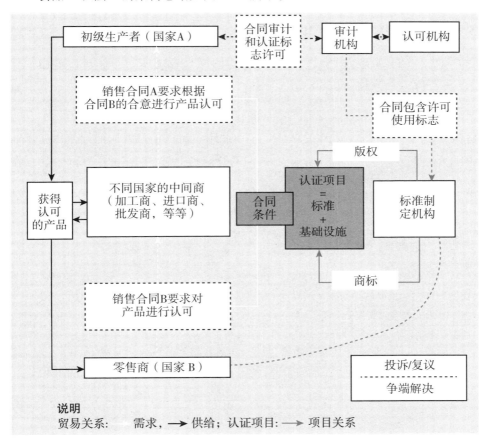

图 3 – 1　食品 "私法" 架构

　　在标准制定机构的框架下,许多规则得以制定,而它们都隶属于这些机构,即著作权的所有者。这些标准制定机构所有的标准可以是企业使用的标准,也可以是独立的标准。与这些规则相关联的是通过商标方式加以保护的认证标志。这些标准制定机构可以通过许可合同的方式授权公共领域内的审计机构和食品企业使用他们制定的规则和有关认证的商标。供应链中的一个参与者可以决定适用这些项目。其可以在合同中要求适用这些项目并在供应链的前端借助合同提出相关要求。审计人员负责确保这些项目在落实中的合规性，对接受审计的企业进行认证或者拒绝认证，并决定是否授权其使用认证标志。而就审计人员的资质而言，是通过认可项目予以确认的。[①]

3.13 相关联的私人项目

食品"私法"的架构图标示了两种合同关系嵌入非常长的供应链中。其中，每一个环节都适用相同的私人项目。实践中也是如此。例如，当某一个环节适用于一个项目时，其也会要求其他的环节适用。以荷兰的奶制品行业为例，奶制品生产企业要求奶农接受认证。这一适用的认证项目要求他们使用通过饲料质量认证的企业的饲料，来喂养他们的食源性动物。[②] 通过这样的方式，在食品"私法"的应用中，各类项目形成了网状的关联。

文本摘要3.2 荷兰 HACCP 在其他项目中的适用

> HACCP 认证规制 2006
> 第 4 条
> 　　当法规没有明确规定 HACCP 认证相关的要求时，认证机构应当针对质量项目的认证适用业已规定的要求，这包括根据 EN 45012 或者 ISO/IEC 指南 62 获得认可的内容，但 ISO/IEC 指南 62 第 3.3 条例外。这一规定已被 ISO/IEC 指南 66：1998 第 5.3 条所取代。
> 　　随着认证过程的信息和适用推进，这些由认证机构向任何人提出的要求获得 HACCP 认证的法规应当符合 EN 45012：1998 第 3.1.1.1 条的规定和 ISO/IEC 指南 62：1996 的要求。

3.14 公私的相互关联性

私人项目并不仅是它们自己之间具有关联性，而且也与公法相关联。大多数的私人认证项目涉及应当遵循的公法要求。相反，公法要求符合私人项目规

---

① 多数私人项目所要求的认可都由国际标准 ISO/IEC 指南 65 做出了规范。
② 荷兰乳制品的私人规制及其详细分析，可以参见第 16 章。

定就不太常见。① 针对共同体基准实验室或者抽样方法的立法就援引了私法中的技术标准。

文本摘要 3.3 针对私人欧洲标准的官方控制规定

欧盟第 882/2004 号法令第 11 条

1. 官方控制中采用的取样和分析方法应遵循相关的共同体规定，或

（a）在无共同体相关规定的情况下，遵循国际认可的规定或规程，如欧洲标准化委员会或国家立法认可的规定或规程……

　　然而，与私人规制相关联的另一个基于公法的方法是法律规定利益相关者有进行自我规制的义务。对此，最为显著的一个例子便是第 852/2004 号法令中针对 HACCP 体系应用的要求。这一要求的主要内容是食品企业应当针对自己的过程制定相应的规则。当强制性适用 HACCP 体系时，公法的义务要求依旧需要公共机构加以落实。这样的情形便被称为自我规制或者强制型自我规制。适用 HACCP 体系的一个替代方法是落实良好卫生规范。这一卫生规范的表述是指国家或者共同体针对良好操作的指南。国家指南由成员国许可。借此，这一私人规制在公法中获得法定地位。符合私营标准的合规性被视为遵循了有关 HACCP 的法定要求。

　　一些食品安全检查机构根据风险政策来减少对企业自行执行私人项目的检查强度，而这些私人项目被认为有助于确保食品安全。② 对此，这限制了它们针对私人项目质量所进行的评估工作。这一针对私人控制项目的质量所进行的控制被称为元控制。③

---

① 对于这个问题，参见第 15 章的国家公共部门和私营标准。

② 根据第 882/2004 号法规第 27 条第（6）项的规定，当考虑到饲料或食品企业实施的自查和追溯体系以及在官方控制中发现的合规水平，针对某一类型的饲料、食品或活动，开展官方控制的频率降低，或考虑到第 5 款 b～d 项所述标准，成员国可将官方控制费用定为低于第 4 款 b 项中规定的最低收费标准，前提是有关成员国向欧盟委员会提交报告……

③ 荷兰农业部强烈支持这一政策。这一方面具有英语简介的文献包括：Bondt, N., Deneux, S. D. C., Van Dijke, I., De Jong, O., Smelt, A., Splinter, G., Tromp, S. O. and De Vlieger, J. J., 2006. Voedselveiligheid, ketens en toezicht op controle. Rapport 5. 06. 01, LEI, The Hague, the Netherlands; Beekman, V., Kornelis, M., Pronk, B., Smelt, A. en Teeuw, J., 2006. Stimulering eigen verantwoordelijkheid. Zorgen dat producenten en consumenten zorgen voor voedselveiligheid, Rapport 5. 06. 05. LEI, The Hague, the Netherlands; De Bakker, E., Backus, G., Selnes, T., Meeusen, M., Ingenbleek, P. and Van Wagenberg C., 2010. Nieuwe rollen, nieuwe kansen? Een programmeringsstudie voor toezicht op controle in het agro – foodcomplex. Rapport 6. 07. 08. LEI, The Hague, the Netherlands.

最后，我们也在国外的一些案例中发现，公共机构参与私人的标准制定进而完成那些借助公法工具无法实现的目标。例如，根据霍斯珀斯（Hospes）的研究，[①] 荷兰机构针对生物量（如巴西等国家）的可持续生产制定原则。这些原则是通过私人认证项目加以落实的。荷兰认为认证对于进口生物能源是必要的环节。

3.15 动机

食品"私法"发展背后的动机是什么？如果全部列出，可能会有很多，且不同的利益相关者的动机也会有所不同，但至少可以确定如下的一些内容。

大多数私人食品项目的动机是为了食品安全。对于保护消费者、符合消费者意愿以及遵循公法要求而言，食品安全是非常重要的。

符合公法的相关要求可以视为一个独立的动机。[②] 为了符合他们的法定义务，企业有赖于上游针对食品的处理。因此，他们希望通过私人的法律工具确保这些上游主体符合法定要求，抑或在跨国合作时针对不同的法律要求提出对于生产者的义务，并借助这些私法要求消弭法律体系之间的鸿沟。合规是一项法律责任。一方面，企业可能会将自己的责任转嫁给供应链上的其他环节，例如，要求生产者提供保险和保证；另一方面，合同也是表明所有采取的意在避免违规的措施的一种方式。在涉及民事和刑事的案例中，上述的方式还能被用于合理注意的合规抗辩，如英国。

此外，私法的作用还在于阻止立法者的干预。如果企业可以自行解决问题，那么对于立法者而言，便失去了紧急干预的必要性。企业之所以偏好私法而不是公法是因为前者更能反映它们自己的意愿，且更容易在需求变化时

---

① Hospes, O., 2009. Regulating biofuels in the name of sustainability or the right to food? In: Hospes, O. and Van der Meulen, B. (eds.) Fed up with the right to food? The Netherlands' policies and practices regarding the human right to adequate food. Wageningen Academic Publishers, Wageningen, theNetherlands, pp. 121 – 135.

② 实践表明，私营标准对于符合公法的要求是有所裨益的。这一原因是因为审计项目中的私营标准为绩效提供了反馈可能。参见 Van der Meulen, B., 2009. Reconciling food low to competitiveness. Wageningen Academic Publishers, Wageningen, the Netherlands。

加以变更。除此之外，私法也可以用于弥补或者修复公法的不足。例如，针对追溯的公法（《通用食品法》第 18 条）并没有针对内部追溯（企业内的追溯）做出明确规定。① ISO 22000 标准明确要求建立内部追溯。当欧盟立法免除初级部门的 HACCP 义务时，诸如全球 GAP 项目也针对这一环节提出了 HACCP 的义务。

根据第 882/2004 号法规，官方控制应当基于风险并结合合规历史来确认检查的强度。前文已经提及，认证可以作为取信检查机构的工具，以表明高合规率，进而需要官方控制的需求也就比较低了。

私营标准并不只是合规要求，这是指做出比公法还要严格的安全和质量标准可以帮助企业获得独特的市场地位以及更高的市场份额。或者说，提高标准可以保护自己，赢得竞争。

最后，诸如宗教和企业社会责任的道德考量也是私人规制的动机。为了表明他们自身对于可持续发展的贡献，企业也会借助私营标准来细化这些利益。

3.16 举例

以下是一些私人项目的举例，它们目前已经在市场上占据领先地位。对这些案例的讨论将主要集中于标准的内容，较少的内容会介绍它们的治理和认证。除了前文已经提及的框架，这些案例的介绍目的也可以表明食品 "私法" 的具体性。这些案例都来源于食品安全私法的内容。对此，我们已经提及，很多其他领域也有食品 "私法" 的发展。

针对食品企业的公法要求可以分为有关产品的规则（纵向标准、针对一些成分的入市许可要求和为了安全目的设置的污染物和残留物限量），有关过程的规则（卫生、追溯和危机管理），有关说明的规则（标识和广告），以及公权力（主管部门的执行和危机管理）。在食品 "私法" 中，我们发现了类似的内容，但是组合有所不同。产品相关的规则主要是为了安全和质量的目的。针对

---

① 食品供应链和动物健康常设委员会已经就《通用食品法》发布了许多官方释义，但是他们认为法规并没有强制要求从业者在来料和终产品之间建立关联，即所谓的内部追溯。而且，也没有任何针对记录的要求，以便确认批次的分配和企业制造新的产品或者新的批次。

过程的规则（卫生、追溯和风险管理）是核心内容。标识要求则通常限于认证标志的使用。食品公法中的检查和执行的公权力在私法中被食品企业自行向审计和认证人员的授权所取代。在公法中，我们所遇到的最为重要的食品规则类型是针对企业的义务和管理体系要求，包括管理承诺和食品供应链信息共享的要求，即所谓的供应链透明要求。

在将私营标准比喻为立法时，我们的第一印象便是它们的起草非常随意。似乎和律师所经历的法律起草并不相关。然而，比起律师参与立法，利益相关者似乎更了解私营标准的内容。也许这便能解释为什么对于私营标准和立法的态度会截然不同。私营标准中涉及的商业关系是利益相关者意图维护的，因而有强烈的意愿去明白这些私营标准的意义。而在立法的时候，对于立法者意图的误会可以说明违规的存在合理性。律师所受到的培训便是让他们针对法律文义做出不同的解释，如果合同规定也采用这样的态度，那么在争议产生前便会终止商业关系。

3.17 潜在的概念

3.17.1 良好农业规范/良好生产规范（GAP/GMP）

许多私人食品安全项目都是基于 HACCP 体系或者一些良好规范，如良好农业规范 GAP 或者良好生产规范 GMP。

根据联合国粮食及农业组织的术语定义，良好农业规范 GAP 的概念演变与这几年快速变迁的全球食品体系发展有关。当多数的利益相关者就食品生产、粮食安全、食品安全和治理以及农业的环境可持续做出承诺时，便有了良好农业规范的这一成果。这些利益相关者包括政府、食品加工和零售企业、农民和消费者，他们的目的在于通过构建中长期的伙伴关系满足粮食安全、食品质量、生产效率、生计和环境受益等目标。良好农业规范为实现这些目标提供了工具。广泛而言，良好农业规范将既有的针对环境、经济和社会可持续发展的知识用于农业生产和后期加工，进而确保食品以及非食用农产品的安全和健康性。许多发达国家和发展中国家的农民都根据良好农业规范要求采用了可持续的农作方式，如综合的虫害管理、综合的营养管理和保护性农业。大量的农业体系和各类规模的生产单位都适用了这些方法，进而有助于实现粮食安全，并得到了政府政策和项目的支持。

良好农业规范 GAP 代表了可持续农业的最新发展状态。相类似，良好生产规范也有这些特点。正因为如此，其有关作为和不作为的要求也在持续发展中，进而无法完整地表述出来。就它们的法律相关性而言，是通过私人项目而非法律规定实现的。

3.17.2 危害分析和关键控制点（HACCP）

根据欧盟第 852/2004 号法令的规定，对食品企业从业者而言，HACCP 体系的要求是强制性的。而在私人项目中提及的 HACCP 体系版本是根据法典委员会的要求制定的。事实上，欧盟法规中的要求也是根据食品法典委员会制定的，但是内容更为具体。通过私人项目执行这一体系，食品法典委员会要求的非强制性获得了法律效力。当欧盟第 852/2004 号法令针对初级生产环节免除欧盟企业的 HACCP 义务时，私人项目可以对这些企业重新提出这些要求，且借助私法工具加以执行，包括认证对其的落实督促作用。对于非欧盟企业而言，这样的要求也使这些企业承担了其自己国家中公法所没有要求的义务，抑或不同的要求。

3.18 欧洲良好农业规范（EurepGAP）、全球良好农业规范（GlobalGAP）

1997 年开始的欧洲良好农业规范是由隶属于欧洲零售商协会的零售商们发起的。英国零售商联合了欧洲大陆的一些超市成为这场运动的推进者。他们的行动是为了回应消费者对于产品安全、环境和劳工标准的担忧，并借此协调他们自己针对农产品的不同标准。

共同认证项目的发展也有助于保障生产者的利益。当他们与不同的零售商建立合同关系时，他们每年也需要符合诸多不同的标准要求。对于这一问题，欧洲零售商协会针对保护性农业的良好农业操作开展了标准和程序的协调工作，以强调综合作物管理和保障劳工福利的重要性。这一成果便是欧洲零售商有关良好农业规范的议定书，即欧洲良好农业规范。

在随后的十年里，全世界范围内通过签约而符合上述理念的生产者和零售商的数量在不断提升，而且符合这一理念的贸易也在不断全球化。相应地，欧洲良好农业规范也有了国际影响力。为了使欧洲良好农业规范这一标准占据国际良好农业规范标准中的主导地位，以及防止混淆公共部门和市民社会利益相关者的范围，欧洲管委会决定重新命名这一标准。这被认为是欧洲良好农业规范发展到全球良好农业规范的一个背景和历史进程。这一改名的决定最终于2007年9月在曼谷全球会议上做出。

全球良好农业规范是国际市场上作为良好农业规范的关键参照内容，借此，更多的国家可将消费者的诉求转变为对农业生产者的要求，目前已经超过了80个国家。

全球良好农业规范是私人部门制定的标准，其是一个全球范围内认证农业产品的标准。对此，全球良好农业规范的目的在于通过制定一个单一的目标（综合农场保证IFA标准）将适用于不同产品的良好农业规范整合到全球农业中。管委会负责治理，其决定基于有序的咨询过程。在管委会中，其代表由零售商和供应商组成。部门导向的利益和多元利益主体的参与确保了其在全球范围的可接受性。部门委员会讨论和决定产品和部门导向的问题。所有的委员会都由50%的零售商和50%的生产商/供应商组成。

全球良好农业规范是一个全过程标准，这意味着它的认证覆盖了被认证产品从饲料或种子等农业投入品到所有农事活动以及随后产品离开农场的事项。全球良好农业规范是一个B2B的标识，因此，其并不直接针对消费者。该认证由超过100个独立且经过认可的认证机构开展，目前开展认证涉及的国家已经超过80个。其向全球范围内的生产者开放。全球良好农业规范包括针对生产者的年度检查和额外的不经告知的检查。

全球良好农业规范包括一系列的规范文件。这些文件包括全球良好农业规范的基本法规、全球良好农业规范的控制点和合规标准以及全球良好农业规范的检查表。其他针对农场的保证系统可能在全球良好农业规范出现之前就已经存在了，这是考虑到鼓励符合区域特点的管理体系的发展，进而预防农民经受诸多不同的审计。通过独立的基准衡量，既有的国家或者地区农场保证项目可以寻求等同于全球良好农业规范的认证。全球良好农业规范标准需要每三年更新一次,进而保障持续性的改善,而其目标也是为了考虑技术和市场的发展需要。

3.19 英国零售商协会(BRC)

为回应企业的需求,1998 年位于伦敦的零售商协会制定并引入了英国零售商协会食品技术标准,以便评估生产零售商自有品牌的食品产品。对于英国零售商协会而言,英国超市特易购、森宝利(Sainsbury)、西夫韦(safeway)、萨默菲尔德(Summerfield)都参与其中。在早期,每一个零售商都自行开展供应商的检查。对于零售商而言,这些检查供应商的共同努力具有巨大的成本优势,因为一个供应商需要一次性符合所有英国零售商的要求。

英国零售商协会的成立目的就是帮助零售商和品牌所有者在应对检查机构的起诉时,可以抗辩他们的"合理注意"义务。根据欧盟食品法,零售商和品牌所有者对于他们的品牌具有法律责任。

在很短的时间内,英国零售商协会标准对于其他部门的组织而言并没有太大的价值,其被视为食品行业衡量最佳实践的基准。其在英国之外的应用表明其已经演变为一项国际标准,且不仅适用于零售商的供应商,同时,许多企业也将其作为参考框架发展针对供应商的评估项目和生产一些品牌产品。

英国以及欧洲大陆和全球的诸多零售商和品牌拥有者仅考虑与那些获得英国零售商全球标准的供应商构建商业合作关系。

文本摘要 3.4 英国零售商协会有关管理承诺的原则

> 2.1.1 高级管理承诺
>
> 在食品企业内,食品安全应当是一个跨部门的责任,包括组织中具有不同技能和管理专业的诸多部门及其活动。有效的食品安全管理应不只是技术部门,且包括生产操作、工程、流通管理、原材料采购、消费者反馈和诸如培训等人力资源管理中有关保障食品安全的承诺。一个有效的食品安全计划的起点是高级管理针对制定一项全包性的政策承诺,以便指导确保食品安全的集体活动。全球食品安全标准优先强调高级管理承诺的显著证据。

随着全球标准的成功推广和广泛认可,针对食品,英国零售商协会于 2002 年发布了第一条有关包装的标准,随后是 2003 年 8 月发布的消费者产品标准,以及 2006 年 8 月英国零售商协会全球储藏和流通标准。在 2009 年，英国零售商协会和零售业领导者协会制定了针对消费者产品全球标准的北美版本。这些标准中的每一项要求都会定期审查，且至少每三年会全部修订和更新一遍，其间会广泛咨询利益相关者。

3.20 国际卓越标准（IFS）

2002 年，为了构建一个共同的食品安全标准，来自德国零售业行业的德国食品零售商们制定了一个名为国际食品标准（International Food Standard，IFS）的审计标准。在 2003 年，来自法国商业零售业联合会法国食品零售商和批发商们一并加入了国际食品标准工作组。

对于坐落于巴黎的国际食品标准机构而言，其目标在于针对所有为零售商品牌供应食品的企业制定一致的评估体系，包括统一的格式、审计程序和互认的审计。借此，可以为供应链构建高水平的透明度。截至写作期间，其覆盖范围已经超过食品部门，这一"国际食品标准"也有了新的意思，即国际卓越标准（International Featured Standard）。在其标准体系中，针对食品的国际标准依旧占据主导地位。

国际卓越标准明确了内容、程序和审计评估以及认证机构和审计者的资质要求。国际卓越标准机构的食品标准（所谓的要求目录）包括以下五个章节的内容：

- 管理高层的责任
- 质量和食品安全管理体系
- 资源管理
- 计划和生产过程
- 测量、分析和改进

审计人员将针对国际卓越标准进行审计，审计分为高低两个层面，且高层主要以建议为主。针对"管理高层的责任"内容涉及企业政策和架构、管理评估和以消费者为中心。在有关"质量和食品安全管理体系"的章节中，其对质量管理（文件要求和记录）和食品安全管理体系（HACCP 体系、HACCP 的术

语和 HACCP 分析）进行了定义。有关"资源管理"章节的内容包括人力资源
管理和诸如卫生、穿衣和医疗监测、培训，以及针对卫生、人员设备和人员卫
生器材的使用说明。有关"计划和生产过程"的章节则最为翔实，涉及的主题
包括合同协议以及制定产品规格、工厂环境、虫害控制、保持、追溯、转基因
物质和过敏源性物质的详细规则。下一章针对"测量、分析和改进"的要求则
是有关内部审计、各种生产步骤中涉及的控制、产品分析、危机管理和修正行
为。最后一章"食品防护和外部检查"则在近期变成了强制性，包括针对防护
评估、地址安全、人员和访问者以及外部检查的要求。

对于有关审计人员和认可机构的要求而言，其在落实中非常严格。所有的
认可机构都应当获得针对 IFS 食品的 EN 45011 的认可。只有通过书面考核和口
语测试并被授权的审计人员才能开展标准审计。为此，审计人员应掌握 IFS 食
品的专业知识。审计人员只能在特定的领域内基于他们的能力开展审计，即其
在某个领域内获得了至少 2 年的专业经验或在该领域开展了 10 次审计。最后，
符合这些要求的审计人员的工作仅限于获得可以开展 IFS 食品审计的且被认可
的认证机构。

3. 21 食品安全质量标准（SQF）

现在位于美国阿灵顿的食品安全质量标准（Safe Quality Food，SQF）起
源于澳大利亚。采用这一制度似乎是美国对于上述介绍的欧盟项目的一个
回应。

除了食品安全，SQF 也关注产品质量和改善战略的推进。这个 SQF 的主要
目标是控制整个食品供应链。然而，SQF 相信一个标准并不能被所有供应链中
的企业使用，而且很多其他的标准也仅适用于大企业。很多关涉这一标准的产
品对于小企业而言都过于翔实且难以落实。为此，SQF 制定了不同的规范，即
SQF 1000 与 SQF 2000。SQF 2000 是经过和食品企业以及质量专业人士的咨询
后制定的。由食品法典委员会所制定的 HACCP 指南也是根据这一标准制定的。
不同于诸如英国零售商协会的标准、HACCP 和 ISO 9000 这些众所周知的质量

体系，SQF 包括一个诸如 ISO 9000 的质量管理系统、有关追踪和追溯的食品安全体系（HACCP）。除了针对食品安全的关键控制点，该标准也确认了关键质量点，这使 SQF 成为一个整合性的体系。

SQF 标准（尤其是 1000 体系和 2000 体系）为食品领域（初级生产者、食品制造商、零售商、代理和出口商）提供了食品安全和质量管理的认证项目，且这些项目都是通过调整以便迎合供应商的要求，进而使其可以通过成本有效的方式来符合规制、食品安全以及商业质量标准。在 1994 年，该标准体系的制定以及试验是为了确保其可以应用于食品部门。为此，其样稿便咨询了诸多专家，包括质量管理、食品安全、食品规制、食品加工、农业生产体系、食品零售、食品流通和 HACCP 等方面的专家。

食品营销研究院在 2003 年 8 月获得了 SQF 项目的权利，并为此制定了 SQF 研究院（SQFI）分部，以便管理这一项目。SQF 2000 已经获得全球食品安全倡议的认可，继而成为符合基准要求的标准。

食品行业的所有部门都可以适用 SQF 2000。该标准体系基于 HACCP 的质量管理体系，概述了食品微生物标准的国家咨询委员会和法典 HACCP 原则和指南，食品行业所采取的减少不安全食品入市的实证措施。其设计的目的便是支持行业或企业品牌的产品，并使食品供应链中所有环节的供应商受益。

SQF 2000 信息使供应商可以证实他们提供的食品既安全也符合消费者所要求的质量。获得 SQF 2000 体系认证的供应商同样从获得认证的供应商那里获取原材料，可以保证产品的可追溯性，即借助这些额外体系追踪从生产商到消费者的食品流通。

SQF 2000 体系也为发展中国家的食品部门提供了一个机制，进而使其可以通过符合其他国家和消费者需求的管理体系进入国际食品市场。

3.22　食品安全体系认证（FS 22000）

一项最新的重要私人食品安全项目是 ISO 22000。当全球食品安全倡议为许可而评估这一标准时,他们就如何确认其前置项目提出更多细化的要求。为了解决这一问题,英国标准机构准备了一个名为食品安全公共可用规范 PAS 220 的文档。随后,该 PAS 220 和 ISO 22000 的组合得到了全球食品安全倡议的许可,进而成为获得认可的项目,即所谓的食品安全体系认证 FS 22000 (前身为 FSSC 22000)。这一项目目前由食品安全认证基金会运行。

作为国际组织,ISO 具有几十年的标准制定经验,且有诸多不同适用类型的标准。其中一个最为流行且认知度最高的标准便是质量管理体系 ISO 9001。这一标准的制定为质量管理提供了一个全球统一的标准。世界任何一处的买家对任何一地获得认可的企业产品质量都具有信心。这一标准被用作其他许多更为具体的质量管理标准的基础,领域包括汽车行业、医疗器械行业和航天行业。

目前,这一标准被用于食品安全管理。ISO 和它的成员方使用质量管理体系标准,且通过调整使其适用于食品安全领域,包括在质量管理体系中整合 HACCP 的原则。其最终的成果便是 ISO 22000。

ISO 22000 要求企业设计和记录食品安全管理体系。这一标准涉及食品安全管理体系所提出的具体要求。

一般而言,这一标准要求:

- 针对组织制定综合的食品安全政策,且由高层管理负责;

- 制订目标,以便督促企业努力符合政策要求;

- 计划和设计一个质量体系并做好相关记录;

- 保留体系运作的记录;

- 将有资质的人组建成一个食品安全小组;

- 设计交流程序,以便确保和企业外部的重要交流对象(监管者、消费者、供应商和其他)保持有效的沟通,并促进有效的内部沟通;

- 有应急预案;

- 召开管理评估会议,以便评估食品安全管理体系的落实情况;

- 为食品安全管理体系的有效落实提供充分的资源,包括通过培训和具有资质的人员、充足的基础设施和保障食品安全的适宜环境;

- 遵循 HACCP 原则；
- 为产品识别制定追溯体系；
- 制定纠正行动程序和控制不合规产品；
- 为产品撤回制定记录程序；
- 控制监测和测量器械；
- 制订和保持内部审计计划；
- 持续地更新和提高食品安全管理体系。

ISO 22000 为品牌持有者提供了一个与本章中所提到的其他体系具有等同性的质量体系，而这些体系都是为了零售商的品牌所设计的。

3.23 全球食品安全倡议（GFSI）

全球食品安全倡议由世界食品企业论坛（CIES）协调，其成立于 2000年 5 月，以便回应日益多样化的私人项目带来的问题。如果市场上的重要参与者都自行制定独立的私营标准，那么食品"私法"将失去其所具有的优势。

全球食品安全倡议开始为私营标准寻求基准。这使企业可以在市场中释放这样的一个信号，即无论他们所适用的标准如何与众不同，只要获得全球食品安全倡议的背书便可。通过这样的方式，全球食品安全倡议发展成为标准的标准。随后，欧洲、亚洲和美国的重要零售商都同意就他们自有品牌的产品采取基于全球食品安全倡议的合规认证。

全球食品安全倡议的任务是"持续性地改进食品安全管理体系，进而确保世界范围内的消费者都有信心获得安全的食品"：

（1）通过针对食品安全管理项目的基准设定过程，来整合食品安全标准；

（2）通过全球零售商接受 GFSI 所认可的标准，来提高食品供应链的经济有效性；

（3）为合作、知识交换和工作网络提供一个独有的全球利益相关者平台。

鉴于大量存在的食品安全标准，全球食品安全倡议的工作小组决定不再写新的标准。相反,他们汇编了一些"关键要素",并将其作为衡量既有食品安全标准的要求。根据这一工作小组,这些"关键要素"是指:

(1)食品安全管理体系;

(2)农业、生产和流通的良好规范;

(3)HACCP。

在全球食品安全倡议的框架下,七个主要的零售商共同接受了由全球食品安全倡议提出的四个用于衡量的食品安全项目。

根据标准,零售商可以获得认证证书,其目的在于评估为他们提供自有品牌和新鲜产品以及肉类的供应商。借此,所有的生产都将以同样的方式进行。在这个方面,有许多这样的标准,对于那些拥有许多顾客的供应商而言,其每年要接受很多的审计,不仅成本高,增值效益也一般。

全球食品安全倡议的指南文件第六版包括了针对食品安全标准的公认指标,所有食品或者农场保障标准都可以此来衡量。除了"关键要素"外,指南文件也提出了针对认证和认可的"适用食品安全管理体系的要求"。全球食品安全倡议并不开展任何认可或认证活动。

标准衡量的工作由标准所有者和其他的利益相关者根据四个食品安全项目(最初开始的四个项目包括 BRC、IFS、荷兰 HACCP 和 SQF)开展,目前已经就相关工作达成一致。每一个项目都符合由食品行业的食品安全专家所定义的共同标准,其目的在于尽可能地确保食品生产的安全性。借此,其也能实现供应链中的成本有效和减少审计的重复性。

家乐福、麦德龙、米偌丝(Migros)、阿霍德(Ahold)、沃尔玛和德尔海兹(Delhaize)都同意通过共同接受任意的全球食品安全倡议衡量基准项目来减少供应链中的重复性。至此,全球食品安全倡议的"一次认证,各地认可"得以实现。尽管特易购拒绝了上述内容。该零售商不愿意接受除了其自身的"自由选择"以外的任何项目。全球食品安全倡议认可的项目数量在持续增加。下述总结了这些项目。

文本摘要 3.5　全球食品安全倡议认可的项目

制造项目：
- 英国零售商协会全球标准第六版
- 荷兰 HACCP（选择 B）
- 食品安全体系认证（FSSC）22000——2011 年 10 月发布
- 全球水产养殖联盟最佳水产操作规范（issue 2）（全球水产养殖联盟海鲜加工标准）
- 全球红肉标准第四版
- 国际食品标准第六版
- 食品安全和质量项目 SQF 2000（二级七版）
- 瑞士 Synergy 22000
- 中国 HACCP

初级生产项目：
- 加拿大良好农业规范——项目六版选择 B 和 C 以及项目管理手册三版
- 全球良好农业规范（IFA Scheme V4）
- 食品安全和质量项目 SQF 1000（二级七版）
- 初级和制造项目
- Primus GFS

包装项目
- 国际食品标准（IFS）包装安全
- BRC/IOP 全球包装及包装材料标准第四版

　　全球食品安全倡议的基金董事会是由零售商驱动的小组，其中同样有代表制造商的咨询成员。借此，其可以提供战略指导并监督日常的管理。委员会的会员仅能应邀加入。

　　全球食品安全倡议的技术委员会成立于 2006 年 9 月，由零售商、制造商、标准所有者、认证机构、认可机构、行业协会和其他技术专家构成。它为全球食品安全倡议董事会提供技术专业知识和建议，且替代了原先的全球食品安全倡议中仅由零售商组建的工作组。技术委员会的成员也仅能应邀加入。

　　在其发展的进程中，一个关键时刻是沃尔玛加入项目中（2008 年 2 月）。沃尔玛的评议值得一提："全球食品安全倡议标准针对供应商缺乏的基于每一个工厂的食品安全提供了真正的时间细则，且远远高于当下的美国食药部门或农业部门所要求的审计过程。"沃尔玛作为第一个美国的零售链，向全球食品安全倡议提出了企业的诉求。该企业向供应商发布了一个时间表，要求后者在 2008 年 7 月到 12 月完成所有的初始认证，而在 2009 年 7 月之前要完成所有的认证。

通过全球食品安全倡议对于食品"私法"的衡量，似乎正在完成借助法典委员会的食品公法所从未完成的工作，即真正的食品安全标准全球化。

3.24 针对食品"私法"的公法

欧盟委员会已经就崛起的食品"私法"做出了回应。农业总司在其一项研究中确认了 441 项不同的项目。欧盟委员会认为在现阶段还不需要通过立法来应对这些私人项目中暴露的潜在问题。相反，根据利益相关者的评论，欧盟委员会针对农产品和食品的认证项目制定了指南。在 2010 年 12 月 16 日，其出台了《欧盟委员会——针对农产品和食品自愿认证项目的欧盟最佳实践指南》（2010/C341/04）。

这些指南的目的在于汇总既有的法律框架以便提高这些自愿认证项目的透明性、可靠性和有效性，进而保障它们不会与规制要求相冲突。

这些指南要求成员国在为一些项目提供支持时遵守国家援助规则，应当告知企业有关竞争的规则，认证项目不能导致反竞争行为。

根据食品法的要求，不得误导消费者。在这个方面，《通用食品法》第 5（1）条明确规定了"针对高水平的生命和健康保护和消费者的利益保障，食品法应该确立一个或多个基本目标，包括食品贸易的公平交易和在适宜的条件下考虑动物健康和福利、植物健康和环境"。对此，欧盟委员会是否暗示了私人认证项目也在"食品法"的概念涵盖范围内，为此也需要符合食品法的要求？然而，并没有相似的法律解释，也没有其他文义解释。事实上，我们更倾向于相信私人规制的目的不限于第 5 条所列举的目标，而且也包括其他的合法利益，诸如企业自身的利益。

有关食品"私法"的官方地位也可以在世界贸易组织的框架下加以理解。

3.25 世界贸易组织（WTO）

就国际食品供应链中的决定要素而言，食品"私法"在快速取代公法。在世界贸易组织的框架下，已经开始探讨私营标准是否构成新一代的贸易壁垒进而需要成员方加以应对的问题。

在此背景下，两项世界贸易组织的协议具有关联性，一个是《技术性贸易壁垒协议》（TBT 协议），另一个是《实施动植物卫生检疫措施协议》（SPS 协议）。

3.25.1 《技术性贸易壁垒协议》

在《技术性贸易壁垒协议》中，世界贸易组织成员方针对技术法规和标准制定了要求，进而确保这些内容不会成为国际贸易的不合理壁垒。世界贸易组织成员方被强烈建议使用国际标准和支持国际标准机构。在该协议中，ISO/IEC 被视为首要的国际标准制定机构。其他在《技术性贸易壁垒协议》框架下的标准制定机构也应当告知 ISO/IEC。这意味着世界贸易组织成员方在符合 ISO 标准后便可视为符合《技术性贸易壁垒协议》的要求。

3.25.2 《实施动植物卫生检疫措施协议》

《实施动植物卫生检疫措施协议》应对的是意在保障人类、动植物健康的措施。这些措施只有符合必要性的要求且不会构成贸易壁垒才能被接受，意在保障食品安全的措施被视为动植物卫生检疫措施。

世界贸易组织的一些成员方相信私营标准是属于《实施动植物卫生检疫措施协议》范围的，且不符合这一协议的要求。

圣文森特和格林纳丁斯在牙买加、秘鲁、厄瓜多尔以及阿根廷的支持下，提出了由零售商组成的欧洲零售商生产工作组所实行的欧洲良好农业规范的动植物卫生检疫标准比欧盟政府要求更高的申诉。根据《实施动植物卫生检疫措施协议》第13条的规定，成员方政府采取所能采取的合理措施，以保证其领土内的非政府实体以及其领土内相关实体为其成员的区域机构，符合本协定的相关规定。鉴于此，上述这些国家主张仅有欧盟公法规则才能适用于私人部门。

法律文本摘要如下。

> 第 13 条
>
> 实施
>
> 　　各成员对在本协定项下遵守其中所列所有义务负有全责。各成员应制定和实施积极的措施和机制，以支持中央政府机构以外的机构遵守本协定的规定。各成员应采取所能采取的合理措施，以保证其领土内的非政府实体以及其领土内相关实体为其成员的区域机构，符合本协定的相关规定。此外，各成员不得采取其效果具有直接或间接要求或鼓励此类区域或非政府实体或地方政府机构以与本协定规定不一致的方式行事作用的措施。各成员应保证只有在非政府实体遵守本协定规定的前提下，方可依靠这些实体提供的服务实施卫生与植物卫生措施。

　　迄今为止，《实施动植物卫生检疫措施协议》第 13 条依旧被认为是针对伪装成适用私法的政府主体。然而，该文本也为其解释进而适用于真正的私主体留下了空间，尤其是规制角色通常由政府所承担的情形。① 从法律角度来说，一个产品无法入市（因为不符合公法的要求）和一个可以依法入市但无法用于其目标消费者的产品（因为不符合消费者基于私法提出的要求）是不同的。从经济角度及所有务实目的来说，这两种情形在消费者占据市场主导地位时都是相同的。

　　这一讨论表明了食品"私法"中的一个薄弱点，即从目前来看，如何实现制衡尚未在这一领域得以发展。

3.26　结论

　　私人食品安全项目的内容，一如食品公法，是基于 HACCP 体系。私人部门正在实现公共部门从未实现的内容：实现食品安全标准在全球范围内的协调。

　　潜在的法律架构也是明确的。食品供应链中的主导者通过合同要求向上游的所有参与者提出所谓"自愿性"的要求，无论这些参与者位于哪一个国家。而在合同中，其工具包括了从知识产权到商法的不同选择。合同要求、审计和认证可以跨境适用。在这个方面，食品"私法"比诸如《实施动植物卫生检疫

---

　　① 　前文已经提及，政府也可能参与那些可能影响国外主体行为的私营标准制定。在这样的情形下，私营标准是否源于真的私主体并不明显，而且 SPS 协议的使用也可能受限于更为有效的解释。

措施协议》和食品法典这些国际食品法还要全球化。国际食品公法并不管理利益相关者的行为，但是为国家食品法提供了一个元框架，进而可以适用于利益相关者的行为。食品“私法”管理利益相关者的行为，因而其比国际食品法更像法律。

翻译：孙娟娟

参考文献

—— De Bakker, E., Backus, G., Selnes, T., Meeusen, M., Ingenbleek, P. and Van Wagenberg C., 2010.

—— Nieuwe rollen, nieuwe kansen? Een programmeringsstudie voor toezicht op controle in het agro-foodcomplex. Rapport 6.07.08. LEI, The Hague, the Netherlands. Available at: http://www.lei.wur.nl/NL/publicaties + en + producten/LEIpublicaties/? id = 786.

—— Beekman, V., Kornelis, M., Pronk, B., Smelt, A. en Teeuw, J., 2006. Stimulering eigenverantwoordelijkheid. Zorgen dat producenten en consumenten zorgen voorvoedselveiligheid, Rapport 5.06.05. LEI, The Hague, the Netherlands. Available at: http://www.lei.wur.nl/NL/publicaties + en + producten/LEIpublicaties/? id = 704.

—— Bergsma, N., 2010. Voedselveiligheid: certificatie en overheidstoezicht, Praktijkgids Warenwet. Sdu, The Hague, the Netherlands.

—— Bondt, N., Deneux, S.D.C., Van Dijke, I., De Jong, O., Smelt, A., Splinter, G., Tromp, S.O. and DeVlieger, J.J., 2006. Voedselveiligheid, ketens en toezicht op controle. Rapport 5.06.01, LEI, The Hague, the Netherlands. Available at: http://www.lei.dlo.nl/publicaties/PDF/2006/5_xxx/5_06_01.pdf.

—— Bunte, F., Van Galen, M., De Winter, M., Dobson, P., Bergès-Sennou, F., Monier-Dilhan, S., Juhász, A., Moro, D., Sckokai, P., Soregaroli, C., Van der Meulen, B. and Szajkowska, A., 2011. The impact of private labels on the competitiveness of the European food supply chain. Publications Office of the European Union, Luxembourg, Luxembourg. Available at: http://ec.europa.eu/enterprise/sectors/food/files/study_privlab04042011_en.pdf.

—— Chia-Hui Lee, G., 2006. Private food standards and their impacts on developing

countries. European Commission, DG Trade Unit G2. Available at: http://
trade. ec. europa. eu/doclib/docs/2006/november/tradoc_ 127969. pdf.

— Codex Alimentarius, 2009. Basis texts on food hygiene, 4th edition. FAO,
Rome, Italy. Available at: ftp://ftp. fao. org/codex/Publications/Booklets/
Hygiene/FoodHygiene_ 2009e. pdf.

— EU, 1985. Council Directive 85/374/EEC of 25 July 1985 on the approximation of
the laws, regulations and administrative provisions of the Member States concerning
liability for defective products. Official Journal of the European Union L 210, 7/8/
1985: 29 – 33.

— EU, 2002. Regulation (EC) No 178/2002 of the European Parliament and of the
Council of 28 January 2002 laying down the general principles and requirements of
food law, establishing the European Food Safety Authority and laying down
procedures in matters of food safety. Official Journal of the European Union L 31,
1/2/2002: 1 – 24.

— EU, 2003. European Parliament, Council and Commission. Interinstitutional
agreement on better law-making. Official Journal of the European Union C 321,
31/12/2003: 1 – 5.

— EU, 2004a. Regulation (EC) No 852/2004 of the European Parliament and of
the Council of 29 April 2004 on the hygiene of foodstuffs. Official Journal of the
European Union L 139, 30/4/2004: 1 – 54.

— EU, 2004b. Regulation (EC) No 882/2004 of the European Parliament and of
the Council of 29 April 2004 on official controls performed to ensure the verification
of compliance with feed and food law, animal health and animal welfare rules.
Official Journal of the European Union L 65, 30/4/2004: 1 – 141.

— EU, 2005. Commission Regulation (EC) No 2073/2005 of 15 November 2005
on microbiologicalcriteria for foodstuffs. Official Journal of the European Union L
338, 22/12/2005: 1 – 26.

— EU, 2008. Regulation (EC) No 765/2008 of the European Parliament and of the
Council of 9 July 2008 setting out the requirements for accreditation and market
surveillance relating to the marketing of products and repealing Regulation (EEC)
No 339/93. Official Journal of the European Union L 218, 13/8/2008: 30 – 47.

— EU, 2010a. Commission communication-EU best practice guidelines for voluntary
certification schemes for agricultural products and foodstuffs. Official Journal of the
European Union C 341, 16/12/2010: 5 – 11.

— EU, 2010b. European Parliament, Council and Commission. The interinstitutional
agreement on better law-making. Official Journal of the European Union C321,

31/12/2003: 1 – 5.

— EU, 2010c. Standing Committee on the Food Chain and Animal Health. Guidance on the Implementation of Articles 11, 12, 14, 17, 18, 19 and 20 of Regulation (EC) N° 178/2002 on General Food Law. Conclusions of the standing committee on the food chain and animal health. Available at: http: //ec. europa. eu/food/ food/foodlaw/guidance/guidance_ rev_ 8_ en. pdf.

— FAO, 2003. Committee on agriculture, development of a framework for good agriculturalpractices, Seventeenth Session, Rome, 31 March – 4 April 2003. Available at: http: //www. fao. org/docrep/meeting/006/y8704e. htm.

— Hospes, O. and Van der Meulen, B. (eds.) Fed up with the right to food? The Netherlands' policies and practices regarding the human right to adequate food. Wageningen Academic Publishers, Wageningen, the Netherlands.

— Luning, P. A. , Marcelis, W. J. and Jongen, W. M. F. , 2009. Food Quality Management. A technomanagerial approach. Wageningen Academic Publishers, Wageningen, the Netherlands.

— OECD, 2006. Working party on agricultural policies and markets, final report on private standards and the shaping of the agro-food system. Available at: http: // ec. europa. eu/food/international/organisations/sps/docs/agr-cd-apm200621. pdf.

— Van der Meulen, B. , 2009a. Reconciling food law to competitiveness. Report on the regulatory environment of the European food and dairy sector. Wageningen Academic Publishers, Wageningen, the Netherlands.

— Van der, Meulen, B. M. J. , 2009b. The system of food law in the European Union. Deakin Law Review 14 (2): 305 – 339.

— Van der Meulen, B. , 2010a. The function of Food Law. On the objectives of food law, legitimate factors and interests taken into account. European Food and Feed Law Review 5 (2): 83 – 90.

— Van der Meulen, B. , 2010b. The global arena of food law: emerging contours of a metaframework. Erasmus Law Review 3 (4) . Available at: http: // www. erasmuslawreview. nl/files/the_ global_ arena_ of_ food_ law.

— Van der Meulen, B. M. J. and Freriks, A. A. , 2006. Millefeuille. The emergence of a multi-layered controls system in the European food sector. Utrecht Law Review 2 (1): 156 – 176.

— Van der Meulen, B. and Van der Velde, M. , 2008. European food law handbook. Wageningen Academic Publishers, Wageningen, the Netherlands.

— Van der Meulen, B. and Van der Velde, M. , 2010. The general food law and EU food legislation. In: Oskam, A. , Meester, G. and Silvis, H. (eds.) EU

Policy for agriculture, food and rural areas. Wageningen Academic Publishers, Wageningen, the Netherlands, pp. 211 – 224.

— Van Plaggenhoef, W., Batterink, M. and Trienekens, J. H., 2003. International trade and food safety. Overview of legislation and standards. Wageningen University, Wageningen, the Netherlands.

— Will, M. and Guenther, D., 2007. Food quality and safety standards, as required by EU law and the private industry with special reference to the MEDA countries' exports of fresh and processed fruits & vegetables, herbs & spices. A practitioners' reference book. 2nd edition GTZ 2007. Available at: http://www2. gtz. de/dokumente/bib/07 – 0800. pdf.

第4章 | 食品 "私法" 的清单

Theo Appelhof and Ronald van den Heuvel[①]

4.1 介绍

4.1.1 《通用食品法》的要求

私营标准的发展是由食品行业推动的。但是,这并没有妨碍主管部门试图影响这一进程的野心。主管部门积极地鼓励食品行业制定诸如卫生指南这样的规范,并与之开展合作。

根据《通用食品法》,食品安全的责任是由主管部门和食品企业共同承担的。依据第13条有关国际标准的要求,欧盟及其成员国应当积极地"为国际食品和饲料的技术标准和动植物卫生标准的发展做出贡献;以及在确保共同体健康保护水平不下降的前提下,促进国际技术标准和食品法的一致性"。

第17条第1款也规定了食品企业的食品安全责任,即生产、加工和流通各阶段的食品和饲料从业者应在其所在企业确保食品或者饲料符合与他们活动相关食品法的要求以及核实这些要求的实际落实情况。第18条则规定食品企业应当能够在食品供应链的各个环节追溯他们的产品,进而在发现不安全食品时,可以从市场上召回这一类产品。所有企业都应当针对其生产进行风险分析,落

---

① 本章写作是基于以下先期成果: Scholten-Verheijen, I. , Appelhof, T. and Van der Meulen, B. , 2011. Roadmap to EU food law. Eleven International Publishers, the Hague, the Netherlands. The Roadmap provides a graphic overview of food legislation at European, global and private level accompanied by explanatory text。

实控制措施和记录结果。对于这一规定，也已由第 852/2004 号法令第 5 条做出详细要求。

4.1.2 卫生指南

中小型企业可以选择适宜的卫生指南和相关的规则，以便落实食品法的要求。然而，这些卫生指南的使用并不是强制性的，且企业可以制定自己的食品安全计划。卫生指南通常由贸易协会制定，但有必要获得负责食品安全政策的部委同意。针对各类标准活动的风险分析由各自的卫生指南加以规范。

卫生指南为企业如何落实与食品生产、存储、运输和流通相关的法律要求提供了说明。通常来说，除了法律要求外，卫生指南也会涵盖一些行业的具体要求。这些额外的具体要求在于提高质量，并借此来提高公众对于该行业内的企业评价。各成员内的卫生指南的执行和发展情况都不同。荷兰在发展卫生指南方面有着先进的经验。第一个这样的指南发布于 1995 年，许多年以后，《通用食品法》才将这一选择视为自行制定食品安全计划的替代方法。欧盟成员共计制定了多达 600 项的卫生指南。诸如西班牙和意大利这样的国家，就制定了100 多项，其他的如希腊和爱尔兰仅有 6 项、7 项。此外，需要指出的一点是，各国的指南范围都不同。在一些国家，这些指南包括了完整的生产过程，而在另外一些国家，如西班牙，很多指南都仅限于执行追溯体系。表 4 - 1 对本章写作期间的每一个国家的卫生指南数量做了一个梳理。

表 4 - 1 2010 年各国卫生指南数量统计 单位：项

国家	数量	国家	数量
奥地利	13	意大利	104
比利时	24	立陶宛	9
瑞士	2	拉脱维亚共和国	20
塞浦路斯	6	卢森堡	9
捷克共和国	27	荷兰	40
德国	47	波兰	8
丹麦	24	葡萄牙	31
爱沙尼亚共和国	1	罗马尼亚	17
希腊	6	瑞典	4

国家	数量	国家	数量
西班牙	126	斯洛文尼亚	6
法国	34	斯洛伐克	9
匈牙利	21	英国	11
爱尔兰	7		

4.1.3 主要的食品安全管理体系和标准

跨国企业通常会选择自行制定自己的食品安全管理体系。这些体系并不只是为了符合国际法律的要求，同时也包括满足供应链中的供应商和使用者的要求。对于供应链的使用者而言，要检查他们供应商的所有各类管理体系，几乎是不可能的任务。在最近的几十年里，零售商和农产品的购买企业联合起来，制定了"统一"的食品安全管理体系（即所谓的标准或者项目），针对生产者服务提供商规定了详细的要求。每一个供应商都需要说明他们符合了质量管理体系的要求，并获得认证。供应商还有义务邀请独立的审计人员来核查自身标准的落实情况。符合法律要求是所有标准的前置条件。在2001年，食品法典委员会针对认证的设计和使用规定了指南。

由于客户提出了很多不同的标准和要求，供应商们通常会获取多个认证，以便满足所有的客户要求。对于很多供应商而言，这都是高负担的，因为标准的某些方面会有很大的差异，且最终实现的都是一个同样的目标，又或者标准的原则也是相同的，差异的存在主要是因为官僚化的管理。全球食品安全倡议的目的就是借助那些程度适宜的标准来尽可能地整合不同的标准。

全球食品安全倡议由零售商于2000年发起，用以作为食品安全标准的基准衡量工具。作为全球食品安全倡议的管理者，全球食品企业论坛（CIES）包括了诸多大型的零售商成员，如特易购、马莎、麦德龙、家乐福、欧尚、卡西诺和皇家阿霍德。对于食品安全标准的认证发展，它们发挥着主要的作用。全球食品企业论坛的所有零售商，其每年的收入远超2.1万亿美元。

全球食品安全倡议的一个主要目标是针对供应商的多元标准审计，提高其有效性。为此，全球食品安全倡议针对那些需要获得全球食品企业论坛成员同意的标准，制定了标准合规的模型。借此，全球食品安全倡议致力于协调不同国家之间的差异以及提高供应商的效率。全球食品安全倡议可以就认证项目做出同意决议，而且，获得其同意可以视为全球认可且是可接受的认证项目，即一处认证，处处同意。在写作期间，以下的标准已经获得全球食品安全倡议的同意。

制造方面：

- 英国零售商协会全球标准第五版（BRC Global Standard Version 5）

- 荷兰 HACCP［Dutch HACCP（option B）］

- 食品安全体系认证 22000（FSSC 22000）

- 全球水产养殖联盟，全球水产联盟水产品加工标准（GAA Seafood Processing Standard）

- 全球红肉标准版本 3（Global Red Meat Standard Version 3）

- 全球卓越标准版本 5（IFS Version 5）

- 安全质量食品 2000 2 级（SQF 2000 Level 2）

- Synergy 22000

初级生产方面：

- 全球良好农业规范（GlobalGAP IFA Scheme Version 3）

- 加拿大良好农业规范（Canada Gap）

- 安全质量食品（SQF 1000 Level 2）

制造和初级生产方面：

- PrimusGFS

如上文所述，国家主管部门对于私营标准的食品安全保障作用也感兴趣。例如，德国主管部门制定了一项监督政策，其间考虑了制造商就全球食品安全倡议标准开展的认证内容。同样地，一些地区标准也是由大型的食品企业制定的，如荷兰的食品企业和鸡蛋行业（Vion Food Group/ IKB-egg），实践证明，它们是透明且卓越的。

4.1.4 额外标准

除了那些主要的且被国际公认的食品安全管理体系外，很多发端于欧洲的标准在知名度方面还比较低。与食品安全相比，这些标准更关注质量。目标也不仅是环境和可持续发展。一些标准是根据既有的标准制定的，如全球良好农业规范，另一些则是独立发展，如比利时的"Fruitnet"。尽管并不总是如此，但通常而言，这些标准都是以本地服务为主，以保障一些食品的特殊质量特征。产品会有一个标志或者命名，以说明产品符合特定标准的要求。这些年，这类标准的数量是爆破式增长。许多标准用于B2C的市场，仅有少数的一些标准是针对B2B市场。

一般而言，欧盟对于认证项目的发展持有积极的态度，但在过去的几年里，许多标准都进入欧盟以及世界其他地区的市场，由此也产生了一些令人担忧的问题。为此，欧盟针对欧盟市场上的水果蔬菜，开展了一项清查既有项目的项目。① 在2010年的报告中，② 其发布了针对农产品和食品的总结报告。图4-1中的那些项目和标准已经关注许多重要的政治议题，如有关气候变化的标准。

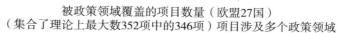

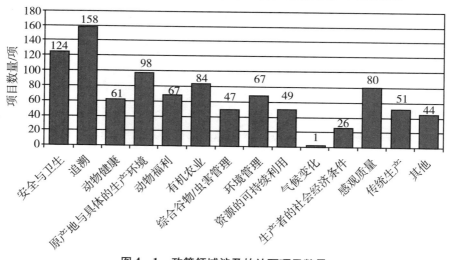

图4-1　政策领域涉及的认可项目数量

---

① EU, Directorate L. Economic analysis, perspectives and evaluations: L. 4. Evaluation of measures applicable to agriculture; studies Subject: Letter of Invitation to Tender-Contract Notice 2009/S 086 - 123210. Ref: Marketing standards in the fruit and vegetable sector, AGRI - 2009 - EVAL - 07. Available at: http://ec. europa. eu/dgs/agriculture/tenderdocs/2009/72981/invite_ en. pdf.

② Anonymous, 2010. Inventory of certification schemes for agricultural products and foodstuffs marketed in the EU Member States. Areté Research and Consulting in Economics, Bologna, Italy.

这些标准的发展因为成员的不同而不同，如比利时只有一项项目，而德国在写作期间已经发展了 107 项。图 4 – 2 则是根据其原产国列举了项目的数量，包括一些非欧盟的国家，供以参考。

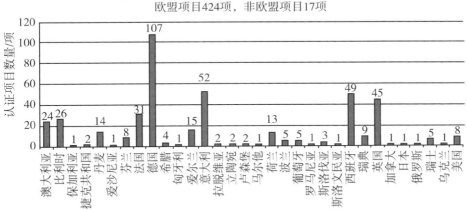

项目数量：以国家分类项目总数441项（包括次项目）
欧盟项目424项，非欧盟项目17项

图 4 – 2 根据原产国的认证项目数量

在阅读这一报告时，需要记住的是，一方面，其结果包括了诸如卫生指南这样的典型食品安全管理体系和具体的质量管理体系，如针对比利时巧克力的质量标志（Amboa）。因此，在欧盟的数据中，就卫生指南的信息会有重复的地方；另一方面，显而易见的一点是，研究并没有包括所有的质量标志和标识。

根据上述报告结果的研究，可以针对荷兰市场做如下的说明。提到的 13 个项目中包括了"IKB 猪肉"，这些项目也包括在 4.1.2 部分提到的卫生指南中。这一针对"KB 鸡蛋"和"IKB 猪肉"的卫生指南并不包括在数据库中，但是，其在荷兰也具有卫生指南的地位。就报告中提到的 13 个项目，6 个是真正的卫生指南。其他提到的项目是有关质量标志和标识的，如可持续发展、环境、有机、质量和动物福利。其他的一些质量标志并没有在报告中提及，如针对宗教的 HALAL 食品，素食和无麸质声明。因此，报告就欧盟成员国的市场情况，总结了一个整体印象，但并不总是正确的。

在仔细评估这一情况后，欧盟委员会制定了一些指南，就这些项目的运作和执行给出了最佳实务指导。这些指南在起草期间也咨询了利益相关者的建议。

4.2 通过质量管理体系/标准的食品安全控制

4.2.1 一个标准的内容

本部分将针对食品安全标准做更为详细的阐述。英国零售协会标准是由大型的英国超市链发展而来，且有上千家的食品企业使用这一标准。因此，在此作为参考案例。

英国零售协会的食品安全标准包括许多不同的章节内容。一些内容对于食品安全的制备而言是基础性的，而其他内容的重要性则一般。以下列出了十个基本要求：

- 1. 管理承诺和持续性的提高条款
- 2. 食品安全计划——危害分析和关键控制点
- 3.5. 内部审计
- 3.8. 修正行为和预防行为
- 3.9. 追溯
- 4.3.1. 布局、产品流程和隔离
- 4.9. 保洁和卫生条款
- 5.2. 针对具体材料的处理要求——那些包含过敏源的材料和保持特定身份的材料
- 6.1. 操作控制
- 7.1. 培训

其他标准的结构会有所不同，但是，它们会有相似抑或一致的基本要求。一个典型的例子便是针对食品的国际卓越标准，其由德国和法国零售商制定。两个系统的制定目的都是确保一致性和食品安全。英国零售协会和国际卓越标准在食品生产链中的适用阶段不同。制造商、包装上或者其他的食品处理企业都可以使用这些标准。实践中，许多企业都可以就这两类标准开展认证工作，以避免贸易限制。这两类标准都是根据欧盟有关食品生产和包装的要求制定的。通过执行危害分析和关键控制点的要求来确保食品安全，符合欧盟通用食品法的要求。此外，标准中的规则还针对安全、质量和持续性，为使用者提供了具体的要求。

4.2.2 检查

一如前文所述，针对卓越标准进行认证工作，也是国家主管部门非常感兴趣的一件事。当执行了良好的质量管理体系时，主管部门也可以大幅度地减少其检查工作。任何减少检查工作的前提是，主管部门可以信任那些确保标准要求执行到位的系统。所有制定标准的组织，都会针对食品企业从业者的执行情况，通过独立的检查系统（审计）来确保标准的正确落实。审计由认证机构开展。

认证机构由认可机构予以认可，以确保他们符合相应的要求。认证机构可以就他们的认证项目与技术委员会或者专家组以及标准的执行委员会交流经验。

欧盟认可机构的执行程序由国际认可机构开展，方法是同行评估。在欧洲，对认可机构的接纳是依据欧洲互认协议，在欧洲之外则是国际认可论坛多边互认协议（IAF MLA）和国际实验室（ILAC-MRA）。① 第 765/2008 号法令规定了针对认可和与产品营销关联的市场监测要求。该法令第 4 条规定了认可的一般原则，举例如下：

（1）每一个成员国都应当确认一个国家的认可机构。

（2）当一个成员国认为创建一个国家认可机构不够经济或者不具可持续性时，其应当尽可能地求助于另一个成员国的认可机构。

（3）根据第 2 款，就求助于其他成员国认可机构的情况，每一个成员国都应当告知欧盟委员会和其他的成员国。

（6）国家认可机构的责任和工作都应当与其他国家机构的相区别，且明确这一区别。

（7）国家认可机构的运作应当基于非盈利的基础。

（8）国家认可机构不应提供那些应由合格评定机构提供的活动或服务，也不应提供咨询服务，以及不应在合格评定机构中占有股份或者具有财政或管理上的利益。

---

① http://www.european-accreditation.org/content/mla/what.htm.

认可机构是一个独立的组织。在构建审计团队时，要充分重视审计人员的独立性。负责开展审计和过程/产品认证的认证机构应当根据国际标准 ISO/IEC 指南 65 或者 ISO/IEC 17021 标准进行认可。针对食品管理体系开展审计的认证机构应当根据 ISO/IEC 17021 进行认可。就开展企业检查的认证机构而言，如检查卫生情况，应当根据 ISO/IEC 17020 加以认可。与审计相比，检查的范围非常有限。在检查中，强调的重点在于符合既定的要求，对于审计而言，则更关注如何识别风险和管理风险。对于负责分析食品和原材料的实验室而言，它们是根据 ISO/IEC 17025 的标准由认可机构进行认可。

就审计人员而言，当他们为认证机构开展审计时，上述的一些规则也对他们提出了严格的要求：

• 一般而言，审计人员应当具有开展技术评估的能力，且针对工作和职责有明确的说明；

• 认证机构应当就审计人员的资质明确最低的标准要求；

• 通过合同要求，审计人员应当遵循确立的规则，并上报与被审计人员在前期和持续工作中的合作情况；

• 就审计人员的资质、培训和经验信息以及不同的专业适用，认证机构应当加以追踪，并予以记录。这些信息应当包括信息生效的时间；

• 除了基于自身培训和经验以及经授权的，审计人员不得开展其他审计。

自 2007 年 2 月起，ISO/TS 22003 认证议定书针对审计人员和审计时限做出了规定。

4.2.3 审计频率

就审计频率而言，一些主要的国际体系规定了不同的规则。BRC 和 IFS 规定的是年度频率，而荷兰的 HACCP 则是两年一次的审计频率。在一些体系中，则要求在最初的阶段，需要适用一年两次或者三次的审计频率。如果一个企业正确无误地执行和控制体系，审计频率会减少到每年一次。然而，一旦发现违规，就会进行额外的审计。

在认证结果发布之前，认证机构的专家组会对每一次的审计机构进行审查。这意味着开展审计的审计人员并不是最终结果的决定者。

4.2.4 认证书的范围

范围是指获得认证企业的内部食品安全控制活动范围，其通常由三部分构成：

- 良好生产规范这一预先要求的项目。这些项目描述了针对卫生、场所和相应内容的基本要求。其也可能包括那些针对标准制定机构的具体要求。
- HACCP，其规定了那些用于风险分析的要求，而这往往与食品法规定相一致。通常情况下，适用内容也是法典委员会规定的。
- 管理体系，其要求整个组织保持一致性的质量体系，进而更好地管理操作过程。

那些由全球食品安全倡议基于基准所衡量的全球标准都是基于上述的三个要求。一些范围有限的体系则主要适用于预先的要求项目，并结合基于 HACCP 的风险分析措施。

4.2.5 认证机构的制裁政策

当认证体系不符合要求时，可以采取以下措施：

- 与被审计者讨论违规的内容；
- 就采取纠正措施，经同意后确定具体的日期；
- 很有可能需要再次进行审计，以便确认纠正措施的有效性；
- 如果这也被证实无法有效满足预期要求，则需要查找根源；
- 采取一些惩戒措施。

如果在双方同意的期间内依旧没有合规，一般来说，暂扣认证书是首要采取的措施，随后则是吊销该认证书。根据违规的严重程度，认证机构也可以直接吊销认证书。

如果针对管理体系的违规只是整个组织的部分内容，认证该机构也可以考虑限缩认证的范围，以此作为暂扣认证书的一个替代措施。例如，被审计者可能不再被允许生产，但依旧可以销售。认证机构也可以选择在暂扣认证书前，给食品从业者一次警告处理。

4.3 常规使用中的标准介绍

表4-2展示了一些在食品生产链中经常被使用的食品安全标准。不同的食品安全标准之间在性质方面的差异很大。这里简要地介绍这些被全球范围内的上千家企业所适用的主要国际标准。这些标准在食品供应链的各个环节适用，且通常是由食品生产和贸易中的利益相关者制定。如英国零售商和国际卓越标准分别由英国、法国和德国的零售商联盟制定。

表4-2　在食品生产链中经常被使用的食品安全标准

项目	食品和饲料供应链中的适用环节														内容
	初级生产					加工					包装	储藏和流通	零售	餐饮	
	AFG	肉和鱼	乳制品	果汁	饲料	一般性	烘焙	肉	果汁	饲料					
BRC						×					×	×	×		安全
Carbontrust						×							×		可持续
Dutch HACCP						×					×	×	×		安全
Fair trade	×					×							×		社会责任
Fami QS					×										安全
FSSC 22000/ ISO 22000						×									安全
Gluten free							×					×	×		安全
GlobalGAP	×	×			×										安全
GMP +					×										安全
Halal	×	×				×		×			×	×	×	×	宗教
Hygiene guide	×	×	×	×	×	×	×	×	×	×	×	×	×	×	安全
IFS												×			安全
ISO 26000	×	×	×	×	×	×	×	×	×	×		×	×	×	社会责任
Kosher		×				×		×					×	×	宗教
MSC		×											×		可持续

续表

项目	食品和饲料供应链中的适用环节														内容
	初级生产					加工					包装	储藏和流通	零售	餐饮	
	AFG	肉和鱼	乳制品	果汁	饲料	一般性	烘焙	肉	果汁	饲料					
Organic	×	×	×			×	×	×	×				×		可持续
QS	×	×													安全
Rainforest alliance	×														可持续
SGF/IQCS									×			×			安全
SGF/IRMA				×											安全/社会责任
SQF 1000	×	×	×												安全
SQF 2000						×									安全
TrusQ					×										安全
UTZ cert.	×														可持续
Vegetarian						×						×	×		动物福利

4.3.1 食品的初级生产

全球良好农业规范（GlobalGAP）

全球良好农业规范的英文全称是 Global Good Agricultural Practice。这一标准就农民和园艺人员应当遵循的食品安全、可持续和质量要求做出了全球范围内的规定。就各类针对新鲜产品供应商的要求，一个涉及 26 个欧洲超市的组织于 1997 年发起了一项意在协调这些要求的项目。该项目最终使全球良好农业规范变成了初级生产领域内覆盖食品安全所有方面的标准。大量全球范围内的质量体系都需要或者试图与全球良好农业规范标准进行比对，确认其适用性。

对于全球良好农业规范而言，食品安全是最为重要的内容。此外，全球良好农业规范还包括针对动物福利、环境和工作条件的要求。其最终目的是确立一个全球通行的质量要求，明确当下质量体系"丛林"中的出路。因此，首要的工作便是开展协调。全球良好农业规范作为质量标准，可以助力这一工作。

对于全球所有的农户而言，全球良好农业规范意味着质量体系。当全球良好农业规范针对动物运输也规定了标准后，动物的运输者也应当符合这些标准要求。

全球良好农业规范的标准进一步分为若干个单元，每一个单元都涉及多个不同的领域或是基于产地的活动。就范围来说，有覆盖一般性主题的一级范围和更为具体的二级范围，后者是针对生产内容，如散装咖啡、花卉和奶牛。全球良好农业规范的要求仅适用于初级生产环节的食品。作为 B2B 的质量标志，其不应出现在针对消费者的包装上。

质量与安全（QS）

QS 代表了从生产者到消费者的食品质量和安全。这一项目的管理由德国农业经济中心市场组织负责。这一 QS 的体系是基于疯牛病的教训，由类似欧洲 GAP（目前是全球良好农业规范）的德国食品行业制定。起初，这一体系是针对肉和肉制品的认证系统，以便为消费者确保肉类原产地的安全性。一些德国连锁经营的企业将这一标准的适用扩大到了水果蔬菜。

QS 体系要求在肉行业内实施质量控制，且覆盖生产全过程控制，包括从出生到屠宰再到加工。对于标准而言，原料的追溯和生产的透明性是关键内容。标准的部分内容是针对动物生产的。相关规则适用于德国产品和德国进口的产品。

就 QS 体系在水果蔬菜领域内的适用而言，其与全球 GAP 具有可比性。然而，QS 是一个针对消费者的标识，因此与全球 GAP 相比，其要求更为具体。针对植物保护产品和肥料的 QS 要求更适合西欧的情形。在水果蔬菜行业，有超过两万家 QS 认证企业。

QS 的认证没有国别限制。为了在欧洲层面实现统一的食品安全水平，QS 倚重于国家合作和整合。其目标是使经济参与者免受双重的审计，并促进不同质量保障体系下的产品流通。为此，针对欧洲境内的一些邻国标准，QS 已经达成了一些互认协议，如奥地利的"Pastus +"，比利时的"Ovocom/Bemefa and Certus"，丹麦的"Global Red Meat Standard"和荷兰的"GMP + 与 IKB +"。

SGF/IRMA 和 SGF/RQCS

SGF International eV 的原名为"Schutzgemeinschaft der Fruchtsaftindustrie"，后者是一个果汁行业内落实行业自我规制的典范。其也可以适用于食品行业的其他部门。SGF 是全球集市保证（Sure Global Fair）的缩写，同时也表述为 "Programm des Branchenverbandes"。全球集市保证是一个注册协会，其总部在德国美因河畔的法兰克福。全球集市保证业已发展到覆盖全球近 50 个国家的 600 家附属企业。就果汁的所有安全和质量问题，全球集市保证的作用犹如企业合伙人。

国际原料保证（SGF/IRMA）的检查内容包括原料生产和食品种植者、混合环节、流通商，包括冷链在内的储藏和运输企业，而这些主体都是自愿落实相关标准的。标准采用一个卫生检查表，其内容依据是第 852/2004 号法令以及欧盟果汁行业协会良好卫生规范（欧洲果汁企业和源于水果蔬菜的果肉饮料行业的协会）。检查表的设计是专门为了监督和监测半成品的所有生产情况。

全球集市保证还制定了行为规范以便支持原料的供应商参与该认证的自愿性控制体系。这一行为规范有助于提高以下认识，即应当考虑针对道德行为的普遍被认同的标准。

SQF 1000

SQF 意味着安全和优质的食品。这是一个由澳大利亚农业部制定的质量管理体系，并于 1994 年被引入食品行业。自 2004 年以来，其由 SQF 机构负责管理，该机构是位于华盛顿的食品和销售机构的分支。SQF 只是标准，其总部不在欧洲，目前已经获得全球食品安全倡议的认同。

SQF 针对产品的质量内容做出了很多规定，进而使其有别于其他标准。根据 SQF，一个针对所有食品生产链的单一标准是不可能的。很多国际标准都是针对工业类的生产，而它们对于初级生产而言，过于复杂和宽泛。SQF 的工作便是围绕这一内容，并制定了以下两个定制标准。

SQF 1000 是针对初级农业生产环节以及小规模的加工者和服务提供商。这些参与者往往以连锁的方式参与产品市场组织。风险也极为有限。规范内容是基于 HACCP 体系，但相对简单。

SQF 2000 是针对大型的供应和加工企业，风险比较大。这个方面的规范充分整合了 HACCP 体系的要求。

SQF 整合了质量管理体系（ISO 9001）和食品安全体系（HACCP），并增加了针对识别和追溯（追踪和溯源）的要求。这保证了既适用众所周知的关键控制点，也适用关键质量点。采用这样的方式可以促进体系的整合性，进而符合全球食品安全倡议的要求。SQF 2000 作为自愿性的标准，进一步补充了环境保护和企业社会责任。SQF 可以让所有类型的食品企业都适用。SQF 在北美食品行业中发挥了重要的作用。此外，澳大利亚、亚洲、非洲、中南美洲的供应商和零售商也都适用这一标准。在欧洲，即使 SQF 适用于各类食品企业的认证，其发放的认证书总计超过了一万份，SQF 的根基还非常薄弱。

4.3.2　饲料生产

FAMI-QS（欧洲饲料添加剂和预混合饲料质量体系）：针对饲料添加剂和预混合从业者的实务守则

欧洲饲料添加剂和预混合饲料质量体系由欧盟机构于 2007 年 1 月做出官方的有效评估。它们认为这一指南可以在欧盟境内通用，且与第 183/2005 号饲料卫生法令的要求相一致。[①]

这一官方采纳正式衔接了欧洲饲料添加剂和预混合饲料质量体系与饲料卫生法令的要求，意味着从事饲料添加剂和预混合的人员一旦适用这一体系的原则，便符合了这一法令的要求。欧洲饲料添加剂和预混合饲料质量体系的目标在于便利成员国内官方主管部门的监管工作。该体系在上述工作上已经取得成效，且也希望借此可以减少针对那些获得该体系认证的控制需求，包括国家主管部门和消费者对此的诉求。越来越多的欧盟国家认识到该体系与官方监管的兼容性。

欧洲饲料添加剂和预混合饲料质量体系中的实务守则是一个官方文件，饲料添加剂和预混合从业者可自由选择遵循的要求。该守则的文本主要是推定一些基本要求。内容中依次列出的问卷是为了进一步细化要求。此外，从业者以及针对从业者的审计工作也可以将其作为一个工具。指南文件是该守则的附录内容。对于意在获得认证的从业者而言，守则的要求是强制性的，但附录指南依旧是参考性的，以便为其提供应对具体问题的详细且具有可操作性的方法。

---

① EU, 2005. Regulation（EC）No 183/2005 of the European Parliament and of the Council of 12 January 2005 laying down requirements for feed hygiene. Official Journal of the European Union L 35, 8/2/2005: 1 – 22.

也就是说，在执行这一实务守则时，指南文件具有辅助作用。

获得认证的地点越来越多。自 2009 年 12 月以来，已经超过了 500 多处，而在 2008 年 12 月还仅有 298 处，足足增长了 72.15% 。除了欧洲行业对于欧洲饲料添加剂和预混合饲料质量体系守则的无条件支持外，在第三国获得认证的数量以及高于欧盟的比例也表明了该守则的国际化，尤其是非常多的参与者来自中国。

良好生产规范（GMP +）认证

良好生产规范（GMP +）认证是由荷兰动物饲料部门中央专家学院（Animal Feed Sector Central College of Experts）制定的，其作为所有者负责该标准的监管。这一专家学院的代表由来自整个饲料生产链中的成员组成。自 1993 年以来，动物饲料产品委员会支持这一学院的发展。本章写作期间，这一标准的最新版本是 GMP + 2006。在 2010 年，该机构变更为私人基金。

良好生产规范（GMP +）整合了以下标准，包括 EN-ISO 9001：2000，ISO 22000 和 HACCP 原则（记录于法典委员会的文件），并根据基于 HACCP 体系的食品安全体系予以细化，以及补充了通用 GMP + 的要求。

这一标准的初衷是在荷兰内部使用。如今，来自世界 65 个国家，超过 11,000 个饲料企业根据 GMP + 2006 的要求，对他们的产品和服务进行认证。当前项目的特点是为动物饲料链内的所有产品和生产环节提供了综合性的保证体系。这些环节包括了农场、贸易、生产/加工、运输、实验室研究和喂食。

TrusQ

TrusQ 始于 2003 年，其体现了在食品安全领域内荷兰和比利时饲料供应商之间的合作。TrusQ 的合作方向奶牛养殖户提供有质量保证的饲料。TrusQ 是基于 GMP + 设计的，但其认为，针对项目中各参与者所适用的饲料，GMP + 还不足以确保所有饲料原料的质量。此外，TrusQ 的范围也包括饲料生产中的副产品。

当供应商来自国外时，特别突出的一个问题便是质量保证的长期性。因此，TrusQ 针对许多原材料展开分析，进而减少农场环节的污染。这使 TrusQ 具有知识密集型的特点。作为一项额外的安全措施，TrusQ 适用交通灯的模式来标明供应商和产品的可信度。相关的指示及其说明如下：

● 绿色：产品准备就绪，零售商可以提供；

● 黄色：已经同意采取措施（更多的控制）来确保产品安全性；

● 红色：不允许与供应商进行交易，其原材料不得使用。

实践中，可能存在某一供应商无法供给的问题，同样有可能的是该供应商没有获得供给某一原材料的许可，但是可以提供其他产品。

TrusQ 的使用者是饲料生产企业，共有 9 个这样的企业，以确保他们的原料和添加剂的供应商符合相关的要求，无论其在国内还是海外。因此，若乳牛养殖户参与这一体系，可以相信其所获得的饲料是安全的。每一个使用 TrusQ 的企业向数千个乳牛养殖户提供饲料，他们主要来自荷兰、比利时和德国。

4.3.3　制造部门

荷兰 HACCP

荷兰 HACCP 是一项由国家 HACCP 专家委员会于 1996 年制定的认证项目。其自制定以来，标准内容便保持了与时俱进性。2004 年，食品安全专家中央机构和隶属其的认证机构倡议成立了 "Stichting Certificatie Voedselveiligheid"（SCV）。荷兰 HACCP 是认证机构自行制定的唯一标准。成立上述机构的目的在于将国家 HACCP 专家委员会实体化。SCV 便利了该委员会的工作，并使其成为该标准的法定所有者，即荷兰 HACCP 这一要求建立基于 HACCP 的食品安全体系的标准，并通过用户协议管理标准的著作权。

该标准具有两个版本：管理/体系认证（A 选择）和过程/产品认证（B 选择）。两者的区别是如何执行前置项目，此外认证机构所采用的审计和报告方法也是不同的。荷兰 HACCP 的 B 选择已获得全球食品安全倡议的认可。

荷兰 HACCP 可以适用于整个食品生产链，包括初级生产、加工和制造业、运输、存储、流通和贸易。该标准并不适用于供应提供商和服务提供商，如机器、包装材料的供应商和清洁公司。在写作期间，已由 12 个认证公司发放了大约 2000 份的认证书。

英国零售商协会的全球标准（BRC Global Standards）

在英国，诸多超市（特易购、森宝利、西夫韦、萨默菲尔德）于 20 世纪 90 年代集结起来，建立了针对质量领域的英国零售商协会。他们制定了一项标准（英国零售商协会的全球标准），并要求所有的供应商（食品企业）符合这一标准的要求。这一英国零售商协会的全球标准要求采用质量体系，即适用

HACCP 体系，内容包括场所、产品、过程和人员等。

英国零售商协会的项目包括一份检查协议和技术标准。检查协议是针对检查机构制定的。技术标准则是一份内容广泛的检查表，与食品的供应商相关。技术标准制定于 1998 年，并于 2008 年做了第五次修订。全球食品安全倡议于 2008 年认可了修订后的英国零售商协会的行为准则。

获得英国零售商协会的认证意味着生产者在原则上符合了英国跨国超市的所有要求。对于生产者和使用者而言，这都是经济的，因为英国零售商协会的认证具有很高的认可度。许多英国的和其他欧洲国家的大型超市和品牌商仅与获得英国零售商协会的全球标准（食品安全）认证的供应商进行交易。

国际卓越标准（IFS）

在德国和法国，许多超市（如阿尔迪和麦德龙）制定了一项食品安全标准，并要求他们的供应商执行这一标准。该标准便是国际食品标准，如今被称为国际卓越标准。就内容而言，其在很多方面都与英国零售商协会的标准相似，可以说有 90% ~ 95% 的重复度。国际卓越标准的第一版由德国零售商于 2002 年制定。第四版由德国零售商与法国零售商一并发布于 2007 年。该标准的管理由德国零售商组建的联盟和法国零售商组建的联盟一起负责。一如英国零售商协会的标准，国际卓越标准要求落实质量体系，即可以适用 HACCP 体系，内容也包括场所、产品、过程和人员。

国际卓越标准的适用者是食品企业，主要是指向德国和法国零售商提供产品的供应商。国际卓越标准可以适用于所有的部门，并没有针对某一供应链具体环节的要求，也没有针对某一类产品的要求。许多零售商都同时采用英国零售商协会标准和国际卓越标准。

FSSC 22000、ISO 22000 和 PAS 220

由于过去十年出现了各类规模不一的保障食品安全的标准，因此，国际性的食品企业圈内也出了一种共同的诉求，即停止制定新的标准和寻求一个共同认可的单一标准。三十多个国家共同努力制定了 ISO 22000 标准。由此而来的结果是该标准获得了大品牌所有者的认同，并在全球范围内获得了支持和认同。相应地，ISO 22000 标准是一个全球性的覆盖食品供应链的食品安全标准，其由国际标准组织 ISO 于 2005 年 9 月发布。然而，零售商在多大程度上认可这一标准尚属未知。也是因为这一原因，企业在 2008 年年底制定了一个新的模式，即公开获取规程 PAS 220。在 2009 年 2 月，食品安全认证联盟制定了新的食品安全认证标准 FSSC 22000，该标准整合了 ISO 22000 和 PAS 220。2009 年 5 月，全球食品安全倡议认可了这一新的标准 FSSC 22000。

ISO 22000 标准采用了 ISO 9001 标准的框架，并整合了基于 HACCP 原则的食品安全保证措施。ISO 22000 并没有取代诸如 ISO9001 这样的标准。ISO 22000 标准包括仅针对食品安全的要求，而 ISO 9001 也包括一些针对质量的要求。作为国际标准化组织 ISO 的标准，它的要求并没有像英国零售商协会或者国际卓越标准那样详细。后者包括更多地针对良好生产规范的要求。

PAS 220 标准针对制定食品安全项目的前提条件及其执行和保持明确细化了要求，即食品企业从业者应当在其控制范围内符合食品安全风险防控的要求。PAS 220 并不是针对食品供应链的其他环节设定的，也没有这样适用的意图。

ISO 22000 适用于所有食品供应链中直接或者间接关联的组织，无论其规模或者复杂程度如何。采用这一标准，更小规模的组织或者发展落后的组织也可以落实食品安全管理体系，包括小农场、小型包装和流通企业或者小食品店。根据这一标准，小企业可以执行一套组合许多管理措施的标准。这一方法与卫生指南中所使用的方法相似，后者使用通用类的措施整合了符合 HACCP 体系的要求。ISO 22000 也适用于间接参与食品生产供应链的组织，如机器和工具、清洁和消毒产品以及包装材料的供应商。截至写作期间，该标准的适用还非常有限，因为合格的审计方还非常有限。

SQF 2000

SQF 2000 是一个针对食品供应商的食品安全和质量管理认证项目。1994 年，制定该标准是以试验项目的方式确保其适用于食品行业。食品营销研究所（Food Marketing Institute）在 2003 年 8 月获得了负责 SQF 项目的权利，并设立了安全质量食品研究所分部负责管理该项目。由于 SQF 2000 Code 这一标准符合了基准要求，因此，其已经获得全球食品安全倡议的认可。安全质量食品研究所的技术咨询委员会根据全球食品行业的要求和预期以及其他来自于利益相关者的评议，在对该标准进行审查后制定了一些修订的建议。

4.3.4 包装部门

由于食品可能被来源于包装的微生物或者化学性危害污染，因此，主管部门制定了一些相关的立法，就上述的问题明确规定了适宜的执行规则。为此，质量管理体系应当确保食品生产供应链中的所有环节都要预防未知的风险。就一些食品安全和质量管理标准而言，如荷兰 HACCP 体系，它们自身便声明适用于食品生产链中的所有环节。其他的一些国际性标准则制定了一些具体的模式来反映这一诉求。

BRC-IOP 包材标准

有关英国零售商协会标准的具体内容，可以参见 4.3.3 部分的介绍。英国零售商协会针对食品包装行业特别制定了 "包装和包装材料的全球标准"。这一标准便是众所周知的 BRC-IOP，其已经获得全球食品安全倡议的认可。

4.3.5 运输部门

食品运输中也有涉及安全和质量的风险，尤其是对新鲜和冰冻产品而言。一个大家熟知的案例便是发生于 1980 年的亚硝酸盐事件。冷却部位的管子泄漏导致了一船运输中的菠菜被污染，产生的安全问题便是过高的亚硝酸盐含量，以致一个消费者在食用这一菠菜后不治身亡。

覆盖食品供应链全程的标准也可以适用于这一部门，但是也有专门针对这一部门的标准。

英国零售商协会针对储藏和流通的标准

有关英国零售商协会的标准可以参见 4.3.3 部分的介绍。这一储藏和流通的全球标准是在 2006 年针对储藏和流通部门特别制定的。

IFS/ILS

有关国际卓越标准具体规定，可以参见 4.3.3 部分的介绍。自 2006 年 5 月以来，运输公司可以针对执行 IFS 运输标准获得认可，即所谓的国际物流标准 ILS。

4.3.6 其他标准

除了前述的质量标准及其主要针对安全食品的生产、原材料和终产品的规定外，也有其他的一些标准和项目，它们主要关注消费者高度热衷的内容。

ISO 26000

ISO 26000 是有关社会责任的指南。当执行 ISO 26000 标准时，企业除了落实传统的业务标准外，还有一系列具体的企业目标，包括：

- 环境；

- 人权；

- 劳动实践；

- 组织治理；

- 公平操作；

- 消费者问题；

- 社区参与/社会发展。

ISO 26000 提供了企业社会责任的指南。由于该指南没有规定具体的要求，因此，其很难像其他的 ISO 标准那样实施认证。无法获得认证也是该标准的一项原则。

ISO 26000 的范围是促进社会责任的可操作性。ISO 26000 针对各类企业规定了指南，无论它们的规模是大是小或者办公地点在哪。其内容包括：

（1）有关社会责任的概念、术语和定义；

（2）社会责任的背景、趋势和特点；

（3）有关社会责任的原则与实践；

（4）有关社会责任的核心主题和问题；

（5）在其影响范围内，通过组织、政策和实务来整合、落实和促进富有社会责任行为；

（6）确认利益相关者并使其参与其中；

（7）就社会责任相关的承诺、绩效和其他信息开展交流。

ISO 26000 的目的在于协助组织促进可持续发展。它鼓励组织可以超越法定的合规要求，但同时使其意识到符合法定要求是每个组织的基本义务和社会责任的核心内容。它的目的还包括促进社会责任方面的共识，并协助其他针对社会责任的工具和项目的运作，而不是试图取代它们。

ISO 26000 是 2010 年 9 月 12 日在奥斯陆投票通过发布的，在所有的投票中，有 93% 的赞成，只有 5 个国家投了反对票。

公平贸易（Fair trade）

公平贸易意在鼓励国际贸易中的可持续发展，尤其是针对由贫困国家向富裕国家的出口贸易，保证其可持续性的发展。例如，公平贸易意味着拉丁美洲、非洲和南亚国家的咖啡豆、可可豆和香蕉种植者可以获得体面的出口收入。这一出口产品的价格是根据生产成本计算的，而不是根据国际商品市场中的情形而定。公平贸易产品同样也要符合严格的环境要求。

在 20 世纪四五十年代，一些宗教和非营利组织积极地向西方世界促销来源于第三世界国家的产品。公平贸易组织便是形成于 20 世纪 60 年代。在那些年，公平贸易行为的承诺往往被视为反对新殖民主义政治声明。学生反对跨国企业和它们与原住民的贸易。在那段时期，提出了诸如"贸易不是援助"的口号。诸如 UNCTAD 和英国非政府组织 Oxfam 是该组织的发起者。在 1969 年，第一间荷兰"世界商店"开业，随后便发展到比利时、卢森堡、德国和许多其他的西欧国家。起初，采用公平贸易标签的产品主要是传统手工制品，随着时间的推移，很多食品也加入这一公平贸易中。

公平贸易的可靠性有赖于严格的指标和对这些指标的长期且良好的监督。当前，采用公平贸易的产品主要产于 23 个国家，这些国家之间是通过一个自主性的综合组织连接的，即国际公平贸易标识组织。这一组织确立了标准，并协助生产者符合这些要求。公平贸易的认证（见图 4 - 3）是通过对 250 个指标进行评估后赋予的，这些指标内容涉及工作条件、环境友好型投资要求和经济发展。

图 4 - 3　国际公平贸易认证标志

公平贸易运动中还涉及以下的组织，包括：

● 世界公平贸易组织（The World Fair Trade Organization）[前身是国际公平贸易协会（International Fair Trade Association）]，它是一个创建于 1989 年的全球协会，其成员包括公平贸易生产者的协作组织、出口市场企业、进口商、零售商、国家核地区的公平贸易网络和公平贸易支持组织。

● 欧洲世界商店网络（The Network of European Worldshops），创建于1994年，它由位于13个不同的欧洲国家的15个国家世界商店协会组建而成。

● 欧洲公平贸易协会（The European Fair Trade Association，EFTA），创建于1990年，它是一个欧洲替代性贸易组织组成的网络，这些组织从非洲、亚洲和拉丁美洲的400多个经济弱势的生产者小组处进口产品。

● FINE，创建于1998年，它是一个非正式协会，目的是协调公平贸易的标准和指南，提高公平贸易监测体系的质量和有效性，并在实践中倡导公平贸易。

● 公平贸易联盟（The Fair Trade Federation，FTF），创建于1994年，它是一个加拿大和美洲公平贸易的批发商、进口商和零售商组建的协会。该组织连接了公平贸易生产小组的成员，并作为公平贸易信息的清算中心，此外还为其成员提供资源和联盟机会。

● 公平贸易行动网络（The Fair Trade Action Network），创建于2007年，它是一个国际公平贸易志愿者的在线网络。该协会连接了来源于几十个欧洲和北美国家的志愿者，积极支持公平贸易城倡议，鼓励国际层面的草根网络组织。

碳信托标准（The Carbon Trust Standard）

碳信托标准（见图4-4）是奖励那些真正实现减碳目标的组织。获得碳信托标准认证的组织通过测量、管理，真正减少了碳足迹，[①] 并承诺年复一年地减少碳足迹。2011年3月，英国大学因为减少近12%的碳足迹而被官方授予这一碳信托标准的奖励。

碳信托标准是全球第一个允许企业就其操作开展碳足迹测量并便利能源管理实践的独立和专业审查的认证项目。使用这一碳信托标准标志的企业可以对外宣传其致力于应对气候变化的承诺。获得该奖项意味着组织应当就其切实减少二氧化碳的排放提供证据，而不是以支付第三方的方式抵消减排目标，如种树或者绿色税费。

---

① 译注：碳足迹是指企业、活动、产品或个人通过交通运输、食品生产和消费以及各类生产过程引起的温室气体排放的集合。

图 4 - 4　碳信托标准标志

碳信托是由政府设立的项目，以回应气候变化所带来的威胁，并通过与组织的共同减排工作来发展低碳经济，以及发展商业性的低碳技术。碳信托与英国的企业和公共部门共同努力，主要致力于以下五个互补性领域，包括洞见、解决方案、创新、企业和投资。所有这些都有助于解释、支持、发展、创造低碳企业并为其提供资金。碳信托的发展资金来自于环境、食品和乡村发展部（Defra）以及苏格兰政府、威尔士政府和北爱尔兰。

已有超过 350 家组织落实了这一标准，总计碳足迹高达 35,000,000 吨二氧化碳的排放量。获得该标准奖项的组织包括特易购等知名企业。此外，涉及的公共机构包括曼彻斯顿大学。为了获得针对这一标准的认证，组织需要符合以下三个方面的要求：

- 测量 2 ~ 3 年的碳足迹；
- 说明碳排放的减少情况；
- 就良好碳管理提供证据。

雨林联盟（Rainforest Alliance）

雨林联盟是一个美国的环保组织。其主要目标是保护生态系统和依附于该系统的人和动物。金吉达企业自 1992 年以来便和雨林联盟合作，且已于 2005 年获得该认证，展现的方式便是在金吉达香蕉的经典蓝色贴纸上加贴一个绿色青蛙的标记。金吉达保证其所提供的香蕉是在获得认证的种植园采用可持续的方法种植。这一质量标志同时也适用于咖啡和茶叶（见图 4 - 5）。

可以针对农场或种植园开展检查，负责的机构是独立的且获得认可的机构。也是因为如此，雨林联盟的这一质量标志具有很高的可信度。为了使用这一雨

图 4 - 5　雨林联盟质量标志

林联盟的标志，农民应当符合 200 多项的要求。这些要求的内容非常丰富，包括有关保持自然、保持水资源和森林管理的要求。种植园的劳动者应当获得最低工资和良好的工作环境，包括安全的居住环境。雨林联盟不对农户做出价格保证。

海洋管理委员会（Marine stewardship Council）

海洋管理委员会是最为重要的促进可持续渔业发展的组织之一。其他的一些组织还包括海洋之友（Friends of the Sea，FOS）、日本海洋生态标签（Marine Ecolabel Japan，MEL-Japan）、全球水产养殖联盟（Global Aquaculture Alliance，GAA）、全球良好农业规范，自然地（Naturland），澳大利亚联邦政府环境、水资源、遗产和艺术部环境保护和生物多样性法（DEWHA Environment Protection and Biodiversity Conservation Act），泰国质量虾（Thai Quality Shrimp，TQS），这些组织开展认证工作。此外还有一些提供建议的，如制定"可持续水产品指南"或者向企业和消费者提供可继续渔业和水产养殖的信息和建议。诸多项目都有助于提高针对粮农组织指南的合规率。这些指南的关键特点包括其覆盖性、准确性、独立性、精准性、透明性、标准化和经济有效性。

在诸多的认证项目中，海洋管理委员会制定了最为全面、有力和透明的绩效评估。针对其他诸如资源状况和生态系统影响等目标，海洋管理委员会是唯一一个提出具体要求的项目。海洋管理委员会采用最新的直接来源于渔业管理者和资源评估科学家的资源专项评估结果。海洋管理委员会的指标要求相对于潜在产量，目标鱼群和相关生态社区应保持在高产量。这一评估会考虑产出指标，如鱼获战略、控制规则、监测和资源评估程序。对资源状况的考虑包括针对资源评估信息的同行评议。海洋管理委员会项目的评估非常昂贵，评估费用为三万欧元。对于小企业而言，这一成本非常高。

海洋管理委员会的评估是一个周期,其间一些船只的审计由独立的委员会(非海洋管理委员会)根据海洋管理委员会的要求进行。一个评估周期通常为12~15个月,但也可能更长。整个过程向公众公开,而且利益相关者(包括渔业、科学家和环境组织)也可以参加到评估中。采用参与导向的方法和申诉程序也是可行的。一旦签发认证书,有效期为五年,但至少每年要检查若干次。

海洋管理委员会的渔业认证项目和水产品生态标签意在认可和奖励可持续渔业(见图4-6)。该委员会是一个全球性的非营利组织,其与渔业、水产品企业、科学家、环保组织和公众保持合作,共同促进水产品中的最佳环境选择。消费者也认可获得海洋管理委员会认证的产品,其附有一个蓝色的标志。鉴于许多利益相关者表达了对渔业资源的关切,联合利华和世界野生动物基金于1997年共同成立了海洋管理委员会。获得该认可的产品和国家的总数在持续增长。2009年,将近8%的用于人类消费的海外渔业参与了海洋管理委员会开展的项目。

图4-6 海洋管理委员会认证商标

海洋管理委员会的总部位于伦敦,且在西雅图和悉尼设有分支机构。此外,其在苏格兰(2008年)、德国(2009年)、荷兰(2007年)、南非(2008年)、日本(2007年)、法国(2009年)、瑞典(2010年)和西班牙(2011年)开设了办公室。全球范围内,超过1万种产品获得了海洋管理委员会的认证,且在74个国家流通。总的来说,超过240个渔场参与了海洋管理委员会的项目,其中105个获得了认可,140多个还在充分评估中。

针对可持续渔业,海洋管理委员会的标准有三个主要原则:

(1)鱼类或贝壳类的资源状况应持续保持健康;

（2）减弱对于渔业的影响；

（3）正确组织针对渔业部门的检查，并就合规情况予以控制和核查。

无论是规模、范围、渔业种类还是捕捞地，渔业企业可以要求独立的认证机构根据海洋管理委员会的环境标准开展审计。如果企业符合要求，其可以获得认可。企业想要在其产品上使用海洋管理委员会的标签，也可以就其供应链开展认证，以便确保获认证渔产品的可追溯性。

国际互世（UTZ）认证

始于 2002 年的国际互世（UTZ）认证①意在针对农产品创建一个公开和透明的市场。其提供针对咖啡、茶叶和可可的认证项目并负责可持续棕榈油圆桌会议下的棕榈油追溯管理。UTZ 认证的目的是实现农产品供应链的可持续性，相应地，农户有专业的知识落实良好规范以优化经营，食品企业会通过要求可持续种植的产品和支付对价来承担责任，消费者则会购买符合社会和环境责任要求的产品（见图 4 - 7）。

图 4 - 7 UTZ 认证商标

在 2007 年之前，被人们熟知的依旧是源于玛雅语"好咖啡"意思的 UTZ Kapeh 而不是 UTZ。通过五年的发展，UTZ 认证成为享誉全球的咖啡认证项目之一，目前其认证产品也不限于咖啡。UTZ 认证是为了支持可持续的农业供应链，以满足日益增长的农户、食品企业和消费者诉求和预期。

为了应对全球对于棕榈油的可持续生产的要求压力，可持续棕榈油圆桌会

---

① 译注：国际互世（简称 UTZ）是于 1999 年在荷兰成立的非营利机构（NPO），其认证现已成为全球性认证项目，获得 UTZ 认证的组织约有 1000 余家，UTZ 认证获证组织主要分布在欧洲、美国、加拿大、亚洲、澳大利亚、南美、非洲等 30 多个国家，获证产品在 70 多个国家或地区销售。UTZ 致力于促进茶叶、咖啡和可可等产品的生产、加工的可持续发展，关注生产过程的可持续发展、良好农业规范、员工福利、环境保护等要素。

议于 2004 年成立，其目的在于促进可持续棕榈油产品的增长和使用，方式是借助可信赖的全球标准和利益相关者的参与。其成员于 2007 年 11 月认可了可持续生产的原则和标准，并通过合同的方式将 UTZ 认证作为其追溯服务的供应方。

到 2008 年，第一个种植园获得了认证，其棕榈油产品的追溯由 UTZ 负责。自此，追溯的体量一直在增长中。到 2009 年，获得可持续棕榈油圆桌会议认证的棕榈油的追溯体量达到了 10 万吨。2010 年则是增长了 3 倍多，达到了近 40 万吨。

欧洲有机生产标志

如果一个从业者想要销售有机产品，他或者她应当符合所有关联的法律要求。为了便于消费者简单地挑选符合自身诉求的产品，其中的一项要求是使用欧洲的有机生产标志（见图 4 - 8）。该标志提供的信息表明食品的生产符合了所有有机生产、加工和贸易的要求。针对有机产品的生产条件如下所列：

- 种子是有机的；
- 肥料是有机的；
- 植物保护剂的使用是符合限制要求的；
- 复合产品在生产中（几乎）仅使用了有机原料。例外的情形是这些成分无法在短期内获得；
- 运输和贸易的条件都是符合限制要求的。

图 4 - 8　欧洲有机农业的标志

无麸质标志

有腹部疾病（食品不耐症）的病人无法食用含有麸质的食品。含有麸质的食材会损害小肠内的黏膜，进而导致肠功能失灵。健康的小肠内部有许多的肠绒毛，其作用是增大了营养素的吸收面积。但是患有腹部疾病的绒毛无法耐受麸质，进而也无法正常吸收营养素。然而，人体需要这些营养素来保证功能的有序性，对于儿童来说，这些营养素更是成长所需。

有麸质不耐症的病人要求所食用的食品不含有麸质，因此需要产品明示这一关联信息。主管部门也通过立法确保病人们可以做出知情选择。第41/2009号法令①规定当食品中的麸质含量不高于每千克20毫克时，其可以宣称为"无麸质产品"（见图4-9）。而且，只有在每千克麸质含量不超过100毫克时，才可以使用"麸质非常低"的标志。立法规制的含有麸质的产品也会涉及过敏标识的问题。

图4-9　表明产品"无麸质"成分的标志

素食产品的标志

素食者②不食用肉类、禽类和鱼类产品。大多数的素食者会消费动物源性产品，前提是这些产品不是源于屠宰动物，例如，牛奶和奶制品，奶酪和鸡蛋。一些素食者也会食用鱼类产品。一个健康的饮食是可以不消费肉类的。素食者的饮食包括足量的蔬菜、水果、面包、土豆和小麦制品，以及粮食作物，奶制品、鸡蛋和提供人体所有营养素的肉类替代产品。另一类素食者（vegan）不食用任何动物源性产品，也不吃奶制品或鸡蛋。

欧洲的素食标签（见图4-10）作为标志，其目的在于说明加贴产品适合素食者食用，但是没有将产品仅限于素食者。该标签由欧洲素食者联盟于1985年注册，目前已经获得16个国家的认可并在这些国内使用。而且，这些国家所使用的标签都是一致的。目前该标签有两个版本，一个是针对依旧可以含有动

---

① EU，2009. Commission Regulation（EC）No 41/2009 of 20 January 2009 concerning the composition and labelling of foodstuffs suitable for people intolerant to gluten. Official Journal of the European Union L 16，21/01/2009：3－5.

② 译注：英语的"语的 on L 16"和"语的 on L"的不同之处是指作为素食者，两者对素食范围的要求不同，其中，后者比前者对于素食的要求更为严格，任何与动物有联系的东西都不能吃。

物源性成分，如奶制品和鸡蛋等的素食产品，另一个是针对不含有任何动物源性成分的素食产品。

图 4 - 10 欧洲素食产品标签

目前，欧洲素食主义者联盟的标签已大量用于食品产品和欧洲的一些餐饮店，其中一些产品还会销往美国。一个网站公布了所有认可 "V 标签" 指标的素食产品、生产者和餐饮店的信息。

清真认证（Halal）

阿拉伯语 "Halal" 是指食品是 "清洁的" "允许的" 或 "许可的"。该术语是 "haram" 的反义词，该阿拉伯语的意思是 "不清洁" "不许可"，如酒精和猪肉。该定义同时适用于行为和食品。清真认证产品是根据伊斯兰教的宗教要求制备的产品。食品法中涉及清真的要求是针对穆斯林的规则设定。由于食品在日常生活中的重要作用，对于穆斯林的日常生活而言，伊斯兰的食品法也因此具有非常重要的地位。只能食用获得清真认证的肉类，其要求动物的屠宰符合宗教的教义，且动物的饲养要确保它们的体面性，尽可能地不对其施加压力。

食品企业在生产清真产品时，可以获取清真国际控制（Halal International Control）的认证。作为国际组织，清真国际控制坐落于埃及的开罗，为中东和欧洲的客户提供服务。清真国际控制确保用于清真食品生产中的原料和配料都来自符合宗教典规屠宰要求和相关规则的企业。在购买肉类前，供应商应当对其进行评估，进而确保其符合清真国际控制规定的指标要求。即便是涉及的药草和香料也要符合清真要求。清真国际控制组织控制的药草和香料可用于动物肉类的提取物，以及作为非清真类的添加剂。

清真国际控制组织可以针对如下的过程签发认证书：

• 以符合宗教典规的方式屠宰禽类或其他动物；

- 用原料生产终产品或者中间产品；

- 加工中间产品；

- 制备即食食品（包括餐饮和其他大型厨房）；

- 零售和外卖（餐厅、快餐连锁、外卖和食堂）；

- 出口（诸如沙特阿拉伯或马来西亚等国的海关会要求）；

- 存储（流通中心、仓库、港口）；

- 运输（如液体、固体或者药品）。

世界其他地区也会有一些类似的认证机构，如亚洲的马来西亚、美国和加拿大等地，包括：

- 美国印第安纳的 INFANCA；

- 加拿大安大略的 ISNA；

- 马来西亚清真认证（见图 4 - 11）。

2010 年，马来西亚清真认证针对全球多个国家的 49 个不同的清真认证机构做了一次总结。国际清真一体化联盟试图促进该领域的协调发展。

图 4 - 11　马来西亚清真认证标志

犹太食品（Kosher）

《犹太饮食法》（*Kashru*）这一犹太宗教的食品法是写入《旧约》前五卷（Torah）的，更为具体地说是基督教利未记（Deuteronomium 14：3 - 21），其写道：凡蹄分两瓣、倒嚼的走兽，你们都可以吃。鱼类必须有鱼鳍和鱼鳞，不是所有的鸟类都可以吃。此外，其也禁止食用腐肉和有翅膀的昆虫。

因此，牛肉、绵羊和山羊肉以及鹿肉是可以食用的。而骆驼肉、猪肉、马肉或者兔肉是不能食用的。最后，鳗鱼、虾和龙虾都是不能食用的。此外，使用添加剂也有一些特定要求。食品法很少规定有关色素添加剂使用的问题。由此而来的一个问题是将介壳虫作为红色染料（胭脂红）。根据犹太法律，不得食用昆虫。不符合犹太饮食法的食品被称为不洁食品（Trefah）。

根据犹太饮食法，允许食用的动物不得击晕且需要按照符合宗教典规的方式予以屠宰。这便是所谓的犹太屠宰法。刀需要非常锋利，且直接将动物杀死。在颈动脉内的血液全部流光后，再用腌制肉类的方式去除剩余的血液。除了动物屠宰的规则外，还有其他关于消费犹太食品的规则。例如，某一产品或一顿饭菜中不得混淆奶制品和肉制品。单独的一顿饭可以食用鱼和肉，但是一道菜内不能同时有鱼和肉。这些规则同样适用于机器生产的产品或者食品的存储。

犹太教中一种标明食品是否能为教徒所信用的证明（Hechher）是由犹太食品认证拉比（rabbi）签发的用以声明犹太食品的希伯来语。所有的犹太店（除了超市）都应当具有犹太认证（Teudat Hechsher）。一个拉比或者犹太教法庭可以签发具有一定有效期的认证书。要求获得犹太认证的商业包括快餐餐饮店和烘焙店。尤其是在以色列，预包装食品上会有一个小的象征符号，通常是拉比或者犹太教教士的标志。而且，美国的该类产品也日益增多。随着各类犹太认证的发展，仅标注犹太这样的文字是不足以吸引消费者的。正统的犹太人仅食用带有 "hechsher" 标签的食品，其中，接受度最广泛的是 Edah HaChareidis。其他一些知名的源于以色列的犹太食品认证还包括 Rechovot 等。[①] 有一个汇集了超过 800 多个的犹太认证的数据库。根据《塔木德》，认证的实务从公元前 2 世纪便开始了，即公元前 164 年犹大·马加比重建圣殿的时代，此后犹太人将该日定为再献圣殿节。

在美国，最为熟知的便是东正教联盟（Orthodox Union，OU）、喀什组织（Organized Kashrus，OK）和拉比中央会议（Central Rabbinical Congress，CRC）。在过去的几十年里，美国和全球的犹太食品需求量对食品行业产生了深远的影响。制定于 1935 年的喀什组织认证（见图 4 - 12）是全球最受认可的犹太许可标志。该喀什组织为食品巨头和产品提供认证，如美国国际香精香料公司（IFF）、卡夫（Kraft）、康尼格拉（ConAgra）和纯果乐（Tropicana）。喀什组织的认证在六个大陆适用，其支持者包括 350 多个世界顶级的犹太专家，

① 译注：其他的还包括 the rabbinical court of Chassam Sofer from Bnei Brak；the rabbinical court of rabbi Ovadia Yosef；Machzikei HaDas of the chassidish movement Belz，Shearis Yisroel of the Litvaks and the sephardic rabbi Shlomo Machpoud。

目前已经有超过 50 万份的产品获得其认证，生产商超过了 2500 多家。

图 4 - 12　喀什组织认证标志

4.4　结论

此时此刻，食品部门内的私人项目层出不穷，且不再有对其进行全面盘点的可能性。然而，本章所要实现的目的便是概述那些当下最为重要的体系，并表明食品部门内私人规制的丰富性和多样性。

翻译：孙娟娟

参考文献

— Anonymous, 2010. Inventory of certification schemes for agricultural products and foodstuffs marketed in the EU Member States. Areté Research and Consulting in Economics, Bologna, Italy.

— Codex Alimentarius Commission, 2001. Guidelines for design, production, issuance and use of generic official certificates. CAC/GL 38 - 2001. FAO, Rome, Italy.

— Parliament and of the Council of 29 April 2004 on the hygiene of foodstuffs. Official Journal of the European Union L 139, 30/4/2004: 1 - 54.

— EU, 2005. Regulation (EC) No 183/2005 of the European Parliament and of the Council of 12 January 2005 laying down requirements for feed hygiene. Official Journal of the European Union L 35, 8/2/2005: 1 - 22.

— EU, 2008. Regulation (EC) No 765/2008 of the European Parliament and of the Council of 9 July 2008 setting out the requirements for accreditation and market surveillance relating to the marketing of products and repealing Regulation (EEC)

No 339/93. Official Journal of the European Union L 218, 13/8/2008: 30 – 47.

— EU, 2010. Commission communication – 47. ulation（EEC）No 339/93. Official Joary certification schemes for agricultural products and foodstuffs. Official Journal of the European Union C 341, 16/12/2010: 5 – 11.

— Parkes, G., Walmsley, S., Cambridge, T., Trumble, R., Clarke, S., Lamberts, D., Souter, D. and White C., 2009. Review of Fish Sustainability Information Schemes-Final Report, October 2009. MRAG, London, UK. Available at: http://cels. uri. edu/urissi/docs/FSIG_ Report. pdf.

— Scholten-Verheijen, I., Appelhof, T. and Van der Meulen, B., 2011. Roadmap to EU food law. Eleven International Publishers, the Hague, the Netherlands.

第5章 食品法典委员会和私营标准

Spencer Henson and John Humphrey

5.1 背景

在过去的 10～15 年里，全球食品价值链的治理趋势是私营标准的日渐流行。[①] 私人企业和非政府组织不断地制定食品安全、食品质量，以及与食品生产相关的环境和社会方面的标准，而后又逐渐与第二方或第三方的认证相关联。[②] 当它们并不像公共规制那样遵循执法的法律过程时，一个争议性的议题是：市场力量使这些私营标准具有了事实上的约束力。[③] 因此，就我们所聚焦的食品安全而言，许多全球性的食品价值链是由公共和私营标准共同治理的。对此，它们之间的互动关系非常多样，且在促进实现食品安全控制方面，发挥了领导性的作用。[④]

[①] Jaffee, S. and Henson, S. J., 2004. Standards and agri-food exports from developing countries: rebalancing the debate. World Bank Policy Research Working Paper 3348, The World Bank, Washington, DC, USA; OECD, 2004. Private standards and the shaping of the agri-food system. OECD, Paris, France.

[②] Busch, L., Thiagarajan, D., Hatanaka, M., Bain, C., Flores, L. and Frahm, M., 2005. The relationship of third-party certification (TPC) to sanitary/phytosanitary (SPS) measures and the international agri-food trade: final report. RAISE SPS Global Analytical Report 9, USAID, Washington, DC, USA.

[③] Henson, S. J., 2007. The role of public and private standards in regulating international food markets. Journal of International Agricultural Trade and Development 4 (1): 52－66.

[④] Henson, S. J. and Humphrey, J., 2009. The impacts of private food safety standards on the food chain and on the public standards-setting process. Paper prepared for FAO/WHO, ALINORM 09/32/9D-Part II, Rome, Codex Alimentarius Commission; Henson, S. J. and Humphrey, J., 2010. Understanding the complexities of private standards in global agri-food chains as they impact developing countries. Journal of Development Studies 46 (9): 1628－1646.

私营食品安全标准的演变引发了更为深层次的问题，即公共和私人机构在食品安全治理中的作用。此过程带来的困扰是，面对公共规制的主导地位[1]，以及关于未有考虑风险和违背基本民主规范的质疑，[2] 也使治理的私人模式遇到了合法性的问题。更为一般地说，也有关于私营标准会对食品安全领域内的公共政策制定过程产生负面影响的担忧，包括国家和跨国性的公共政策。

在全球层面，私营标准的兴起被视为动摇既有国际组织地位的挑战，而这些国际组织的作用包括规定如何制定公共食品安全法规的规则，尤其是世界贸易组织和食品法典委员会的作用。[3] 当在世界贸易组织的框架内讨论私营标准的贸易影响时，就其是否具有针对私营标准化活动的法定管辖权问题，是具有巨大不确定性的。[4] 而就食品法典委员会而言，突出的担忧是快速发展的私营食品安全标准会弱化委员会在制定基于科学的标准、指南和建议中所发挥的作用，而这些标准、指南和建议都为国家的规则制定提供了指导，同时也是《实施动植物卫生检疫措施协议》法定参考内容。[5] 在法典委员会的三次会议上，[6] 世界贸易组织和法典委员会的诸多发展中国家成员都已经讨论过私营标准。例如，尽管没有明确的结论，一些针对这一议题的行动似乎停止了。

根据制定和采纳这些私营标准的主体，以及诸如它们所针对的食品体系的参数，私营标准的差异化很明显。考虑到这一多样性，很难说哪些标准可以被

---

[1] Henson, S. J. and Caswell, J. A., 1999. Food safety regulation: an overview of contemporary issues. Food Policy 24 (6): 589 – 603.

[2] Fuchs, D. and Kalfagianni, A., 2010. The democratic legitimacy of private authority in the food chain. In: Porter, T. and Ronit, K. (eds.) The challenges of global business authority: democratic renewal, stalemate or decay? State University of New York Press, Albany, NY, USA, pp. 65 – 88.

[3] Henson, S. J., 2007. The role of public and private standards in regulating international food markets. Journal of International Agricultural Trade and Development 4 (1): 52 – 66.

[4] Roberts, M. T., 2009. Private standards and multilateral trade rules. Paper prepared for FAO, Rome, Italy.

[5] Roberts, D. and Unnevehr, L. J., 2005. Resolving trade disputes arising from trends in food safety regulation: the role of the multilateral governance framework. World Trade Review 4 (3): 469 – 497.

[6] CAC, 2008. Report of the 31st Session of the Codex Alimentarius Commission, ALINORM 08/31/REP. Codex Alimentarius Commission, Rome, Italy; CAC, 2009. Report of the 32nd Session of the Codex Alimentarius Commission, ALINORM 09/32/REP. Codex Alimentarius Commission, Rome, Italy; CAC, 2010. Report of the 33rd Session of the Codex Alimentarius Commission, ALINORM 10/33/REP. Codex Alimentarius Commission, Rome, Italy.

视为"私人的",而且,它们所发挥的作用和潜在影响也是未知的。此外,通常也无法确认公共法规和私营标准之间的差异和关联。这一缺乏明确性的问题也给如下内容蒙上了阴影,包括有关私营标准影响的争议,我们对其发展轨迹的预期,继而使所有的私营标准都招致不加区别且负面的评论。本章意在通过一些针对私营标准演变的方法和原因的合理分析,尤其是诸如食品法典委员会这些组织所制定的国际标准的作用及其影响,[①] 为当下的争议增加一些体现一致性的内容。尤为值得关注的内容是针对食品安全的私营标准,但同时需要指出的是,私营标准也涉及食品产品的其他特征。

5.2 私营食品安全标准的性质

在反思私营标准对于食品法典委员会的意义之前,重要的一点是介绍它们所采用的制度模式和它们长期以来的发展方法和原因。在很多工业国家,私营标准的出现被视为一种重要的市场治理模式。[②] 对于食品部门,这一点特别显著,因为无论是在国内商业还是国际贸易中,它们的发展都极为迅速。这些标准可以是针对食品安全和有关食品安全体系完整性的,此外,它们也可以是针对其他食品特点的,如产地、环境影响、动物福利等。

就这些私营标准的特点而言,一个与食品安全极为相关的特点是,它们日渐关注食品生产的过程。对于这一"过程"标准而言,以下的内容是极为必要的,包括:

---

① Henson, S. J. and Humphrey, J., 2009. The impacts of private food safety standards on the food chain and on the public standards-setting process. Paper prepared for FAO/WHO, ALINORM 09/32/9D-Part II, Codex Alimentarius Commission, Rome, Italy.

② Henson, S. J. and Humphrey, J., 2010. Understanding the complexities of private standards in global agri-food chains as they impact developing countries. Journal of Development Studies 46 (9): 1628–1646; Humphrey, J., 2008. Private standards, small farmers and donor policy: EUREPGAP in Kenya. IDS Working Paper 308, Institute of Development Studies, Brighton, UK; Jaffee, S. and Henson, S. J., 2004. Standards and agri-food exports from developing countries: rebalancing the debate. Policy Research Working Paper 3348, The World Bank, Washington, DC, USA; OECD, 2004. Private standards and the shaping of the agri-food system, Paris, France; World Bank, 2005. Food safety and agricultural health standards: challenges and opportunities for developing country exports. Report 31207, The World Bank, Poverty Reduction and Economic Management Trade Unit, Washington, DC, USA.

● 它们为有关食品如何生产、运输或加工的过程，提供了声明的基础；

● 它们的必要组成包括一些监测和执行形式，如通过第二方或第三方的认证，后者的应用日渐普及；

● 它们被汇编到书面的声明中，而这些声明针对执行、监测和执法的规则，规定了规则和程序，并提供了明确的说明；

● 它们包括一些针对特定食品产品的追溯形式，涉及价值链中的下游某些环节，以及那些标准中具体明确且需要控制的环节。

重要的是，私营标准不仅说明了通过其所能实现的成果，同时也规定了如何实现这些成果的方法，即一个由认证和执行所构成的治理框架，以及一个针对这些要素内容的变化，促使其形成和认可其存在的体系，因为标准总是不断更新的。正是因为如此，一些涉及制定和管理私营标准的机构，如全球食品安全倡议，称其为项目而不是标准。这对于食品法典委员会而言是非常重要的，尤其是公共法规和私营标准之间的关系。

文献中，"私营标准"和"自愿性标准"是经常混用的两个术语。诚然，由私人部门的参与者集体制定的私营标准往往被视为"私人的自愿性标准"。[1]其所暗示的意思便是它们等同于公共机构执行那些由法律制裁所支持的规则活动，[2] 当然，自愿性标准的领域是由非政府实体所负责的。[3] 实践中，它们的区别并不是截然不同的。政府也会制定一些可由私主体自愿合规的标准，相反，它们也会要求强制执行一些私营标准。事实上，食品体系内的传统治理已经出现界限模糊的问题，这表明在公共和私人的规制模式之间出现了连续性。[4]

为了进一步说明上述内容，表5-1区分了强制性和自愿性的标准，以及由

---

① OECD, 2004. Private standards and the shaping of the agri-food system, Paris, France.

② Black, J., 2002. Critical reflections on regulation, Centre for Analysis of Risk and Regulation, London School of Economics and Political Science, London, UK; Havinga, T., 2006. Private regulation of food safety by supermarkets. Law and Policy 28 (4): 515 –533.

③ 下文会进一步论述由单一企业制定的私营标准和私人共同制定的私营标准之间的区别。

④ Havinga, T., 2006. Private regulation of food safety by supermarkets. Law and Policy 28 (4): 515 –533; Havinga, T., 2008. Actors in private food regulation: taking responsibility or passing the buck to someone else? Paper presented at the symposium Private Governance in the Global Agro-Food System, Munster, Germany, 23 –25 April 2008.

公共和私人机构制定的标准。[1]

表 5-1　标准分类表

	公共	私营
强制	法规	法定要求的私营标准
自愿	公共自愿性标准	私营自愿性标准

其中，右边单元格代表了私营标准，它们是由商业性的或非商业性的私人机构制定的，包括企业、行业组织和非政府组织。相应地，就私营标准的自愿性程度而言，其主要是依据上述机构采纳这些标准的形式和具有的权力及其影响力。对于这些机构而言，要求价值链中的其他参与者执行这些标准是自然而然的事。私营标准可以由非国家的私主体制定，即便在商业中，因为支配性市场主体的采纳，使它们具有事实上的约束力，违反它们的要求也不会遭到法律制裁。然而，国家这一主体也可以采纳私营标准，并使其具有法定效力。对此，合规便是强制性的。就这些标准而言，我们称其为法定要求的私营标准。

就表 5-1 中间的单元格而言，公共标准中最为熟悉的模式便是政府制定的法规，其在政府的职权范围内具有强制性。然而，政府也提倡自愿性的标准，也有一些场景将它们称为"选择性法律"。[2] 加拿大的食品安全改善项目便是一例。[3] 对于这些公共却又自愿性的标准，政府也会采取一些具有强制力的激励性措施，包括以规制介入相威胁，要求企业通过自我规制来落实这些标准，但从法律上来说，这并不是强制性的。

鉴于世界贸易组织有关私营（自愿性）标准的分类，表 5-2 区分了三类

---

① Henson, S. J. and Humphrey, J., 2008. Understanding the complexities of private standards in global agri-food chains. Paper presented at the workshop Globalization, Global Governance and Private Standards, University of Leuven, Belgium, November 2008; Henson, S. J. and Humphrey, J., 2009. The impacts of private food safety standards on the food chain and on the public standards-setting process. Paper prepared for FAO/WHO, ALINORM 09/32/9D-Part II, Codex Alimentarius Commission, Rome, Italy.

② Brunsson, N. and Jacobsson, B., 2000. The contemporary expansion of standardization. In: Brunsson, N. and Jacobsson, B. (eds.) A world of standards. Oxford University Press, Oxford, UK, pp. 1-17.

③ Martinez, M. G., Fearne, A., Caswell, J. A. and Henson, S. J., 2007. Co-regulation as a possible model for food safety governance: opportunities for public-private partnerships. Food Policy 32 (2): 299-314.

私营的食品标准，参考的内容包括制定这些标准机构的组织和地域特点。这一表格中的私营标准主要来源于四个国家，但并没有穷尽所有的举例。

表 5 – 2　农业食品链的私营标准示例

个体企业标准	集体性的国家标准	集体性的国际标准
• Nature's Choice（Tesco） • Filières Qualité（Carrefour） — version applied in multiple countries • Field-to-Fork（Marks & Spencer） • Filière Controlleé（Auchan） — version applied in multiple countries • P. Q. C.（Percorso Qualità Conad） • Albert Heijn BV：AH Excellent	• Assured Food Standards（UK） • British Retail Consortium Global Standard • Freedom Food（UK） • Qualität Sicherheit（QS） • Assured Combinable Crops Scheme（UK） • Farm Assured British Beef and Lamb • Sachsens Ahrenwort • Sachsen Qualitätslammfleisch • QC Emilia Romagna • Stichting Streekproduction Vlaams Brabant	• GlobalGAP • International Food Standard • Safe Quality Food（SQF）1000/2000 • Marine Stewardship Council（MSC） • Forest Stewardship Council（FSC）

个体企业标准：它们是由单个企业制定的，多数是大型食品零售商，且适用于它们全球性的供应链。在和消费者的交流中，这些标准被视为子品牌，且标注在产品标签上。这些标准通常包括食品安全的要素，但在和消费者交流时，它们试图强调非安全的内容，如环境影响。

集体性的国家标准：这些标准是由那些单个国家内的集体性组织制定的。这些组织代表了商业实体的利益，如食品零售商，加工商或者生产者，又或者是非政府组织的利益。这些机构以及其他的机构都可以根据自由意志，采用上述制定的标准。重要的一点是，上述中的一些标准是国家层面的，另一些则在国际上也有影响力。集体性的国家标准可以有具体明细，诸如表明食品特定来源的声明，如某一国家或者某一地区。例如，英国农场的英式牛肉和羊肉项目中使用的声明便标示了优质性的特点，体现在安全、治理、环境等方面。其目的在于突出应对进口食品的差异性。因此，它们往往借助标签和商标来确保对于消费者而言的可视化。另一些体现国家性的产品则仅因为它们是由国家机构制定的，但通过采用者所具有的全球供应链，也相应地具有了国际影响力。一个例子便是英国零售商协会的食品安全全球标准。

集体性的国际标准。这一类的私营标准通常是根据它们的范围确定的。这些在国际层面制定的标准由不同国家的企业或者其他机构采纳。这往往表明了这些标准的制定组织具有国际会员。例如，全球良好农业规范是由欧洲零售商协会制定的，而国际卓越标准则是由德国和法国的零售商制定的。这些标准制定组织具有非商业性的参与者，如森林管理委员会。

重要的是，私营标准具有高度的变动性，当新的标准形式形成后，相关的一些标准形式就会发生变化。例如，在20世纪90年代早期，许多英国的食品零售商制定了自己的私营标准，并通过第二方和第三方审计供应商的执行情况，以评估其合规性。① 随后，这些零售商又参与了集体性国家标准的制定，如英国零售商协会的食品安全全球标准。最近，一些集体性的私营标准日渐发展成为全球性而非国家性的标准，如全球良好农业规范和国际卓越标准的发展。与此同时，国家的企业或者集体标准也日渐成为全球食品安全倡议的基准标准。当这些过程不断推进集体行动和私营标准的国家化时，个体的企业标准也针对产品和过程特点的标准化做出了新的探索。

当确认食品私营标准制定机构的性质极为重要时，了解那些具有可操作的标准的不同功能会更为重要。在这个方面，我们定性了以下五个职能。

● 标准制定。通过起草书面的规则和程序制定和执行一项标准；

● 采纳。某一实体针对采用标准的决策。这一形式非常多样。一个私人企业可以采纳某一标准并要求其供应商加以执行。这既可以是企业自行制定的标准，又或者是参与制定的标准（如作为标准制定方的联盟），又或者是其他机构制定的标准。同样的，生产者的联合组也可以制定标准并自行采纳。采纳的决定是私营标准扩大影响的重要推动力。有的时候，标准的分类并没有充分重视这一阶段的标准发展情形。例如，一些标准的分类是根据制定和执行的主体

---

① Henson, S. J. and Northen, J. R., 1998. Economic determinants of food safety controls in the supply of retailer own-branded products in the UK. Agribusiness 14（2）：113－126.

予以区分的，而不是采纳这些标准的主体，① 对此，并没能充分认识到标准与日渐全球化的食品价值链的关联性。

● 执行。规则的执行是由那些需要符合标准要求的组织开展的。他们并不是标准的制定者。以英国零售商协会的食品安全全球标准为例，执行者是那些在自己的操作中落实这些标准的企业。

● 合规评估。这包括了那些用于确认符合标准要求的声明的核查，以及为这一合规所提供的文件证据。评估合规性的方法很多，包括标准执行者的自我声明，通过标准采纳方的检查（这是所谓的第二方认证），以及第三方的认证（所谓的第三方认证）。第三方认证是由独立的认证机构开展的，这已经成为许多食品安全标准的规范。我们将这称为基于认证的私营标准。标准项目包括那些认可认证机构的过程，进而许可他们开展核查履行情况的工作。

● 执法。这是指那些用于回应违规和应对纠偏失败的惩罚的方法。标准制定者会明确一些措施，来应对合规评估的结果，对此，要么采取纠偏的措施，要么撤回表明机构符合标准要求的认证资质。

这些职能可以由公共的或私人的实体根据标准的性质加以开展（见表5 − 3）。在以法规调整的情形中，所有的职能（除了执行）通常是由公共机构负责的。就自愿性的公共标准和强制性的私营标准而言，这些职能会根据公共部门和私人部门加以分类。然而，这一分类并不是一成不变的。因此，规制的新概念使私人机构发挥了作用，如私人公司可以就它们符合公共法规的情形，开展合规评估。② 即便是私营标准，它们的职能也主要是由非国家机构开展的，但是，它们是基于公共标准的基础设施构建的，即通过认可机构来管理认证者和那些针对产品检测的公共实验室的要求。③

---

① WTO, 2007. Considerations relevant to private standards in the field of animal health, food safety and animal welfare. Submission by the World Organisation for Animal Health, G/SPS/ GEN/822, WTO, Committee on Sanitary and Phytosanitary Measures, Geneva, Switzerland.

② Havinga, T., 2006. Private regulation of food safety by supermarkets. Law and Policy 28（4）：515 − 533.

③ Sheehan, K., 2007. Benchmarking of Gap schemes, EUREPGAP Asia conference, Bangkok, 6 − 7 September 2007. Available at：http：//www. globalgap. org/cms/upload/Resources/Presentations/Bangkok/3_ K_ Sheehan. pdf.

表5-3 与标准项目相关的职能

职能	法规	公共的自愿性标准	法定要求的私营标准	私人自愿性标准
标准制定	立法机构和/或公共监管者	立法机构和/或公共监管者	商业或非商业私人机构	商业或非商业私人机构
采纳	立法机构和/或公共监管者	私人公司或组织	立法机构和/或公共监管者	私人公司或组织
执行	私人公司和公共机构	私人公司	私人公司	私人公司
合规评定	官方检查	公共/私人审计	公共/私人审计	私人审计
执法	刑事或者行政法院	公共/私人认证机构	刑事或者行政法院	私人认证机构

标准制定和采纳之间的区别也明确了强制和义务的问题。第一，公共机构要求私营标准的强制执行是可行的。法定要求的私营标准便是这一情形。一个例子便是要求企业在将其产品进口到欧盟市场前，履行落实生产过程且获得 ISO 9000 认证的义务。第二，在一些情形下，企业可以自由地采纳私营标准，这可能是因为它们将其视为向潜在买家传递的信息，或者是为了提高企业的效率。第三，当公共机构没有采纳私营标准，且依旧是自愿性时，便没有法律的强制力来要求合规。但是，因为企业个体或者集体的实力，它们可能具有准约束力，即使这一标准成为进入这些供应链的准入条件。全球食品零售和加工的集中化使得这一趋势日益明显。价值链中的这一类关系成为私营标准发展的驱动力。

5.3 私营食品安全标准制定和功能中的趋势

鉴于私营标准的多样性以及法规和私营标准之间的混淆性，我们接下来关注的问题是为什么私营标准成为一种具有治理食品安全等特点的主导性模式，以及这一发展中的驱动力。对此，有以下四个关键的因素。[①]

---

① Henson, S. J. and Humphrey, J., 2010. Understanding the complexities of private standards in global agri-food chains as they impact developing countries. Journal of Development Studies 46（9）：1628 - 1646.

● 对于消费者和政府有关食品安全的关注，企业会予以应对。尤其是当食品安全恐慌问题损害了公众对于诸多工业化国家控制食品安全的信心时。[①]

● 消费者对于食品安全和质量等特点的预期和要求正在持续性地发生转变，这反映了广泛的人口和社会趋势。[②] 这些特点包括应对产品的生产方式和食品中具有风险性的物质，这些物质可以是那些在食品生产中特地使用的物质（如农药）和污染物（如二噁英）。因此，食品安全不再只是简单地定义为"适合人类消费"，而是更为广泛的有关安全和质量的特点，包括搜寻、经验和信任特点。[③]

● 食品链的全球化使针对农产品和食品的供应链超越了国家的边界，且新食品、新交流和运输技术以及更为自由的贸易环境也便利了上述供应链的发展。[④] 全球的资源配置也引发了新的风险，因为食品会涉及更多的加工和运输，而供应链也会因为企业、生产体系、环境和规制框架的多元性而变得碎片化。

● 从公共转向私人部门的食品安全责任也驱动了私人规制，并为其提供了这一规制模式的空间。[⑤] 这反映了在许多工业化的国家，出现了转向更为自由化的市场的政治趋势，包括食品规制理念的转变。

上述四种因素综合在一起，形成了新的环境，使企业在确保食品安全和保

① Jaffee, S. and Henson, S. J., 2004. Standards and agri-food exports from developing countries: rebalancing the debate. Policy Research Working Paper 3348, The World Bank, Washington, DC, USA.

② Buzby, J., Frenzen, P. D. and Rasco, B., 2001. Product liability and microbial food-borne illness. Agricultural Economic Report 828, United States Department of Agriculture, Economics Research Service, Washington, DC, USA; Jaffee, S. and Henson, S. J., 2004. Standards and agri-food exports from developing countries: rebalancing the debate. Policy Research Working Paper 3348, The World Bank, Washington, DC, USA.

③ Reardon, T., Codron, J. – M., Busch, L., Bingen, J. and Harris, C., 2001. Global change in agrifood grades and standards: agribusiness strategic responses in developing countries. International Food and Agribusiness Management Review 2 (3): 421 – 435.

④ Nadvi, K. and Waltring, F., 2003. Making sense of global standards. In: Schmitz, H. (ed.), Local enterprises in the global economy: issues of governance and upgrading. Elgar, Cheltenham, UK; OECD, 2004. Private standards and the shaping of the agri-food system. OECD, Paris, France; Henson, S. J. and Reardon, T., 2005. Private agri-food standards: implications for food policy and the agri-food system. Food Policy 30 (3): 241 – 253; Fulponi, L., 2005. Private voluntary standards in the food system: the perspective of major food retailers in OECD countries. Food Policy 30 (2): 115 – 128.

⑤ EU, 2002. Regulation (EC) No 178/2002 Laying Down the General Principles and Requirements of Food Law, Establishing the European Food Safety Authority and Laying Down Procedures in Matters of Food Safety. Official Journal of the European Communities, 1 February 2002.

持其品牌真实性方面承受了越来越多的压力。他们在上述的工作中，需要应对日益全球化和复杂化的食品供应链。作为一种回应，私营标准的兴起有助于应对上述挑战。无论是公共的还是私人的，或者是强制性的或自愿性的，标准的关键作用在于促进跨空间和介于不同生产者/企业之间的食品价值链的协调性。借此，可以传递真实的产品性质信息和有关它们生产、加工和运输条件的信息。① 换言之，就与食品安全相关的私营标准而言，其主要的一个功能便是开展风险管理。这意味着一定的保障水平，以确认产品符合既定的最低产品或过程要求。

许多企业努力维持的食品安全保障水平都是由监管确定的。尤其是针对诸如农药等污染物的水平，即通过最大残留限量这一方式确立关键的控制水平。但是，也有很多诸如卫生这样更为一般性的要求，其是通过法律规则来确认食品安全问题时的问责情形。此外，私营标准的执行环境是由可靠的基础设施（如实验室）和基于国家和国际公共标准的被认可过程（如危害分析和关键控制点体系）构成的。对此，需要再度回应的问题便是为什么还需要私营标准？也许，更为重要的是，为什么以利润导向的企业会投入资源来设计、采纳和执行这些私营标准？

一个说明这些努力的案例便是私营标准规定的要求高于法定要求。颇为讽刺的是，这也是国家监管机构以及诸如食品法典委员会等国际标准制定机构担心它们崛起的原因。因此，重要的是精准地了解现实中的情形。为此，我们有如下三个方面的建议。

● 标准针对一些特定的食品特性，规定了更为严格的要求，方式则是扩展既有的要求或者设定更低的阈值。例如，英国零售商玛莎百货的从农场到餐桌标准规定：当水果和蔬菜作为新鲜果蔬销售或者以农场自有品牌销售的食品的

---

① Humphrey, J. and Schmitz, H., 2000. Governance and upgrading: linking industrial cluster and global value chain research. IDS Working Paper 120, Institute of Development Studies, Brighton, UK; Humphrey, J. and Schmitz, H., 2001. Governance in global value chains. IDS Bulletin 32 (3): 19 – 29; Humphrey, J., 2008. Private standards, small farmers and donor policy: EUREPGAP in Kenya, IDS Working Paper 308, Institute of Development Studies, Brighton, UK; Henson, S. J. and Jaffee, S., 2008 Understanding developing country strategic responses to the enhancement of food safety standards. The World Economy 31 (1): 1 – 15.

配料时，禁止了 70 多种用于这些果蔬的农药残留。① 这是私营标准受到批判的一方面体现。

● 针对实现预期的终产品特点和落实特定的过程参数，标准做出了更为具体的说明。我们认为这是食品安全领域内最为重要的私营标准功能。在许多情形中，法规和国际标准针对食品安全控制体系规定了最为基本的参数，而私营标准详细规定了这些体系应当具有的样式，以便使其可以有效落实。例如，食品法典委员会的实务手册和指南明确了应当落实的食品加工操作要求，但是，其并没有具体说明这些在实务中的具体对应内容和如何开展有效监测，以使其可以执行到位。通过针对具体的控制措施明确具体的且可以审计的说明，英国零售商协会的食品安全全球标准、国际卓越标准和 SQF 2000 等标准则弥补了这一"空白"。在此，这些私营标准的主要目标便是提供一个保护水平，以应对法律和相关执法体系无法应对的食品安全失灵，且这些私营标准规定的内容可以确保国际性的且涉及多个监管管辖的供应链的一致性。

● 标准针对过程控制的要求已经高于横向的或纵向的法规要求。日益强化的纵向整合意味着拓展后的追溯要求已经超过了立法提出的"向前一步，向后一步"的要求。相反，标准的适用可以针对横向的一些要求。因此，全球良好农业规范不仅规定了食品安全的要求，而且也涉及可持续性和工人权利的要求，而这些都是当下规制要求所不具备的。

与当下主导地方的规制执行体系相比，合格评定体系能提供更高的监管水平，但要实现这一目标，需要具有以下两个因素：第一，使用第三方认证占据主导地位，而这一第三方认证在合格评定过程中排除了标准采纳方和标准执行者。这确保了根据共识性的客观协议开展独立的合格评定。第二，适用的治理结构和支持系统可以确保第三方认证工作的有效性。例如，针对认证方的同意、申诉处理、合规监测制定程序要求。就这一治理结构的参数而言，其主要由国际标准制定组织规定，如 ISO 国际标准组织。

因此，我们可以看到，针对风险管理所制定的私营标准是多层性的项目，

---

① Henson, S. J. and Humphrey, J., 2009. The impacts of private food safety standards on the food chain and on the public standards-setting process. Paper prepared for FAO/WHO, ALINORM 09/32/9D-Part II, Codex Alimentarius Commission, Rome, Italy.

包括标准本身，以及认证体系和包括标准和合格评定的治理结构。当私营标准，尤其是食品安全方面的私营标准，明确规定了法律要求之外的要求时，主要的焦点还是这些法定要求的合规性。与此同时，那些针对风险管理的标准日益纳入了很多超过法定规定的特点要求。

事实上，针对有关监管合规和实现这些要求的机制担忧，并不仅存在于私人部门。欧盟针对来源于第三国的进口食品也规定了具体的条件，要求这些国家的主管部门声明它们的食品安全体系可以提供等效于欧盟法律所确认的保护水平。① 为此，欧盟的要求也超过了法典委员会的规范范围。欧盟的食品和兽医办公室就第三国的执行体系的有效性开展检查和提出建议，并处罚违规行为。

然而，私营标准可以应对尚未被公共法规所规定的问题。之所以这样做的一个原因是实现产品差异化。标准制定的目的是可以支持针对消费者的声明，如产品具有某一所期望的特点。一般而言，针对信任特点的声明需要标准的支持，进而为这些主张提供可靠的依据，如针对公平贸易、动物福利的声明。然而，很少有证据可以支持"私营标准意在实现的产品差异化目标是基于食品安全的考量"，例外的可能是整合产品和过程的特点，进而一并展示环境保护、道德和社会关注以及食品安全。举例来说，很多欧洲的零售商认为基于食品安全的竞争会损害消费者的信心。而且，食品安全的声明可以依附于其他的声明。例如，特易购的"自然选择"标准便是用于支持诸如"自然"这样的品牌战略，以便将其销售的新鲜水果蔬菜从其他的英国食品零售商产品中区别出来。而这一声明的考量主要是基于环境保护。与此同时，针对消费者，私营标准也可以用于表明针对非农场环节的安全保障。因此，那些针对生产地的原产地标准，如英国的"红色拖拉机"标志，主要是为了恢复先前食品恐慌所减损的消费者信心。

后续的讨论认为有关食品安全的私营标准的核心关注点在于风险管理，这主要是由于供应链中占主导地位的参与者试图建立高标准的保障水平以满足规

---

① EU, 2004. Corrigendum to Regulation（EC）No 882/2004 of the European Parliament and of the Council of 29 April 2004 on Official Controls Performed to Ensure the Verification of Compliance with Feed and Food Law, Animal Health and Animal Welfare Rules. Official Journal of the European Union, 28 May 2004, Article 48.

制的要求。这通常包括制定和采纳私营标准,进而推动执行那些更为严格的过程控制要求,以此来强化供应链中某一特定的规制要求,又或者是拓展供应链中的过程控制。这些私营标准的采纳者主要是那些占据主导地位的买家,即零售商和食品服务企业。当基于既有的食品安全来构建差异化的私营标准时,这些标准的发展和执行主要是在供应链的上游环节,尤其是生产环节,继而便于和消费者交流有关特定原产地或者某一生产体系的安全性。因此,私营标准的发展具有集体性,也就不令人意外了。

5.4 法典委员会在私营标准中的作用

在探讨私营标准演变方式和其在食品安全治理中的角色后,我们来进一步关注食品法典委员会的作用,尤其是其与私营标准的关系。只有了解食品法典委员会的工作,我们才能着手评估私营标准是否如一些担忧所指出的那样,损害了既有的国际标准秩序。

当法典委员会的作用可以概括为标准制定时,更为有益的理解是将其视为规则的制定者,而这些规则是国家政府建立监管要求所需要的。[①] 就这些规则而言,可以分为表 5-4 所示的三种类型。这些标准、指南和建议不仅为政府工作提供了指导,同时也可以作为依据,判断其是否履行了世界贸易组织所要求的义务。ISO 标准的作用既相似,又具有一定的补充作用。与此同时,法典委员会的原则也为私营标准的制定和执行提供了指南和规则。事实上,很多私营食品安全标准明确指出其制定参考了法典委员会的标准、指南和建议,如 SQF 2000。

表 5-4 法典委员会公布的三种类型

食品法典委员会的标准
● 针对具体商品——某一特定产品的标准
● 针对一类商品——某一类产品的标准
● 抽样分析方法

---

① Humphrey, J., 2008. Private standards, small farmers and donor policy: EUREPGAP in Kenya, IDS Working Paper 308, Institute of Development Studies, Brighton, UK.

续表

法典委员会针对生产、加工、制造、运输和存储的实务守则
●针对单一食品
●针对一类食品
●针对所有产品的通用原则，如法典委员会食品卫生的通用原则

法典委员会指南
●针对关键领域内的政策制定的原则
●解释这些原则和其他法典委员会标准的指南
●针对食品标识和声明解释性法典委员会指南
●针对解释食品进出口检查和认证的法典委员会原则的指南

表格中的第一组规则是针对产品的。例如，法典委员会制定了肉类中兽药的规则，规定了对兽药最大残留量的建议。① 这一产品标准也被视为一种结果标准。食品安全体系的产出应当确保这一特定兽药的残留不会超过建议的限量要求。值得注意的是，法典委员会还定义了或者建议了有关食品兽药分析和抽样的方法。换言之，一如那些定义产品特性的规则，其也建议借助检测程序以落实这些规则的方法。但是，这些规则都没有直接的法律效力。它们是建议性的，主要目的在于指导政府制定它们自己的规则。这些规则的法律意义主要是借助《实施动植物卫生检疫措施协议》来实现的。根据该协议，那些没有基于这些建议的监管就会受到国际贸易组织中其他成员的质疑，尤其是当其也无法通过科学的风险评估来说明合理性的时候。

在第一组的规则中，法典委员会也制定了一些产品标准，并特别关注了一些共同的参照要点。② 这里的问题是某一参考点是否比其他的更为有效，但是，每个人都适用共同的参考要点时，则可以便利交易以及产品之间的互动。例如，这包括一些产品和术语的定义。

第二组是关于法典委员会针对生产、加工、制造、运输和存储的实务守则。

① CAC, 2006. Maximum residue limits for veterinary drugs in foods: updated as at the 29th session of the Codex Alimentarius Commission. Codex Alimentarius Commission, Rome, Italy.

② David, P. A., 1995. standardization policies for network technologies: the flux between freedom and order revisited. In: Hawkins, R., Mansell, R. and Skea, J. (eds.), Standards, innovation, and competitiveness: the politics and economics of standards in national and technical environments. Edward Elgar, Aldershot, UK, pp. 15–35.

这些准标准被纳入了具体的标准中，成为过程管理的一部分，即在全程中生产、处理和加工产品的手段。过程控制具有以下三个目标：第一，它们为质量和安全控制提供了手段，且与检测相比，它们更为有效和经济；① 第二，过程标准是控制食品安全危害的手段，而这些危害几乎是很难发现的，对此，需要更为有效的方法来落实食品安全和卫生的源头控制，以减少污染的风险；第三，它们便利了监测和控制并非产品固有的特征，而由于没有直观的显现，它们很难通过检查发现。这一法典委员会针对生产、加工、制造、运输和存储的实务守则通常以指南的方式呈现。它们来源于食品安全中最佳实践，并由法典委员会予以编纂，进而可以纳入大多数的具体标准要求中。这些准标准包括了私营标准和政府制定者所采纳的良好农业规范、良好生产规范。② 例如，建议性的国际实务守则——食品卫生通用原则便是根据许多针对食品加工的私营食品安全标准制定的，包括英国零售商协会的全球食品安全标准，IFS 和 SQF 2000，以及全球食品安全倡议针对这些标准的对标指南文件。同样地，ISO 22000 系列标准也根据法典委员会的指南就基于 HACCP 原则的食品安全管理体系做出了定义。

第三类的法典委员会指南更为一般，规定了一些原则和针对这些原则解释的指南。事实上，这些规则明确了如何制定和执行食品安全规则的方法。例如，针对进出口的检查和控制。它们是针对政府的，但很多私营食品安全标准也会参考这些原则。对此，至少有以下三个原则；第一，这些指南反映了最佳实践，而这些最佳实践的形成往往是私人企业参与的结果，方法是通过诸如 ISO 国际组织的成员资格，又或者参与国家食品法典委员会或者被法典委员会认可的且可以参与相关会议的国际非政府组织；第二，私营的自愿性食品安全标准往往回应了政府的监管要求，其目的都是一样的；第三，基于监管框架而不是重复

① Unnevehr, L., 2000. Food safety issues and fresh food product exports from LDCs. Agricultural Economics 23 (3): 231 – 240.

② Busch, L., Thiagarajan, D., Hatanaka, M., Bain, C., Flores, L. and Frahm, M., 2005. The relationship of third-party certification (TPC) to sanitary/phytosanitary (SPS) measures and the international agrifood trade: Final Report, RAISE SPS Global Analytical Report 9, USAID, Washington, DC, USA; Henson, S. J., 2007. The role of public and private standards in regulating international food markets. Journal of International Agricultural Trade and Development 4 (1): 52 – 66.

作用，可以减少制定和执行私营标准的成本。因此，私营标准也可以应用公共监管和标准，如那些实验室规则或者有关监管认可机构的规则。

5.5　私营标准是否妨碍了食品法典委员会的工作？

私营食品安全标准的快速崛起显然给公共政策制定者带来了冲击，尤其是那些通过诸如食品法典委员会和世界贸易组织等组织参与国际标准制定的决策人。如上文所指出的，法典委员会和世界贸易组织的动植物卫生检疫措施委员会的内部已经针对私营标准开展了激烈的讨论。此外，食品法典委员会也委托定制了两篇有关私营标准影响的文章，并特别关注了发展中国家和它们与国际标准的兼容性。①

令人担忧的是，私营食品安全标准会取代或弱化法典委员会在食品安全标准制定方面的作用，相应地，也会削弱世界贸易组织框架下《实施动植物卫生检疫措施协议》的作用。重要的是，需要意识到更广泛的背景考虑有利于决策过程的参与性和标准细化的及时性，并在此过程中，充分讨论食品法典委员会的合法性和何种程度上当下的治理框架与实现世界贸易组织目标的法定基准的相适性。② 尽管公共监管者因为看到其对食品安全治理的长期统治会因此而受到挑战并由此感到不适，这也是可以理解的。然而，是否真的有证据可以证实私营标准正在损害国际标准？我们认为一些担忧所考虑的假设是不正确的，即为什么认为私营标准是一种食品安全治理机制，而国家监管机构和国际标准在这一背景下也会发挥作用。

---

① Henson, S. J. and Humphrey, J., 2009. The impacts of private food safety standards on the food chain and on the public standards-setting process. Paper prepared for FAO/WHO, ALINORM 09/32/9D-Part II, Codex Alimentarius Commission, Rome, Italy; CAC, 2010. Consideration of the impact of private standards, CX/CAC 10/33/13. Codex Alimentarius Commission, Rome, Italy.

② Henson, S. J., Preibisch, K. L. and Masakure, O., 2001. Enhancing developing country participation in international standards-setting organizations. Department for International Development London, UK; Rosman, L., 1993. Public participation in international pesticide regulation: when the Codex Commission decides, who will listen? Virginia Environmental Law Journal 12: 329 – 365; Livermore, M. A., 2006. Authority and legitimacy in global governance: deliberation, institutional differentiation and the Codex Alimentarius. New York University Law Review 81: 766 – 801.

将法典委员会作为一种组织，以针对其他诸如政府成员、企业和非政府组织等机构所细化的公共和私营标准制定规则，表明了法典委员会也对制定私营标准具有指导意义，而这是有点讽刺的。其规定了一个框架和共通的词汇以促进全球内的私营标准制定者和采纳者可以彼此交流，并就这些应当实现的标准达成共识。更为普遍的是，食品法典委员会的标准反映了当下针对食品安全问题的国际共识。同样地，国家监管机构的要求是根据法典委员会的指南制定的，并进一步将规则纳入标准项目中，私营标准制定者也会解释和细化法典委员会的标准、指南和建议。因此，法典委员会认为可以致力于促进私营食品安全标准的合法性，并降低标准制定的成本。

因此，可以将私营标准的制定者视为国际食品法典委员会规则的转换者，并通过由此而来的标准为执行者提供充分的指导，以便了解他们应当合规的要求规则，而合格评定者也能了解那些用以评估合规与否的客观标准。事实上，这一转换过程的有序性非常重要，进而可以以符合 ISO 指南的方式开展审计工作。例如，法典委员会建议的国际实务指南——食品卫生通用原则规定食品安全体系应当有助于追溯，而诸如英国零售商协会的全球食品安全标准和国际食品标准都明确了这一体系所涉及的关键性要素，以及如何适用和监测其作用的有效性。因此，粮农组织针对法典委员会准备的私营标准并于 2010 年委员会会议展开探讨的报告总结认为：集体性的私营食品安全标准与法典委员会的要求是大体一致的。[①]

重要的是，与单一的法典委员会标准、指南和建议相比，许多私营食品安全标准的范围都更为宽泛，因此，有的时候很难确认两者的区别以及区别的程度。因此，更为准确的是，将私营食品安全标准作为食品法典委员会标准、指南和建议的联合包装，与之相伴的是各类基于法典委员会文件的国家立法。例如，全球食品安全倡议的指南文件包括了以下所有的关键性要素：[②]

• 建议性的国际实务守则——食品卫生通用规则（1969 Rev 4 2003）；

[①] CAC, 2010. Consideration of the impact of private standards, CX/CAC 10/33/13, Codex Alimentarius Commission, Rome, Italy. 然而，这一包括也总结了食品企业标准的另一个趋势，即比法典委员会的标准更为严格，尤其是针对限量的数值要求，如农药残留量。

[②] Swoffer, K., 2009. GFSI and the relationship with Codex. Presentation to CIES International Food Safety Conference, Paris, France.

- 食品进出口检查和认证的原则（1969）；

- 验证食品安全控制措施的指南（2008）；

- 将追溯/产品追踪作为食品检查和认证体系工具的原则（2006）。

私营食品安全标准可以被视为一个体系，其聚焦于以这些关键性要素为内容的核心原则以及如何管理这些原则。此外，还包括合格评定的相关体系。国际组织 ISO 的国际标准规定了许多意在强调这些体系的关键原则或规则。

当然，私营食品安全标准并不限于那些已由国际食品法典委员会确立的国际标准、指南和建议。对此，私营标准可以弥补国际规则的"空白"。例如，全球良好农业规范标准针对初级生产确立的一些良好农业规范的要求，正是填补那些缺失国际和国家监管标准的领域。然而，应当认识到的一点是，这一针对"离开农场前"的标准制定动机是符合规制要求的，如符合生鲜生产中有关农药最大残留的要求。一般而言，集体的私营标准并不定义这些参数。相反，国家会规定终产品中的农药残留标准，而这可能基于或者不基于食品法典委员会的最大残留量。当国家基于或者不基于食品法典委员会的最大残留量制定法律要求时，相应地，私营标准也是直接或者不直接符合法典委员会的相关要求。相似地，针对加工的私营食品安全标准也会整合那些未被诸如食品卫生通用原则等建议性国际实务守则所整合的要求，如英国零售商协会的全球食品安全标准或者国际卓越标准，以及产品分析、内部审计、购买原则等内容。

最后，也很重要的一点是，私营食品安全标准远没有达到统一。当很多领域已经由食品法典委员会的标准、指南和建议以及国家立法覆盖后，私营标准的重要性就略逊一筹，又或者没有私营标准。因此，不同部门（如新鲜果蔬部门和乳制品部门之间）、不同供应链环节（食品加工和食品生产之间）和不同地域（北欧和美国以及日本之间）中的私营食品安全标准及其重要性也是不同的。与此同时，需要牢记的是，只有针对食品供应链的私营标准才是相关的。诚然，私营标准的适用呈显著增长趋势，但是，其远远没有统一。尽管这些标准备受关注，但当下更多的全球市场都没有提及私营标准，而是要求严格遵守。

5.6 食品法典委员会面临的挑战和机遇

就私营食品安全标准有损食品法典委员会的作用的主张而言，并没有令人信服的证据。但是，在食品供应链的治理中，它们的主导角色日益明显，由此而来的不仅有挑战也有机遇。这主要关联的是标准制定进程的提速和参与性。而这是一个在私营标准崛起前便持续存在的问题，且法典委员会非常关注这个问题。私营食品安全标准说明了在既有的安排无法提供要求的保护水平时，私人部门的利益相关者有能力也有意愿推动新的治理制度，进而提高法定食品安全标准的合规率和减少市场占有率以及品牌的损失。当私营标准在法典委员会所制定的规则框架内落实时，它们可以在有所诉求时跳出上述的框架限制。因此，法典委员会所面临的挑战便是持续性地细化那些由私人和公共部门所采纳的标准、指南和建议。

食品法典委员会内标准制定进程的速度和复杂性是长期存在的问题,[1] 包括 2002 年针对法典委员会的官方评估也这么认为。[2] 就这一问题而言，法典委员会无法以标准采纳者所要求的速度来细化新的或者修订的标准。与此相反，私营标准的发展则比较迅速,[3] 但其问题是有限的成员资格、有限的聚焦内容，和突出参与企业与组织的共同利益。例如，建议性的国际实务手册——《食品卫生通用原则》在 1969 年采纳后先后修订了四次，而英国零售商协会的《全球食品安全标准》于 1998 年制定后便修订了五次。许多法典委员会标准的制定和修订时间都会很长。当私营食品安全标准的出现为增进法典委员会在全球食品安全体系内的影响力提供可能时（而不是一些观点所主张的减弱其影响力），这还有赖于其自身的能力，以更快的诉求来回应新出现的问题，并及时细化这些标准、指南和建议，如明确一些方法或者变革的实务。

私营食品安全标准的崛起也意味着法典委员会的客户发生了变化，或者更为准确地说在不断增多。传统而言，法典委员会的作用在于制定那些执行官方食品控制体系的规则，其主要的受益者是官方监管者。私营标准为食品安全治

---

① Henson, S. J., Preibisch, K. L. and Masakure, O., 2001. Enhancing developing country participation in international standards-setting organizations. Department for International Development, London, UK.

② CAC, 2002. Report of the evaluation of the Codex Alimentarius commission and other FAO and WHO food Standards work, Codex Alimentarius Commission, Rome, Italy.

③ Henson S. J. and Humphrey, J., 2009. The impacts of private food safety standards on the food chain and on the public standards-setting process. Paper prepared for FAO/WHO, ALINORM 09/32/9D-Part II, Codex Alimentarius Commission, Rome, Italy.

理提供了额外的治理层，这是法典委员会在制定其项目规划和细化标准时需要考虑的内容。应当记住的一点是，法典委员会的影响力和相关性有赖于其制定的标准、指南和建议被人采纳，包括被政府和私营标准制定者采纳。后者不受世界贸易组织规则的约束。他们可以将法典委员会的文件作为其标准的依据，以便足以反映那些公认的良好实务，但如果没有这些参考，则要另找依据。私营标准为法典委员会发挥更大的作用提供了更广泛的空间，但需要做到这些标准可以满足所有采纳者的需求。一如很多国家的许多监管机构都会采纳私营食品安全标准，以便作为实现更高合规水平和/或减少成本的手段。① 法典委员会将这些标准采纳者和制定者视为"合法"的客户。

当法典委员会依旧是制定食品安全标准、指南和建议的主要国际机构时，诸如全球良好农业规范和全球食品安全倡议等组织机构的出现可以突出法典委员会作为利益相关者代表的角色，尤其是全球和发展中国家的代表者。② 法典委员会的决策过程主要是由政府推动的，因而需要考虑各类不同的国家利益。国际非政府组织可以以观察者的身份参与法典委员会，但是没有决策权。法典委员会内发展中国家的"发声"机会也是有限的。③ 与法典委员会相比，私营食品安全标准考虑的大量利益也是相对有限的，但是，随着发展，关联组织也变得日益开放，并不断吸收各类利益相关者。这可以从全球良好农业规范和全球食品安全倡议的成员发展窥见一斑，因为它们的成员已经不再限于最初的欧洲主要食品零售商。但由此而来的问题是私营标准中决策过程的合法性。④ 然而，悖论是私人部门也非常有兴趣来开放标准决策过程，继而可以纳入更多的利益相关者，其目的在于反驳批评并建立他们标准的合法性。

---

① Henson, S. J. and Humphrey, J., 2008. Understanding the complexities of private standards in global agri-food chains. Paper presented at the workshop: globalization, global governance and private standards, University of Leuven, Belgium, November 2008.

② Henson, S. J. and Humphrey, J., 2009. The impacts of private food safety standards on the food chain and on the public standards-setting process. Paper prepared for FAO/WHO, ALINORM 09/32/9D-Part II, Codex Alimentarius Commission, Rome, Italy.

③ Henson, S. J., 2002. The current status and future directions of Codex Alimentarius. World Health Organisation, Geneva, Switzerland.

④ Fuchs, D. and Kalfagianni, A., 2010. The democratic legitimacy of private authority in the food chain. In: Porter, T. and Ronit, K. (eds.) The challenges of global business authority: democratic renewal, stalemate or decay? State University of New York Press, Albany, NY, USA, pp. 65 – 88.

5.7 结论

近年来,私营标准的兴起是全球食品体系中的趋势。这一趋势激起了有关食品安全私人治理的争议,以及其在多大程度上会损害既有公共规制体系和跨国规范的问题。后者的主导地位是通过法典委员会和世界贸易组织的架构实现的。质疑者认为私营标准应当加以规范,与此同时,又担心世界贸易组织仅有一点或者甚至没有针对这些标准的管辖权,进而使这些标准不断增长且未能对其开展检查。更为一般地说,公共监管机构并不乐意见到自己长期以来占据的食品安全治理主导地位受到挑战。

毫无疑问,食品安全私营标准真的带来了如下的问题,即政府和跨政府组织在食品安全规制中的角色争议,尤其是在国际背景下食品法典委员会的定位。然而,很多有关食品安全私营标准的争议都误解了这些标准的发展初衷和它们所具有的功能。关键的一点便是没有意识到私营标准与规制要求的紧密协调性。有时,食品安全私营标准确实是高于公共强制标准的要求,但是,在很多情形下,它们的主要功能是为全球食品供应链中的买家确保合规性。此外,食品安全私营标准的多样性,尤其是制度模式和跨越供应链的广泛性和普及性,掩盖了归纳一般结论的尝试。

全球食品供应链中不断增多的食品安全私营标准及其使用显然引发了有关法典委员会作用的重要争议,包括该委员会的广泛作用及其在《实施动植物卫生检疫措施协议》背景下的作用。然而,一个错误的趋势便是将这些标准视为法典委员会标准、指南和建议所面临的威胁,以及认为其损害了委员会促进消费者保护和公平贸易的职责。尽管如此,支持这样论点的证据也很有限。当食品安全私营标准出现后,很明显的一点便是它们将食品法典委员会的标准、指南和建议以及国家规制要求作为它们的出发点,并根据这些内容建立了过程要求和合规评估体系。而且,很多食品安全私营标准并没有针对的产品和市场,依旧由法典委员会作为关键的驱动,继而促进国际食品安全标准的发展。

显然,法典委员会需要回应这些由食品安全私营标准带来的挑战和机遇。很必要的一点是,应当在法典委员会内部开展一场告知性的探讨,内容是关于这些食品安全私营标准对其职责和工作计划所产生的影响。当然，这是有难度的。委员会当下一些会议记录表明法典委员会成员之间已经出现了立场选择和误解。与此同时，法典委员会也需要一些方法，以便更为有效地与制定和采纳食品安全私营标准的机构开展合作，进而增进信任和相互理解。一个自然而然的出发点便是全球食品安全倡议。很明显，诸如法典委员会等国际标准组织和私营标准组织之间的合作而不是冲突，更能带来收益。

翻译：孙娟娟

参考文献

— Aragrande, M., Segre, A., Gentile, E., Malorgio, G., Giraud Heraud, E., Robles, R., Halicka, E., Loi, A. and Bruni, M., 2005. Food supply chains dynamics and quality certification, final report. EU DG Joint Research Centre, Brussels, Belgium. Product liability and microbial food-borne illness.

— Agricultural Economic Report 828, United States Department of Agriculture, Economics Research Service, Washington, DC, USA.

— CAC, 1997. Understanding the Codex Alimentarius. Codex Alimentarius Commission, Rome, Italy.

— CAC, 2002. Report of the evaluation of the Codex Alimentarius commission and other FAO and WHO food Standards work, Codex Alimentarius Commission, Rome, Italy.

— CAC, 2006. Maximum residue limits for veterinary drugs in foods: updated as at the 29th session of the Codex Alimentarius Commission. Codex Alimentarius Commission, Rome, Italy.

— CAC, 2008. Report of the 31st Session of the Codex Alimentarius Commission, ALINORM 08/31/REP. Codex Alimentarius Commission, Rome, Italy.

— CAC, 2009. Report of the 32nd Session of the Codex Alimentarius Commission, ALINORM 09/32/REP. Codex Alimentarius Commission, Rome, Italy.

— CAC, 2010a. Consideration of the impact of private standards, CX/CAC 10/33/13. Codex Alimentarius Commission, Rome, Italy.

— CAC, 2010b. Report of the 33rd Session of the Codex Alimentarius Commission, ALINORM10/33/REP. Codex Alimentarius Commission, Rome, Italy.

— David, P. A. , 1995. standardization policies for network technologies: the flux between freedom and order revisited. In: Hawkins, R. , Mansell, R. and Skea, J. (eds.), Standards, innovation, and competitiveness: the politics and economics of standards in national and technical environments. Edward Elgar, Aldershot, UK, pp. 15 – 35.

— EU, 2002. Regulation (EC) No 178/2002 Laying Down the General Principles and Requirements of Food Law, Establishing the European Food Safety Authority and Laying Down Procedures in Matters of Food Safety. Official Journal of the European Communities, 1 February 2002.

— EU, 2004. Corrigendum to Regulation (EC) No 882/2004 of the European Parliament and of the Council of 29 April 2004 on Official Controls Performed to Ensure the Verification of Compliance with Feed and Food Law, Animal Health and Animal Welfare Rules. Official Journal of the European Union, 28 May 2004, Article 48.

— Fuchs, D. and Kalfagianni, A. , 2010. The democratic legitimacy of private authority in the food chain. In: Porter, T. and Ronit, K. (eds.) The challenges of global business authority: democratic renewal, stalemate or decay? State University of New York Press, Albany, NY, USA, pp. 65 – 88.

— Fulponi, L. , 2005. Private voluntary standards in the food system: the perspective of major food retailers in OECD countries. Food Policy 30 (2): 115 – 128.

— Havinga, T. , 2006. Private regulation of food safety by supermarkets. Law and Policy 28 (4): 515 – 533.

— Havinga, T. , 2008. Actors in private food regulation: taking responsibility or passing the buck to someone else? Paper presented at the symposium Private Governance in the Global Agro-Food System, Munster, Germany, 23 – 25 April 2008.

— Henson, S. J. , 2002. The current status and future directions of Codex Alimentarius. World Health Organisation, Geneva, Switzerland.

— Henson, S. J. , 2007. The role of public and private standards in regulating international food markets. Journal of International Agricultural Trade and Development 4 (1): 52 – 66.

— Henson, S. J. and Caswell, J. A. , 1999. Food safety regulation: an overview of contemporary issues. Food Policy 24 (6): 589 – 603.

— Henson, S. J. and Humphrey, J. , 2008. Understanding the complexities of private standards in global agri-food chains. Paper presented at the workshop:

globalization, global governance and private standards, University of Leuven, Belgium, November 2008.

— Henson, S. J. and Humphrey, J., 2009. The impacts of private food safety standards on the food chain and on the public standards-setting process. Paper prepared for FAO/WHO, ALINORM09/32/9D-Part II, Codex Alimentarius Commission, Rome, Italy.

— Henson, S. J. and Humphrey, J., 2010. Understanding the complexities of private standards in global agri-food chains as they impact developing countries. Journal of Development Studies 46 (9): 1628 – 1646.

— Henson, S. J. and Jaffee, S., 2008 Understanding developing country strategic responses to the enhancement of food safety standards. The World Economy 31 (1): 1 – 15.

— Henson, S. J. and Northen, J. R., 1998. Economic determinants of food safety controls in the supply of retailer own-branded products in the UK. Agribusiness 14 (2): 113 – 126.

— Henson, S. J. and Reardon, T., 2005. Private agri-food standards: implications for food policy and the agri-food system. Food Policy 30 (3): 241 – 253.

— Henson, S. J., Preibisch, K. L. and Masakure, O., 2001. Enhancing developing country participation in international standards-setting organizations. Department for International Development London, UK.

— Humphrey, J., 2008. Private standards, small farmers and donor policy: EUREPGAP in Kenya. IDS Working Paper 308, Institute of Development Studies, Brighton, UK.

— Humphrey, J. and Schmitz, H., 2000. Governance and upgrading: linking industrial cluster and global value chain research. IDS Working Paper 120, Institute of Development Studies, Brighton, UK.

— Humphrey, J. and Schmitz, H., 2001. Governance in global value chains. IDSBulletin 32 (3): 19 – 29.

— Jaffee, S. and Henson, S. J., 2004. Standards and agri-food exports from developing countries: rebalancing the debate. Policy Research Working Paper 3348, The World Bank, Washington, DC, USA.

— Livermore, M. A., 2006. Authority and legitimacy in global governance: deliberation, institutional differentiation and the Codex Alimentarius. New York University Law Review 81: 766 – 801.

— Martinez, M. G., Fearne, A., Caswell, J. A. and Henson, S. J., 2007. Co-regulation as a possible model for food safety governance: opportunities for public-private partnerships. Food Policy 32 (2): 299 – 314.

— Nadvi, K. and Waltring, F., 2003. Making sense of global standards. In: Schmitz, H. (ed.), Local enterprises in the global economy: issues of governance and upgrading. Elgar, Cheltenham, UK;

— OECD, 2004. Private standards and the shaping of the agri-food system. OECD, Paris, France. OECD, 2004. Private standards and the shaping of the agri-food system. OECD, Paris, France.

— Reardon, T., Codron, J. – M., Busch, L., Bingen, J. and Harris, C., 2001. Global change in agrifood grades and standards: agribusiness strategic responses in developing countries. International Food and Agribusiness Management Review 2 (3): 421 – 435.

— Roberts, D. and Unnevehr, L. J., 2005. Resolving trade disputes arising from trends in food safety regulation: the role of the multilateral governance framework. World Trade Review 4 (3): 469 – 497.

— Roberts, M. T., 2009. Private standards and multilateral trade rules. Paper prepared for FAO, Rome, Italy.

— Rosman, L., 1993. Public participation in international pesticide regulation: when the Codex Commission decides, who will listen? Virginia Environmental Law Journal 12: 329 – 365.

— Sheehan, K., 2007. Benchmarking of Gap schemes, EUREPGAP Asia conference, Bangkok, 6 – 7 September 2007. Available at: http://www. globalgap. org/cms/upload/Resources/Presentations/Bangkok/3_ K_ Sheehan. pdf.

— Swoffer, K., 2009. GFSI and the relationship with Codex. Presentation to CIES International Food Safety Conference, Paris, France. Unnevehr, L., 2000. Food safety issues and fresh food product exports from LDCs. Agricultural Economics 23 (3): 231 – 240.

— World Bank, 2005. Food safety and agricultural health standards: challenges and opportunities for developing country exports. Report 31207, The World Bank, Poverty Reduction and Economic Management Trade Unit, Washington, DC, USA.

— WTO, 2007a. Considerations relevant to private standards in the field of animal health, food safety and animal welfare. Submission by the World Organisation for Animal Health, G/SPS/GEN/822, WTO, Committee on Sanitary and Phytosanitary Measures, Geneva, Switzerland.

— WTO, 2007b. Private standards and the SPS agreement, note by the Secretariat, G/SPS/GEN/746, WTO, Committee on Sanitary and Phytosanitary Measures, Geneva, Switzerland.

— WTO, 2007c. Submission by the International Organisation for Standardisation (ISO) to the SPS Committee Meeting 28 February, 1 March 2007, G/SPS/ GEN/750, WTO, Committee on Sanitary and Phytosanitary Measures, Geneva, Switzerland.

— WTO, 2008. Report of the STDF Information Session on Private Standards, G/ SPS/R/50, WTO, Committee on Sanitary and Phytosanitary Measures, Geneva, Switzerland.

第6章 私营零售标准和世界贸易组织法律

Marinus Huige

6.1 介绍

标准的作用是便利贸易。然而，国际论坛中有关标准的探讨，尤其是其中关于私营标准的，也会令人产生截然相反的感觉。随着零售商使用私营标准的趋势日益显著，国际贸易中不断出现一些争议，并且也形成了一些标准制定组织。就针对私营标准的争议而言，其在便利贸易方面的作用是最具争议性的。

在国际公共层面，食品安全、动物健康和植物健康标准的协调是通过诸如食品法典委员会、国际动物健康组织和国际植物保护公约这样的组织实现的。适用这些国际标准得到了世界贸易组织的支持，对此的逻辑是：如果每一方都遵循统一的逻辑，那么贸易流通就能得以保障。

就食品标准而言，最为相关的世界贸易组织的协议是《实施动植物卫生检疫措施协议》，其应对的特定问题便是动物健康、植物健康和食品安全。其明确指向了食品法典委员会、国际动物健康组织和国际植物保护公约的标准。《实施动植物卫生检疫措施协议》所规范的内容是国际贸易中的要求和标准，进而确保食品安全和质量要求不会成为被贸易保护主义利用的措施。

除了公共标准外，所谓的私营标准也在日益凸显其重要性，并已经成为市场准入问题中需要考虑的重要因素。市场准入与贸易相关，而贸易是由世界贸易组织进行治理和监管的。然而，作为一般原则，世界贸易组织的规则仅适用于政府及其相互间的问题。[1] 不同于此，私营标准的典型特点便是针对私主体

---

[1] Van der Meulen, B., 2010. The global arena of food law. Emerging contours of a meta-framework. Erasmus Law Review 3 (4).

之间的问题。因为这些私营标准在国际贸易中的日益重要性和对贸易的可能影响，上述的国际组织也跟进了私营标准的探讨。自 2005 年以来，世界贸易组织中的动植物卫生检疫措施协议委员会尤其关注这一议题。该委员会所关注的主要问题在于是否应当以及如何在多边层面应对私人部门所要求的食品安全标准。①

本章将关注世界贸易组织动植物卫生检疫措施协议委员会中的争议以及世界贸易组织视角下有关私营标准的法律问题。

6.2 私营标准的所指

私营标准是一系列关于生产的规则，由私人公司制定。这些标准的类型多样，有所谓的"个体企业项目"，如特易购的自然选择，还有"集体性的国家和国际项目"，显著的例子便是全球良好农业规范。后者是由一个泛欧洲的组织制定的，很多大型的欧洲零售商都是其成员。它们还可以被分类为农业前和农业后的入门标准，前者如全球良好农业规范，后者则以英国零售协会的标准为例。② 这些标准的范围不仅是食品安全内容，还被扩大到治理、环境、动物福利和其他社会问题。动植物卫生检疫措施协议委员会在应对食品安全之外的问题时，并不具有强制力。

在个体企业项目的情形中，更具争议的是，标准使用的场景可以是行业内一些重要的参与者所使用的标准。

私人项目主要是基于过程控制，如使用危害分析和关键控制点体系，并依赖于获得认可的认证机构这一第三方，最终落实这些项目。

6.3 私营标准：其驱动力何在

自 20 世纪 90 年代以来，零售链的日益集中使少量的大型超市链占据了广泛的市场份额，其购买力使其可以更为有力地控制整个供应链。这一集中使零

---

① WTO, 2007. Private Standards and the SPS Agreement, Note by the Secretariat, G/SPS/GEN/ 822. WTO, Committee on Sanitary and Phytosanitary Measures, Geneva, Switzerland.

② 参见第三章有关法典委员会和私营标准的说明。

售商绕过了批发商的控制，进而从国内外的供应商处直接获得货源。

除了考虑供应链中的权力外，消费者预期也发生了变化。消费者越富裕，便越会关注社会、道德和环境价值。此外，消费者意识的提升也是由食品恐慌事件直接导致的，如发生在欧洲和美国的疯牛病，比利时的二噁英和中国某些乳制品中的三聚氰胺问题。① 由此而来的便是政府将检测最终零售产品的食品安全控制模式转向了对生产和流通过程的关注。这便是所谓的从"农场到餐桌"的方法。诸如此类的方法要求食品企业在供应链的全过程中，即从农场环节到零售的最终端，落实确保食品安全的风险管理体系。

对于私营标准的发展而言，欧盟在 2002 年引入的《通用食品法》也是非常重要的。该法令确立了以下这一原则，即由食品行业主体（企业、超市等）承担符合食品法要求的首要责任。为了落实和支持这一原则，成员的主管部门和从业人员应当组织充分且有效的控制措施，且其工作应当保持透明度，落实追溯体系以便确认供应商，此外，还包括应急体系以便可以即时从市场上撤回食品。这一法令还要求供应链中的所有当事方可以证明他们采取了所有可能的措施来确保食品的安全性，且不会导致危害。为了就这一所谓的"注意义务"提供证据，食品行业开展了自我规制。这些内容包括实务守则，如良好农业规范，随后英国零售商协会也制定了良好卫生规范的协议。由此而来的便是私营标准的形成。

从技术层面来看，这些标准是自愿性的，因为它们并不是法律规定的。然而，当只能借助私营标准才能销售其产品时，事实上便无其他选择可言，相应地，这些私营标准便能有效规定产品进口或销售的条件，由此而来的便是在实务中，这些标准具有了约束力。

6.4　私营标准和世界贸易组织动植物卫生检疫措施委员会

针对成员方保护人类、动植物生命或健康的权利，以及实现这些内容的贸

---

① Henson，S. J. and Humphrey，J，2009. The impacts of private food safety standards on the food chain and on public standard-setting processes. Paper prepared for FAO/WHO，ALINORM 09/32/9D-Part II，Codex Alimentarius Commission，Rome，Italy，pp. 9 – 11.

易规则,《实施动植物卫生检疫措施协议》便是在它们之间确立一种平衡。每一个世界贸易组织的成员方都有权确立其认为适宜的保护水平,以保护其境内的生活或健康。当动植物检疫措施直接或者间接影响贸易时,成员方有义务最小化它们对于国际贸易所生产的影响。这意味着这些动植物卫生检疫措施应当:

- 仅在具有保护生命或健康必要性时才能适用,且对贸易的限制影响不能超过必要的要求;
- 基于科学原则,且在没有充足科学证据时应当取消;
- 不得对贸易构成武断或不合理的影响或者作为隐性的限制手段。

符合这些核心性的科学证明要求的有利方式是适用国际性的食品安全、动植物健康保护标准,即那些由食品法典委员会、国际植物保护公约和动物健康国际组织制定的标准。根据这些国际标准所协调的国家要求进行调整,有利于减少各国独有政策的差异性,进而便利贸易的发展。《实施动植物卫生检疫措施协议》仅允许在有适宜科学评估证实或者至少符合为实现所需要的健康保护而采取的最低贸易限制时,才能采取高于上述国际标准的国家标准或措施。

《实施动植物卫生检疫措施协议》也在其附录 C 中要求检测、认证或许可程序中不得有不合理的成本,以确保它们不会成为贸易壁垒。此外,单个世界贸易组织成员方的动植物卫生检疫措施或者标准应当通过该组织的秘书处告知其他成员方。最后,世界贸易组织协议确保其他的贸易伙伴可以通过该组织的争端解决机制对动植物卫生检疫措施的要求提出异议。

当公共的动植物卫生检疫措施和标准应当符合上述的标准时,涉及动植物卫生检疫措施和其他目标的私营标准可能缺乏科学依据,且也不会有即时的方式广而告之。其中其他的目标包括社会和环境等无关食品安全或动植物健康的担忧。而且,私人项目的流行缺少协调的机制,因此,可以理解的是,政府和国际组织也非常关注私营标准和上述提及的由三个国际组织所制定的国际标准之间的关系。

动植物卫生检疫措施委员会针对成员方落实各自的动植物卫生检疫措施的情况开展监测工作。如果这些措施没有符合《实施动植物卫生检疫措施协议》的规则,且这些措施会影响到贸易,那么其他的成员方可以在该委员会的框架内对其展开讨论，与之关联的议程主题是具体的贸易问题，每年会在世界贸易组织的日内瓦总部进行三次这样的会晤。

作为上述的具体贸易问题，私营标准的问题是由圣文森特和格林纳丁斯于2005 年 6 月在动植物卫生检疫措施委员会的会议中提出的，其指出了当时欧洲良好农业规范（当下的全球良好农业规范）中有关农药的标准对于香蕉出口的负面影响。欧洲委员会拒绝了这一申诉，并指出该问题并没有涉及任何欧盟的官方要求。然而，至此，有关私营标准的问题已经成为该委员会的一个常设主题，且没有指向一个具体的世界贸易组织成员方。①

迄今的相关讨论聚焦于以下三个问题。②

（1）市场准入。需要承认的是，私营标准通过明确提出具体的步骤指南和应当满足的法规和市场条件要求，有助于生产者和贸易商进入市场。一些研究表明适用一些私营标准所要求的风险管理方法，可以更好地开展综合性的农场和企业管理以及改善效率、增进盈利。然而，同时需要注意的是，这些标准也会有负面的效果。生产者必须通过认证来证实私营标准的合规情况，而要获得认证，其成本很高。此外，有所争议的是私营标准也会更具限制性，例如，允许农药残留的限量值很低，又或者比官方进口要求来得更为烦琐，例如，仅接受一种食品安全的预期效果，进而构成了市场准入的额外壁垒。

（2）发展。针对私营标准的认证和合规的成本，使制定进口导向的项目对于发展中国家的小规模生产者而言，变得不具可能性。

（3）世界贸易组织法律。一些观点认为针对购买产品的标准制定是私营部门的合法性活动，且政府不应该加以干涉，但也有其他观点认为《实施动植物卫生检疫措施协议》使进口国的政府有责任监管其私营部门制定标准。私营部门所推行的私营标准不能满足世界贸易组织诸如透明性和食品安全措施科学性的要求，且超过了保障健康的必要性进而带来了更多的贸易限制。

世界贸易组织成员就私营标准可能带来的潜在问题展开了许多研讨，一些

---

① Stanton, G. H. and Wolff, C., 2008. Private voluntary standards and the World Trade Organisation (WTO) Committee on Sanitary and Phytosanitary Measures. Fresh Perspectives 2008.

② WTO, 2007. Private standards and the SPS Agreement, note by the Secretariat of 24 January 2007. Committee on Sanitary and Phytosanitary Measures, WTO Doc. No. G/SPS/GEN/746.

成员方提出了具体的影响实例，此外探讨的内容还包括动植物卫生检疫措施委员会是否应当应对这一现象以及如何应对。趋势是关注《实施动植物卫生检疫措施协议》的范围。一些成员方（主要是发展中国家）倾向于认为《实施动植物卫生检疫措施协议》的释义同样适用于私营标准，而另一些成员方（主要是发达国家）则否认了这一超越公共标准或者政府法规的适用。就解释而言，一个关键性的关注议题是《实施动植物卫生检疫措施协议》第13条的范围。在2010年6月，动植物卫生检疫措施委员会确认了与动植物卫生检疫措施相关的私营标准的可能性诉讼。

《实施动植物卫生检疫措施协议》第13条表明，根据该协议，成员方负责确保其承担了所有要求的义务。成员方应当执行积极措施和相关机制，以支持除了中央政府机构之外的其他机构符合这一协议的规定。成员方应当采取其所能采取的合理措施，确保非政府实体在其管辖内符合该协议的所有相关要求，包括作为成员方参加的地方机构。此外，成员方不应采取那些直接或者间接要求或鼓励这些地区或非政府实体，又或者地方政府机构违背该协议规定的行动。成员方应确保它们仅在非政府实体执行的动植物卫生检疫措施符合本协议的规定时，才会借助这些动植物卫生检疫措施。

对于动植物卫生检疫措施委员会中的世界贸易组织成员而言，多数的观点都认为私营标准超越了那些由国际标准制定机构所制定的标准，而这些国际标准制定组织是在《实施动植物卫生检疫措施协议》中提及的。由此而来的问题是上述的"超越"是何意？私营标准扩展到道德、环境、动物福利和社会问责，它们针对生产过程的结构规定两个更为具体的要求。[1] 然而，就动植物卫生检疫而言，几乎没有什么证据表明许多私营标准超越了公共标准，如设定更高的最大残留标准。[2] 严格地从动植物卫生检疫的角度来说，（私营标准）没有干预国际标准，因为在很多情形中，私营标准多半是采用官方的要求或者标准，

---

[1] Henson, S. J. and Humphrey, J., 2009. The impacts of private food safety standards on the food chain and on public standard-setting processes. Paper prepared for FAO/WHO, ALINORM 09/32/9D-Part II, Codex Alimentarius Commission, Rome, Italy, p. 12.

[2] Rau, M. L., 2009. Public and private standards and certification in agri-food trade. Small assignment report prepared for the Ministry of Agriculture, Nature and Food Quality, The Hague, the Netherlands.

或者基于国际标准加以制定的。① 以食品法典委员会的卫生法典为例，该法典的内容很翔实，因此，唯一的逻辑便是私人实体在它们的企业内执行这一法典的具体要求。

动植物卫生检疫措施委员会中的争议主要聚焦于私营标准的范围是否超越了公共的国际标准的范围，推动讨论的一个驱动是担忧一些实际问题，如合规的成本，过多的标准却没有针对性的协调，透明度的问题以及缺乏利益相关者的参与。

一些私营标准的制定机构业已认识到私营标准不断增多而缺乏协调的问题，因此，它们也在努力确认"基准"或者接受其他等效性的私营标准项目。全球食品安全倡议便是发挥了这样的作用。全球良好农业规范是一个很好的例子，其可以说明私营标准制定机构已经采取措施来确保利益相关者的参与，并考虑了小农制定自有标准的特殊诉求。例如，针对非洲派出了"大使"。他们也和许多不同部门的代表委员会共同工作。

显然，私营标准带来了一些担忧，但是，问题在于动植物卫生检疫措施委员会是否正确应对了这些问题。过度聚焦于《实施动植物卫生检疫措施协议》的适用性，世界卫生组织成员所面临的风险便是浪费了进取的时间，而这本可以用于更好地解决实际性的问题。

6.5 当下有关《实施动植物卫生检疫措施协议》适用性的讨论

原则来说，国家的民事法律并没有如下的规则，即禁止购买者要求其供应商符合具体的技术要求，而这些要求是针对他们所购买的产品。尤其是对于零售商而言，它们需要管理复杂的商业风险，它们有很多的理由可以说明这些要求的合理性。如果零售商使用私营标准的目的是滥用主导地位，那么便可以适

---

① Henson, S. J. and Humphrey, J., 2009. The impacts of private food safety standards on the food chain and on public standard-setting processes. Paper prepared for FAO/WHO, ALINORM 09/32/9D-Part II, Codex Alimentarius Commission, Rome, Italy, par 3 p. 12 and p. 39. See also Smith, G., 2009. Interaction of public and private standards in the food chain. OECD Food, Agriculture and Fisheries Working Papers, No. 15. OECD Publishing, Paris, France, par 51.

用国内的竞争法规来应对这一现象。

无论诉求与否，只要私营标准涉及食品安全，当下多数的注意力都集中在《实施动植物卫生检疫措施协议》上。相应的法律问题是这一协议的范围内是否包括私营标准？

《实施动植物卫生检疫措施协议》适用于所有的动植物卫生检疫措施，无论其是否直接抑或间接影响国际贸易。因此，"动植物卫生检疫措施"的定义并不（似乎是）无法排除私营标准所要求的措施的。但是，该协议所规定的义务仅针对世界贸易组织成员。一如上文所述，《实施动植物卫生检疫措施协议》第13条指出成员方应当采取其所可能采取的合理措施，来确保其境内的非政府实体符合该协议的相关要求。但是，该协议中没有一处就"非政府实体"这一术语给出明确的定义。当一些人认为其包括私营标准的制定机构时，另一些人则认为当其仅指承担政府委托工作的机构时才符合这一规定。此外，重要的是，应意识到一些私营标准制定机构是跨国性的。由此而来的问题便是，如果适用第13条，应问责哪一个政府。

谁是对的？第13条是否包括由私人部门采取的行动，或者仅是由政府采取的（包括国家层面和国家内的其他层面）？或者更为具体一点，国家政府，世界贸易组织条款的合同方，都可以就私主体的行动承担责任。

针对第13条和私营标准的关系，澳大利亚动植物卫生检疫措施专家迪格比（Digby Gascoine）做了一些法律分析。① 根据迪格比专家的分析，就《实施动植物卫生检疫措施协议》第13条的适用而言，相关的世界贸易组织案例非常少，且没有涉及非政府实体的。② 然而，从澳大利亚——影响三文鱼进口的措施案例的专家组报告③可以得出一些启示，当问题涉及非政府机构可能违反《动植物卫生检疫措施协议》时，专家组：①根据《实施动植物卫生检疫措施

---

① Gascoine, D. and O'Connor and Company, 2006. Private voluntary standards within the wto multilateral framework. Report prepared for the Department for International Development, London, UK. Available at: http://www. handelenduurzaamheid. nl/web/index. php? page = agenda.

② Gascoine, D. and O'Connor and Company, 2006. Private voluntary standards within the wto multilateral framework. Report prepared for the Department for International Development, London, UK, p. 10.

③ Panel Report, Australia-Measures affecting importation of salmon-recourse to Article 21. 5 by Canada, WT/DS18/RW of 18 February 2000.

协议》第 13 条的规定，确认世界贸易组织的某一成员方是否承担责任。②鉴于协议第 1.1 条，确认关联的措施是否是动植物卫生检疫措施。③确认是否违反了《实施动植物卫生检疫措施协议》。

根据日本的专家组——影响消费者胶片的措施，① 政府参与是有必要的，即由其采取应当接受世界贸易组织协议审查的措施。此外，迪格比专家指出："……由世界贸易组织其他协议（《补贴和反倾销措施协议》）委托和直接规定的案例法总结了'委托'和'直接'措辞的一般意义，即要求一个明确的且肯定的命令授权行动。"这似乎并不是那种关联私营标准的案例。此外，除了谈判期间单个成员并没有提出如下建议外，即《实施动植物卫生检疫措施协议》应当适用于私人部门的活动，世界卫生组织框架下有关《实施动植物卫生检疫措施协议》的谈判历史也无法给出任何解释性的指南。

就《实施动植物卫生检疫措施协议》第 13 条的释义以便明确针对私营标准的适用，世界贸易组织成员不可能对其进行修订或者达成共识，因为 153 个国家已经明显分成两个截然对立的阵营。一如迪格比专家做出的小结："在任何一个场景下，既有的问题并不是如此重要，要在世界贸易组织框架内和所有关联的私人机构之间推进这样一个重要的步骤，尤其是在其他一些项目的基础上，可能可以改善一些特有的挑战，进而便于应对。"

明确的是，将《动植物卫生检疫措施协议》第 13 条适用于私营标准，会使很多国家的民法体系发生天翻地覆的巨变。例如，其会使政府为买家和卖家之间的交易承担责任。

6.6 对食品的思考

从世界贸易组织以及其他组织中的争论可以明显看出，就公共标准、私营标准和市场准入之间的关系，以及动植物卫生检疫措施体系的发展及其可信度而言，当前的担忧是切实存在的。私营标准的增多也带来一定的风险，进而损

---

① Panel Report, Japan-Measures Affecting Consumer Photographic Film and Paper, WT/DS44/Rof 31 March 1998, par 10. 52 and Panel Report, EEC-Restrictions on Imports of Dessert Apples, WT/DS44/R, Par. 10. 56 of 22 June 1989.

害了通过《实施动植物卫生检疫措施协议》来规制动植物卫生检疫措施所带来的进展。尽管如此,依旧存在的问题是通过关注《实施动植物卫生检疫措施协议》第 13 条的法律问题能否有效解决上述的担忧。

一个更好的方式是寻找公私标准制定者之间的合作模式,进而使它们更具协调性。此外,鉴于公众对于食品安全与日俱增的关注度,也可以跟进私营标准这一现象。显然,公众意识的提升使政府倍感压力,进而通过更多前瞻性的规定来规制食品行业。考虑到政府部门资源的稀缺性和其他有关规制对于竞争的影响,以及工作量的规模,公私部门之间的合作兴趣也与日俱增,进而以更低的成本来提供更为安全的食品。

作为结语,真正需要的是公共标准制定机构(食品法典委员会、国际动物保护公约和动物健康保护组织)和私营标准制定者之间的常规性对话。尽管已经有了先期联系,但是,到目前为止,两者之间的话语体系依旧是不同的。因此,需要更多的努力来增进这两者之间的了解。而对于日后的争议,这也是极为有益的。

翻译:孙娟娟

参考文献

— EU, 2002. Regulation (EC) No 178/2002 of the European Parliament and of the Council of 28 January 2002 laying down the general principles and requirements of food law, establishing the European Food Safety Authority and laying down procedures in matters of food safety. Official Journal of the European Union L 31, 1/2/2002: 1 - 24.

— Gascoine, D. and O'Connor and Company, 2006. Private voluntary standards within the wto multilateral framework. Report prepared for the Department for International Development, London, UK. Available at: http://www. handelenduurzaamheid. nl/web/index. php? page = agenda.

— Henson, S. J. and Humphrey, J. , 2009. The impacts of private food safety standards on the food chain and on public standard-setting processes. Paper prepared for FAO/WHO, ALINORM 09/32/9D-Part II, Codex Alimentarius Commission, Rome, Italy.

— Smith, G., 2009. Interaction of public and private standards in the food chain. OECD Food, Agriculture and Fisheries Working Papers, No. 15. OECD Publishing, Paris, France. DOI: 10. 1787/221282527214.

— Rau, M. L., 2009. Public and private standards and certification in agri-food trade. Small assignment report prepared for the Ministry of Agriculture, Nature and Food Quality, The Hague, the Netherlands.

— Stanton, G. H. and Wolff, C., 2008. Private voluntary standards and the World Trade Organisation (WTO) Committee on Sanitary and Phytosanitary Measures. Fresh Perspectives 2008. Available at: http://www. agrifoodstandards. net/en/ filemanager/active? fid = 134.

— Van der Meulen, B., 2010. The global arena of food law. Emerging contours of a meta-framework. Erasmus Law Review 3 (4).

— Van Exel, L. D., 2009. Public vs. Private Standards. Does GlobalGAP exceed the international standard requirements, and if so, to what extent? Report for the Permanent Mission of the Netherlands, Geneva, Switzerland.

— WTO, 1995. Agreement on the Application of Sanitary and Phytosanitary Measures. WTO, Geneva, Switzerland.

— WTO, 2007. Private Standards and the SPS Agreement, Note by the Secretariat, G/SPS/GEN/822. WTO, Committee on Sanitary and Phytosanitary Measures, Geneva, Switzerland.

— WTO, 2010. Possible actions for the SPS Committee regarding SPS-related private standards.

— Committee on Sanitary and Phytosanitary Measures, G/SPS/W/247/Rev. 2.

| **可持续棕榈油圆桌会议中的 "私法" 制定**

Otto Hospes

7.1 介绍

世界上几乎每个厨房或浴室中都会使用棕榈油。它是人造奶油和脂肪的关键成分,也广泛用于煎炸。棕榈油非食用型且最受欢迎的产品是肥皂和化妆品。不仅家庭中使用棕榈油,而且,炸土豆、炸薯条、馅饼、糕点和甜甜圈等餐厅制备以及规模化生产中都会使用棕榈油。棕榈油是世界领先的热带植物油。

棕榈油的生产更为集中,印度尼西亚和马来西亚每个国家的产量均超过世界产量的40%,这就使这两个国家是世界上两大棕榈油出口国这一事实不足为奇了。主要进口国是欧盟、中国和印度。棕榈油是一种高度全球化的商品。①

棕榈油全球需求的不断增长带来了棕榈油生产和贸易的迅速增长。这为棕榈油生产国创造了数量巨大的收入和就业机会以及外汇。同时,棕榈油生产的扩张造成了各种各样的问题,包括增加粮食和收入不安全、土地冲突和社区一级的社会政治动荡。除了这些社会问题之外,种植园和工厂的棕榈油生产也对环境产生了负面影响。这些影响包括森林砍伐,生物多样性丧失,森林砍伐造

---

① Product board for margarines, fats and oils, 2010. Fact sheet palm oil. United States Department of Agriculture, 2010. Indonesia: rising global demand fuels palm oil expansion. Commodity Intelligence Report, Foreign Agricultural Service, Washington, DC, USA. Available at: http: // www. pecad. fas. usda. gov/ highlights/2010/10/Indonesia/.

成的二氧化碳排放和泥炭土的开采，以及由于使用化肥和杀虫剂及加工厂排放造成的流域污染。① 这些影响以及有关生产、加工和消费的全球地区联系，也面临着由棕榈油行业日益全球化带来的挑战。②

由于缺乏处理和监管这些问题的政府间倡议和机构，世界自然基金会（World Wildlife Fund，WWF）和联合利华在 2002 年开始探索在全球层面组织新形式的私人治理的可能性。一年后，它们组织了第一次棕榈油可持续发展圆桌会议。2004 年，它们正式启动了可持续棕榈油圆桌会议。本次圆桌会议的主要目的是在一系列全球多利益相关方磋商的基础上，制定一套棕榈油可持续生产原则和标准。2010 年举行了第八届年度棕榈油可持续发展圆桌会议。

棕榈油可持续发展圆桌会议是非政府组织和跨国公司为全球商品生产制定以可持续为内容的私人法律，但这并不是私人治理在这一方面的唯一举措。在 20 世纪 90 年代，甚至在 21 世纪初期，就已有类似的举措，即以私营标准来管理森林、渔业、大豆、棉花、糖、牛肉和水产养殖业的可持续生产。世界自然基金会是七方利益相关者倡议的创始成员之一，旨在为全球商品的可持续生产制定标准。③ 联合利华是两项举措的创始成员。这两项举措中的每一个都各自涉及交易最频繁的油料作物，包括棕榈油可持续发展圆桌会议和负责任大豆圆桌会议（Round Table on Responsible Soy，RTRS）。

本章有两个目标。第一个目标是将棕榈油可持续发展圆桌会议作为法律制定过程，并对其进行分析。为此，在介绍棕榈油可持续发展圆桌会议的规范性内容、参与者和工具时，将与市场力量、公法和国家当局一并讨论。为了评估棕榈油可持续发展圆桌会议的原则和标准是越来越多地具有或者越来越少地呈

① McCarthy，J. and Cramb，R. A.，2009. Policy narratives，landholder engagement，and oil palm expansion on the Malaysian and Indonesian frontiers. The Geographical Journal 175（2）：112 – 123. McCarthy，J.，2010. Processes of inclusion and adverse incorporation：oil palm and agrarian change in Sumatra，Indonesia. Journal of Peasant Studies 37（4）：821 –850.

② Teoh，C. H.，2010. Key sustainability issues in the palm oil sector：a discussion paper for multistakeholders consultations（commissioned by the World Bank Group）. IFC，World Bank，Washington，DC，USA. Available at：http：//www. ifc. org/ifcext/agriconsultation. nsf/AttachmentsBy Title/Discussion + Paper/ $ FILE/Discussion + Paper_ FINAL. pdf.

③ World Wide Fund for Nature（WWF），2010. Certification and roundtables：do they work？WWF review of multi-stakeholder sustainability initiatives. WWF，Gland，Switzerland. Available at：http：// assets. wwf. org. uk/downloads/wwf_ certification_ and_ roundtables_ briefing.

现法律上或事实上的约束力，我将把可持续发展的力量视为市场驱动因素，以及探讨国家参与者在标准制定过程中的角色。第二个目标是评估棕榈油可持续发展圆桌会议标准制定过程在多大程度上促进了可持续棕榈油新公共标准的制定。为此，我想介绍印度尼西亚和荷兰政府各自对建立棕榈油可持续发展圆桌会议原则和标准的不同方式。我选择了印度尼西亚和荷兰，因为来自这些国家的非国家参与者在棕榈油可持续发展圆桌会议成员中有很好的代表性。由此而来的一个问题是，一如其他的国家，这些国家的政府都不是棕榈油可持续发展圆桌会议的成员，如此，他们又是如何应对棕榈油可持续发展圆桌会议和它的全球性私营标准的。对这两个国家的比较评估将表明，在讨论跨界食品"私法"的制定和含义时，无法对"政府"进行概要。

7.2 棕榈油可持续发展圆桌会议的规范性内容

《可持续生产棕榈油的原则和标准》（2007 年）序言的开头一段提出了棕榈油可持续发展圆桌会议的关键问题以及棕榈油可持续发展圆桌会议想要改变和监管的活动类型。

可持续棕榈油生产由合法的，经济上可行的，环境适宜的和社会有益的管理和运营组成。这是通过应用以下一套原则和标准以及随附的指标和指导来实现的。

关键问题在于可持续性，这不仅包括经济、环境和社会方面，而且包括法律方面。这项活动是关于棕榈油生产。

该文件（从现在起被命名为《棕榈油可持续发展圆桌会议原则和标准》）列出了 8 项原则。[①] 其中 3 项原则（原则 2、原则 3 和原则 5）仅与序言中提到的一个可持续性维度相关。纳入可持续性的法律维度是非常重要的。许多可持续性辩论和文件都侧重于经济、环境和社会层面，而忽略了法律层面。

---

① Round Table on Sustainable Palm Oil（RSPO），2007. RSPO principles and criteria for sustainable production of palm oil, including indicators and guidance. Available at：http：//www. rspo. org/files/resource_ centre/RSPO% 20Principles% 20&% 20Criteria% 20Document. pdf.

表 7 - 1　棕榈油可持续发展圆桌会议原则

棕榈油可持续发展圆桌会议原则	维度
1. 承诺透明度	／
2. 遵守适用的法律法规	法律
3. 承诺长期的经济和财务可行性	经济
4. 种植者和工厂主使用适当的最佳实践	环境、社会
5. 环境责任和自然资源保护和生物多样性	环境
6. 负责任地考虑雇员和受种植者和工厂影响的个人和社区	社会、法律
7. 负责任地开发新的种植	环境、社会、法律
8. 承诺在关键领域持续改进	／

来源：RSPO 2007，RSPO 棕榈油可持续生产原则和标准。

制定可持续棕榈油的法律标准既全面又模糊。如果生产符合"所有适用的当地，国家和批准的国际法律和法规"，并且如果"棕榈油用地在没有其他用户的自由，事先和知情同意下不会减少他们的法定权利或习惯权利"，棕榈油被认为是可持续的。《棕榈油可持续发展圆桌会议原则和标准》的附件 1 列出了适用的国际法律和公约，包括 15 个不同的国际劳工组织公约、《联合国土著人民权利宣言》（2007 年）和《联合国生物多样性公约》（1992 年）。该文件没有就如何界定和确定什么是"法定"或"习惯"权利，以及如何处理国际、国家和当地法律之间可能存在的紧张关系或矛盾提供指导。

其他 3 项原则（原则 4、原则 6 和原则 7）已被列入环境、社会和/或法律指标的组合中。种植者和工厂主使用最佳实践（原则 4）包括健康指标。对透明度（原则 1）的承诺和对关键活动领域（原则 8）持续改进的承诺具有不同的性质，它们规定了信息管理和监测的指标，并且可以被视为审计和执法的先决条件。

本书第一章讨论了食品企业应符合的公法要求，且从产品、过程、说明和公权力进行了分类。但是，本章讲述的 8 项原则无法纳入上述的分类中。一方面，没有一个原则或指标从产品的角度定性棕榈油的生物和物理质量特征；另一方面，所有原则定义了将棕榈油变为可持续棕榈油的依据。

为了对这 8 项原则提供进一步的指导，又将它们细化为了标准，总计 35 项。对于每项标准，又由不同的指标加以区别。原则 4、原则 5 和原则 7 的指标是指（最佳）农业实践（如综合性有害生物管理技术、地被覆盖管理、营养素的回收和再利用），而原则4和原则6的指标则指最佳管理实践，安全工作实践或非歧视性做法。有关化学品储存的最佳做法，棕榈油可持续发展圆桌会议原则参考"粮农组织或农药剂型国际统一代码系统（GIFAP）行为准则"。

《棕榈油可持续发展圆桌会议原则和标准》中没有涉及说明问题，而是在《棕榈油可持续发展圆桌会议交流和声明指南》（2009年）文档中介绍。[1] 该文档提供有关企业在包装和关于产品交流中使用棕榈油可持续发展圆桌会议标志的说明和限制。只有棕榈油可持续发展圆桌会议会员在同意遵守文件中规定的规则后才能收到书面授权，以应用该标志。

在企业沟通中，成员可以报告其作为棕榈油可持续发展圆桌会议成员的身份。它们可能会使用棕榈油可持续发展圆桌会议标志和/或棕榈油可持续发展圆桌会议网址以及此类会员资格声明。在包装和关于产品的沟通中，成员只有在附有使用和促进可持续棕榈油的许可声明后才可使用棕榈油可持续发展圆桌会议标志和/或棕榈油可持续发展圆桌会议网址。棕榈油可持续发展圆桌会议已经批准了4个供应链认证系统：身份保存、隔离、质量平衡以及书和声明。[2] 针对上述每个内容，都细化了交流规则和获批的故事说明。认证种植园的比例明确了生产者应就其棕榈油可持续发展圆桌会议成员身份进行交流的方式。表7-2列出了已经获批的三种不同声明。

表7-2　生产者应如何沟通其棕榈油可持续发展圆桌会议会员资格

生产者地位	公司沟通中的获批声明
RSPO 成员，没有获认证的种植园	"公司 X"是 RSPO 的成员
RSPO 成员，一些种植园获得认证	"Y 公司"是 RSPO 成员，且 x% 的生产能力获得 RSPO 认证
RSPO 成员，全部种植园获得认证	"公司 Z"是 RSPO 的成员，只生产 RSPO 认证的可持续棕榈油

资料来源：RSPO 2009，RSPO 交流与声明指南。

---

[1]　Round Table on Sustainable Palm Oil（RSPO），2009. RSPO guidelines on communication and claims. Available at：http：//www. americanpalmoil. com/publications/RSPO_ cc_ guidelines% 20（oct% 2009）. pdf.

[2]　Round Table on Sustainable Palm Oil（RSPO），2009. Supply chain systems：overview. Available at：http：//www. rspo. org/sites/default/files/RSPO_ Supply% 20Chain% 20Systems% 20Overview. pdf.

最后,《棕榈油可持续发展圆桌会议原则和标准》也没有涉及公共权力问题。但是,该文件确实包含了参照公共权力的隐晦内容。原则 6 的标准之一是:

任何有关赔偿丧失法定权利或习惯权利的谈判都将通过记录在案的制度进行,进而确保土著人民、当地社区和其他利益攸关方能够通过其自己的代表机构发表意见。

但是,这一标准的指标并没有明确提及国家机关或公法来解释 "自己的" 代表机构的含义。从原则 6 的另一个标准可以得出类似的结论:"处理投诉和申诉的共同商定和记录在案的制度,由各方执行且共同认可。" 这一标准的指标并不是指国家机关或公法,而是指 "通过与相关受影响方达成公开和协商一致的协议来建立争议解决机制"。

对于棕榈油可持续发展圆桌会议原则,标准和指标的分类,不同的 "P" 可以做如下区分:规划(plan),政策(policy),程序(procedure),实务(practice)。在 35 项指标中,有 17 项指的是要制订的计划,4 项指的是将要制定的政策,10 项指的是要制定的程序。有 17 项指标明确提及农业,管理或其他(最佳)实务做法。

7.3　被原则约束的参与者

《棕榈油可持续发展圆桌会议原则和标准》的序言没有明确提及谁应符合原则和标准。棕榈油的生产可以用狭义的方式来定义,即指棕榈油种植者,但也包括工厂主,他们从油棕榈树收获的新鲜水果束中生产棕榈油。然而,原则 4 和原则 6 的命名清楚地表明,这些原则与种植者和工厂主有关。将原则 1、3、5 和 8 纳入的标准和指标表明,这些原则与种植者和工厂主有关。原则 2 和原则 7 似乎只涉及种植者,在阅读标准和指标时也是如此。

《棕榈油可持续发展圆桌会议原则和标准》并非专门针对小农。该文件的序言部分提到,"为小农实施原则和标准制定更详细的指导方针……仍在继续。原则和标准基本上是指由国际劳工组织(第 110 号公约第 1 条第 1 款)界定的种植园:定期聘用雇用工人的农业企业……涉及……(尤其是)棕榈油的种植或生产……'但通常被理解为大规模生产。原则 5、原则 6、原则 7 明确提到'种植园''种植园区'和/或'种植园发展'。"

当棕榈油生产商是采用原则和标准并应获得认证的一个主体时（见下文），在建立棕榈油可持续发展圆桌会议，申请成员资格，标准制定过程和国家解释全球棕榈油可持续发展圆桌会议原则和指南的进程中，它们并没有发挥主导作用。

棕榈油可持续发展圆桌会议是世界自然基金会和联合利华的倡议。2002 年，它们开始探索建立可持续棕榈油商业伙伴关系模式的可能性。2004 年，棕榈油可持续发展圆桌会议根据瑞士法律注册为基金会，从 10 名成员开始。2008 年 11 月，成员已有 261 名。2010 年 10 月，成员已增至 380 名。鉴于棕榈油可持续发展圆桌会议区分了 7 类成员，它们可以重新组合为 3 个主要类别：价值链参与者（棕榈油加工商、贸易商、消费品制造商、零售商、银行和投资者）、油棕种植者和民间社会组织（环境和自然保护组织、社会和发展组织）。截至 2010 年 10 月，成员包括 276 名价值链参与者、84 名油棕种植者和 20 个民间社会组织（见表 7 – 3）。

表 7 – 3　截至 2010 年 10 月 RSPO 的成员资格

成员类型数量百分比籍	数量	百分比
A. 价值链参与者	276	72.6
棕榈油加工商和贸易商	151	39.7
消费品制造商	94	24.7
零售商	23	6.1
银行和投资者	8	2.1
B. 油棕种植者	84	22.1
C. 民间社会组织	20	5.3
环境和自然保护组织	11	2.9
社会和发展组织（NGOs）	9	2.4
总　　计	380	100

来源：www. rspo. org as per October 19th of 2010。

尽管棕榈油主要在印度尼西亚和马来西亚生产，但棕榈油可持续发展圆桌会议的成员并不限于来自这两个国家的商业或民间社会组织。棕榈油可持续发展圆桌会议是一个真正的国际组织，成员来自全球 42 个国家。会员最多的国家还是马来西亚（87 个）和印度尼西亚（75 个），但英国（66 个）、荷兰（37 个）、德国（31 个）和美国（26 个）的公司和非政府组织的参与也不容忽视。①

棕榈油可持续发展圆桌会议的最高权力机构是年度的成员全体大会。该大会有权制定棕榈油可持续发展圆桌会议总体政策的原则性指导。这些决定是以出席或代表的成员的简单多数票做出的。棕榈油种植者代表少数成员。棕榈油加工商、贸易商和消费品制造商共同组成了大部分成员。鉴于棕榈油可持续发展圆桌会议章程规定可以设立任何有用的委员会或工作组，成员全体大会也有权在其部门内选举执行委员会成员并向执行委员会提出建议。②

2005 年，成员全体大会通过了一套关于棕榈可持续生产的一般原则和标准，实地测试两年。该文件由棕榈油可持续发展圆桌会议标准工作组（CWG）编写，该组织在标准制定过程中发挥了关键作用。工作组由 9 名生产者代表、6 名供应链和投资者、3 家环保组织和 3 家社会组织组成。然而，作为主要成员的印度尼西亚棕榈油公司没有代表。生产者类别包括两个半公共机构和两个研究机构。棕榈油可持续发展圆桌会议的 8 名成员中，包括棕榈油可持续发展圆桌会议执行委员会的 4 名成员被任命为标准工作组的观察员。关注环境议题的非政府组织 ProForest 为协商讨论原则和标准草案提供了便利。③ 在经过实地测试和进一步协商之后，成员全体大会于 2007 年通过了《可持续棕榈油可持续生产原则和标准》。

在通过全球通用原则和标准后，在 7 个棕榈油生产国组织了"国家执行和解释小组"。国家执行和解释小组不仅由非国家行为体组成，而且由国家行为体组成，这些小组中约 1/5 ~ 1/3 的成员由各部的代表组成。成员包括公共或半

① http：//www. rspo. org（as per January 2011）.

② Round Table on Sustainable Palm Oil（RSPO），2004. RSPO statues，by-laws and codes of conduct. Available at：http：//www. rspo. org/? q = page/896.

③ Round Table on Sustainable Palm Oil（RSPO），2004. Minutes of the first meeting of the RSPO CriteriaWorking Group. Compiled by ProForest and Andrew Ng. Available at：http：//www. rspo. org/files/resource_ centre/CWG% 201% 20minutes. pdf.

公共机构，这些机构应该代表种植业的利益，如印度尼西亚棕榈油委员会（Indonesian Palm Oil Commission，IPOC）和马来西亚棕榈油协会（Malaysian Palm Oil Association，MPOA）。来自行业的代表组成了1/3~2/3的成员，而非政府组织的比例不超过1/5。

每个国家工作队的主要目的是确保全球原则和标准的实施与各国或主权国家的规范，法律和价值观相一致或相容。考虑到这一测试，每个团队都将"重大不符合"和"极微不符合"区分开来。第一类是指在特定国家被认为至关重要的指标；第二类是指在特定国家不太适当或不相关的指标。同时，在全国范围内，并非所有的全球指标都可以简单地被忽略或被认为不那么重要，"至少有45%的指标必须被确定为强制性的"。①

7.4　合规和投诉

没有第三方验证和认证，就不能提供与遵守棕榈油可持续发展圆桌会议原则和标准有关的公开声明。第三方必须是棕榈油可持续发展圆桌会议批准的独立认证机构。棕榈油可持续发展圆桌会议对于认证机构的许可机制以 ISO／IEC 指南 65（产品认证体系运行机构的一般要求）和/或 ISO／IEC 指南 66（评估和认证/注册环境管理体系运行机构的一般要求）为依据，其中通用认可还通过一系列特定的棕榈油可持续发展圆桌会议认证过程要求进行补充。认证机构必须获得国家或国际认可机构的认可，以使其组织、系统和程序符合 ISO 指南 65 和/或 ISO 指南 66 的要求。棕榈油可持续发展圆桌会议认证评估需要由棕榈油生产商或许可的签约认证机构发起。种植者将每五年进行一次认证评估，如果获得认证，将每年评估其是否持续性合规。②

下游加工商或获得棕榈油可持续发展圆桌会议认证的可持续棕榈油的用户在遵守棕榈油可持续发展圆桌会议认证棕榈油的意图和要求时，可以声称使用

① Round Table on Sustainable Palm Oil（RSPO），2007. RSPO principles and criteria for sustainable production of palm oil，including indicators and guidance. Annex 3. Available at：http：//www. rspo. org/files/resource_ centre/RSPO% 20Principles% 20&% 20Criteria% 20Document. pdf.

② Round Table on Sustainable Palm Oil（RSPO），2011. "How to be RSPO certified". Available at：http：//www. rspo. org/? q = page/510.

（或支持）棕榈油可持续发展圆桌会议认证的棕榈油。这由棕榈油可持续发展圆桌会议批准和认可的认证机构独立验证。棕榈油可以通过棕榈油可持续发展圆桌会议批准的 4 种供应链模式中的一种进行交易，以便能够保留可持续生产的声明。这 4 种模式是身份保留、隔离、质量平衡、书和声明。①

当利益相关方发现根据棕榈油可持续发展圆桌会议标准经过评估的组织运行或者认证决策关系其合法利益又或者直接受到影响时，任何利益相关方都可以提交投诉和申诉。这包括与认证评估过程和结果有关的投诉，或涉及与实施棕榈油可持续发展圆桌会议认证系统有关的其他方面的投诉。投诉或申诉可以通过认证机构的投诉机制（其中包括如果投诉人对结果不满意，随后转交给认证机构，然后再转交给棕榈油可持续发展圆桌会议），或直接向棕榈油可持续发展圆桌会议执行委员会投诉或申诉。在后一种情况下，棕榈油可持续发展圆桌会议执行委员会决定投诉或申诉是否应首先遵循认证机构的机制，或者是否可以直接提交给棕榈油可持续发展圆桌会议认证投诉委员会。执行委员会将任命投诉委员会成员，该委员会必须至少由来自以下棕榈油可持续发展圆桌会议部门的 4 名成员组成：生产者、供应链和投资者、社会组织以及环境组织。委员会将以协商一致的方式决定投诉。棕榈油可持续发展圆桌会议秘书长负责根据需要采取后续行动，并在决定日期后 10 天内以书面形式通知投诉各方。②

棕榈油可持续发展圆桌会议还组织了一个负责处理针对棕榈油可持续发展圆桌会议成员正式投诉的焦点小组：一个由 5 名成员组成的负责申诉处理的专家组，其将审议并决定对棕榈油可持续发展圆桌会议成员提出的任何申诉或投诉的合法性。③ 潜在投诉人包括非棕榈油可持续发展圆桌会议成员，也包括被投诉的棕榈油可持续发展圆桌会议成员所在国的非本地居民。任何棕榈油可持续发展圆桌会议成员都可能会受到投诉。然而，最可能被抱怨的当事方是棕榈

---

① Round Table on Sustainable Palm Oil（RSPO），2009. Supply chain systems：overview. Available at：http：//www. rspo. org/sites/default/files/RSPO_ Supply% 20Chain% 20Systems% 20Overview. pdf.

② Round Table on Sustainable Palm Oil（RSPO），2007. RSPO certification systems. Final document approved by RSPO Executive Board. Available at：http：//www. rspo. org/sites/default/files/RSPO% 20 P&C% 20certification% 20system. pdf.

③ Round Table on Sustainable Palm Oil（RSPO），2011. RSPO grievance procedure. Available at：http：//www. rspo. org/files/resource_ centre/RSPO% 20Grievance% 20Procedure. pdf.

油生产商，因为它们是获得认证并坚守棕榈油可持续发展圆桌会议标准的公司。申诉专家组的负责人曾经是联合利华棕榈油可持续发展圆桌会议的总裁。最近，荷兰施乐会（Oxfam Novib）成为申诉专家组的负责人，处理对棕榈油可持续发展圆桌会议成员的投诉。

7.5 RSPO 的原则和标准有多自愿？

从法律上讲，棕榈油生产商没有义务申请棕榈油可持续发展圆桌会议认证。棕榈油可持续发展圆桌会议原则和标准不具有法律上的约束力。一般而言，棕榈油生产商在出售其商品时有两种选择：它们可以向想要获得认证的可持续棕榈油的贸易商、加工商和国家出售其产品，或者向不需要毛棕榈油的贸易商、加工商和国家出售其产品。注意到这一点后，结论可能是棕榈油可持续发展圆桌会议原则和标准不具有事实上的约束力。但是，这样的结论有点为时过早。

2009 年时，获认证可持续棕榈油的市场占有率还不高，总计45,000,000吨的全球产量，占比仅7%，然而，其在几年内从 0 到 7% 的增长率确实是惊人的。这一增长数据与更多企业和政治领导人致力于促进可持续生产的承诺，以及由此而来的唯一发展路径，使得棕榈油的生产者日益怀疑它们是否还有别的选择。如果不仅欧洲，中国和印度也开始制定可持续棕榈油进口的准则、标准甚至指令时，情形又会怎样？印度尼西亚棕榈油协会（Indonesian Palm Oil Association，GAPKI）主席在 2010 年 12 月的印度尼西亚棕榈油会议上致欢迎辞时说，可持续发展是当前行业面临的最热门问题，他将可持续发展描述为"新的市场驱动因素"。

市场力量越来越显示其可持续性的"肌肉"。跨国公司、零售商和银行宣布，它们将从现在开始的几年内，仅购买或投资那些获得认证的可持续棕榈油。到 2015 年前，联合利华实现只购买可持续生产的棕榈油。零售商皇家阿霍德和农业投资者荷兰合作银行也做出了类似的承诺。这样看来，认证申请越来越像是一种义务。

跨国公司、贸易商、零售商和银行家不能简单地将自己的意愿强加给生产者，但其成员的占比量肯定会给予它们额外的权重。成员全体大会的决定是以简单的多数票通过的。从一开始到现在，生产者并没有掌控棕榈油可持续发展圆桌会议的管理。棕榈油可持续发展圆桌会议是联合利华与世界自然基金会的倡议；执行委员会从未由生产者的代表主持，而是由联合利华主持。主要的印度尼西亚棕榈油公司没有参加棕榈油可持续发展圆桌会议标准工作组。联合利华领导棕榈油可持续发展圆桌会议申诉专家组。

除了市场力量的主导作用之外，公法在棕榈油可持续发展圆桌会议标准中的重要性以及国家当局在标准过程中的作用日益突出。"遵守适用的法律法规"，包括国际、国家和地方法规，是棕榈油可持续发展圆桌会议的一个主要原则。通过这种方式，棕榈油可持续发展圆桌会议重现并强化了现有的国家法律。在2007年通过全球原则后，棕榈油生产国部委的代表被邀请参加"国家解读和执行小组"。这些小组的主要目的是使棕榈油可持续发展圆桌会议的全球标准与"一个国家或主权国家"的规范、法律或价值观相一致。政府官员参与国家解释过程可以看作是标准制定过程的一个特定阶段或新阶段，这一点非常重要：在2007年之前，国家行为体没有被邀请或参与棕榈油可持续发展圆桌会议标准制定过程；更一般地说，当通过私法监管全球食品商品的可持续性生产，在对其进行解释和调整时，假定国家这一主体并不会发挥积极作用。

7.6 政府的角色：咨询性的啦啦队队长抑或竞争性的立法者

尽管棕榈油可持续发展圆桌会议的原则和标准越来越具有事实上的约束力，但政府坚持认为棕榈油可持续发展圆桌会议的成员资格和认证是自愿性的。但是，它们并没有出于同样的原因这样做。从荷兰和印度尼西亚的情况可以看出，它们自己的反应和举措相差甚远。

荷兰政府是棕榈油可持续发展圆桌会议最伟大的道义支持者。这主要是因为两个关联的事项。首先，棕榈油可持续发展圆桌会议的组织方式很大程度上反映了荷兰对社会秩序的价值观，强调了多方利益相关者协商解决共同威胁或问题的重要性。棕榈油可持续发展圆桌会议甚至可以被看作荷兰文化产品和

"波德模式"（poldermodel）① 的全球表现形式，只是这一次来自世界不同地区的企业和民间团体的代表通过合作，是为了防止棕榈油对森林的破坏，而不是荷兰发展早期的围海造田以防止洪水泛滥。

棕榈油可持续发展圆桌会议的最大支持者之一是荷兰人造黄油和油脂产品委员会（MVO），这是荷兰多利益相关方咨询文化深入人心的一个体现。鉴于董事会是一个行业协会，它是由法律创建的，并赋有法定权力。作为一个法定的公共机构，荷兰人造黄油和油脂产品委员会在荷兰开展的活动是为了满足所有商业行为者在油和脂肪生产链上的共同利益，并促进与当局和社会组织的讨论。荷兰人造黄油和油脂产品委员会是棕榈油可持续发展圆桌会议的成员，其积极地参与年度会议的讨论，并愿意在工作组中担任领导角色。目前，荷兰人造黄油和油脂产品委员会主持贸易和可追溯性工作组，并因此被邀请参加棕榈油可持续发展圆桌会议执行委员会会议。

其次，荷兰政府坚持认为棕榈油可持续发展圆桌会议认证的自愿性，因为它对开发或支持可能被视为新的贸易壁垒的举措而犹豫不决。可持续性举措应当符合世界贸易组织的规则。从这个角度来看，荷兰希望棕榈油可持续发展圆桌会议继续成为一个自愿的私营部门倡议，其特点是不具约束力的规则。荷兰政府与英国政府一起召集棕榈油领导层会议，致力于"促进更多地生产和适用获得棕榈油可持续发展圆桌会议认证的棕榈油"。在 2010 年 7 月伦敦举行的"棕榈油领导小组会议"上，制定了《可持续棕榈油宣言》，承认"棕榈油可持续发展圆桌会议是确定可接受的可持续性标准的基础和可信平台，并且是多利益相关方参与的论坛"。②

印度尼西亚政府也强调棕榈油可持续发展圆桌会议标准的自愿性质。然而，它发现棕榈油可持续发展圆桌会议的不足并已开始制定自己的标准，即印尼可持续棕榈油（ISPO），这对印度尼西亚的所有棕榈油生产商都应具有约束力。该标准由印度尼西亚农业部长在 2010 年 11 月在雅加达召开的八次棕榈油可持

---

① 译注：这是指荷兰式的民主模式，其核心概念是不断沟通，以期各协作方达成一致，从而共同完成某项任务。对此的一个历史原因便是荷兰的低地地势使得围海造田成为早期土地资源的重要来源，在这个过程中，大家需要各司其职，相互协调，进而保持生活的有序性，尤其是抵挡水患。

② Proforest, 2010. Palm oil leadership group meeting: global business of biodiversity conference. Excel conference centre, London, UK, 13 July 2010. Summary report.

续发展圆桌会议开幕式上宣布。在同一次会议上，印度尼西亚棕榈油委员会主席进一步解释了部长的计划：根据农业部 2009 年第 17 号法令，油棕榈种植园将被划分为五类：被归入第一类、第二类和第三类的种植园可以使用印度尼西亚可持续棕榈油作为标准，在印度尼西亚认证体系下寻求认证；独立的认证机构将评估申请和种植公司。该部门希望为已获得棕榈油可持续发展圆桌会议认证的公司提供获得印尼可持续棕榈油认证的可能性。在符合这一要求后，农业部还应将该公司归入第一类、第二类或第三类。在这种情况下，最后一次的审计报告可以选为研究对象，以确认这次审计符合相关的要求。印度尼西亚棕榈油委员会主席表示，根据印度尼西亚可持续棕榈油标准批准的认证机构只会审核那些"不符合印尼法规"的标准。然而，印度尼西亚可持续棕榈油认证机构如何确定棕榈油可持续发展圆桌会议标准不符合印度尼西亚法规，审核这些标准的方式以及对这些标准的绩效将给予什么"权重"仍不清楚。

与荷兰政府一样，印度尼西亚政府希望食品法或可持续性标准不会违背世界贸易组织法律的要求。与荷兰政府不同，印度尼西亚政府正在准备向世界贸易组织通报自己的标准。印度尼西亚棕榈油委员会主席在第八届棕榈油可持续发展圆桌会议会议上的发言中提到了与"食品法典委员会"的兼容性以及"国际标准化组织"（ISO）的批准。与此同时，印度尼西亚农业部探讨了与棕榈油进口国（欧盟成员国、美国等）的认证机构组织多边协议的可能性，以便接受印度尼西亚可持续棕榈油证书。最后，该部寻求与买家所在国家的双边合作。

7.7 结论

棕榈油可持续发展圆桌会议的法律制定过程可以分为三个阶段。第一阶段是主要来自买方国家的跨国公司，零售商和国际非政府组织制定了生产国可持续棕榈油的原则和标准。这一阶段始于世界自然基金会和联合利华于 2002 年首次探讨商业伙伴关系模式的谈判，最终于 2007 年在棕榈油可持续发展圆桌会议大会上通过了可持续性原则和标准。其中一个关键原则是遵守所有适用的法律和法规。

第二阶段是邀请生产国政府官员与商界和民间社会代表一起制定全球棕榈

油可持续发展圆桌会议原则和标准的国家解释。严格地说，有人可能会认为这不是标准制定阶段。但是，在这个阶段，"重大不符合"和"极微不符合"被区分开来。在特定的国家背景下，一些棕榈油可持续发展圆桌会议指标被定义为比其他指标更为相关。此外，国家小组的成员在解释棕榈油可持续发展圆桌会议原则和标准时也明确参照了一些国家法律。这一切都表明，重新设定棕榈油可持续发展圆桌会议标准的规范性内容更为合适。第二阶段始于2007年。对于一些生产国来说，这一阶段已经结束，棕榈油可持续发展圆桌会议执行委员会批准了国家解释（2008年为印度尼西亚和巴布亚新几内亚，2010年为马来西亚和哥伦比亚）。其他生产国（加纳、泰国和所罗门群岛）仍在致力于国家解释的工作。

第三阶段是生产国政府开始制定自己的棕榈油可持续生产标准的阶段。就印度尼西亚而言，棕榈油可持续发展圆桌会议标准制定程序和政府官员参与国家解释工作使印度尼西亚政府感到了挑战，进而要制定自己的标准。政府被排除在棕榈油可持续发展圆桌会议标准制定过程外，并观察到印度尼西亚种植业主在棕榈油可持续发展圆桌会议原则和标准工作组中没有代表。它们还指出，印度尼西亚批准针对棕榈油可持续发展圆桌会议标准所做出的国家解释，但是，这并未阻止一系列事件给印度尼西亚获得棕榈油可持续发展圆桌会议认证的种植园所有者［如印度尼西亚棕榈油生产商丰益（Wilmar）和金光集团（Sinar Mas）］和食品巨头带来的压力，进而导致他们停止从种植者那里购买棕榈油。绿色和平组织声称，金光集团应为大范围的森林砍伐和泥炭铅清除行为承担责任，因为这些行为释放了大量的二氧化碳。关注环境议题的非政府组织向棕榈油可持续发展圆桌会议申诉专家组提交了一份关于PT Smart的投诉，该投诉是金光集团的一部分。目前，该小组由荷兰开发组织施乐会领导。

与荷兰政府不同，印度尼西亚政府已放弃其作为棕榈油可持续发展圆桌会议的啦啦队队长角色。它现在正在积极制定自己的标准，更重要的是，其试图挑战棕榈油可持续发展圆桌会议作为在其自己的领土上定义棕榈油生产可持续性法律的单一合法权利。马来西亚政府也采取了类似的举措。生产国政府在制定国家标准方面的新的和积极的作用，是否标志着其会终结棕榈油可持续发展圆桌会议作为全球标准制定机构和申诉专家组的角色，还有待观察。不应低估全球价值链参与者的市场力量和国际非政府组织的道德力量。它们不会轻易放弃一个可以销售可持续性的全球论坛和标准。生产国的国家政府不会迅速废除棕榈油可持续发展圆桌会议,但同时试图使全球私法从属于国家公法。不同层次的私人和公共标准的竞争可能会促进集约化,加入和扩大棕榈油生产更可持续的努力,同时也会导致新的"购物"行为、低效率、混乱和摩擦。

2010 年 11 月在雅加达举行的最新棕榈油可持续发展圆桌会议上,印度尼西亚和马来西亚政府的新举措在题为"外部发展"的研讨会上提出。这一框架安排说明,在棕榈油可持续发展圆桌会议的国际组织者眼中,国家自身采取的举措是"外部"性的措施。这对印度尼西亚或马来西亚政府而言,似乎是最差的会议邀请了,但这些国家不会觉得去探索法律多样性和混合发展,进而使其成为可持续食品生产的要素是非常具有挑战的。

翻译:曲思佳

参考文献

— Danielsen, F., Beukema, H., Burgess, N., Parish, F., Bruhl, C. A., Donald, P. F., Murdiyarso, D., Phalan, B., Reijnders, L., Struebig, M. and Fitzherbert, E. B., 2009. Biofuel plantations on forested lands: double jeopardy for biodiversity and climate. Conservation Biology 23 (2): 348 – 358.

— McCarthy, J., 2010. Processes of inclusion and adverse incorporation: oil palm and agrarian change in Sumatra, Indonesia. Journal of Peasant Studies 37 (4): 821 – 850.

— McCarthy, J. and Cramb, R. A., 2009. Policy narratives, landholder engagement, and oil palm expansion on the Malaysian and Indonesian frontiers. The Geographical Journal 175 (2): 112 – 123.

— McCarthy, J. and Zen, Z., 2010. Regulating the oil palm boom: assessing the effectiveness ofenvironmental governance approaches to agro-industrial pollution in Indonesia. Law andPolicy 32 (1): 153 – 179.

— Product board for margarines, fats and oils, 2010. Fact sheet palm oil. Proforest, 2010. Palm oil leadership group meeting: global business of biodiversity conference. Excel conference centre, London, UK, 13 July 2010. Summary report.

— Reijnders, L. and Huijbregts, M. A. J., 2008. Palm oil and the emission of carbon-based greenhouse gases. Journal of Cleaner Production 16 (4): 477 – 482.

— Round Table on Sustainable Palm Oil (RSPO), 2004a. Minutes of the first meeting of the RSPO Criteria Working Group. Compiled by ProForest and Andrew Ng. Available at: http://www. rspo. org/files/resource _ centre/CWG% 201% 20minutes. pdf.

— Round Table on Sustainable Palm Oil (RSPO), 2004b. RSPO statues, by-laws and codes of conduct. Available at: http://www. rspo. org/? q = page/896.

— Round Table on Sustainable Palm Oil (RSPO), 2007a. RSPO certification systems. Final document approved by RSPO Executive Board. Available at: http://www. rspo. org/sites/default/files/RSPO% 20P&C% 20certification% 20system. pdf.

— Round Table on Sustainable Palm Oil (RSPO), 2007b. RSPO principles and criteria for sustainable production of palm oil, including indicators and guidance. Available at: http://www. rspo. org/files/resource _ centre/RSPO% 20Principles% 20&% 20Criteria% 20Document. pdf.

第8章 | 针对小农户的全球良好农业规范集体认证：小农户参与全球价值链的机遇与挑战①

Margret Will

8.1 机遇还是挑战？针对小农户全球良好农业规范认证的选项2及其介绍

8.1.1 全球市场机会的本地化意味着全球挑战的本地化

海外市场对于新鲜的和经过加工具有高附加值的农业产品，特别是园艺产品的需求，为许多发展中国家提供了很有吸引力度的销售渠道。然而，想要有效地利用这些机会，则需要满足公共强制性以及私人自愿的食品安全和质量标准，以符合市场准入的要求。自千年之交以来，这些要求日趋严格，原因主要有两个方面：一方面，由世界贸易组织导向的国家监管框架的协调，旨在促进贸易的国际化；另一方面，许多食品危害事件和食品丑闻迫使工业化国家的立法者修改其国家法律，或者在欧盟这样的案例中，立法者则修定它们的超国家食品法。

随着法律的规定日趋严格以及公共风险管理和食品检验制度的重组，人们

———————————

① 本章写作是以下内容的删减和修订版，且再次发表以获得授权：Will，M.，2010. Integrating smallholders into global supply chains：GlobalGAP option 2 smallholder group certification generic manual：lessons learnt in pilot projects in Kenya，Ghana，Thailand and Macedonia. GTZ Sector Project Agricultural Trade，Eschborn，Germany.

确立了合理注意的原则要求，要求食品供应链中的食品从业者承担保证食品安全的首要责任。因此，贸易和工业引入了自我规制项目，内容包括法定要求和公开检查的卫生管理和质量保证体系达到私营自愿标准。

为了回应注意义务对于管理供应端风险的要求，大量的私营自愿标准出现了，它们的要求往往超出正式的市场准入要求。同时，私营自愿标准的引入也有市场驱动的因素：为了使市场交易更加透明、更加具有成本效益，将产品属性均一化，并将具有不同标识的产品作为区别竞争对手供应的手段。

鉴于人们对食品安全、粮食安全、气候变化以及粮食、饲料和生物能源作物之间日益增加的耕地竞争的担忧，标准将有可能进一步得到重视，特别是能对以下内容产生积极影响的标准，包括对水土资源的可持续利用、生物多样性的保持、传统知识的传承，最后且同样重要的生产力、农民福利、工人健康和消费者保护等内容。在此背景下，公共强制性和私人自愿性标准与发展中国家的小农越来越相关。现在，遵守标准不再仅是将产品出口海外的农民的问题，对那些参与国内市场和区域市场竞争的小农而言，合规也越来越重要。

例如，相当数量的零售商要求获得全球良好农业规范认证，尤其是世界各地的超市。一方面，这对发展中国家的许多农民来说是一个真正的威胁，因为不遵守标准可能会导致他们被排斥；另一方面，如果适当管理，合规不仅能提供收入机会，还有机会引入可持续农业实践，对农场经济、环境和社会网络产生积极影响。各利益相关者报告说，针对食品供应链的良好农业规范和质量保证体系的投资是合理的，由此而来的投资回报也是合理的，如提高生产率、减少生产和交易成本、改进市场准入，并最终改善消费者保护制度。然而，还有两个问题尚待解决：这些措施在多大程度上会导致发展中国家的小规模农民无法参与全球价值链；而为了确保他们能够抓住机会参与由全球良好农业规范等私营自愿标准带来的高价值市场，需要哪些方面的能力建设。

到目前为止，"挑战或机会"的问题可能必须进一步细化为以下问题，这些问题包括各种标准——尤其是私营自愿标准——所带来的挑战该如何转变成发展中国家小规模农民的机会。下面的引论是目前关于小农户融入全球价值链的"挑战或机会"的讨论。

就挑战而言，"农户确实将守则等视为外部施加的要求……他们需要遵循这些守则，以提高市场准入的可能。这是可以理解的，因为这些守则在制定的过程中未对农户提供足够的参与机会，特别是针对小农户基于他们所处环境的诉求。"①

"自从全球良好农业规范实施以来，小农进入超市主导的高价值市场的能力急剧下降。"②

"阻碍认证更进一步推广的一个障碍是小规模农民的相关成本。"③

"私营标准不会消失。因此，解决方案是促进标准的变更和适用性，而不是要求废除这些标准。"④

"实际的挑战包括有效地利用全球良好农业规范的优势，以确保小农户生产的商品具有长期的经济可持续性。"⑤

就机遇而言，"在这个全球化的世界里，全球良好农业规范认证为小农组织提供了与世界上其他更大的供应商平等竞争的机会，并使其能够与国际买家联系。"⑥

---

① Opitz, M., Potts, J. and Wunderlich, C., 2007. Closing the gaps in GAPS: a preliminary appraisal of the measures and costs associated with adopting commonly recognised 'good agricultural practices' in three coffee growing regions, appendices. International Institute for Sustainable Development (iisd) and Sustainable Coffee Partnership, Winnipeg, Canada, p. 67.

② Legge, A., Orchard, J., Graffham, A., Greenhalgh, P., Kleih, U. and MacGregor, J., 2009. Mapping different supply chains of fresh produce exports from Africa to the UK. In: Borot de Batisti, A., MacGregor, J. and Graffham, A. (eds.) Standard bearers: horticultural exports and private standards in Africa. International Institute for Environment and Development (IIED), Winnipeg, Canada, pp. 40 – 44.

③ BMZ [Federal Ministry for Economic Cooperation and Development], 2008. Introduction of voluntary social and ecological standards in developing countries, summary version of the evaluation. Evaluation Report 043, BMZ, Bonn, Germany, p. 15.

④ Wainwright, H. and Labuschagne, L., 2009. Private standards: a personal perspective from a training service provider. In: Borot de Batisti, A., MacGregor, J. and Graffham, A. (eds.) Standard bearers: horticultural exports and private standards in Africa. International Institute for Environment and Development (IIED), Winnipeg, Canada, pp. 154 – 157.

⑤ BMZ [Federal Ministry for Economic Cooperation and Development], 2008. Introduction of voluntary social and ecological standards in developing countries, summary version of the evaluation. Evaluation Report 043, BMZ, Bonn, Germany, p. 15.

⑥ Enomoto, R., 2009. GlobalGAP Smallholder Support Kit. GlobalGAP Tour 2009 Good Agricultural Practice, Nairobi, Kenya, 16 September 2009.

"最成功的符合全球良好农业规范要求的小农户计划高度致力于商业化养殖方式，在管理严密的生产组织中有效运行，并与一个大型、资源丰富的出口公司联系在一起。"①

"虽然现有文献记载了符合全球良好农业规范的非经常性和经常性的成本是相当沉重的，但我们的结果表明，相关的投资在出口销售增长方面的回报是相当可观的……我们可以合理地期待小生产者能够获得连锁式收益。"②

8.1.2 全球良好农业规范标准

全球良好农业规范（过去的欧洲良好农业规范）已成为农产品进入主要进口市场的私营自愿性标准。自 **1997** 年，通过欧洲零售商生产工作组（Euro-Retailer Produce Working Group，EURP）联合在一起的零售商兴起了这一项目，其作为过程标准，涵盖了农场生产的所有过程，包括投入、耕作直到产品离开农场。

由于不同的全球良好农业规范委员会内的零售商和供应商代表都负有同样的决策责任（GlobalGAP，**2009**），英国国际开发部（UK Department for International Development，DfID）和德国技术公司（Deutsche Gesellschaft für Technische Zusammenarbeit，GTZ）于 **2007** 年启动了"非洲观察员"项目，以期代表非洲小农在标准制定过程中的利益。非洲观察员还收集全球最佳做法以促进世界范围内小规模农民的标准落实工作。③

除了与主要出口市场的准入有关外，全球良好农业规范在发展中国家国内市场中也占有重要地位。肯尼亚可以作为一个例子。肯尼亚的私人新鲜农产品出口协会（Fresh Produce Exporters Association of Kenya，FSKIP）促进了肯尼亚良好农业规范的发展，它完全以全球良好农业规范为基准。当下，肯尼亚超市

---

① Graffham, A. and Cooper, J., 2009. Making GlobalGAP smallholder-friendly: can GlobalGAP be made simpler and less costly without compromising integrity? In: Borot de Batisti, A., MacGregor, J. and Graffham, A. (eds.) Standard bearers: horticultural exports and private standards in Africa. International Institute for Environment and Development (IIED), Winnipeg, Canada, pp. 83 – 88.

② Henson, S., Masakure, O. and Cranfield, J., 2009. Do fresh produce exporters in sub-Saharan Africa benefit from GlobalGAP certification? International Food Economy Research Group, InFERG Working Paper No. 2_ FT, University of Guelph, Guelph, Canada, p. 23.

③ See http://www.africa-observer.info.

已经开始建立支持农民遵守肯尼亚良好农业规范的优选供应商计划。即使在非洲大部分地区的园艺产品商业化中，超市的份额仍然很小，而且不会快速增长，但是毫无疑问，全球良好农业规范在本地市场上的影响即便是涓涓细流，也会产生涓滴效应。①

8.1.3 全球良好农业规范的选项2：集体认证

为了减轻合规性对小规模农户的影响，全球良好农业规范提供了集体认证的选项（对不同认证选项的概述见表 **8 - 1**）。

表 8 - 1 全球良好农业规范选项

个体认证和集体认证		
全球良好农业规范	选项 1	选项 2
基准化项目	选项 3	选项 4
	个体农户拥有认证书。通过每年一次外部的检查确保合规性。	农户集体拥有认证书。通过质量管理系统，内部检查和审计以及一年一次的外部检查和审计确保合规性。

与个体认证（选项1）相比，集体认证（选项2）的优势在于某一农户团体的合格成员（可选为分包服务提供商）可以作为单个小组成员的内部审计师。因此，外部认证的任务被简化为检查集体内部质量管理和控制系统（Internal Quality Management and Control System，ICS）的书面工作，同时只对随机抽样的农民进行外部检查。这种"系统检查"仍然是主要的经常性成本因素，允许外部认证机构对整个群体进行认证，而不是对每个农民进行认证。

与个人认证相比，在选项2下的集体证书意味着一些优势：审计成本和集中投资（如杀虫剂商店）可以在集体成员之间共享；通过各小组可以更直接地

---

① 译注：涓滴效应是指在经济发展过程中并不给与贫困阶层、弱势群体或贫困地区特别的优待，而是由优先发展起来的群体或地区通过消费、就业等方面惠及贫困阶层或地区，带动其发展和富裕，这被称作是"涓滴效应"。

交换信息和开展能力建设工作；而且，由于一个成员的失败会影响到整个团队，所以集体对成员的同辈压力提高了服从的动机。可以很好地假定，对小规模生产者来说，集体认证更可行，从而有助于降低小农被（全球）价值链排除在外的风险。

为了实现全球良好农业规范选项 2 的集体认证，农户集体必须满足以下四个关键要求。[1]

• 整个集体应当落实内部质量管理和控制系统，构成内容包括：①质量管理体系（Quality Management System，QMS），一并带有记录管理结构和书面记录控制和程序手册；②集中的行政和管理组，负责针对所有成员农户的控制执行和制裁要求。

• 由于内部质量管理和控制系统没有替代内部自检，每个注册为集体成员的农民都必须根据全球良好农业规范检查表进行由其自行开展的农民内部评估。评估结果必须供内部或外部检查员审阅。

• 根据全球良好农业规范的检查表，农户集体必须实施农户集体内部控制，每年至少对每个注册农场和所有申报的农产品处理场进行一次检查。本审计可由农户集体内的合格员工（内部农户集体检验员）完成，也可分包给外部认证机构以外的外部验证机构。

• 农民集团向全球良好农业规范认可的认证机构[2]注册，并与全球良好农业规范签署子许可协议。认证机构进行的外部验证包括两个部分：对内部质量管理和控制系统（"系统检查"）的审计和对农场随机样本的检查。

8.1.4　挑战

尽管许多发展中国家的小规模农民在出口新鲜农产品和当地加工工业中做出了巨大贡献，并且由此获得了可观的收入，但是，对于他们而言，完成全球良好农业规范的认证依旧是非常有挑战性的工作。主要的问题是，合规成本使小农生产不可行。因此，以前从小规模农民手中购买产品的客户，可能会转向大型农场，

---

[1]　Günther，D. and Neuendorff，J.，2006. EurepGAP smallholder manual：understanding EurepGAP. Powerpoint presentation held at the occasion of the Kick-off workshops.

[2]　List of approved CB. Available online at：http：//www.globalgap.org.

或通过完全整合以拥有自己的生产供应。上述选项 2 的集体认证也带来了挑战，即农民集体内应建设必要的技术和管理能力，并为实现必要的投资和可能的分包服务提供者提供财政支持，以便支助内部质量管理和控制系统的运作。

8.2 机遇与挑战！针对小农户的全球农业良好规范试点项目

小农试点项目的总体目标是找出方法，进而使全球良好农业规范在发展中国家的小农参与方面更具包容性，并帮助全球良好农业规范发展新设以及调整现有的技术标准和适宜的小农认证工具。该试点项目旨在开发一个通用的《全球良好农业规范小农质量管理体系手册》，为小农生产者的集体性组织提供服务，以降低创建自己内部质量管理和控制系统的成本，来满足全球良好农业规范选项 2 认证的主要先决条件。

随后，《全球良好农业规范小农质量管理体系手册》在 4 个国家进行了试验，其中 2 个非洲国家，1 个亚洲国家和 1 个东南欧国家，目的在于以下几个方面。

● 确定全球良好农业规范选项 2 这一集体认证成功和失败的关键内容，并制订切实可行的解决方案；

● 根据本地条件修订通用手册，开发一个针对质量管理体系手册的简单且公用的本地软件，以便于小农户集体适应这一类的管理；

● 制订标准的培训计划，培养当地适格的公共和私人服务提供者，以便为农户集体及其成员提供培训和审计服务。

最后，将通用的《全球良好农业规范小农质量管理体系手册》作为公共共享软件提供。①

8.2.1 试点项目的合作伙伴

全球良好农业规范的小农试点项目由以下项目共同实施，包括德国技术公司（GTZ）和德国的 Gesellschaft für Ressourcenschutz（GfRS），联合了全球良好农业规

---

① GTZ，2010. GlobalGAP smallholder QMS set-up guide-How to establish QMS in your group. Deutsche Gesellschaft für Technische Zusammenarbeit，Eschborn，Germany. Based on：GlobalGAP IFA Ver. 3. 02 QMS checklist_ Mar 08，English Version，2010.

范（当时依旧为欧洲良好农业规范）的农业贸易部门项目，以及在4个试点项目国家落实的各类发展项目，这些项目分别由德国技术公司、英国国际发展部（UK Department for International Development，DfID）、美国国际开发署（United States Agency for International Development，USAID）和世界银行资助园艺出口工业倡议（World Bank financed Horticulture Export Industry Initiative，HEII in Ghana）负责。

8.2.2 通用的《全球良好农业规范小农质量管理体系手册》

这一所谓的"小农手册"作为一项实用指南，说明了如何根据全球良好农业规范，针对小农集体进行水果和蔬菜管理的一般规定，符合认证所提出的复杂的系统要求。通用指南文件系统地汇编了所有能够确保农民集体准备和完成全球良好农业规范选项2的集体认证所要求的信息。

更准确地说，"小农手册"介绍了"全球良好农业规范"，解释了认证过程，讨论了集体认证的关键成功因素，并向集体代表提供了实际指导，以便建立和记录一个完全符合全球良好农业规范通用规则的内部控制系统。该手册提供了质量管理系统手册的模板，包括为虚构的农民集体制定的标准操作程序和记录表单。

为了不被理解为一种通用的解决方案，小农户集体的申请者可以使用这个实用的指南来创建自己的质量管理系统，方法是根据小组和成员的具体情况调整程序和形式。该手册没有指导如何在农场层面实施"全球良好农业规范"，而是有意将这项任务交给小组管理人员、专家农民、农业推广人员或其他熟悉特定作物以及当地的生产系统和农业实践的专家。

为了支持小农集体设计适合他们自己群体的特定质量管理系统，小农质量管理系统准则必须适应试点群体的普遍情况。这些本地通用质量管理系统手册的制定遵循以下任务。

- 定义风险评估方法；
- 组织及行政架构的定义；
- 制定质量政策；
- 制定标准操作规程；
- 制定记录表单（模板，如合同和控制表的范式）。

经过国际专家和认证机构的验证，4 个试点国家的最终用户（种植者、出口商）讨论了当地通用的质量管理系统手册草稿，并考虑了这些用户的反馈意见，以制定各自的最终版本。

8.2.3 非洲、亚洲和欧洲的四个试点项目

"小农手册"的草案在肯尼亚、加纳、泰国和马其顿的几个小农集体中进行了测试。在这 4 个国家中，由德国技术公司、英国国际发展部、美国国际开发署、世界银行和一些国家部委分别实施基于手册完善的发展项目试点工作，旨在将小农户纳入食品供应链（在发展的背景下通常称为"价值链"）中。

试验以一种行动导向的渐进性方法进行，并针对那些促使项目伙伴适应农户集体执行进程以及涉及咨询和培训的集体指导员的循环步骤，进行评估和反思。一般来说，试点项目的执行是按照下列行动顺序进行的。

- 根据预先确定的合格标准，对农户集体进行集体画像和遴选（见下文）；
- 指派一名当地协调员管理试点项目，并指定一名指导员负责协助农户集体调整其质量管理系统手册和内部质量管理以及控制系统，以适应其情况；
- 由德国技术公司与发展合作伙伴、当地协调员、农户集体的管理者共同实施启动研讨会，旨在将利益相关者纳入小农手册中；
- 农户开展的集体性工作的管理工作，由团队讲师予以协助，并辅以培训需求评估和量身定制的培训课程；
- 由德国技术公司、全球良好农业规范、发展伙伴、当地协调员、农户集体管理者和指导员共同实施中期审查，以审查并完成书面的质量管理系统手册；
- 集体实施内部质量管理和控制系统（主要是对农民进行培训、内部检查、农药检测、产品处理），以测试、审查并最终确定文档化的集体质量管理系统手册；
- 由德国技术公司、开发伙伴、当地协调员、农民集体的管理者和指导员共同实施最终研讨会，将实践经验整合到农民集体的质量管理系统的最终版本中，并提交认证机构审批。

该项目使用以下资格标准来选择试点群体。

所选集体符合如下定义的小农户团体：

• 该集体希望申请全球良好农业规范选项 2 的认证；

• 该集体为法定实体；

• 该集体必须足够大，以支持内部质量管理和控制系统（至少包括 30 ~ 50 个小农户）；

• 该集体应拥有足够的人力和财力来维持内部质量管理和控制系统；

• 该集体应在内部以公开透明的方式运行，并有技术顾问协助其修改内部的质量管理和控制系统文档。

欧盟委员会 2000 年的内部质量管理和控制系统指导文件将小农户集体做了如下定义：

• 个体认证的成本与所售产品的销售价值相比过高（高于销售的 2%）。

• 农场单位主要由家庭劳动管理。

• 在地理位置、生产体系、持有规模和共同的营销体系方面，成员具有同质性。

• 只有小农才能成为小组成员。在某些条件下，较大的农民、加工商和出口商可以成为该集体架构的一部分。

表 8 - 2 中简要描述了这 4 个试点项目的特点。关于这 4 个试点项目的详细说明已经出版。[①]

表 8 - 2　4 个试点项目的特点

肯尼亚	
作物和目标市场	用于出口的菜豆（新鲜和罐头）
农民集体的数量	9 个，其中 6 个在 2006 年 10 月获得认证
伙伴	
私营部门	455 个农民，3 个出口商，1 个初级产品营销组织，服务提供商
公共部门	农业部推广服务，研究中心
发展伙伴	德国技术公司，英国国际发展部
未来发展	"将肯尼亚良好农业规范根据欧洲良好农业规范即全球良好农业规范进行标准化，是我们的小农户展示我们是世界级生产商的独有机会"

---

① Will, M., 2010. Integrating smallholders into global supply chains: GlobalGAP option 2 smallholder group certification generic manual: lessons learnt in pilot projects in Kenya, Ghana, Thailand and Macedonia, GTZ Sector Project Agricultural Trade, Eschborn, Germany.

续表

加纳	
作物与目标市场	出口菠萝（新鲜和鲜切）
农民集体的数量	6 个，2007 年中旬已全部获得认证
伙伴	
私营部门	142 个农民；不与出口商或其他买家关联
公共部门	食品和农业部以及其他不同部门
发展伙伴	德国技术公司，美国国际开发署和世界银行资助园艺出口工业倡议
未来发展	"加纳必须面对质量方面的挑战……这一发展必须被视为全面服务营销主张的一部分，这将源于加纳目前对欧洲……市场的低成本现货供应商地位"

泰国	
作物与目标市场	芦笋出口到日本、欧盟以及我国台湾地区；榴梿出口到中国、东盟
农民集体数量	6 个，3 个在 2007 年获得认证
伙伴	
私营部门	240 个农民，1 个出口商，2 个收购商，1 个行业协会
公共部门	一个大学作为服务提供商
合作伙伴	德国技术公司
未来发展	"我们需要思考如何将注意力集中在全球化上，但仍要对地方负责"

马其顿	
作物与目标市场	水果与蔬菜（胡椒）；部分出口
农民团体的数量	2 个，2006 年都获得了认证
伙伴	
私营部门	125 个农民，1 个顾问
公共部门	农业部
发展伙伴	德国技术公司，美国国际开发署
未来发展	在马其顿，"食品体系的最大弱点根源于新鲜和加工产品市场缺乏统一质量的初级产品"

8.3 变挑战为机遇：全球良好农业规范小农试点项目的结论

8.3.1 期待结果与已实现成果

通过建设农民、集体管理者和服务提供者的技术和管理能力以及农户集体指导员的架构能力来共同管理全球良好农业规范项目2的认证工作，试点项目在经济可行性、环境可持续性和社会进步方面取得了重大影响（见表8-3）。17个试点农户集体获得了认证，占所有参加试点项目团体的75%。

表8-3 以可持续性为标准的积极作用

	成　果
经济可行性	• 提高了产量，减少了投入成本和不合格率，稳定并增加了收入 • 通过应用良好农业规范/更好的质量输入降低作物风险（产量波动） • 通过将小农集体整合到供应链中减少市场/价格风险（产量波动） • 改进了不需要认证的本地、区域高端市场的准入 • 金融资产使农民重新投资和获得（贸易）信贷 • 农场和集体范围内的基础设施改善 • 服务供应商的能力（扩展/培训）改善 • 为初级产品营销组织/出口商提供更可靠的质量要求
环境可持续性	• 通过减少化学品的使用来保护自然资源 • 通过减少废物（废弃物）提高自然资源的利用效率
社会进步	• 针对农民和集体经理建立管理/技术能力，以执行合规/质量管理体系；对更广泛的农场/集体管理产生积极影响 • 农民群体得到加强［成员数目增加，如加纳；即使这还归功于对农民群体发展的长期（试点后）援助］ • 供应链管理变得更加透明和可信，更加公平的关系确保了小农得到更公平的报酬 • 通过改进杀虫剂的处理和更好地了解食品安全和卫生问题，农场工人和家庭健康得到改善

虽然一些较弱的小农退出了该项目（见表 8 - 4），但最近通过在加纳进行的试点评估显示，大多数试点农民通过提高生产率、降低生产成本和不合格率提高了收入，而且几个试点小组的成员也有所增加，即所谓的涓滴效应。

表 8 - 4　非计划中的负面作用

经济可行性	一些项目中的第一次认证/保留率未令人满意，主要是因为： ● 集体比较弱（部分是在肯尼亚） ● 选错集体而未有申请认证（泰国的小组榴梿） ● 对认证产品支付的价格溢价的错误预期 ● 农民和群体能力建设的途径不充分 ● 满足农户需求的小农户培训时间不足 ● 集团出口商联系的不足或者缺乏这样的联系，部分过于依赖捐赠驱动 ● 质疑所有权和可持续性（特别是在泰国）
社会进步	在大多数情况下，较弱的集体成员在第一次试点后开展的认证中便被淘汰（如在加纳占到了 14% 的比例）；然而，一年后，以加纳为例，这样的减少还是比 52% 集体成员增幅带来的补偿多（保留率和成员预期进一步增加）

进一步的结果是，根据从试验项目中获得的经验，修订了通用的"小农手册"。该手册现在可以作为公共共享软件使用。① 此外，在制定通用的质量管理系统手册和实施试点项目中所获得的经验教训也整合到全球良好的农业规范的非洲观察员项目中，这代表了非洲内外小农户团体和全球良好农业规范小农户工作组的利益。作为一个主要的结果，一些措施已经落实到位，以便利小农适用标准和合格评定。

8.3.2　关键成功因素

以下是格拉罕（Graffham）和库珀（Cooper）的引文，② 完美地描述了在

---

① GTZ, 2010. GlobalGAP smallholder QMS set-up guide-How to establish QMS in your group. Deutsche Gesellschaft für Technische Zusammenarbeit, Eschborn, Germany. Based on：GlobalGAP IFA Ver. 3. 02 QMS checklist_ Mar 08, English Version, 2010.

② Graffham, A. and Cooper, J., 2009. Making GlobalGAP smallholder-friendly：can GlobalGAP be made simpler and less costly without compromising integrity? In：Borot de Batisti, A., MacGregor, J. and Graffham, A. (eds.) Standard bearers：horticultural exports and private standards in Africa. International Institute for Environment and Development (IIED), Winnipeg, Canada, pp. 83 - 88.

试点项目中所吸取的教训："在全球良好农业规范中最为成功的合规案例中，小农户项目高度致力于商业化耕作方式，在管理严密的生产商集体中运作良好，并关联了资源丰富的大型出口公司。"

这一结果说明了小农集体认证所固有的模糊效应：针对全球良好农业规范的合规性可以促进有志加入全球竞争的农户集体融入全球供应链，但可能会使较弱的小规模农民离开出口市场。"原则上，小农户……认识到必须遵守国际市场标准，因为这提高了买家与其开展贸易的信心。"特别是全球良好农业规范明显能提高市场准入机会，尤其对那些官方控制（政府）系统不发达，因而不那么令人放心的国家的生产者而言。然而，全球良好农业规范的主要问题是认证的高成本和实施的复杂性。①

这两个关键问题没有简单的解决办法。相反，以下成功因素说明，人们需要能够反映具体情况的系统（国家、供应链、集体、产品）来促进小农集体认证（见表8－5）。

表8－5　选项2的小农集体认证的决定性成功要素

小农能力足以实现集体认证	对获得认证的小农供应而言，市场前景可观	供应链伙伴的承诺动机
集体表现： ● 集体凝聚力 ● ICS/QMS 管理能力 ● 出口商/初级产品营销组织联系 农民技能： ● 技术技能（如良好农业规范） ● 金融资产	市场潜力： ● 市场数量和增长 ● 利润丰厚的价格 ● 小农共享性在整体供应系统中的重要性 分配系统： ● 供应链组织 ● 运输/物流能力	收入产生： ● 所有供应链合作伙伴的盈利能力 ● 在供应链上公平分配收益（双赢） 对利益的广泛理解： ● 削减成本，提高生产率 ● 工人和消费者健康
问题：如何扩大规模建设，实现广泛影响	问题：如何提高小农的营销技能	问题：哪种成本效益好，不考虑试点条件

① Mbithi, S., 2009. GlobalGAP-report on smallholder taskforce consultations-smallholder ambassador. Nairobi, 21st June 2009. GlobalGAP Africa Observer, p. 2.

续表

小农能力足以实现集体认证	对获得认证的小农供应而言，市场前景可观	供应链伙伴的承诺动机
有利于小农一体化的供应链治理		持续性认证的财务可行性/融资
公平伙伴关系： ● 相互信任/遵守合同 ● 在供应链内公平分配利润和成本 ● 产业承诺 ● 与农民集体签订合约 ● 支持认证（如通过嵌入式服务）	全球良好农业规范认证的产品特性： ● 高价值 ● 低成本 ● 劳动密集型 ● 现有需求	通过以下途径获得融资： ● 工业嵌入式服 ● 私人金融部门 ● 政府/捐助基金 低成本解决方案： ● 初始投资（基础设施、培训、认证） ● 经常性遵从成本
问题：如何促进企业社会责任以便实现当地企业中的公平合作		问题：小农低风险态度的解决方案
适应小农户能力（规模扩大的前提条件）	为农民集体提供的服务支持与其能力相适且可负担	促进小农户合规的框架条件
适应标准： ● 简化的可追溯性 ● 简化记录保存 ● 基于风险的 CCPC 认证成本： ● 认证成本的解决方案 ● 标准费用的修订	嵌入式服务： ● 培训/建议/监督 ● 质量管理系统的管理 ● 资助 第三方公私服务： ● 扩展/培训 ● 实验室/认证机构 ● 融资	扶持性政策与立法： ● 有利的部门政策 ● 充分的食品/公司法 可靠/无偏见地执行： ● 检查、合同等适当的基础设施 ● 例如，道路、物流中心 ● 公用事业（水/电）
问题：如何在适应小农户的同时保证食品安全	问题：如何建立可行和负责的服务体系	问题：哪些战略伙伴主张必要的变革

（1）小农能力（群体绩效和农民技能）："参与集体认证的团体社会凝聚力是可持续认证的一个关键成功因素，同时也是一个集体认证的核心挑战……因此，能力发展至关重要。"集体内部必须确定一个共同的需要，可以是共同营销、共同生产、共同培训，但认证从来不是唯一的追求目的，最重要的挑战是农民个人能力发展水平和农户集体水平以及极力促进集体的凝聚力。因此，可

持续集体认证的焦点必须强调集体选择和集体发展。①

（2）激励、财务可行性和市场前景：为了提高集体认证的规模，有必要明确：①根据整个供应链的成本效益分析，确定切实可行的激励措施，以说服供应链从业人员投入所需的资源；②针对初次投资的可持续财政支持和合规的经常性成本有可行的解决办法；③买家（贸易商、出口商、加工商或初级产品营销组织）可以确保市场准入，承诺与小农户集体签约，并愿意通过嵌入式服务支持认证。

（3）供应链治理（公平的伙伴关系和行业承诺）：考虑到"全球良好农业规范认证很难由小农户集体单独实现……出口商（或其他客户）的大力支持是成功的核心要素之一"，此外，强大的出口商支持的优势在于标准的执行既快又有效。② 基于同样的思路，国际环境与发展研究所（International Institute for Environment and Development，IIED）和自然资源研究所（Natural Resources Institute，NRI）认为有必要重新思考"成本"的概念。平均而言，农民支付14%与全球良好农业规范有关的经常性成本，出口商（和/或）捐助者支付其余的成本。可以认为，这不是将出口商的投资贴上不可持续的标签，而是展示了一个健康、运转良好的体系，由两个私营部门投资者共同承担成本和收益，作为可持续商业模式的一部分。③

（4）适应小农户的能力（标准复杂性和认证成本）：经验表明，主要的挑战更多地与认证相关，而不是合规本身。因此，在不牺牲全球良好农业规范的核心要求的前提下，必须找到办法，使认证成本和控制点以及合规标准（CPCC）的执行与小农户集体的能力相适应。在成本方面，确实主要部分（至少85%）是向认证机构支付的审计费用，其余部分是标准费用。为了提高小农之间的合规性，有必要与认证机构就如何执行可信但具有成本效益的审计结构

---

① GTZ, GlobalGAP and Marktkontor Obst und Gemüse Baden e. V. , 2008. GlobalGAP group certification：a challenge for smallholders in Europe and developing countries. International Workshop，28 – 29 April 2008，Frankfurt am Main, Germany, p. 7.

② 同上 p. 6。

③ IIED［International Institute for Environment and Development］and NRI［Natural Resources Institute］，undated. Costs and benefits of EurepGAP compliance for African smallholders：a synthesis of surveys in three countries. Fresh Insights 13，p. 20.

展开讨论。在复杂性方面，除了减少控制点和合规标准之外，全球良好农业规范还需要与农民和其他组织合作来翻译/简化标准的实施。① 在这方面，值得一提的是一家名为 AfriCert 的认证机构，其是代表肯尼亚/加纳的认证机构。作为当地的认证机构，AfriCert 不仅能够降低成本，而且它的检查员也对如何在当地条件下达成控制点和合规标准有更好的理解。

（5）支持服务和框架条件：最后值得注意的是，公共和私营部门在建立（公共任务）和游说（私人任务）支持框架条件（政策、立法、执法、适当的基础设施）以及提供适当、有能力、负担得起和负责任的金融和非金融服务方面，发挥着关键作用。

8.3.3 改进选项2 认证的小农定位

直到最近，就标准对小规模农民的影响的讨论而言，集中的问题主要是其在市场上有遭到排斥的风险。肯尼亚的数据显示，小农户参与蔬菜出口的人数急剧下降。但越来越多的证据表明，遵守全球良好农业规范同样可以增强小农户的竞争力，并支持他们参与全球供应链。即使还没有数据，关于生产率提高、投入成本和不合格率降低的报告也不再是奇闻逸事。最近的研究报告可以进一步证实试点项目的上述结论，例如，在出口销售增长方面，相关投资的回报相当可观。考虑到调查中的公司倾向于从小型种植商那里获得相当大的比例，我们可能合理地预期小生产商将获得可观的"连锁"利益。②

"虽然标准合规（或不合规）可能会带来损害穷人生计的变化，但那些有能力参与到不断发展的供应链中的主体，可能会获得优势。"这当然适用于小农，特别是那些在适当地点、有适当基础设施和有效的生产者组织以及与买家保持长期关系的小农。小农可以经常采取必要的技术措施和投资，以符合新出现的标准。因此，关键的挑战是通过集体行动，减少与监测和认证合规有关的

---

① Mbithi, S., 2009. GlobalGAP-report on smallholder taskforce consultations-smallholder ambassador. Nairobi, 21st June 2009. GlobalGAP Africa Observer, p. 2.

② Henson, S., Masakure, O. and Cranfield, J., 2009. Do fresh produce exporters in sub-Saharan Africa benefit from GlobalGAP certification? International Food Economy Research Group, InFERG Working Paper No. 2_ FT, University of Guelph, Guelph, Canada, p. 23.

交易成本。公共政策和投资可以改变"赢家"和"输家"的格局。①

综上所述，集体认证不是一个简单的过程，试点项目表明小农户无法独立完成认证。主要问题不在于小规模农民是否能够获得认证并融入高端市场的供应链，问题在于，如何补偿脆弱的服务业和商业环境，使小农户在不损害供应链竞争力的情况下获得认证。

经验表明：①标准规定必须适应小农生产的实际风险；②需要建设技术和管理能力；③小农可以负担初期投资和合规导致的经常性成本，或至少由那些从小农低成本、劳动密集型的供应中获益的商业伙伴承担部分，又或者由承诺将小农纳入食品供应链的其他利益攸关方承担。

选择的项目支持更好地定位小农的全球良好农业规范选项2以及标准所有者的关键作用：

● 全球良好农业规范非洲观察员/小农大使项目。英国国际开发部和德国技术公司支持的全球良好农业规范，旨在加强小农户在标准制定过程中的代表性。②

● 针对全球良好农业规范的集体认证。欧洲和发展中国家的小农面临的挑战。③

● 全球良好农业规范2009年之旅。开展的工作应确保利益相关者参与标准修订。④

● 全球良好农业规范小农支持工具。一项全球良好农业规范的项目是为了质量管理体系发展和管理能力建设制定最佳实践，并向公众提供良好的农业实践。

● 通过建立地方认证机构加强国家质量基础设施。位于加纳的GTZ和肯尼亚的AfriCert在加纳开设AfriCert分支办事处，以减少认证成本。

● 扩大肯尼亚良好农业规范在当地市场的规模。肯尼亚生鲜农产品出口商协会（FPEAK）与超市合作了一项倡议，升级本地市场的供应，使其符合基于

---

① Jaffee，S.，2005. Food safety and agricultural health standards：challenges and opportunities for developing country exports. The Worldbank，Washington，DC，USA. January 10，p. 112.

② http：//www. africa-observer. info/index. html.

③ http：//africa-observer. info/docs_ sub1. html.

④ http：//www. tour2009. org.

全球良好规范的肯尼亚良好农业规范的要求。①

标准所有者定期更新通用手册，以遵守这两项规定，修订全球良好农业规范标准，开发生产系统和当地框架条件，将对有意建立质量管理体系以获得选项 2 认证的小农集体提供必要的帮助。

8.4 结论和建议

虽然试点案例清楚地表明，小规模农户有能力实现针对良好农业规范的集体认证，即选项 2，但很明显，集体认证的可行性和可持续性取决于以下几个关键条件：技术能力，需要适当注意集体的架构及其发展、管理能力和领导技能，以实现和维持集体凝聚力，这是维持集体认证必不可少的先决条件；制定一些通俗易懂的手册，以使通用型的质量管理体系与小农户的能力相协调；根据以往的技术知识、管理技能和团队绩效，提供足够的时间，使农民集体能够采用相关的技术以及实现合规所需的态度。推广全球良好农业规范的一个主要问题是，收益很难预测，而成本会立即产生。然而，为了促进认证，有必要告知农民集体认证可能带来的好处和成本，以帮助他们做出明智的商业和投资决策。对于资源贫乏、不愿承担风险的小农户来说，这一点尤其适用。

8.4.1 结论

从四个试点项目的经验教训可以得出以下结论。

在管理有方的项目中，全球良好农业规范认证的机遇大于挑战。肯尼亚、加纳、泰国和马其顿的试点项目证实，遵守"全球良好农业规范"的合规成本通常比较沉重。但与此同时，认证为小农集体及其贸易伙伴提供了广泛的经济和社会效益，使其可以在竞争日益激烈的全球市场中保持和扩大市场份额。除了直接或间接转化为经济效益的广泛的经济影响之外，农户集体还获得了相当大的非财务效益。正如其他研究报告所述，全球良好农业规范的好处包括生产优质农产品、改善现场卫生、更好地了解农药使用以及更广泛的农场管理效益。

---

① http：//www.fpeak.org/code.html.

事实上，许多所谓的非财务利益是可以量化的：获得贸易信贷或更高质量的投入将提高农业效率和产量。[1]

此外，许多农民说，他们正在利用全球良好农业规范记录来了解自己的财务状况，并将农场经营得更商业化。适当地处理杀虫剂和改善食品安全和卫生对农场的健康有好处。此外，大多数农民说，他们也将卫生管理经验用于家庭场景，进而也对家庭健康产生了积极影响。通过供应链关系而得到的收益也是全球良好农业规范认证带来的。例如，合同使一些（小农集体）能够通过指定的种子、肥料或化学品这些投入品的卖方获得贸易信贷。[2]

显然，人们需要从以小农户为中心的角度，转向以供应链为中心的成本和收益视角。为了评估全球良好农业规范认证的整体利益，成本和收益的衡量需要考虑整个供应（价值）链，因为在供应链的所有节点上，针对合规的投资成本和回报都是叠加的。就像它们的供应商、初级产品营销组织一样，出口商和零售商也要对管理质量予以投资，并承担通过分散的供应商网络采购产品时产生的主要成本，即培训、咨询和监督小农集体的成本。

显然，当公司从小农那里采购产品时，小农合规带来的收益应该与他们共享，以激励他们更新认证，并保持长期和可靠的合同关系。在许多情况下，由于采用良好农业规范，通过提高产量和降低投入成本，已经在农场一级实现了投资收益的共享。在其他情况下，小农对认证投资的回报主要或仅在供应链的下游实现时，初级产品营销组织、出口商和零售商可能会考虑为认证产品支付价格溢价（如泰国的芦笋）。在需求超过认证产品供应的情况下，购买者也可以支付额外费用（如马其顿的胡椒）。然而，事实表明，与产量增加、投入成本降低和可靠的市场准入等带来的收入增加及其效益相比，小农获得的溢价往往相形见绌。

研究旨在找到一个系统的方法来协调不同的利益相关者，以解决将小农户整合到（全球）供应链的任务的复杂性。综上所述，全球良好农业规范小农户

---

[1]　IIED〔International Institute for Environment and Development〕and NRI〔Natural Resources Institute〕, undated. Costs and benefits of EurepGAP compliance for African smallholders: A synthesis of surveys in three countries. Fresh Insights 13, p. 11.

[2]　同上。

试点项目取得了预期的成果，尽管比最初计划的时间要长。这主要是因为忽视了能力建设和态度改善的综合需要，包括农民（技术和企业家）、集体（一般集体和具体质量管理系统管理、领导、凝聚力以及联合商业活动）及其购买者（合同关系和嵌入式服务）等主体的能力和态度。此外，应注意的诉求还包括：明确认证的努力目标是创造市场机会；通过促进一致和可靠的买卖方联系来降低交易成本这一行为的重要性；而供应链系统的复杂性以及将小农户集体整合到该供应链中的难度也在初期被大大低估了。最后，值得注意的是，支持结构的私人和公共服务体系的效率和效益以及有利的框架条件（政策、法律和规章以及经济和社会基础设施）同样是成败的决定性因素。

从经验中可以看出，小农集体认证面临多方面的挑战。因此，制定复杂的战略时应考虑最为显著的情况，目标市场的准入要求，供应链的治理结构，小农组织的特点，服务业的绩效以及国内和出口市场的框架条件。

有必要确定和协调私营部门、公共部门和发展伙伴的不同作用。显然，私营部门、公共部门和发展伙伴在促进小农更好地融入市场而不损害供应链竞争力方面发挥着关键作用。必须界定角色和责任，以促进协同效应，避免效率低下的孤立做法，"私营部门推动组织了价值链，为小农和商业农场带来市场"。国家通过加强能力和新形式的治理——纠正市场失灵，规范竞争，并战略性地参与公私伙伴关系，来促进农业企业部门的竞争力，并支持更大范围地融合小农和农村工人。[1]

私营部门的领导将是必不可少的：农民将资源投入认证过程中，并拥有质量管理系统、初级产品营销组织、出口商和加工商，在支持供应商网络方面发挥着各自的关键作用。尽管公共部门和发展伙伴在促进小农一体化方面负有重要责任，但它们都必须避免扭曲现有的私营主动行动和承诺，因为它们不能取代供应链中小农的实际商业伙伴。然而，通过增加公共（政府、捐助者）投入，提高私人项目的价值，公私伙伴关系可以为促进小农融入全球供应链提供助力。

---

[1] The World Bank，2007. World development report 2008 – Agriculture for development. The World Bank，Washington，DC，USA，p. 8.

8.4.2　重点介绍一些关键建议

在第二章《准国家性？食品"私法"的意外崛起》中，劳伦斯·布什认为，"限制国家作用的新自由主义项目导致了'准国家'组织的出现，它们由个体企业、行业组织和私人自愿性组织构成，各自通过自行制定的私人规范、法律、规则和规制，追求自己的目标和利益。这些准国家性的组织是否能够获得合法性并发展民主的治理模式还有待观察。"

布什进一步指出，"三位一体的标准体系的国家性质，以及它们的民主缺陷，造成了许多……问题……这些问题包括问责制、有效性、透明度、创新、公平和合法性"。下面针对选项 2 认证的规模化建议是依据布什的思路和他在自己章节中提出的标准进行的。[①] 考虑到完成合规要求和认证要求的投资成败的重要性，布什所提议的标准清单中也会一并考虑其可行性。

可行性可以通过以下内容实现，例如：

• 选择那些对小农农业和具有规模化空间的生产者组织（农场/集体管理、生产技术）而言具有意义的产品；

• 为弥合合规/认证的短期成本与中长期投资回报之间的资金缺口提供便利；

• 政府、捐助者或非政府组织的支持（如对合规和/或认证的补贴、银行担保），但只能作为最后的解决方案。

有效性可以通过以下途径实现，例如：

• 通过实现成本效益以及"加成"及其激励作用，确保小农遵守规定（不一定只是认证要求）；

• 将提高生产力、降低生产和交易成本、市场准入等作为福利/激励（不仅仅只是依靠价格溢价）；

• 将嵌入式服务整合到供应商－客户业务关系中以及由贸易商/加工商向供应商提供咨询、培训、投入、贷款等服务中。

创新（提高创新的采用率）可以通过以下途径实现，例如：

---

① Will, M., 2010. Integrating smallholders into global supply chains：GlobalGAP option 2 smallholder group certification generic manual：lessons learnt in pilot projects in Kenya, Ghana, Thailand and Macedonia. GTZ Sector Project Agricultural Trade, Eschborn, Germany, pp. 32－33.

- 对实际利益的事前评估（实现承诺的必要条件）；
- 发展能力（个体农民和集体管理能力）；
- 当地基础设施的升级（如道路、电信、供水、电力）。

公平可以通过以下途径来实现，例如：

- 在供应链中促进公平分配成本和收益的能力；
- 发展小农谈判技巧（如价格、产量合同）；
- 在下游客户中推广企业社会责任；
- 提供相应的生产者价格。

透明度可以通过以下方法来实现，例如：

- 在标准制定和标准修订中考虑小农能力和需求（全球良好农业规范确保小农参与，如非洲观察员/小农大使项目和全球利益相关者磋商）。

合法性可以通过以下方式实现，例如：

- 承认特定国家的标准，以促进在完全基准化的同时市场溢出效应的本地化/区域化（如肯尼亚良好农业规范对其国内的影响）。

问责可以通过以下方式实现，例如：

- 合作规制体系的发展，将行业自我规制（食品从业者的责任）与政府基于风险的控制系统结合在一起（如在肯尼亚通过共同的公私努力提高肯尼亚良好农业规范的规模）。

8.4.3 最终结论

鉴于本书的出版，以下的引用可能会对全球良好农业规范这样的私营自愿标准的作用提供指导："研究很容易陷入标准和生态标签的话题，因为它们自身便是目的所在。但是，更明智的做法是，认识到它们更适宜作为提高效率、提高质量和提高对社会和环境问题的认识的起点。"①

需要补充的是，由于欧盟 27 个成员国的利益和法规的协调过程十分复杂，

---

① Van Dingenen, K., Koyen, M-L., Koekoek, F-J., Pierrot, J. and Giovannucci, D., 2010. European and Belgian market for certified coffee. Idea Consult on behalf of the Belgian Development Agency/BTC Trade For Development, 62 pp. 333 Freely quoted after: D. Gorny, Personal communication (18th International EFLA〔European Food Law Association〕Congress：Private food law-Non-regulatory dimensions of food law, Amsterdam/The Netherlands, 16 – 17 September 2010）.

公法还不完善，许多领域都没有得到规范。因此，作为既定事实的私营自愿标准，还是有其存在的必要性。此外，无论在工业化国家还是发展中国家，公众监督都无法控制整个行业和每一件最终产品。因此，欧盟《通用食品法》规定了以下原则，要求私营部门承担食品安全责任：①农场到餐桌的方法；②食品经营者的首要责任；③可追溯性的概念；④食品安全的一致概念，包括进口食品（注意义务）。

在这种背景下，全球良好农业规范等私营自愿标准已开始成为发展中国家升级目前基本上效率低下的供应链的工具。虽然私营部门的主要动机是在当地、区域和国际市场上实现竞争力，但公共部门的努力依旧有助于实现小农一体化、消费者保护和公共健康保障。

翻译：谭　歌

参考文献

— BMZ［Federal Ministry for Economic Cooperation and Development］, 2008. Introduction of voluntary social and ecological standards in developing countries, summary version of the evaluation. Evaluation Report 043, BMZ, Bonn, Germany. Available at：http：//www. bmz. de/en/publications/type _ of _ publication/evaluation/evaluation_ reports_ since_ 2006/BMZ_ Eval –043e_ web. pdf.

— Danielou, M. and Ravry, C., 2005. The rise of Ghana's pineapple industry：from successful takeoff to sustainable expansion. ESSD Africa Working Paper Series No. 93. Available at：http：//www. worldbank. org/afr/wps/wp93. pdf.

— Enomoto, R., 2009. GlobalGAP Smallholder Support Kit. GlobalGAP Tour 2009 Good Agricultural Practice, Nairobi, Kenya, 16 September 2009. Available at：http：//www. globalgap. org/cms/upload/Documents/temp_ upload/TOUR2009/ Presentations/Enomoto_ GlobalGAP_ Presentation_ Nairobi. pdf.

— Graffham, A. and Cooper, J., 2009. Making GlobalGAP smallholder-friendly：can GlobalGAP be made simpler and less costly without compromising integrity? In：Borot de Batisti, A., MacGregor, J. and Graffham, A. (eds.) Standard bearers：horticultural exports and private standards in Africa. International Institute for Environment and Development (IIED), Winnipeg, Canada, pp. 83 – 88. Available at：http：//www. iied. org/pubs/pdfs/16021IIED. pdf. GTZ, 2010.

GlobalGAP smallholder QMS set-up guide-How to establish QMS in your group.

— Deutsche Gesellschaft für Technische Zusammenarbeit, Eschborn, Germany. Based on: GlobalGAP IFA Ver. 3. 02 QMS checklist_ Mar 08, English Version, 2010. Available at: http://www. gtz. de/en/dokumente/gtz2010 – en – globalgap-smallholder-qms-set-up-guide. pdf.

— GTZ, GlobalGAP and Marktkontor Obst und Gemüse Baden e. V. , 2008. GlobalGAP group certification: a challenge for smallholders in Europe and developing countries. International Workshop, 28 – 29 April 2008, Frankfurt amMain, Germany. Available at: http://www. africaobserver. info/documents/Report_ GlobalGAP_ workshop. pdf.

— Günther, D. and Neuendorff, J. , 2006. EurepGAP smallholder manual: understanding EurepGAP. Powerpoint presentation held at the occasion of the Kick-off workshops.

— Henson, S. , Masakure, O. and Cranfield, J. , 2009. Do fresh produce exporters in sub-Saharan Africa benefit from GlobalGAP certification? International Food Economy Research Group, InFERG Working Paper No. 2_ FT, University of Guelph, Guelph, Canada. Available at: http://www. inferg. ca/workingpapers/WP2_ FT. pdf.

— IIED [International Institute for Environment and Development] and NRI [Natural Resources Institute], undated. Costs and benefits of EurepGAP compliance for African smallholders: a synthesis of surveys in three countries. Fresh Insights 13. Available at: http://www. agrifoodstandards. net/en/filemanager/active? fid = 128.

— Jaffee, S. , 2005. Food safety and agricultural health standards: challenges and opportunities for developing country exports. The Worldbank, Washington, DC, USA. January 10. Available at: http://siteresources. worldbank. org/INTRANETTRADE/Resources/Topics/Standards/standards_ challenges_ synthesisreport. pdf.

— Legge, A. , Orchard, J. , Graffham, A. , Greenhalgh, P. , Kleih, U. and MacGregor, J. , 2009. Mapping different supply chains of fresh produce exports from Africa to the UK. In: Borot de Batisti,

— A. , MacGregor, J. and Graffham, A. (eds.) Standard bearers: horticultural exports and private standards in Africa. International Institute for Environment and Development (IIED), Winnipeg, Canada, pp. 40 – 44. Available at: http://www. iied. org/pubs/pdfs/16021IIED. pdf.

— Mbithi, S. , 2009. GlobalGAP-report on smallholder taskforce consultations-smallholder ambassador. Nairobi, Kenya, 21st June 2009. GlobalGAP Africa

Observer, available at: http: // www. africa-observer. info/documents/Summary _ of-Smallholder-recommendations-june_ 09. pdf.

— Opitz, M., Potts, J. and Wunderlich, C., 2007. Closing the gaps in GAPS: a preliminary appraisal of the measures and costs associated with adopting commonly recognised " good agricultural practices " in three coffee growing regions, appendices. International Institute for Sustainable Development (iisd) and Sustainable Coffee Partnership, Winnipeg, Canada. Available at: http: // www. iisd. org/pdf/2008/closing_ gap_ appendices. pdf.

— Scott, W., 2006. Linking producers to increased horticultural exports from Macedonia. Presentation at the Regional Consultation on Linking Producers to Markets, Cairo, Egypt, 29 January to 2 February 2006. Available at: http: // www. globalfoodchainpartnerships. org/cairo/presentations/WilliamScott. pdf.

— Shah, H. (2005): The global partnership for safe and sustainable agriculture. In: EurepGAP Global Report 2005, p. 8.

— The World Bank, 2007. World development report 2008 – Agriculture fordevelopment. The World Bank, Washington, DC, USA. Available at: http: //siteresources. worldbank. org/INTWDR2008/Resources/2795087 – 1192111580172/WDROver2008 – ENG. pdf.

— Van Dingenen, K., Koyen, M-L., Koekoek, F-J., Pierrot, J. and Giovannucci, D., 2010. European and Belgian market for certified coffee. Idea Consult on behalf of the Belgian Development Agency/BTC TradeFor Development, 62 pp. Available at: http: //www. befair. be/site/download. cfm? SAVE = 21535 & LG = 1.

— Wainwright, H. and Labuschagne, L., 2009. Private standards: a personal perspective from a training service provider. In: Borot de Batisti, A., MacGregor, J. and Graffham, A. (eds.) Standard bearers: horticultural exports and private standards in Africa. International Institute for Environment and Development (IIED), Winnipeg, Canada, pp. 154 – 157. Available at: http: // www. iied. org/pubs/pdfs/16021 IIED. pdf.

— Will, M., 2010. Integrating smallholders into global supply chains: GlobalGAP option 2 smallholder group certification generic manual: lessons learnt in pilot projects in Kenya, Ghana, Thailand and Macedonia. GTZ Sector Project Agricultural Trade, Eschborn, Germany. Available at: http: //www. gtz. de/ en/dokumente/gtz2010 – en-globalgap-groupcertification. pdf.

第9章 意大利啤酒广告中的私人规制规范：迈向公共和私人食品法律竞争/合作的漫长征途

Ferdinando Albisinni

9.1 创新与食品法律之间的特殊关系

创新与食品安全法律之间的特殊关系，以强烈的相互影响和干涉为特征。①科技创新主要起源于 19 世纪法国大厨阿佩尔（Appert）的变革理念——众所周知，它彻底改变了科技在食品生产、加工和流通各个阶段的应用。因此，食品法总是在重压之下去寻找适当的规制方法，以应对科技创新带来的挑战。由于"疯牛病"②危机，欧盟制定了第 258/97 号新食品法③，引入了牛肉的追溯规则，以及采纳了谨慎预防原则④。或许，这些是立法者在危机后采用新方法的经典措施，旨在回应由于创新带来的诉求和要求以及既有立法中尚未安排相应规制工具的不足之处。但是，科技创新的影响不仅限于食品的物质方面，而是

① See Jongen, W. M. F. and Meulenberg, M. T. G. (eds.), 2005. Inademic Publishers, Wageningen, the Netherlands. On the peculiar relation between innovation and food law see Albisinni, F., 2009. Strumentario di diritto alimentare Europeo. Utet, Torino, Italy.

② Regulation (EC) No 258/97 of the European Parliament and of the Council of 27 January 1997 concerning novel foods and novel food ingredients. Official Journal of the European Union L 43: 1 – 6.

③ Council Regulation (EC) No 820/97 of 21 April 1997 establishing a system for the identification and registration of bovine animals and regarding the labelling of beef and beef products. Official Journal of the European Union L 117: 1 – 8.

④ Article 7 of Regulation (EC) No 178/2002 of the European Parliament and of the Council of 28 January 2002 laying down the general principles and requirements of food law, establishing the European Food Safety Authority and laying down procedures in matters of food safety. Official Journal of the European Union L 31: 1 – 24.

多数情况下更为普遍地影响了非物质方面的处理，最为明显的便是入市后的信息交流，因而推动了食品立法者去解决食品生产和销售规制中关联食品本身和非物质性的问题。

此外，司法创新不仅是对科技的回应，其自身也在通过一些实验方法寻得一些新的原创性模式和制度，这一发展被一些德国学者有效定义为"法律改革的持久性"①。在这个复杂且相互关联的过程中，增加的新内容充实了法律的工具箱，同时增强了对既有规则的巩固和简化。② 传统公法和私法的界限也有了新的假说。就受到保护的利益而言，典型的分类是将其视为"公共利益"——像消费者保护和公平竞争，越来越依赖于利用私人模式的新工具，如合同，自愿接受的规则和标准，以及用民法上的补偿作为执行工具来代替刑法或行政制裁。在控制和监督领域，私营性质的认证主体被选为义务履行情况的监督主体，而长期以来这都是"公共"执法的范围。③

9.2　私人规制法律

在上述路径中，私人规制法律正期待和整合公共和国家法律。在营销传播的特殊领域，欧洲法律体系中的传统回应方式在很大程度上依赖于公法。在意大利，1930 年的刑法典④已经规定了刑事制裁，包括惩罚欺诈的商标和商业标

---

① See，with reference to company law，Noack，U. and Zetzsche，D. A. ，2005. Corporate governance reform in Germany：the second decade. Center for Business & Corporate Law Research Paper Series No. 0010，Düsseldorf，Germany.

② See，e. g. Council Regulation （EC） No 1234/2007 of 22 October 2007 establishing a common organisation of agricultural markets and on specific provisions for certain agricultural products （Single CMO Regulation）. Official Journal of the European Union L 299：1 – 149.

③ See，e. g. Article 5 of Regulation （EC） No 882/2004 of the European Parliament and of the Council of 29 April 2004 on official controls performed to ensure the verification of compliance with feed and food law，animal health and animal welfare rules. Official Journal of the European Union L 165：1 – 141. Article 11 of Council Regulation （EC） No 510/2006 of 20 March 2006 on the protection of geographical indications and designations of origin for agricultural products and foodstuffs. Official Journal of the European Union L 93：12 – 25. Article 118 （7） of Council Regulation （EC） No 1234/2007 of 22 October 2007 establishing a common organisation of agricultural markets and on specific provisions for certain agricultural products （Single CMO Regulation）. Official Journal of the European Union L 299：1 – 149.

④ Royal. Decree No. 1389，19 October 1930. Italian legislation，in original and updated text，is published at http：//www. normattiva. it.

志欺诈罪①、贸易欺诈罪②、不真实食品销售罪③。此外，最近越来越多的立法还针对以下内容引入了刑事制裁的特别规则，包括不正当地利用国际和欧洲的受保护产地命名和受保护地理标志④。其他的制裁方式由涉及食品和食材安全规则的一般法律规定，⑤ 使用误导性的标签和广告⑥一般用罚款来惩罚，这最初是一种犯罪性质，后来减弱为行政性质的处罚。然而，这两个案例中缺乏对"商品"保护的特别关注，其有别于市场、标签和商事交往中的真诚（Bona Fides）。

即使是处理食品中非物质类的事项，法律（公法）也会关注产品自身所考虑的实体性内容，通过曾向消费者做出的承诺来比较信息披露、广告和标签的公平性，但是其忽略其他与消费者一般预期和社会行为相关的内容。所幸，私人规制的规则已经弥合了这一鸿沟，其所关注的内容包括新的需求和新的规训领域，以及落实新的规制和执行工具。

9.3　意大利广告监管协会（IAP）——营销传播中的自我规制机构

在意大利，关于营销传播自我规制的首个最为重要的经验形成于 1963 年，它基于以下这些原则："……已经确立广告的功能同样可以反映企业和消费者的利益诉求，并回应了如下的要求，提升了专业所强调的道德和忠诚原则……为了有效阻止那些边缘的、退化的广告形式，通过广告者、艺术家、生产者和媒体及其各自协会来寻求解决方案，并根据单一的广告道德法典收集那些可以用于所有广告行为的规则，进而捍卫企业活动和消费者基本权益；为此承诺：各个协会会按照上述法典的要求开展活动，并确保它们的成员执行相关

---

① 同上，Article 514。
② 同上，Article 515。
③ 同上，Article 516。
④ Article 517 – *quater*，added to the *Penal Code* by L. No. 99，23 July 2009.
⑤ L. No. 283，30 April 1962.
⑥ 同上，Article 8。

规则。"①

意大利广告监管协会是通过自身规章开展自我规制的非营利组织。该组织的目标是与食品供应链中的所有参与主体以及广告者、生产者和媒体共同建立一个单一的自愿性组织，采用一个包容性的方式，尊重相关标准，并使所有的主体都可以参与交流。其中，该组织及其采用的方法不得限制产品生产商和销售商进行公平营销传播的能力，同时，其应在自身成立和发展过程中有效地分配责任。

这一转变是从公法的法律责任方法转变到具有私人规制法律特点的责任方法。其中，前者的目的在于禁止和制裁违法行为，由此强调的是物质性产品的生产者和销售者的责任，后者则是确保自愿的（和无论何时可能的、预防性的）合规，由此强调的是所有参与交流过程的主体责任，无论其角色如何，只要涉及责任的便要承担责任。

意大利广告监管协会最主要的任务是制定和更新《自我规制规范》的规则，并建立一个评判委员会和一个审查委员会，它们的任务是在广告发布前后，"根据《自我规制规范》的规定"② 就任何形式的广告做出决定。《自我规制规范》于 1966 年 5 月 12 日第一次出版并持续更新。目前生效的是第 50 版，自 2010 年 1 月 18 日开始。③ 决定出版后刊登在意大利广告监管协会的网站和数据库中。④ 对于发布营销传播信息的媒体而言，"他们直接或通过他们的贸易协会认可了《自我规制规范》，即使没有参与到评判委员会的审查程序中"，都有义务遵守这个决定。⑤ 因此，这也超越了通常由公法决策所设定的边界和限制。通过这种方式，这部法典在参与主体、角色分配、决定效力方面有了重大创新。

甚至就规制的内容而言，这部《自我规制规范》在扩大公平市场交流的规制范围上也取得了新的进展，即从限制特定非法行为（如违反刑法典犯罪规定的行为）的规则扩大到了对误导性的营销传播行为的更一般性考虑，包括贸易

---

① Agreement approved at the Conference of Ischia on October 3 to 6，1963.

② Article 32 of the Code of Self-Regulation.

③ Published at：http：//www. iap. it.

④ 同上，Article 40。

⑤ 同上，Article 41。

中的全面公平和对消费者行为、价值和习惯的考虑。

尤其是，《自我规制规范》规定了以下内容。

● 对法典所覆盖的内容规定广泛和开放性的定义。

"初步和一般性的规则——定义

'信息'这一术语涉及对产品任何形式的公开说明，因而包括了外在包装袋、包装纸和标识等。"

"第2条——误导性的营销传播

营销传播必须避免能误导消费者的陈述和解释，包括不明显的省略、模糊或夸大，特别是涉及产品特征和效果、价格、免费要约、销售条件、流通、目标群体的识别、奖赏或奖品。"

● 明确提及理想的价值，包括更长远的保护，增加已经被公法承认的受保护的经济利益。

"第10条——道德、民法和宗教信仰以及人类尊严

营销传播不能触犯一般的道德、民法和宗教信仰。营销交流应当在所有形式和表达上尊重人的尊严，应当避免任何形式的歧视。"

● 对那些目的指向成年消费者或儿童或青年的消息进行差异化的评估。

"第11条——儿童和青少年

针对儿童和青年的信息应当对他们给予特殊保护，包括该信息可能触达的人群。这类消息应当避免可能造成生理、道德或身体上伤害的内容，也不应当利用儿童或青年容易轻信、经验不足或忠诚感的特点。特别地，这类营销传播绝不能建议：

—— 违反普遍接受的社会行为规则；

—— 危险行为或寻求暴露于危险境地；

—— 没有获得促销产品的失败意味着他们自身的自卑或他们父母没有尽到他们的责任；

—— 父母和教育者没有发挥作用，提供充分健康的、有营养的建议；

—— 采用不良的饮食习惯或忽视健康生活方式的需求；

—— 恳求其他人购买促销商品。在营销传播中对儿童和年轻人的描述必须避免把成年人的观点投射到年轻人上。"

● 包括对特别种类产品的特别规则，如烈酒、化妆品、食物补充剂和其他产品。

"第22条——酒精饮料

酒精饮料的营销传播不得违背饮酒行为应有的描述义务，即提倡适度、健康和负责任的饮酒行为。这项原则旨在保护一般人的基本利益，特别是儿童和青年的利益，在家庭、社会和工作环境中保护他们免受滥用酒精带来的消极后果。"

因此，我们可以合理地推断，在意大利的法律经验里，意大利广告监管协会的自愿创立，和其采用具有私人规制法律特点的工具，大多数回应预期的规制主题，即便公法也对它们做出了规定，但干预的时间则要晚得多。

9.4　20 世纪 90 年代的立法改革：公法和私法的合作式竞争

在欧共体的主要影响下（直接地或间接地），20 世纪的最后一个十年见证了意大利在市场规制和商业交流领域内的重大立法改革。1990 年反垄断主管机构①明确且正式承认了以下的欧洲原则：包括反对限制或扭曲市场竞争的任何协议，反对滥用市场主导地位，以及支持企业之间的高效自由竞争。两年后，也就是 1992 年，由于欧洲指令的执行，确立了针对食品标识、说明和广告的新规则，② 以及有关虚假广告的新规则。③

这些改革彼此关联、相互影响，它们的应用为商业交流规则提供了一个原创性的监管框架，特别是涉及食品领域。关于虚假广告的 1992 年第 74 号法令必须要确定有效执行新规定的权限和程序。1990 年成立的反垄断部门因其被认可的技能和资质，在 1992 年立法期间，显然成为立法者的自然选择，以将其作为独立的机构，负责调查和确认新规则的合规情况。④ 一个被重点强调且分享最多的理念是，广告是市场竞争中具有决定性影响的内容。对保护消费者和保证企业间的充分和公平竞争而言，确保无欺骗的广告都很重要。

在整合新的权限后，反垄断部门大幅度地扩大了它的审查领域，采用了一种宽泛的广告定义，认为广告的表达必须包括商业交流的任何形式、任何手段，

---

① 　L. No. 287，of 10 October 1990，establishing the AGCM-Autorità Garante della Concorrenza e del Mercato.

② 　D. Leg. vo No. 109，of 27 January 1992，implementing Directives 79/112/EEC，89/395/CEE，89/396/EEC.

③ 　D. Leg. vo No. 74，of 25 January 1992，implementing Directives 84/450/EEC and 97/55/EC.

④ 　Article 7 of D. Leg. vo No. 74/1992.

所以也包括标签。① 因此认为，意大利的反垄断部门在公法的范围内，以一般规则的方式解释了被意大利广告监管协会作为私人规制引入的原则，即针对市场中的商业交流规制，不能因为方式和媒体的差异而将它们设置在不同的章节里并设定不同的规则，而是应该以统一且一致的方式综合考虑它们。② 此外，反垄断部门也确认了一项原则（后来被法院所接受），即在登记时，根据适用法律合理登记的商标，在将其用于标签而导致消费者误解产品特性时，不允许商标所有人在其标签上再次使用这一标记。食品法领域已经基本认可这一原则。就食品产品的真正来源而言，反垄断部门已经通过长久以来的一系列决定明确，橄榄油的真正来源是指橄榄被摘下的地方，当橄榄来自的地方和商标中提及的地方不同时，包含后者地理标记的商标不能被用在该瓶装橄榄油的标签上。③

在这些结论下，反垄断部门这一拥有有效决策权且强有力的独立机构，期望一些标准可以在欧洲层面被官方立法认可。至 2002 年，才经由 2002 年 6 月 13 日的第 1091/2002 号法令得以实现。④ 由此而来的是，私人规制机构、公共机构以及法律的正式规则之间的规则、标准和主张彼此影响，相互关涉，并且进一步从国内案例中的聚焦扩大到了欧洲范围。

上述提到的 1992 年第 74 号法令，除了通过公法将查处欺骗性广告的权限分配给了反垄断当局之外，还引入了介于公法和私法之间（以及在公共组织和私人组织间）的原创性竞争式合作机制。根据第 8 条规定，在欺诈性广告案中，利害关系方可以求助于自我规制的自愿性机构，在这样的情形下，可以同意延迟反垄断部门的任何执行，直到私人机构做出它的最后决定。同样是根据第 8 条，即使执行措施已预先提交给反垄断部门，任何一方都可以要求该部门暂停

---

① dec. No. 1078, 21 April 1993, *Oleificio Viola*, at http：//www. agcm. it.

② Astazi, A., 2008. Pratiche commerciali scorrette nell'ambito dei contratti del consumo alimentare e tutela dei consumatori. Revista di Diritto Alimentare 2（2）：1–9.

③ dec. No. 4970, 30 April 1997, *Bertolli-Lucca*；dec. No. 5562, 18 December 1997, *Olio Carapelli Firenze*；dec. No. 5563, 18 December 1997, *Olio Carli Oneglia*；dec. No. 5564, 18 December 1997, *Olio Monini Spoleto*；dec. No. 5713, 19 February 1998, *Olearia del Garda*；dec. No. 7619, 13 October 1999, *Cooperativa agricola Trevi*, published at http：//www. agcm. it. For a comment of the decisions of the AGCM see：Albisinni, F., 2010. Etichettatura dei prodotti alimentari. In：Albisinni, F.（ed.）Diritto alimentare. Mercato, Sicurezza. Wolters Kluwer, Milano, Italy.

④ Commission Regulation（EC）No 1019/2002 of 13 June 2002 on marketing standards for olive oil. Official Journal of the European Union L 155：27–31. Amended by Commission Regulation（EC）No 182/2009 of 6 March 2009 amending Regulation（EC）No 1019/2002 on marketing standards for olive oil. Official Journal of the European Union L 63：6–8.

这一程序和等待私人机构的决定。在这种假设下，该部门可能会暂停这一程序，期限则为 30 天。

由于消费者法典①所涉的多数领域适用这一规则，该项规则因而随后得到了进一步的认可。该法典的第 27 - ter 条②规定：消费者和竞争者，甚至通过他们的协会或组织，可以和贸易从业者和生产者通过一般条款同意，在向反垄断组织或法院提出任何请愿前，他们可以求助自我规制的自愿性机构来制止不公平的商业行为（包括但不限于欺诈性广告）。根据上述的步骤和特殊要求，尤其是多数来自于食品法的经验和案例，意大利的消费者法典已经明确认可了公共规制机构和私人规制机构之间构成合作式的竞争领域，进而为企业和消费者提供大量可能的工具和救济，它们的内容和操作程序是共存且协调一致的。

9.5 啤酒广告规范：私人规制作为拓展和优先消费者保护的工具

新的啤酒广告规范（Beer Advertising Code），③ 由意大利酿酒协会于 2010 年制定。该举措是食品公法和私法在长时间的公私竞争/合作进程中的一个表现，其发展得益于原有公私互动的经验，同时，其自身也引入一些具有创新特色的规定。该规范④特别关注年轻人和未成年人，尤其是其所宣称的根本目标，即避免任何一种使得消费者陷入"不负责任"的饮酒行为的商业交流。

该规范的制定受到 1989 年 10 月 3 日的第 1989/552/EEC 号有关电视广播活动指令⑤的启发，其第 15 条规定如下，且涉及酒精饮料的要求。

"第 15 条

酒精饮料的电视广告应当遵守下列标准：

---

① D. Leg. vo No. 206，6 September 2005.

② Introduced by D. Leg. vo No. 146，2 August 2007，article 1.

③ 译注：有关该规范的介绍，可以进一步参见本书第 10 章的详细介绍。

④ Published at http：//www. assobirra. it.

⑤ Council Directive 89/552/EEC of 3 October 1989 on the coordination of certain provisions laid down by Law，Regulation or Administrative Action in Member States concerning the pursuit of television broadcasting activities. Official Journal of the European Union L 298：23 – 30.

（a）它不得特定指向未成年人，尤其是，描述未成年人消费这些饮料；

（b）它不得将酒精消费与改进行为表现或驾驶联系起来；

（c）它不得使人产生一种酒精消费有助于社交或性行为成功率的印象；

（d）它不得阐述酒精会有疗效，或者它是兴奋剂、镇静剂或是一种私人矛盾的解决方法；

（e）它不得鼓励无节制的酒精消费，或负面评价戒酒和适度饮酒；

（f）它不得强调高浓度酒精是一种高品质饮料。"

这些规定后经由以下指令予以修订过：①

• 1997 年 6 月 30 日第 97/36/EC 号指令，其将上述规则扩展到"电话购物"的应用上；

• 2007 年 12 月 11 日第 2007/65/EC 号指令，其引入了第 3（e）条规定，且第 1（e）款规定："视听性质的酒精饮料商业交流不得特定指向未成年人，不得鼓励这类饮料的无节制消费。"

整个 1989 年指令已经完全被 2010 年 3 月 10 日第 2010/13 号指令取代，后者是关于视听媒体服务的指令，其肯定了前述的规定。②

这些指令中的规定与啤酒广告规范中的内容相比，可以明确看到，啤酒广告规范中呈现的创新方法。就 1989 年指令而言，其最初的规定范围是限制在电视广告领域，后来才扩展到电视购物，并于最近才涵盖一般视听性质的商业交流。然而，回溯到 1963 年的意大利广告监管协会（它的模式激励了啤酒广告规范），已经采纳了一种包容性的、全面的方法，以考虑任何形式的商业交流，并以私人规制的规范来规制它们。即使是最新的修正案，如上文提到的欧洲官

---

① Directive 97/36/EC of the European Parliament and of the Council of 30 June 1997 amending Council Directive 89/552/EEC on the coordination of certain provisions laid down by law, regulation or administrative action in Member States concerning the pursuit of television broadcasting activities. Official Journal of the European Union L 202：60 – 70. Directive 2007/65/EC of the European Parliament and of the Council of 11 December 2007 amending Council Directive 89/552/EEC on the coordination of certain provisions laid down by law, regulation or administrative action in Member States concerning the pursuit of television broadcasting activities. Official Journal of the European Union L 332：27 – 45.

② See Article 9（e）and Article 22 of Directive 2010/13/EU of the European Parliament and of the Council of 10 March 2010 on the coordination of certain provisions laid down by law, regulation or administrative action in Member States concerning the provision of audiovisual media services（Audiovisual Media Services Directive）. Official Journal of the European Union L 95：1 – 24.

方立法，当涉及酒精饮料的广告时，其适用也仅限于"视听商业交流"，即与私主体的啤酒广告规范相比，其规范范围更为狭窄。而且这部规范在意大利广告监管协会经验的基础上，还包括了下列内容。

● 特别关注商业交流的方式和形式，如针对漫画或动画形象的使用制定特别规则，这是考虑到它们的性质是吸引年轻人，因此需要根据严格的标准对它们进行评估；

● 针对"危险活动"制定宽泛的定义，即它在任何情况下都不能与啤酒使用联系起来，并在定义中涵盖了简单家庭活动；

● 排除啤酒与任何交通工具使用之间的联系，这是基于所有的交通工具在任何情况下都要求驾驶者全神贯注地驾驶。

综上，即便只是简单地检视了这一新的私人规范以及其与适用于同类产品的公法规则的比较，也可以分享如下的内容，即私人规范通过向私人规制的求助而扩大和优先了消费者保护，而所谓的私人规制便是由那些主张适用它的同一主体建立和维持的规制。作为酿酒者协会中集体参与的一部分，尊重（规则）的责任来源于对规则的自愿性接受。这是一个食品"私法"的案例，其特点是一个集体构建的食品法，它的强度和有效性主要基于规则的共享性，而不是由一个更为强大的合同方苛以的要求（正如一些情形中，私营标准是由强大的市场主导者制定的），换而言之，这些规则是由负有遵守规则义务的同一主体制定的。

9.6 一些开放性问题

即使如上所述，将自我规制规范纳入集体性食品"私法"这一更为全面的概念中，一些相关的问题仍然是开放性的。在对食品相关的商业交流进行最终评估时，该如何建构私人规制与公共规制之间的正式（或非正式）关系？当食品生产者遵守私人制定的规范要求时，这会如何影响公法针对其所规定的法律责任？特别是当有争议的商业交流在使用之前便获得了私人规范的评判委员会的审核时，其是否可以援引这样的决定来抗辩公法的制裁？上述私人规范中设立的评判委员会又有怎样的地位？它们是否和私人仲裁者一样，不对法律错误负有责任？又或者应当拿它们与认证主体相提并论，因没有检查出违反适用规则的行为而承担责任？在一些规制领域，如食品法，一些责任规则可能在某些情形下并不以过错为归责原则，[①] 对于这些提问的可能性答复，都涉及了关键性的问题，而它们对于参与其中的生产者和提议的整个系统的可行性都是至关重要的。

在过去的一个世纪中，以完全相左的视角，法律学者们分析了现代国家垄断法律资源[②]，社会经验表明国家规制[③]之外的领域及其两者之间的竞争性。在21 世纪，我们必须应对涉及多层级、多元化的情形，期间许多规制的渊源会有竞争、重叠的问题，而且，仍然没有最有效、最权威的清晰规则，仅有的也只是一个摇摆在不同渊源之间的钟摆式选择。

翻译：赵丽娜

参考文献

— AGCM，1993. Decisions of 21 April 1993，No. 1078，*Oleificio Viola*.

— AGCM，1997a. Decisions of 30 April 1997，No. 4970，*Bertolli-Lucca*.

— AGCM，1997b. Decisions of 18 December 1997，No. 5562，*Olio Carapelli Firenze*.

— AGCM，1997c. Decisions of 18 December 1997，No. 5563，*Olio Carli Oneglia*.

— AGCM，1997d. Decisions of 18 December 1997，No. 5564，*Olio Monini Spoleto*.

— AGCM，1998. Decisions of 19 February 1998，No. 5713，*Olearia del Garda*.

— AGCM，1999. Decisions of 13 October 1999，No. 7619，*Cooperativa agricola Trevi*.

— Albisinni，F.，2009. Strumentario di diritto alimentare Europeo. Utet，Torino，Italy.

— Albisinni，F.，2010. Etichettatura dei prodotti alimentari. In：Albisinni，F.

[①] Article 19 of Regulation（EC）No. 178/2002 on the duty to withdraw，and see Court of Justice，23 November 2006，C-315/05，*Lidl Italia*，on the liability of distributors.

[②] Kelsen，H.，1945. General theory of law and state. Harvard University Press，Cambridge，MA，USA.

[③] Romano，S.，1945［1918］. L'ordinamento giuridico. 2nd ed. Firenze，Italy.

(ed.) Diritto alimentare. Mercato, Sicurezza. Wolters Kluwer, Milano, Italy.

— Astazi, A. , 2008. Pratiche commerciali scorrette nell'ambito dei contratti del consumo alimentare e tutela dei consumatori. Revista di Diritto Alimentare 2 (2): 1 – 9.

— Court of Justice, 2006. C-315/05, *Lidl Italia*, 23 November 2006.

— EU, 1989. Council Directive 89/552/EEC of 3 October 1989 on the coordination of certain provisionslaid down by Law, Regulation or Administrative Action in Member States concerning the pursuit of television broadcasting activities. Official Journal of the European Union L 298: 23 – 30.

— EU, 1997. Council Regulation (EC) No 820/97 of 21 April 1997 establishing a system for the identification and registration of bovine animals and regarding thelabelling of beef and beef products. Official Journal of the European Union L 117: 1 – 8.

— EU, 1997. Directive 97/36/EC of the European Parliament and of the Council of 30 June 1997 amending Council Directive 89/552/EEC on the coordination of certain provisionslaid down by law, regulation or administrative action in Member States concerning the pursuit of television broadcasting activities. Official Journal of the European Union L 202: 60 – 70.

— EU, 1997. Regulation (EC) No 258/97 of the European Parliament and of the Council of 27 January 1997 concerning novel foods and novel food ingredients. Official Journal of the European Union L 43: 1 – 6.

— EU, 2002. Commission Regulation (EC) No 1019/2002 of 13 June 2002 on marketing standards for olive oil. Official Journal of the European Union L 155: 27 – 31.

— EU, 2007. Directive 2007/65/EC of the European Parliament and of the Council of 11 December 2007 amending Council Directive 89/552/EEC on the coordination of certain provisionslaid down by law, regulation or administrative action in Member States concerning the pursuit of television broadcasting activities. Official Journal of the European Union L 332: 27 – 45.

— EU, 2002. Regulation (EC) No 178/2002 of the European Parliament and of the Council of 28 January 2002 laying down the general principles and requirements of food law, establishing the European Food Safety Authority and laying down procedures in matters of food safety. Official Journal of the European Union L 31: 1 – 24.

— EU, 2004. Regulation (EC) No 882/2004 of the European Parliament and of the Council of 29 April 2004 on official controls performed to ensure the verification of compliance with feed and food law, animal health and animal welfare rules. Official Journal of the European Union L 165: 1 – 141.

— EU, 2006. Council Regulation (EC) No 510/2006 of 20 March 2006 on the protection of geographical indications and designations of origin for agricultural products and foodstuffs. Official Journal of the European Union L 93: 12 – 25.

— EU, 2007. Council Regulation (EC) No 1234/2007 of 22 October 2007 establishing a common organisation of agricultural markets and on specific provisions for certain agricultural products (Single CMO Regulation). Official Journal of the European Union L 299: 1 – 149.

— EU, 2009. Commission Regulation (EC) No 182/2009 of 6 March 2009 amending Regulation (EC) No 1019/2002 on marketing standards for olive oil. Official Journal of the European Union L 63: 6 – 8.

— EU, 2010. Directive 2010/13/EU of the European Parliament and of the Council of 10 March 2010 on the coordination of certain provisionslaid down by law, regulation or administrative action in Member States concerning the provision of audiovisual media services (Audiovisual Media Services Directive). Official Journal of the European Union L 95: 1 – 24.

— Italian government, 1930. R. D. No. 1389, 19 October 1930, Approvazione del testo definitivodel Codice penale.

— Italian government, 1962. L. No. 283, 30 April 1962, Disciplina igienica della porducione e della vendita delle sostanze alimentari e delle bevande.

— Italian government, 1990. L. No. 287, 10 October 1990, Norme per la tuteladella concorrenza e del mercato.

— Italian government, 1992a. D. Leg. vo No. 109, 27 January 1992, Attuazione della direttiva 89/395/CEE edella direttiva 89/396/CEE concerni l'etichettatura, la presentazione e la pubblicità dei prodotti alimentari.

— Italian government, 1992b. D. Leg. vo No. 74, 25 January 1992, Recante attuazionedella direttiva 84/450/CEE in materia di pubblicità ingannevole.

— Italian government, 2005. D. Leg. vo No. 206, 6 September 2005, Codice del consumo.

— Italian government, 2007. D. Leg. vo No. 146, 2 August 2007, Attuazione della direttiva 2005/29/CE relativa alle pratiche commerciali sleali tra imprese e consumatori nel mercato interno e che modifica le direttive 84/450/CEE, 97/7/CE, 98/27/CE, 2002/65/CE, e il Regolamento (CE) n. 2006/2004.

— Italian government, 2009. L. No. 99, 23 July 2009, Disposizioni per lo sviluppo e l'internazionalizzazione delle imprese, nonché in materia di energia.

— Jongen, W. M. F. and Meulenberg, M. T. G. (eds.), 2005. Innovation in agri-food systems. Wageningen Academic Publishers, Wageningen, the Netherlands.

— Kelsen, H., 1945. General theory of law and state. Harvard University Press, Cambridge, MA, USA. Noack, U. and Zetzsche, D. A., 2005. Corporate governance reform in Germany: the second decade. Center for Business & Corporate Law Research Paper Series No. 0010, Düsseldorf, Germany.

— Romano, S., 1945 [1918]. L'ordinamento giuridico. 2nd ed. Firenze, Italy.

第 10 章

啤酒广告的自我规制规范

Alessandro Artom

10.1　介绍

食品"私法"应该如何处理食品行业从业者之间的沟通问题？对此，意大利《啤酒广告规范》提供了一个有趣的范例。在啤酒广告中采取自我规制规范，这一概念源于改进公法的需要，包括欧盟成员国法律以及欧盟法律，具体方式是通过自我规制手段和所有相关成员的自愿遵守。

自我规制的目的是将本领域内的公法要求与公司自愿采用的简单、快速的规则相结合，从而以适当的方式销售啤酒等酒精产品，鼓励消费者安全消费。

在这方面，意大利《啤酒广告规范》是商业广告自我规制领域的一大进步，其中的监管条款和程序条款一方面有助于规范酿酒商和分销商的营销活动，另一方面有助于增强消费者对与酒精饮料消费有关的重要社会问题的认识。此外，通过自我规制，消费者能够使用免费、快速、有效的私人司法手段，防止商家散播不当广告。

借助规范这样的工具，一方面，加入意大利啤酒工业协会（Assobirra）[①]的公司与欧洲酿酒商均会受到《啤酒广告规范》规定的原则约束；另一方面，也表明有必要对公众就"以负责任的态度消费酒精"进行思想教育。欧洲啤酒生产商普遍认同这一看法。

---

① 意大利啤酒工业协会，即意大利啤酒和麦芽生产商/分销商协会（viale di Val fiorita n. 90），位于罗马，遵守意大利工业联合会和欧洲酿酒商联盟的各项道德准则，主要负责体制完善、商品促销和技术开发工作。

本章结构如下：10.2 部分介绍《啤酒广告规范》中的各项具体原则，同时也会涉及《意大利营销传播自我规制规范》这一更为一般性的规范。10.2.1 部分介绍欧盟法律中的相关原则。10.2.2 部分介绍欧洲酿酒商协会达成的 7 项操作标准，这些标准已在意大利《啤酒广告规范》中得到确认。10.3 部分分析《啤酒广告规范》的具体内容。10.3.1 部分讨论该规范的目的与义务性要求。10.3.2 部分讨论行为规则。10.3.3 部分介绍程序规则。10.3.4 部分讨论一种名为"复制咨询"（copy advice）的合规协助手段。10.3.5 部分通过案例分析探讨《啤酒广告规范》在实践中的应用。10.4 对本章进行总结，讨论《啤酒广告规范》在食品"私法"中的关联性。

10.2　重要原则

10.2.1　欧洲原则

在欧洲层面，1989 年第 89/552/EEC 号指令①首次规定了酒类广告的各项原则；第 2007/65/EC 指令再次确认上述原则，该指令意在规制电视广播活动，现已经通过意大利的第 15/3/2010 号法令（44 号）②，其转换为了国内法。2010 年 3 月 10 日公布的第 2010/13/EU 号指令正式确立上述原则，这项指令的目的是规范酒类饮料的电视广告和电视购物，③ 意大利的《啤酒广告规范》完全符合该指令的立法目的。

首先，根据第 2010/13/EU 号指令，自我规制在酒类产品广告中应发挥重

---

① Council Directive 89/552/EEC of 3 October 1989 on the coordination of certain provisions laid down by Law, Regulation and Administrative Action in Member States concerning the pursuit of television broadcasting activities. Official Journal of the European Union L 298, 17. 10. 1989, 23 – 30.

② Decreto Legislativo 15/03/2010, no. 44 implementing Directive no. 2007/65/CE on the coordination of certain provisions laid down by Law, Regulation and Administrative Action in Member States concerning the pursuit of television broadcasting activities. Gazzetta Ufficiale n. 73 del 29. 03. 2010.

③ Directive 2010/13/EU of the European Parliament and of the Council of 10 March 2010 on the coordination of certain provisions laid down by law, regulation and administrative action in Member States concerning the provisions of audiovisual media services (Audiovisual Media Services Directive) . Official Journal of the European Union L 95, 15. 4. 2010, 1 – 24.

要作用。根据其序言第 44 条的说明，自我规制在加强消费者保护方面可以发挥重要作用，各成员需认识到这一作用是对现有立法、司法、行政机制的重要补充。① 此外，序言第 89 条也指出，为避免消费者遭受不当广告侵害，有必要针对含酒精饮料电视广告专门制定更为严格的标准。②

第 2010/13/EU 号指令第 22 条③首次明确了上述标准的规定，而意大利的《啤酒广告规范》也进一步落实了这些标准。

需要特别指出的是，啤酒广告不应刻意针对未成年人，也不应设置未成年人购买啤酒的场景；不得将饮酒与增强身体素质或驾驶联系起来；啤酒广告不应给人们留下这样一种印象：饮用啤酒有助于提高社交和性交成功率；不得声称酒精具有治疗功能，也不得声称酒精可以充当兴奋剂、镇静剂或有助于解决人际冲突；不得鼓励过量饮酒，不得反对戒酒、适度饮酒；不得将高酒精浓度等同于高品质。

《啤酒广告规范》体现了《意大利营销传播自我规制规范》的部分内容，后者是所有生产商、广告公司以及媒体于 1966 年在意大利自愿达成的私营标

---

① Directive 2010/13/EU 第 44 条："欧盟委员会在与欧洲议会和安理会就如何促进欧盟经济增长、解决就业问题进行沟通时强调，必须找出一个有效的规制方法，进而确定立法是否更有利于产业发展、问题解决，是否应该寻找共同规制或自我规制等替代方案。此外，经验表明，各成员国的法律串通各不相同，采取的共同规制和自我规制工具也存在差异，这些差异有利于消费者保护的加强。新兴的视听媒体服务产业致力于实现公益目标，由此采取了诸多措施，若这些措施能够得到服务提供者的支持，那么它们将发挥更大的效用。因此，自我规制相当于是一项自愿倡议，使市场经营者、社会团体、非政府组织或协会有权自己制定相应的准则，在内部实施。各成员国根据其不同的法律传统，应当认识到有效的自我规制是对立法、司法、行政规制的有益补充。然而，虽然自我管制能够弥补某些规定的不足，但它不应取代国家立法机关的义务。共同规制，尽管似乎微不足道，但是却能够基于成员国的法律传统建立起自我规制与国家立法机关之间的法律联系。国家的规制目标不能达成时，应当通过共同规制进行干预。在不损害成员国转换义务的前提下，该指令鼓励采取共同规制以及自我规制。一方面，这并不意味着要求成员国建立共同规制、自我规制制度；另一方面，这也不应破坏或危及目前成员国内的现行规制措施。"

② Directive 2010/13/EU 第 89 条："各成员国须禁止媒体服务提供者播放处方药、医疗药品等视听商业广告，并制定酒类产品电视广告的严格标准。"

③ Directive 2010/13/EU 第 22 条："酒类产品的电视广告和电话推销应符合以下标准：（a）啤酒广告不应刻意针对未成年人，也不应设置未成年人购买啤酒的场景；（b）不得将饮酒与增强身体素质或驾驶联系起来；（c）啤酒广告不应给人们留下这样一种印象：饮用啤酒有助于提高社交和性交成功率；（d）不得声称酒精具有治疗功能，也不得声称酒精可以充当兴奋剂、镇静剂或有助于解决人际冲突；（e）不得鼓励过量饮酒，不得反对戒酒、适度饮酒；（f）不得将高酒精浓度等同于高品质。"

准，用于规范各个领域的广告行为。《啤酒广告规范》第 22 条强调啤酒广告的宣传营销不得违背"负责任饮酒"原则。这项原则旨在保护消费者的核心利益，特别是避免儿童和青少年在家庭、社会和工作等环境中受到酗酒产生的负面影响。①

实践中，评判委员会已裁决过几起啤酒广告案件，最近的一起是发生在 2008 年 4 月的 "Birra Nastro Azzurro" 电视广告案。②

在这个广告中，一艘满载啤酒的货船即将离开港口，此时船长正在用耳机听音乐，没有注意到一群年轻人正抓着船上携带的救生艇，试图上船。这些人设法登上了船，在船上举办了一场盛大的派对，船上的所有乘客都加入其中，跳舞、喝啤酒，直到天亮。早上，太阳升起的时候，货船抵达目的地港口。在码头，一个人问船长：那个意大利人举办的派对在哪里。船长这才知道昨天晚上那些年轻人几乎喝光了船上所有的啤酒，还在船上写下"感谢意大利！"几个字。之后，船长就去找那些年轻人，跟他们一起开心地把最后两瓶啤酒也喝了。广告的最后，画面上出现了几个空瓶啤酒和这样一句话："蓝带啤酒，意大利人有更多品味（Nastro Azzurro. C'è più gusto a essere italiani）"。

审查委员会指定的裁判委员会认为，如果酒精被描绘为一种满足不合理需求和行为的手段，那么酒精饮料公司的广告宣传可能会对消费者心理产生很大的影响。《啤酒广告规范》第 22 条并不能具体指导广告公司的创意。就这一被审查的广告而言，裁判委员会的意见是，该广告中的故事明显不真实，因为一群年轻人不可能"突袭"一艘货船，举办一个吵闹的派对，而船长从始至终却没有任何反应。另外，广告画面显示，盛有冰块的箱子中只有几瓶啤酒，因此

---

① Italian Code of Self-Regulation of Marketing Communication 第 22 条 "酒类产品"："酒类产品的营销传播不应与适度饮酒、健康和负责任饮酒行为的义务对立。这一原则意在维护社会整体利益，防止社会、工作环境遭受滥用酒精的负面后果。广告营销尤其不应鼓励过度、不受控制、有害的酒类产品消费；描述一种不健康的酒精依赖或酒精成瘾，或认为酒精可以解决私人问题；针对未成年人，直接或间接描述未成年人饮酒；将饮酒与驾驶机动车相联系；鼓励人们去相信饮酒使人思维更清晰、身体更强健、对异性的吸引力更大；不饮酒意味着身体、精神不良好、社会地位低下；宣扬清醒、节制有弊无利；诱导公众忽视不同主体、不同饮品的不同饮用方式；强调高酒精浓度是饮料的主要特征。"（official English translation of Istituto dell'Autodisciplina Pubblicitaria-Advertising Self-Regulation Institute. Available at：http：//www. iap. it/en/code. htm）.

② Decision no. 54/2008 of 26. 5. 2008-Comitato di Controllo vs *Birra Peroni spa*.

不能表明饮酒过量。基于以上理由，裁判委员会认为该广告传递的信息不违反《啤酒广告规范》第 22 条的规定。

《啤酒广告规范》的进步之处在于其意在强调啤酒是一种含酒精饮料，需要适度消费、负责任消费。尽管这一点十分重要，但目前在欧洲并未出台相应的单行法。因此，欧洲酿酒商协会采取 7 项操作标准来弥补这一不足。

10.2.2 欧洲酿酒商协会的 7 项操作标准

欧洲酿酒商协会①目前包含 27 个国家啤酒协会和产酒量总和占到欧盟总产量 95% 的啤酒生产商们。作为"欧盟酒精与健康论坛"的创始成员，该协会始终致力于妥善解决酒精滥用问题。

欧洲酿酒商协会已经制定了统一标准，用以规范成员内部针对啤酒商业传播设置的自我规制制度。② 2007 年，该协会针对啤酒广告确立 7 项操作标准，一方面进一步增强各国自我规制机制的有效性，另一方面确保欧盟内商业传播的责任性。③ 7 项操作标准要求各国在 2010 年 4 月之前予以落实，意大利通过制定《啤酒广告规范》，已经完成该任务。截至目前，所有 7 项操作标准已得到全部实行。

第一项操作标准规定"适用范围"，要求所有啤酒商业传播，不论形式或来源，均受《啤酒广告规范》调整，所有啤酒生产商、分销商以及从业者（如广告公司、商业促销机构、促销活动的销售点等）也不例外。

第二项操作标准涉及"合规性"。为防止公众接收到不负责任的啤酒广告，上述主体必须严格遵守《啤酒广告规范》的文本（即明确的法律规则）和精神（即未被书写下来的法律原则）。此外，免费提供"复制咨询"需要严格保密，以便啤酒生产商更好地利用此项规则。

---

① Website：www. brewersofeurope. org.

② 2010 年 5 月 26 日，欧洲酿酒商协会发布了一份关于七项操作标准的报告，名为"负责任的啤酒广告来自自我规制"。报告从欧盟和国家的角度对欧洲酿酒商协会成员实施 7 项操作标准的背景、基准、进展和后续步骤等做了概述。

③ Operational Standards for National Self-Regulatory Action Plan：(1) Full code coverage；(2) Increased code compliance；(3) Impartial judgements；(4) Fast procedure；(5) Effective sanctions；(6) Consumer awareness；(7) Own-initiative compliance monitoring.

第三项操作标准要求对商业传播作客观公正的裁决。私人裁判机构由包括主席在内的三名独立、适格成员组成。"独立"要求个人不仅独立于接受广告调查的啤酒公司，还应独立于整个啤酒生产行业和广告行业。

第四项操作标准要求程序具有高效性。若受审广告确实违反《啤酒广告规范》，裁判委员会需要迅速做出决定，命令立即停止该广告宣传或促销活动。

第五项操作标准规定"制裁"的问题。制裁须有威慑力，有效预防啤酒生产商进行违法商业传播或促销活动。有威慑力的制裁可以向监管者、消费者传递出这样一种信息——自我规制制度不仅高效，而且有效。

第六项操作标准强调，消费者需要不断提高对自我规制制度及其运行程序的认识，公布裁判委员会的裁决有助于实现此目标。

第七项操作标准规定的是裁决机构（即裁判委员会）对《啤酒广告规范》长期监测。该监测的有效运行有赖于裁判委员会按计划进行系统的检查，以及通过定期审查对规范进行及时更新。

10.3 《啤酒广告规范》

10.3.1 目的和义务

意大利的《啤酒广告规范》包含两部分内容：一是总目标、啤酒生产商与意大利啤酒工业协会承担的义务、实施细则以及已经形成共识的定义；二是行为准则、程序规则和裁判规则。

《啤酒广告规范》的立法目标在于确保所有的啤酒营销传播都遵循"负责任饮酒"原则，包括所有的媒体、电视、广播、电影、网络、书刊、公共账单、销售点的促销活动……以及标签和包装。

《啤酒广告规范》的调整对象包括意大利啤酒工业协会的所有成员公司（生产商、分销商）及各类营销机构，包括广告公司、广告经销商、媒体广告经理，以及酒店餐厅咖啡销售渠道（HoReCa）和组织促销活动的大型分销商。

具体而言，啤酒生产商和从业者须自愿承担以下义务：一是遵守《啤酒广告规范》的规定；二是确保其成员遵守《啤酒广告规范》的规定；三是有效传达裁判委员会的裁决；四是若成员不遵守或多次漠视裁判委员会裁决，可采取相应的措施。

《啤酒广告规范》的"定义"部分详细解释了某些重要术语的含义，包括"接受条款""代理""意大利啤酒工业协会""啤酒""规范""复制咨询""危险活动""裁判委员会""营销传播""未成年人""销售点""制裁"以及"秘书处"等。①

其中最重要的是"接受条款"的定义。根据其定义，意大利啤酒生产商应确保广告代理商与其员工及合作伙伴订立的合同中包含下面这项特殊条款。双方须明确表示：一是自愿接受以下法律法规调整，即《啤酒广告规范》及其相关条例、裁判委员会裁决以及公布裁决的规定；二是严格执行裁判委员会的停止令，立即停止该啤酒的营销传播活动。

另一个重要的定义是"复制咨询"，其是指裁判委员会秘书处向啤酒生产商或相关机构提供的咨询和保密服务。秘书处提供的法律咨询主要涉及的问题是某一计划中的广告是否违反《啤酒广告规范》。对此，啤酒生产商或相关机构以保密的方式，在广告正式播出、出版之前将其提交给秘书处。

"裁判委员会"被定义为一个裁判机构，由三名地位独立且适格的成员组成，可经挑选后由法律专家、消费领域的专家和传播专家出任。其中，法律专家（律师和/或法学教授）负责司法事务，传播专家负责报告事务，消费领域的专家则是第三方私人裁判官。

10.3.2 行为规则

根据第 2010/13/EU 号指令第 22 条的规定，《啤酒广告规范》的重点在于

---

① 相关定义：代理—广告代理，广告和营销顾问，独家经销商广告，广告管理代理商和促销商业机构，意大利促销活动涉及的销售点；销售点—向酒店餐厅咖啡销售渠道的消费者、大型分销商、公众开放的展览会供应和/或销售啤酒（包括免费销售）的地点，意在做啤酒促销，针对后一种情况而言，无论是否分发免费啤酒样品，啤酒厂都将直接进行推广；制裁—裁判委员会对啤酒公司的制裁措施如下：①第一阶段停止啤酒营销传播，即停止令，如果提交供审查的营销传播明显违反一项或多项自我管制条款代码，裁判委员会可以命令啤酒公司和机构停止，并支付裁判委员会的程序费用；②在第二阶段，如果不遵守停止令，裁判委员会将在协会的网站上发布相关信息，并处以 1000 欧元到 10,000 欧元的罚款用于科学研究；秘书处—裁判委员会秘书处是独立的办公室，有权接收、审查消费者关于啤酒营销传播的相关请求，并配合裁判委员会的调查工作。陪审团秘书处也是"复制咨询"的主管部门。

第1条至第8条的行为规则部分,其目的在于依据欧洲酿酒商协会建立的标准,严格遵循适度饮酒、负责饮酒的原则,解决营销传播和/或促销活动过程中出现的各种问题。

根据《啤酒广告规范》第1条,啤酒的营销传播不应鼓励过度饮酒、不负责饮酒等行为,不得反对节制饮酒、适度饮酒;在宣传中不得出现暴力、侵略或反社会行为,不得以积极的方式呈现酗酒、酒精中毒的人。

对此,意大利啤酒工业协会积极关注与不负责饮酒相关的社会问题,开展公益宣传活动,普及相关知识,使公众知悉滥用酒精饮料的危害,认识到适度饮酒、负责任饮酒的重要性。

该宣传活动名为"掌控生活,饮酒负责"(Guida tu la vita. Bevi responsabilmente)。[1]项目关注的重点在于酒精与驾驶、酒精与怀孕、酒精与年轻人等具体问题。

在酒精与怀孕的问题上,意大利啤酒工业协会认为妇科医生和广大女性需要进一步认识到怀孕期间饮酒的高风险性,特别是给未出生的孩子造成的风险。"欧盟酒精与健康论坛"认为,意大利啤酒生产商针对该问题开展的活动,是欧洲境内首个由从事酒精饮料生产企业倡议的举措。

为应对酒精与年轻人的问题,意大利啤酒工业协会与意大利私人电台("Radio 105")联手推出了几个节目。值得一提的是,"Radio 105"私人电台是较受意大利年轻人追捧的电台之一,在节目中,年轻人聚在一起讨论酒精、正确的饮酒方法等话题。

《啤酒广告规范》还对未成年人给予了特别关注。第2条规定,啤酒的营销传播不得有意针对未成年人;广告中不得出现未成年人饮用啤酒的画面;若媒体、节目以及展会的受众主要是未成年人,那么该媒体、节目、活动不得进行啤酒宣传。特别需要注意的是,不得通过图片和/或漫画向未成年人进行啤酒宣传;不得出具材料证明该啤酒的主要消费群体是未成年人。[2]

---

① There is also a website dedicated to the program,http://www.beviresponsabilmente.it.

② 最近出台的第15.3.2010法令(44号),主要规制视听媒体服务的相关问题,其中增加了对未成年人的保护。例如,第9条规定禁止在电视上播放啤酒广告或暴露、暴力、色情场面,因为这可能会损害未成年人的身体、心理和道德发展。第9条还引入了保护系统,防止发生任何可能损害未成年人的传播行为。

第 3 条规定的是与驾驶有关的行为规则。啤酒广告不得在饮酒与任一驾驶行为之间建立直接或间接联系。对此，意大利啤酒工业协会提出了这样一条宣传语——"掌控生活，饮酒负责"。该宣传的重点便是与酒精、驾驶相关的问题。

上述条款的规定与意大利最新制定的法律相关。后者是指于 2010 年 7 月 29 日通过并于 8 月 13 日生效的第 120 号新驾驶规范① （codice della strada）。该驾驶规范第 53 条规定，凌晨 2 点至 6 点期间，高速公路站点禁止出售含酒精饮料，借此减少因饮酒造成的道路交通事故。第 54 条规定，凌晨 3 点到 6 点期间，酒吧、迪斯科舞厅、酒馆以及俱乐部禁止出售含酒精饮料。这一新的驾驶规范还规定"酒驾"的标准是车辆驾驶人员血液中的酒精含量大于或等于 0.5 克/升。

《啤酒广告规范》还规定了危险活动、治疗特性、酒精含量、广告表演和促销活动等行为准则。第 4 条规定，在啤酒广告中，不得将饮酒与危险活动（指所有需要特别注意和/或体力投入的活动）联系起来，也不得出现消费者在从事危险活动之前或从事期间饮用啤酒的画面。

第 5 条规定，治疗特性的行为准则是指，营销传播不得误导消费者，使消费者形成啤酒可以预防、治疗或治愈疾病的错误认识。

第 6 条强调宣传广告不得使消费者对啤酒的性质、作用产生混淆，也不得将高酒精含量视为该啤酒的优势或作为购买该啤酒的理由。

第 7 条规定，啤酒广告不得将饮用啤酒与增强体能联系起来，也不得误导消费者认为饮用啤酒有助于提高社交和性交成功率。

最后一个行为准则规定在第 8 条，强调销售点的啤酒促销活动不得致使人们产生不负责行为或反社会行为，也不得鼓励过度饮用啤酒。此外，销售点不得销售免费啤酒样品，不得向未成年人提供任何啤酒样品。

10.3.3 程序规则

裁判委员会及秘书处主管啤酒广告和促销活动。裁判委员会是裁决机构，

---

① L. 29. 7. 2010 n. 120 published in Gazzetta Ufficiale n. 175 del 29. 7. 2010.

而秘书处是独立办公室，有权受理消费者请求书和"复制咨询"请求书。《啤酒广告规范》第 9 条至第 18 条是关于机构和程序的具体规定。

消费者提交请求书标志着监测程序的启动，接下来，由消费者或消费者协会将涉嫌违法的广告上报裁判委员会秘书处。

下一步，秘书处将对请求书进行审查，并在 5 个工作日内采取以下任一措施：

• 受理该请求，附报告一并提交给裁判委员会，同时通知消费者和啤酒公司程序已启动。啤酒公司可以于 5 个工作日内向裁判委员会提交诉状。

• 拒绝受理该请求，同时向消费者出具一份简短的解释说明书。

• 若秘书处认为该请求的内容不完整，可要求消费者补充相关信息，若消费者拒绝补充要求，秘书处会在 10 个工作日将该请求归档。

若秘书处接受消费者的请求，裁判委员会将在 10 个工作日内评估广告信息以及啤酒公司最终提交的诉状，做出以下任一决定：

• 命令该公司立即停止该产品的广告宣传，即"停止令"，并发出警告，若违反"停止令"，将面临制裁。

• 在 10 个工作日内做出决定，认为该公司提交的诉状需通过举行由裁判委员会参加的公开听证会进行讨论。

若举行公开听证会，那么在听证会讨论期间，秘书处须报告此案。提出请求的消费者和啤酒公司自身或其代理人有权陈述对案件的观点和看法。经过讨论，裁判委员会须做出裁决。该裁决对啤酒公司以及经销商、销售点均有效力。该裁决同步发布在意大利啤酒工业协会的网站上。

10.3.4 复制咨询

秘书处有权秘密审查复制咨询请求，也有权同时审查故事板。故事板是指基于啤酒市场传播文本而制作完成的图像产品。秘书处须在 7 个工作日内，向提出请求的啤酒公司或广告代理商提供法律建议。秘书处可选择以下任一做法：

• 认定该市场传播手段合法。如果消费者对该市场传播手段提出审查请求，若非涉及传播方式（例如，在面向未成年人的节目中进行的广告宣传），秘书处将基于先前的复制咨询而拒绝受理该请求。

● 认定该市场传播内容违反规范要求。命令啤酒公司将广告删除，并要求该公司在 5 个连续工作日内做出书面承诺。如果秘书处在规定时间内收到该承诺，那么经修改，该市场传播可获得批准。

● 以违反规范为由，拒绝审查该市场传播内容。如果啤酒公司继续播出或发布该广告，秘书处将立即提醒裁判委员会注意这种情况。此时，该啤酒公司可向裁判委员会提出拒绝签发复制咨询的异议，裁判委员会将在 10 个连续工作日内召开私下会议并做出裁决。

10.3.5 案例

为了使读者深入了解裁判委员会及其秘书处所应遵循的程序要求及其运作机理，我们通过两个现实中的案例加以说明：

● 案例 A 涉及电视广告的问题；

● 案例 B 涉及销售点的促销活动问题。

案例 A

第一起案件涉及一个在下午时段播出的电视啤酒广告。由于播出时间在下午，观众主要是未成年人，因此这是一个受保护的特殊时段。根据意大利第125/2001 号法律①第 13 条的规定，若一个电视节目的主要受众是未成年人，那么禁止在节目中播放酒精饮料的广告，特别是在节目播出的前后 15 分钟内。

第一步，消费者（通过邮件或电子邮件）将其准备上报的具体广告知会秘书处，须附上理由以及相关文件。下一步，裁判委员会秘书处对消费者的请求进行审查，并在 5 个工作日内：

● 受理该请求，附报告一并提交给裁判委员会，同时通知消费者和啤酒公司程序已启动。啤酒公司可在 5 个连续工作日内向裁判委员会提交诉状。

● 拒绝受理该请求，同时向消费者出具一份简短的解释说明书。

● 若秘书处认为请求的内容不完整，可要求消费者补充相关信息；若消费者拒绝补充要求，秘书处会在 10 个连续工作日将该请求归档。

---

① L. 30. 03. 2001，no. 125 on alcohol problems（Gazzetta Ufficiale no. 90 del 18. 04. 2001）.

消费者的请求转达至裁判委员会后，裁判委员会须在 10 个工作日内对广告作出评价，并对啤酒公司最终提交的诉状进行评估，做出以下决定：

- 命令该公司立即停止其广告宣传（即"停止令"），并发出警告，若违反"停止令"，将面临强制制裁，且该制裁的罚款将被用于科学研究；裁判委员会将谴责其耗费程序资源的行为，该谴责与裁判委员会的裁决将在意大利啤酒工业协会的网站上同步发布。

- 也可做出相反裁决，认定有必要通过召开有裁判委员会参加的公开听证会，对该公司的诉状进行讨论。

若举行公开听证会，那么在听证会讨论期间，秘书处须报告此案。提出请求的消费者和啤酒公司自身或其代理人有权陈述对案件的观点和看法。经过讨论，裁判委员会须做出裁决。

案例 B

第二个案例涉及销售点促销、发放样品活动的问题，例如，在销售点向消费者散发宣传单的行为。由于宣传单上的文字、图片极具吸引力，消费者可能因此而饮酒过量。此时，消费者可将情况告知秘书处，同时须说明理由并提供支持性文件。如果案子最终上报至裁判委员会，那么秘书处将要求销售点于 5 个工作日内提交一份针对该促销活动的报告。

若审查完毕啤酒公司以及销售点提交的诉状，裁判委员会可于 10 个工作日内：

- 命令啤酒公司和销售点立即停止违法宣传活动，并发出警告，若违反此项禁令，将面临强制制裁，且该制裁罚款将被用于科学研究；陪审团将谴责其耗费程序资源的行为，该谴责与裁判委员会的裁决均将在意大利啤酒工业协会的网站上同步发布。

- 也可做出相反裁决，认定有必要通过召开有裁判委员会参加的公开听证会，对该公司以及销售点的诉状和报告进行讨论。

若举行公开听证会，那么在听证会讨论期间，秘书处须报告此案。提出请求的消费者和啤酒公司自身或其代理人有权陈述对案件的观点和看法。经过讨论，裁判委员会须做出裁决。

最后，无论裁判委员会何时参与到此类案件中来，都必须通知意大利反托拉斯管理局（AGCM）。意大利消费者法典第 27 条第 3 款①以及《企业对消费者实施不当商业行为的调查程序条例》第 20 条均规定了诉讼的具体程序。通知的目的在于提前终止或决定继续走完该程序。

10.4 食品"私法"

意大利的《啤酒广告规范》强调规范商家与消费者之间的交流，而非像本书中大多数案例那样去管理食品链内的行为。因此，《啤酒广告规范》更多体现的是人们对食品"私法"问题达成的一致意见，而非食品买卖中的合同关系。《啤酒广告规范》的操作原则源于欧盟指令的公法要求以及欧洲酿酒商协会的私法自治。为了高效执法、解决争议，《啤酒广告规范》并不完全依赖于民事程序的一般规定，而是拥有独立的裁判委员会，裁判委员会做出的裁决对利益相关方均具有约束力，同时裁判委员会也有权以"复制咨询"的形式协助企业合规管理。将诉讼和合规协助相结合的一个明显优势在于，两者的结合赋予了"复制咨询"以专业性和法律确定性。而一个明显的缺点是，在裁判委员会听取消费者的主张前，其对消费者请求的裁决空间往往会受到限制。

翻译：段雨潇

参考文献

— Asobirra，2008. Decision no. 54/2008 of 26. 5. 2008-Comitato di Controllo vs *Birra Peroni spa*.

— Brewers of Europe，2010. Responsible beer advertising through self-regulation-seven operational standards. Available at：http：//www. brewersofeurope. org/docs/flipping_ books/responsible_ beer_ ad_ 2010/index. html.

---

① Decreto Legislativo 06. 09. 2005，no. 206（Gazzetta Ufficiale n. 235 del 08. 10. 2005）．Article 27-ter（Self-Regulation）：paragraph 3-when a procedure starts before a self-regulation body，the parties can decide not to refer to the Authority until the final decision of the body，or they can ask the Authority to suspend the proceeding，whenever the it has been introduced by another person entitled to do so，waiting for the self-regulation body to decide.

— EU, 1989. Council Directive 89/552/CEE of 3 October 1989 on the coordination of certain provisionslaid down by Law, Regulation and Administrative Action in Member States concerning the pursuit of television broadcasting activities. Official Journal of the European Union L 298, 17. 10. 1989, 23 – 30.

— EU, 2010. Directive 2010/13/EU of the European Parliament and of the Councilof 10 March 2010 on the coordination of certain provisions laid down by law, regulation and administrative action in Member States concerning the provisions of audiovisual media services (Audiovisual Media Services Directive) . Official Journal of the European Union L 95, 15. 4. 2010, 1 – 24.

— Italian government, 2001. Decreto Legislativo 30. 03. 2001, n. 125. Legge quadro in materia dialcol e di problem alcolcorrelati. Gazzetta Ufficiale n. 90del 18. 04. 2001.

— Italian government, 2005. Decreto Legislativo 06. 09. 2005, n. 206. Codicedel consumo. Gazzetta Ufficiale n. 235 del 08. 10. 2005.

— Italian government, 2010a. Decreto Legislativo 15/03/2010, no. 44 implementing Directive no. 2007/65/CE on the coordination of certain provisions laid down by Law, Regulation and Administrative Action in Member States concerning the pursuit of television broadcasting activities. Gazzetta Ufficiale n. 73del 29. 03. 2010.

— Italian government, 2010b. Decreto Legislativo 29. 7. 2010 n. 120. Disposizioni in materia di sicurezza stradale. Gazzetta Ufficiale n. 175 del 29. 7. 2010.

第 11 章 特许经营强化私营食品标准的应用

Esther Brons-Stikkelbroeck

11.1 介绍

企业的独特性变得日益重要，可持续性和真实性的概念也是如此。为了区别于其他企业，企业致力于提供可持续的产品，或附有公平交易标签的产品和采用符合生态要求的商业方法。他们中的一些企业不仅为自己设定了标准，还为贸易竞争对手设定了标准，从而创造了公平的竞争环境。[①] 他们制定的行为准则或标准不仅适用于其自身的商业组织，而且适用于整个供应链内的供应商和合作伙伴组织。这些供应链，尤其是"特许经营"这一商业模式对食品行业内日益重要的私营标准有何影响？

本章的重点是特许经营组织内应用私营标准的情况以及荷兰法律所规定的特许经营对私营标准的影响。在此，第一个需要回答的问题便是私营食品标准这一用语的意思。什么是私营标准？适用私营标准到何种程度以及为了何种目标？在确认这些内容后，会论及一些供应链内的合作协议，并进一步聚焦于那些在控制私营标准执行方面最为严格的协议。基于私营食品标准，特许经营组织该如何运作以及如何应对合规问题？特许经营组织如何强化私营食品标准的使用？

[①] 例如，特许经营组织赛百味（Subway）便是通过使用诸如"吃的新鲜，活的健康"之类的健康声明，成功要求其特许经营商遵守这一声明。

11.2　私营食品标准

全球品牌生产商和零售商越来越多地要求供应商及其合作伙伴遵守特定的社会、环境和安全规范。① 这些规范被称为"私营标准"。私营标准与技术法规以及与任何合作伙伴进行交易时可能遇到的国家、地区或国际自愿标准不同。私营标准专注于社会、安全和环境问题，品牌生产商和零售商在采购他们的产品时要求供应商符合这些标准要求。这些标准有各种不同的形式和范围。标准可能适用于生产现场或产品本身。

私营标准可以分为几类。一类是联盟标准，通常由特定部门的联盟制定，如英国零售商协会或者全球良好农业规范。另一类是民间社会标准，作为非营利组织的一项倡议，通常是为了回应有关社会和环境条件的担忧问题，如海洋管理委员会、森林管理委员会、绿色棕榈油或者可持续棕榈油圆桌会议。还有一类是特定的公司标准，这些标准是内部制定并适用于公司的整个供应链，如行为守则。它们都成为越来越受欢迎的工具，以解决各类组织的可持续性问题。

像宜家这样的特许经营授权商通常会要求遵守它们的行为准则。② 宜家特许经营授权商及所有特许经营商的供应商都应遵守上述行为准则中列出的要求。因此，合规往往是与特许经营授权商建立业务关系的先决条件。其他的如荷兰特许经营模式 WAAR，要求他们的特许经营商出售仅有公平贸易标签的产品和只使用认证的内部商店（FSC 木材）。③ 有些人认为这是他们的目标，就像通用磨坊（General Mills）的声明："我们的目标是成为世界上最具社会责任感的食品公司之一。"

当私营部门公司和联盟成为制定管理和产品标准背后的驱动力时，众多私

---

① 在就私营标准问题达成协议之前，供应商需要满足一些基本条件才能成为这些品牌和零售商的潜在供应商。企业必须尊重地方和国家的立法，需要一定的规模和能力、质量、价格竞争力、数量和及时交付，并应符合技术法规和管理资格。同样的资格可以适用于合作伙伴，如加盟商。

② 宜家以《宜家家居产品采购方式》（IWAY）的标准方式针对其供应商制定了正式的社会和环境要求，该标准适用于所有外部供应商和服务提供商。宜家的基本合同都包含这些标准。如果遇到不合规情况，宜家将立即停止交货，合同可在未经调整的情况下予以终止。

③ WAAR 是一种严格的特许经营模式，已经接受了公平贸易原则。除了公平贸易产品的销售以外，WAAR 还为其特许经营上内部商店的供应商制定了具体的环保要求。

营标准和零售商要求的影响力也在不断增强。也许有很多的原因可以解释这一不断强化的影响力。

首先，由于信息的可得性和获取的便捷性，对标准和法规的普遍认识也越来越多。其次，工业化国家对健康和安全的担忧（如食品安全、化学品、过敏源、工作条件等）也强化了规制背景，且不仅表现为政府规制变得更加严格，而且零售商/连锁超市也开始推进标准严格化的趋势以回应消费者的关切。发达经济体的消费者也越来越关注为其提供产品而参与供应链的国家的社会和环境状况。由于公众可以了解到与企业活动相关的在严重违反工人权利，侵犯人权和环境恶化等案例，消费者对主要品牌和零售商能为其行为承担责任的信心骤减。最后，市场上与社会和环境生产标准相关的差异化及其诉求也与日俱增。

为了回应这些发展，大型品牌和零售商在供应链中制定了更为严格的标准，以针对供应链内不断增多的生产者改善他们在社会和生态贡献方面的绩效。实质上，许多跨国公司将私营标准作为供应链管理的工具，特许经营授权商使用私营标准来影响其特许经营商，并将其作为获得竞争优势的机制。当然，私营标准发展的重要推动力还包括保护声誉和品牌、全球采购、市场差异化以及供应的控制和合理化。

无论是直接还是间接关联，纵向协议中也包括私营标准。直接的方式是要求食品生产或处理符合某些标准或条件来满足所要求的质量标准。这是供应链或供应产品的具体特征的一部分。间接的方式则是指通过刺激使用监管要求，以保证食品安全或保障健康的食品生产。例如，要求使用熟练的人员来落实保障卫生的工作方法。问题在于这种合作形式及其各种方法是否对私人食品的标准有任何影响。

11.3 纵向协议和特许经营

纵向协议是两个或多个企业之间达成的协议或一致做法，其中，这些企业处于生产或销售链的不同环节，他们的目的不只是实现协议目标或形成一致做法，也包括当事方购买、销售或者转售某一产品或服务的条件。① 这些条件通常包含纵向限制，但欧盟竞争规则明确禁止一些纵向限制。②

人们普遍认识到，纵向限制可能会产生积极的效果，特别是改善货物和服务质量。毕竟当一家公司没有市场支配力时，它只能通过优化分销流程来提高利润，如通过优化其质量。在很多情况下，纵向限制有利于改善质量及其带来的销售优势，因为供应商和买方之间的常规公平交易只能确定特定交易的价格和数量，可能会导致投资和销售达不到最佳水平。

公认和合理地使用纵向限制是为了实现质量标准化这样的积极作用，"纵向限制可以通过对分销商施加一定程度的一致性和质量标准化要求来帮助创建品牌形象，从而增加产品对最终消费者的吸引力度并增加其销售额。选择性分销和特许经营中便有这样的案例"。③

纵向协议包括几种不同类别。在所谓的定性选择性分销协议和特许经营协议中，可以最为直观地看到私营标准与日俱增的影响力。

选择性分销协议一方面限制授权分销商的数量，另一方面限制转售的可能性。这是一种不同于独家分销的分销方式。区别在于限制分销商的数量并不取决于地区的数量，而是取决于一开始便与产品性质相关的选择指标。这些选择指标由私营标准明确。选择性分销几乎总是用于分销品牌性的最终产品。因此，这一背景下使用的私营标准大多局限于间接要求，如使用某些运输方法或卫生工作方法。

特许经营协议是一种分销协议，④ 是独立企业家之间的商业合作协议。根

---

① EU，2002. Commission Regulation （EC） No 1400/2002 of 31 July 2002 on the application of Article 81 （3） of the Treaty to categories of vertical agreements and concerted practices in the motor vehicle sector. Official Journal of the European Union L 203，01/08/2002：30-41 and EU，2010. Guidelines on Vertical Restraints. Official Journal of the European Union C 130，19/05/2010：1－46.

② 《欧盟运行条约》第 101 条适用于可能影响成员国之间贸易的纵向协议，以防止、限制或扭曲竞争。第 101 条为评估纵向限制提供了一个法律框架，其中考虑到反对竞争效应和促进竞争效应之间的区别。第 101 （1） 条禁止那些明显限制或扭曲竞争的协议，而第 101 （3） 条则豁免了那些充分受益超过反竞争效果的协议。

③ 关于纵向限制的指导原则：该指导认为纵向协议通常不符合《欧盟运行条约》第 101 条的规定，即不重要的协议，中小企业之间的协议和机构协议。

④ 对分销内容的要求不是必须的。特许经营协议也可以限于商业概念的使用，而特许经营授权商无须通过特许经营商将服务转让给购买者。

据欧盟竞争规则规定的定义，特许经营协议包含知识产权许可，尤其是涉及商标或标志以及使用和分销商品或服务的专有技术。除了许可证之外，特许经营授权人通常会在协议的有效期内向特许经营者提供商业性的或技术性的协助。许可和协助是特许经营方式的组成部分。特许经营人为特定商业方式的使用向特许经营授权人支付特许费。特许经营可以使特许经营授权人在有限的投资下建立一个统一的产品分销网络。除提供商业方法外，特许经营协议通常包含针对分销产品的纵向限制，特别是针对选择性分销和/或非竞争和/或独家分销或由此而来的更弱模式。

特许经营协议的目的是通过特许经营者拓展经过充分测试，证明和具有商业成功性的商业概念，借此，特许经营授权人作为该商业概念的所有人，无须进行大量投资。一些正在寻求商业发展并使其更为有利可图的特许经营人会为扩大投资买单，并且也有意愿来使用这一经过验证的商业概念以实现上述目标。

特许经营并不是一个明确的术语。人们用不同的方式使用"特许经营"这个词或"特许经营概念"这一表述来表示特许经营的概念。之所以出现这一问题是因为该术语并不是法律用语。从这个角度来看，特许经营可以分为三种不同的商业模式：分销特许经营、服务特许经营和工业/生产特许经营。①

特许销售是经典的特许经营方式。这些协议旨在将特许经营授权人销售的商品分发给特许经营商，并通过特许经营商向消费者或其他产品用户销售该产品。特许经营授权人可以在将产品出售给特许经营商之前选择和购买产品，既可以自己成为产品的制造商，也可以选择供应商的产品。经常提到的第一家特许经营组织是胜家（Singer）缝纫机分销背后的销售组织。特许经营授权人销售该产品或在他的建议下销售该产品与某些服务相结合，如最佳产品选择的专有技术。

服务特许经营是一种快速扩大服务业内商业概念的方法，无须大量投资。

---

① 除了上述三种模式外，特许经营还有更多的商业模式，但从本章的角度来说，这三种模式相对公平。鉴于只是概要性介绍，此处不提及主特许经营（Master Franchising）。译注：主特许经营是一种新的特许经营模式，即在主特许经营协议中，特许人授予主特许人在某一特定区域内独占的、自己开设特许店或向被特许人进行次特许的权利。

该方法提供的服务是领先的。它们可以伴有产品的销售；但是，产品销售对于服务而言是支持性业务。就产品的供应而言，甚至可以由特许经营授权人以外的供应商提供，只要这些供应商符合特许经营授权人提出的标准。在这种特许经营中，特许经营组织中的知识是至关重要的。

工业或生产特许经营是特许经营授权人向特许经营人授予许可，以便能够以特许经营授权人的标签或商标生产和销售产品。这项协议的目的是让生产和商业销售更为一体化。

特许经营的发展主要依赖于经济价值而不是立法。在荷兰，还没有具体的特许经营法。特许经营协议应符合一般合同法律的要求，适用时应一并符合代理和分销的法规要求。希腊、德国、奥地利、芬兰和瑞典的安排差不多。与此同时，美国、加拿大、比利时、法国、西班牙、意大利和瑞士都有关于特许经营议题的具体立法，但是，其中大多数的法律要求都仅限于规定协议签订前的信息披露要求。

从法律上来说，通常有两个相关的文件，即特许经营协议和在本协议签署前披露的信息。其中特许经营协议旨在确保组织内的所有特许经营者均获得公平待遇。整个系统的期望必须统一。特许经营协议是双方签署的一份文件，协议完成后共同开展业务。它明确了特许经营授权人对于特许经营人如何开展业务的预期。

如前所述，有法律制度要求特许经营授权人向所有潜在特许经营者提供相关的商业信息，并将它们合并在所谓的《合同前信息文件》（PID）或《特许经营披露文件》（FDD）中。这些是在最终协议之前提交的文件。潜在的特许经营人有机会在最终决定是否继续成为该组织体系内的特许经营者之前，审查这些信息。该文件提供的全面且详细的信息内容包含公司背景和历史。本文件中包含披露在特许经营组织内发生的任何诉讼或破产事件。本文件中还包含许多财务数据以及分销渠道信息。任何受到保密限制的信息也要披露，只要明确了特许经营者可以和不可以与他人讨论的范围。一般而言，荷兰的法律并不要求特许经营授权人披露这些信息。但是，如果特许经营授权人提供信息，信息应当是可靠的。

荷兰的一般合同法也包含竞争规则。特许经营授权人和特许经营者都很感兴趣的是那些最具有经济价值的内容。双方的合作密切且持续，特许经营组织的成功取决于相互信任和透明度。不过，特许经营协议在特许经营授权人与特许经营人之间造成了不平等的关系。特许经营人在经济上依赖特许经营授权人，且特许经营授权人和特许连锁中的独家销售也会持续存在。

为了简化合同自由的后果，并避免政府的规制干预，特许经营部门一直在开展自我规制。这种自我规制的最佳例子便是由欧洲特许经营协会规定了欧洲特许经营道德规范的标准，因为所有附属的国家特许经营联合会都会整合这些标准。① 一方面，这些国家行为守则的法律效力，特别是与被特许人的顾客相关的法律效力是有问题的（正如大多数其他行为守则一样）。② 另一方面，他们的经济价值非常重要，因为大多数特许经营组织都将行为准则纳入特许经营协议。荷兰特许经营协会（NFV）承诺会员遵守行为准则，并通过调解提供执行机制。

上述行为准则中提及的特许经营者的一个基本义务是"尽最大努力发展特许经营业务，维护特许经营网络的共同身份识别和声誉"。③ 特许经营（操作）手册通常会明确特许经营网络的共同身份识别和声誉以及维持这种身份和声誉的方式。该手册包含了特许经营者为成功经营业务所需了解的一切内容。它有助于特许经营授权人确保不同特许经营者之间的一致性，以及保护该业务的盈利能力和良好的名声。

作为底线内容，手册会规定质量标准，并提供一个连贯的框架来确保整个特许经营网络的统一性。特许经营手册将列出特许经营的共同接受的标准和程序。预计每个特许经营者都将按照这些标准开展业务。如果特许经营者不遵守这些规定，他或她可能会招致严重后果，包括丧失特许经营权的权利，甚至导致诉讼。其本身就规定了特许经营协议的价值在于提高标准。

（指南中提到）特许经营如何运作④的例子进一步阐明了特许经营的这一价值，即其对标准产生的与日俱增的影响：

---

① Europese Erecode inzake 特许经营权，荷兰特许经营权（NFV）。

② Van der Heijden，M. J.，2011．"供应商行为准则"enensenrechten in een keten van contracten；过度密切的关系，包括在合约关系中遇到的困难。Contracteren 2011（1）：3 - 22。

③ 欧洲特许经营协会（EFF）的道德规范。

④ Article Nr. 欧盟的191条，2010年。垂直限制指南。欧盟官方公报 C 130，19/05/2010：1 - 46。

制造商开发了一种在所谓的有趣商店销售糖果的新模式，其中糖果可以根据消费者的需求特别着色。糖果制造商也开发了机器来为糖果着色。制造商也生产着色液体。

液体的质量和新鲜度对生产优质甜食至关重要。制造商通过自己的零售店取得了成功，这些零售店都以相同的商品名称和统一的有趣形象（店铺布局、普通广告等）运作。为了扩大销售量，制造商开始了特许经营体系。特许经营商有义务从制造商处购买糖果、液体和着色机，使其具有相同的形象并以商标名称运营，支付特许经营费用，为共同的广告做出贡献并确保特许经营者准备的操作手册的保密性。此外，特许经营商只能从获得同意的场所出售糖果，出售给最终用户或其他特许经营商，并且不得销售其他糖果。特许经营授权人有义务不在给定的合同区域范围内指定另一个特许经营者或开设自己经营的零售店。特许经营授权人还有义务更新和进一步开发其产品，业务前景和操作手册，并向所有零售特许经营商提供这些改进。特许经营协议的签订期限为 10 年……

特许经营协议中包含的大部分义务可能被认为是保护知识产权或维护特许经营网络的共同身份识别和声誉所必需的，并且不属于上述第 101（1）条的规定。① 对销售的限制（合同区域范围和选择性分销）为特许经营商提供了投资着色机和特许经营概念的激励机制，并且如果不是必要的话，至少有助于维护公共身份，从而抵消内部品牌竞争带来的损失。在整个协议期限内，不得销售其他品牌糖果的非竞争条款确实使得特许经营者可以保持零售场所的统一性，并防止竞争对手从其商标名称中受益。鉴于其他糖果生产商有大量潜在销售点，因此不会导致任何严重的排斥问题。当本特许经营授权人的特许协议中的义务要求符合第 101（1）条的规定时，其很有可能会符合第 101（3）条规定的豁免条件。

这个例子向我们表明，在一些情形下，特许经营授权人可以在特许经营网络内对特许经营者规定私营标准，或者其使用的标准对整个特许经营链中的消费者或购买者产生影响。

在这个例子中，特许经营授权人也是着色液体和机器的制造商。其可以确

---

① "关于欧盟运作的条约"。

保特许经营网络内生产的彩色糖果符合某些标准。网络内使用的操作手册除了特许经营协议本身以及用于销售产品的一般条款和条件外，最常见的内容是限制使用商标的条件，即专有技术，如遵守私营标准，以保证货物和服务的一致性或质量。

在"限制销售"的例子中提到的问题同样适用于在网络中使用私营标准的情形。它激励特许经营者投资网络和特许经营理念，如果不是必要的话，至少有助于维护共同的身份，从而抵消品牌内部竞争带来的损失。

这个例子提到了特许经营者有义务"为共同的广告做出贡献"。这向我们展示了间接规制的效果，例如，特许经营授权人借助交流项目与消费者或购买者交流关于卫生和食品的信息。

尽管观点有所不同，在特许经营网络内适用标准的另一个动机与产品的法律责任相关。① 这样的激励可以从特许经营授权人的角度以及从特许经营者的角度出发。从特许经营授权人的角度来看，因为责任和/或索赔可能损害其专有技术和其创建的声誉，或者在特许经营授权人是所涉及产品的生产商（分销的特许经营权）时，可能直接导致过错责任。特许经营者是独立企业家，尽管其从特许经营授权人那里获得商业和技术的支持，但是当其不符合食品安全规定时，依旧由其承担法律责任，即便特许经营授权人是产品制造商。从双方来看，因为保险公司要求整个特许经营网络遵守所期望的行为。

然而，最有可能的是，各方遵守标准的真正动机是担心会损害特许经营网络的声誉。这一激励措施适用于所有当事人，即特许经营授权人和特许经营者。特许经营授权人与特许经营者之间的联系非常重要。特许经营授权人将尽全力维护特许经营网络的利益及其专有技术和声誉。这就是特许经营授权人的投入所在。特许经营者对保护自身的特许经营权有兴趣，因此将遵守协议和特许经营义务，以保障特许经营权。在那些遵守要求的特许经营网络中，不遵守规定将立即断送与特许经营组织的业务关系。

维持特许连锁店标准的困难在于个别特许经营者无法取得其投资所带来的全部收益，如为提高质量的投入和收益不成比例。尽管提高质量有助于提高连

---

① Havinga，T.，2010. Draagt aansprakelijkheidsrecht bij aan de voedselveiligheid. Recht der Werkelijkheid31（1）：6 – 27.

锁模式的整体声誉，并因此影响每个连锁店市场的收入，但特许经营者最多只能提取仅属于其名下的特许经营店铺的收入贡献。由于个体特许经营者的私人利益与连锁内所有者的整体利益之间存在这种差距，许多特许经营授权人选择拥有或密切监控其重要的公司零售网点，以确保提供充分的服务。其他人在其协议中增加了某种奖惩体系，以使特许经营者自愿"遵守质量标准"。

11.4 总结

销售连锁的持续发展，如特许经营模式，是与私营标准的协调化和基准化一并发展的，进而回应由它们的数量增长和形式多样化带来的挑战。私营标准的协调和基准化尤其受欢迎，因为这极大地简化了合规性并为买方和供应商节省了成本。至少对那些商业模式非常具有吸引力的特许经营授权人来说，特许经营将有助于实现上述目标。它们将使用标准来提高竞争市场中的占有率，并且，它们也会要求特许经营者采取相应行动。它们制定标准，以便在自己的商业组织内和由供应商和合作伙伴构成的组织内实施，由此而来的便是整个供应链内的一并适用和便利对合规情况的监督。通过在食品组织内使用与私营标准并行的标准化特许经营协议，不断强化的食品私营标准也会让客户最终受益。

翻译：曲思佳

参考文献

— EU，2002. Commission Regulation（EC）No 1400/2002 of 31 July 2002 on the application of Article 81（3）of the Treaty to categories of vertical agreements and concerted practices in the motor vehicle sector. Official Journal of the European Union L 203，01/08/2002：30-41.

— EU，2008. Treaty on the Functioning of the European Union（consolidated version）. Official Journal of the European Union C 115，09/05/2008：47－199.

— EU，2010. Guidelines on Vertical Restraints. Official Journal of the European Union C 130，19/05/2010：1－46.

—— Van der Heijden, M. J., 2011. 'Supplier codes of conduct' en mensenrechten in een keten van contracten; Over enige vermogensrechtelijke implicaties van gedragscodes met betrekking tot mensenrechten en milieu in contractuele relaties. Contracteren 2011 (1): 3 – 22.

—— Havinga, T., 2010. Draagt aansprakelijkheidsrecht bij aan de voedselveiligheid. Recht der Werkelijkheid 31 (1): 6 – 27.

第12章	国家法和宗教法的界限：荷兰和美国针对犹太食品和清真食品的规制安排[①]

Tetty Havinga

12.1 清真食品的开发供应

2006 年，荷兰 Albert Heijn 连锁超市为了向穆斯林客户提供更好的服务，在其部分门店推出肉类清真商品。动物权利组织立即提出强烈抗议，反对该超市出售未打晕就直接屠宰的动物肉类。抗议者认为，非穆斯林消费者可能在无意识的情况下购买这种肉，因此抗议者发起一项运动，要求该连锁超市下架此种肉类产品。[②] Albert Heijn 连锁超市回应说，其已经采用了另一种不同的认证方案来认定清真食品，该方案允许在屠宰动物前对其实施具有可逆性的电击法。[③④] 这一回应引发了穆斯林的抗议和警告，其要求穆斯林千万不要吃这种肉，因为它们不是真正的清真食品。[⑤] 另外，有人向荷兰广告标准局控告

---

① A previous (almost similar) version of this chapter was published as: Havinga, 2010. Regulating halal and kosher foods: different arrangements between state, industry and religious actors. Erasmus Law Review 3 (4): 241 –255.

② Duizenden tegen halal vlees AH. De Volkskrant, 25 October 2006; Radar en Albert Heijn ruzi over halal-vlees. Available at: http: //www. nu. nl/economie/860223; Haal halalvlees uit de schappen. De Volkskrant, 26 October 2006.

③ http: //www. ah. nl/halal; http: //www. evmi. nl/nieuws, reports of 16, 24 and 31 October and 3 November 2006; AH: halalvlees toch van verdoofde dieren. de Volkskrant, 31 October 2006, AH stoptverkoop halal-vlees. AD, 30 October 2006.

④ 译注：所谓可逆性的电击法是指动物们在数秒钟之内就可恢复知觉。

⑤ Moslims: Halal vlees Albert Heijn is niet halal', Elsevier, 3 November 2006.

· 234 ·

Albert Heijn 连锁超市，因为该超市声称其清真肉类产品并没有给动物带来痛苦。①

上述案例表明，在荷兰，清真食品是一个有争议的话题，特别是当涉及宗教屠宰的问题时，因为它涉及的问题非常复杂，例如，宗教对清真食品提出的要求的实质是什么，清真证书的可靠性，宗教屠宰中的动物福利，以及公共当局在清真食品方面发挥的作用等。

在涉及食品规制的广泛议题中，清真食品的规制是一个非常有趣的话题。这里所说的清真食品，指的是因为符合伊斯兰饮食法的要求而允许虔诚的穆斯林食用的食品。由于清真食品与犹太食品的共存性，因此本章将两者放在一起进行比较。本章意在分析荷兰、美国的政府当局、食品行业、认证机构以及宗教机构，在清真食品与犹太食品规制安排上的角色分工。

首先，本章简要介绍清真食品、犹太食品及两者的规制问题。荷兰和美国都对宗教屠宰和清真食品、犹太食品设置了特别的规制安排。其次，通过整理相关文献资料、互联网资源讨论荷兰和美国对清真食品和犹太食品的规制措施。再次，介绍荷兰的犹太食品认证体系、清真认证、宗教屠宰规定，以及美国的犹太食品规制、宗教屠宰规制。复次，则是将荷兰的法律与美国的法律进行比较。最后，对于荷兰和美国在清真食品、犹太食品监管方面的不同立场，本章的总结部分则是尝试寻找其背后的原因。

12.2 清真食品、犹太食品的规制

除伊斯兰教之外，许多其他宗教也会禁止信徒食用某些食物或对某些食物有特殊要求。目前，世界范围内存在犹太教饮食法、伊斯兰教饮食法、印度教饮食法和佛教饮食法。人们一直以来都热衷于讨论关联食品的禁忌和义务话题。偏好哪种食物？认为哪种食物适宜人类消费？这些问题因人们生活的地点、时

---

① Albert Heijn claimt ten onrechte diervriendelijk halal. Available at：http：//www. wakkerdier. nl/persbericht/447；Albert Heijn trekt halal-claim in. Distrifood，10 December 2008；AH trekt claim ‘ diervriendelijk halal ’ in. Available at：http：//www. maghreb. nl/2008/12/12.

间以及所坚持的信仰的不同而有所不同。对于虔诚的犹太教徒和穆斯林来说，宗教饮食法是了解他们的一个重要途径。

伊斯兰教饮食法中规定了穆斯林可以食用的食物种类。Halal 代表清真，允许食用；Haram 则意味着禁止食用。伊斯兰教饮食法禁止教徒食用某些食物，因为其认为这些食物对人类有害。例如，根据伊斯兰教饮食法，禁止食用猪肉、血、酒精、腐肉以及未按照伊斯兰教规定予以屠宰的动物源性肉类。其中，肉类受到的规制最为严格。动物（允许食用的几种动物）须由理智的成年穆斯林宰杀，要求他们用锋利的刀快速切开动物的喉咙。切割的同时，必须念出真主的名字。对于是否允许打晕动物的问题，穆斯林内部以及非穆斯林仍然存在不同意见。对于古兰经未明确禁止的饮食规则，不同的学者可能会有不同的解释。①

犹太饮食法（kashrut）中规定了犹太人（犹太教徒）能够食用的食物种类。犹太教食品法体系复杂而广泛，其中有许多关于食品生产、制备和消费的详细规定。这些规定在犹太圣经和拉比文献中都有所涉及。犹太教饮食法主要涉及三方面问题：禁止食用的食物（如猪肉、贝类和兔子），宗教屠宰的规定（shechita）以及禁止一起制备、食用的乳制品和肉类。此外，还有许多关于葡萄酒和葡萄汁、烹饪设备和逾越节等特殊问题的规定。反刍动物和家禽必须由经过专门训练的宗教屠宰者（shochet）使用专用刀具宰杀。宰杀前，宗教屠宰者会做一番祈祷。不允许将动物打晕。受训为拉比的检查员负责检查屠宰动物是否存在明显缺陷，特别是肺部是否存在缺陷。红肉和家禽必须经过浸泡、腌制，除去所有血液。动物源性原料通常是禁止的，因为从犹太教饮食法允许食用的动物身上获取动物原料是一件比较困难的事。禁止将牛奶和肉类混合在一

---

① 有关伊斯兰教饮食法及其释义，可以参照：Regenstein，J. M.，Chaudry，M. M. and Regenstein，C. E.，2003. The kosher and halal food laws. Comprehensive Reviews in Food Science and Food Safety 2（3）：111 – 127；Bonne，K. and Verbeke，W.，2008. Religious values informing halal meat production and the control and delivery of halal credence quality. Agriculture and Human Values 25：35 – 47；Milne，E. L.，2007. Protecting Islam's garden from the wilderness：halal fraud statutes and the first amendment. Journal of Food Law and Policy 2：61 – 83。

起，所有原材料和产品的加工处理要求分为三类：肉类、奶制品或中性食品。[1]为确保牛奶和肉类完全分离，所有设备必须属于某一特定的类别。食用肉类之后，必须经过 3 到 6 个小时才能食用乳制品。不过，犹太教正统派、保守派和改革派之间在对犹太食品的认定上存在分歧。[2]

视觉上很难清楚地区分某种食品是否属于清真食品或犹太食品，就像与有机食品和公平贸易产品相关的信用质量属性也难以轻易区分一样。这样一来，消费者如何得知某种食品是否是清真食品或犹太食品？通常有以下三个办法：

- 从有名声、有名望的人处购买；
- 向宗教领袖询问哪些食物是允许的，哪些是禁止的；
- 购买贴有清真食品或犹太食品标签的食品。

长期以来，人们经常将前两种方法结合起来使用。若是我们生活在一个宗教社区里，这个社区的管理者管理社区所有的政治、经济和公共事务，社区内的人就会依靠宗教领袖和有名望的食物供应商来辨别清真食品与非清真食品或犹太食品与非犹太食品。过去在欧洲，许多犹太人社区就是如此，首席拉比常常是认证清真食品的最高权威。[3] 在 20 世纪 30 年代的荷兰，由于大多数食品都是人们自己在家里做的，因此只有少数几家食品制造商受到拉比监管。[4]

随着制造业的发展，加工食品不断增多、产地和销地之间的距离越来越远（食品市场的国际化），仅依靠本地供应商和宗教领袖来辨别清真食品已无法满足上述发展。移民的到来也打乱了传统的本地管理。现今，购买犹太食品或清真食品的消费者，往往依赖于犹太食品、清真食品的标签来进行辨别。消费者除了选择相信标签表明的食品来源和相关信息之外别无他法。由于上述变化的产生，美国超市中出现了大量带有犹太食品认证的食品，西欧国家的超市中贴有清真食品标签或清真认证的食品也越来越多。

荷兰不断出现的清真食品认证，也迎合了新的发展模式，即不断兴起的第

---

① 译注：如果是中性食品，一般附有 Pareve 的标记。

② Regenstein *et al.* （2003）, Rosenthal （1997）, Sigman （2004）, Hodkin （2005）, Milne （2007） and Popovsky （2010） for an overview of Jewish dietary laws and their interpretations.

③ Epstein and Gang （2002）; Sigman （2004: 523）.

④ Information from the Chief Rabbinate of Holland provided to the author （9 July 2010）.

三方认证以及公私主体混合的规模安排。目前,食品安全规制涉及了许多的政府机构和私营组织,它们之间的组织职能具有互补、重叠、相互竞争的特征,彼此协作共同发挥重要作用。[①] 在食品规制领域,政府机构和私人组织之间的关系多样而复杂,是一个非常有趣的研究领域。在某些情况下,私人规制很大程度上独立于公共规制(如海洋管理委员会有关可持续鱼类的标签);在其他情况下,政府机构支持私人规制的发展,同时要求私人组织遵守相关的法律法规(如许多的工业卫生规范)。[②]

大多数私人监管安排与政府和政府间监管结构关系密切。[③] 不同形式的规制安排对食品和食品生产商都具有约束力。对于很多情形而言,多数的规制还是公共规制。荷兰的清真/犹太食品认证体系在这方面似乎显得较为特殊,因为多数时候,并不存在政府和政府间的监管机构。政府规制并不包括犹太食品和清真食品的标识和认证工作,仅有的规定也只是有关宗教屠宰的监督和一般性的食品规制。而私人组织与政府组织关系中存在的一个问题是,清真食品和犹太食品的规制在强化宗教自由的同时,也增加了国家对宗教团体自治所要肩负的责任。

荷兰与美国的对比特别有意思。美国与荷兰都不是伊斯兰教国家,也不是犹太教国家。然而,美国的特别之处在于犹太食品认证行业规模庞大,立法者、政府执法机构以及法院在犹太食品标签方面发挥重要作用。

在本章中,笔者将分析荷兰和美国的政府机构、食品行业、认证机构以及宗教权威组织在清真食品和犹太食品的规制安排中承担的不同角色分工。

12.3 荷兰的犹太食品认证

第二次世界大战摧毁了很多荷兰犹太社区,目前有些社区不遵守犹太教食品法,或者部分地遵守犹太教食品法,如不吃猪肉和贝类,或者吃肉时不喝牛

---

① Fuchs *et al.* (2011), Havinga (2006), Levi-Faur (2010), Marsden *et al.* (2010) and Van Waarden (2006).

② Havinga (2006).

③ Meidinger (2009:234).

奶等。根据荷兰首席拉比的粗略估计，荷兰目前只有 300~400 个家庭还留有犹太厨房。[1] 近年来，犹太食品并不是公众讨论的焦点。然而，最近人们逐渐开始关注犹太食品问题，例如，按照犹太食品法律要求，动物未打晕即被屠杀的问题等。

自 1945 年以来，荷兰首席拉比一直都负责荷兰犹太食品成分、半成品和最终产品的认证工作。[2] 犹太食品商店和犹太餐馆由当地的拉比负责监督，如阿姆斯特丹、海牙等地。

犹太食品认证对于出口至以色列和美国的食品尤为重要（相比之下，荷兰对犹太食品的需求量太小，因此还没有专门的法律对犹太食品认证做出规定）。荷兰首席拉比会针对某一种或几种产品或者针对某一生产流程颁发犹太食品认证书。认证程序始于食品生产商的申请，监管机构接到申请后会进行实地考察，判断该工厂或生产流程是否符合认证条件。

荷兰首席拉比的书面文件中并未出现过犹太教饮食法和认证要求。首席拉比适用的法律依据是《旧约》中规定的犹太律法（特别是利未记和申命记）、犹太教的指令以及法律解释。拉比批准食品成分和设备后，由首席拉比负责生产现场的监督工作。若一种产品或一个工厂是处于首席拉比的监督之下，那么将会得到一个许可标记，并用希伯来语写着 "onder toezicht van het Opperrabbinaat voor Nederland"（意为 "在荷兰首席拉比监督下"）。上述标记是一个使用受到保护的标志。对此，生产者需要支付认证证书的费用以及按小时支付监督费用。实地监督的频率视特定产品和工厂的危害程度而定。基于此，犹太屠宰者每一天都要受到首席拉比的监督，而对于生产犹太食品的工厂来说，首席拉比一年仅抽查一次。对于大多数不仅生产犹太食品还生产非犹太食品的工厂而言，首席拉比督查的频率则要高一些（如每月一次），并且每种产品都需要得到犹太食品认证证书才能上市销售。

每年，首席拉比都会发布犹太食品清单，其中包含荷兰超市中可供犹太人食用的产品。清单上所列的产品既不是在首席拉比的监督下生产，也没有获得犹太食品认证证书，而是首席拉比调查之后，决定允许犹太人食用的食品（这

---

[1] Information from the Chief Rabbinate of Holland provided to the author （9 July 2010）.

[2] http：//www. kosherholland. nl.

种标准往往较低）。清单中还包括禁用食品添加剂及其对应的欧盟编码。之所以发布这样一份清单，是为了给距离犹太商店较远的犹太居民提供便利。在荷兰和其他欧洲国家，拉比批准的主要方法是通过地方或者国家犹太主管部门发布犹太食品清单。犹太消费者往往依靠首席拉比等政府部门公布的清单来挑选食品。①

12.4 荷兰的清真食品认证②

在荷兰，移民大量涌入，其中很多移民都是穆斯林，因此清真食品市场的规模远大于犹太食品市场。据估计，2006 年约有 5% 的荷兰人口是穆斯林(837,000人)。③ 最近，随着超市、商店、医院、企业食堂等引入清真产品，这一现象才开始得到人们的关注。在媒体以及荷兰议会中，有一些个人和组织反对伊斯兰化的发展趋势。④ 同时，他们从动物福利的角度也对宗教动物屠杀提出批评。⑤

Van Waarden 和 Van Dalen 认为"官方"和"国际"市场与当地的"邻家小店"市场应该区分开来。官方市场包括大型出口公司、大型连锁超市以及认证机构。而"邻家小店"市场则是基于对当地同一社会和族裔群体的屠宰者和杂货店的信任而出现的本地市场。目前，荷兰国内的清真市场仍然处于当地市场的支配下。⑥

荷兰没有一个专门的清真食品认证机构，这与犹太食品认证不同。在荷兰，一共有 30 ~ 40 家不同的清真食品认证机构，其中包括规模较大的官方认证机构（如清真饲料和食品检验局、清真质量控制局、清真纠正和清真审计公司）、小

---

① Bergeaud-Blackler *et al.* （2010：27）。

② The information on halal certification in the Netherlands is based mainly on Van Waarden and VanDalen （2010）。

③ Van Herten and Otten （2007）。

④ 原注：E. g. Handelingen TK 17 （1013） of 29 October 2003. See also：http：//scepticisme. prikpagina. nl/read. php? f = 1056&i = 241469；http：//www. elsevier. nl/opinie/reacties _ op _ commentaar.

⑤ http：//www. dierenbescherming. nl/downloads/docs/offerfeest_ 2006. doc.

⑥ Van Waarden and Van Dalen （2010）；Bonne and Verbeke （2008）。

型（通常是个人）认证机构（伊玛目）①、自我认证机构（为食品或店铺标记清真标志的公司，如 Mekkafoods 公司），以及国际认证机构（如 JAKIM、IFANCA、IHI 联盟）。本章不会涉及国际认证机构的问题。许多认证机构得到了伊斯兰管理部门的承认或在其监督下工作，如 Majlis Al Ifta、荷兰伊玛目协会、JAKIM Jabatan Kemajuan Islam Malaysia（马来西亚伊斯兰开发部）②、Majelis Ulama Indonesia MUI（印度尼西亚 Ulama 理事会）、伊斯兰法塔瓦委员会、鹿特丹伊斯兰大学研究所、开罗艾尔扎哈尔大学或 imams。而部分认证机构是否受到宗教监督或是否得到伊斯兰权威机构的承认尚不清楚。

荷兰清真食品认证机构尚未得到荷兰认可委员会的认可，大多数认证机构由于不具有认证所需要的全部书面文件而未得到认可资格。一些清真标志受到民法的保护，例如，清真饲料和食品检验局标志受到国际版权法保护，未经授权不得使用。③

12.5 荷兰的宗教屠宰

犹太教饮食法和伊斯兰教饮食法都规定了宗教屠宰的具体要求。正统的犹太社区和部分伊斯兰社区认为动物在屠宰前不应被打晕。与所有欧盟国家一样，荷兰禁止动物不经打晕而直接屠宰。④ 自从 1922 年荷兰通过第一部禁止屠宰未打晕的动物的法律以来，犹太动物屠宰是唯一的例外。

自 1996 年以来，与犹太动物屠宰类似，伊斯兰动物屠宰也成为一个

---

① 译注：伊玛目是指清真寺内率领伊斯兰教徒做礼拜的人。

② There are two Dutch bodies on the list of approved foreign halal certification bodies of MUI：Halal Feed and Food Inspection Authority and Total Quality Halal Correct. See：http：//www. mui. or. id. These halal certifiers are also on the list of JAKIM. The Control Office of Halal Slaughtering also appears on the JAKIM list. See：http：//www. jurnalhalal. com/2010/04/halal-bodies-recognized-by-jakim. html.

③ http：//www. halal. nl.

④ Oosterwijk（1999）；Havinga （2008）；Kijlstra and Lambooij（2008）；Ferrari and Bottoni （2010）. Council Directive 93/119/EC of 22 December 1993 on the protection of animals at the time of slaughter and killing， replaced by Council Regulation （EC） No. 1099/2009 of 24 September 2009 on the protection of animals at the time of killing， which will enter into force in 2013.

例外。① 宗教屠宰在法律上的定义是根据犹太教或伊斯兰教教规，动物未经打晕即遭屠杀。只有获得许可的屠宰场才能进行符合伊斯兰教或犹太教教规的屠宰，而且必须要事先告知荷兰食品消费品安全局（VWA）。② 有关宗教屠宰的特别法规则对此提出了更为详细的要求，包括避免痛苦、动物和屠宰技术的处理说明、限制说明等。③ 法律规定由荷兰食品消费品安全局的兽医负责宗教屠宰的监督工作。若违反上述规定，可能被处以警告、罚款或停止屠宰等处罚。不过，此处的监督不包括对是否违反宗教法律的监督。

根据宗教屠宰的具体规定，荷兰法律默认宗教屠宰等同于未经打晕即屠宰动物。在荷兰，宗教屠宰存在较大的争议。目前，批评的声音主要来自三个方面。首先，动物权利组织反对以不人道、带给动物痛苦的方式处理动物。其中一些组织希望官方能够出面禁止宗教屠宰，还有一些组织试图说服伊斯兰组织和犹太组织，希望其能够接受对动物进行可逆电击。其次，一些右翼政治家和政治组织反对荷兰社会越来越伊斯兰化的发展趋势。这些批评家仇视伊斯兰教，认为宗教屠宰是一个十分明显的标志，标志着伊斯兰法规的入侵，以及"左"翼精英不受到人们的欢迎。最后，荷兰和其他欧洲国家的兽医组织倡导强制要求屠宰前务必将动物打晕。它们的观点是，科学家们一致认为若是不事先打晕，那么会给动物带来不必要的痛苦。欧洲兽医联合会认为，在任何情况下，不把动物打晕就屠宰都让人难以接受。④ 荷兰的兽医们提出，目前监督宗教屠宰的兽医面临着道德困境。他们认为人们宗教信仰的内容是不断变化的，因此应当

---

① Gezondheids-en welzijnswet voor dieren III-44 （Animal Health and Welfare Act of 24 September 1992）. Many other EU countries also allow slaughter without prior stunning for religious reasons （e. g. Germany, UK, Italy and Belgium）. However, some countries do not allow slaughter without prior stunning （e. g. Sweden, Norway and New Zealand）. Denmark, Finland and Austria do allow the killing of unstunned animals but require immediate post-cut stunning （Kijlstra and Lambooij 2008：5 – 6; Ferrari and Bottoni 2010：10）. Until 1975, the Dutch government was not prepared to make an exception for Islamic slaughter, as an explicit prohibition on stunning is not found in the *Quran* （Oosterwijk 1999：111 – 112）.

② Until 2006, a declaration by the religious authority regarding the number of animals was required.

③ Besluit Ritueel Slachten 1996.

④ Federation of Veterinarians in Europe, 'Slaughtering of animals without prior stunning', FVE position paper FVE/02/104 （2002）. Available at：http：//www. fve. org.

改变未经打晕即屠宰动物的规定，从而改善动物福利。① 由于根据国内法或欧洲法，不打晕即屠宰动物是合法的，因此兽医们建议，通过立法规定最低限度的具体要求。

2007 年年底，荷兰议会驳回了一项动议，该动议支持不打晕即屠宰的禁令。几乎一半的人投票（150 票中有 68 票）赞成这项禁令。反对该项动议的常见原因是宗教享有自由。2011 年 4 月，一项私人会员法案规定，屠宰前打晕已获得荷兰议会多数议员的支持。这项法案在当时处于未决状态。②

欧盟议会和理事会有关向消费者提供食品信息的法令包括了如下的一项规定，内容是若肉类、肉类产品来源于屠宰前未被打晕（即宗教屠宰）的动物，那么应当做出标记，标记为"未经打晕的屠宰肉"。该修正案于 2010 年 6 月 16 日在欧盟议会一读通过（326 票赞成，270 票反对，68 票弃权）。③ 提供食品信息的目的在于为知情选择和安全使用食品提供依据。然而，该修改未被欧盟成员国常驻欧盟理事会代表会议和欧洲理事会采纳。④ 2010 年 12 月，荷兰议会通过了一项类似的决议，该决议敦促政府规定强制性清真肉类标识，以便消费者自由选择屠宰肉。⑤

---

① KNMvD-standpunt over het onbedwelmd slachten van dieren, 15 March 2008.

② Bill from MP Thieme（Political Party for Animal Rights, Partij voor de Dieren）Kamerstukken II 2009/10, 31 571. The majority was gained after the Labour party decided to support the bill in April 2011: http://nu. pvda. nl/berichten/2011/04/PvdA-steunt-voorstel-voor-verplichte-verdoving-bij-rituele-slacht. html#.

③ http://www. europarl. europa. eu/sides/getDoc. do? type = TA&reference = P7-TA-2010-0222&dan guage = EN&ring = A7-2010-0109.

④ European Parliament, MEPs set out clearer and more consistent food labelling rules, Press release, 16 June 2010. Available at: http://www. europarl. europa. eu/en/pressroom/content/20100615IPR76127; http://halalfocus. net/2010/12/08/world-halal-forum-europe-approves-eus-rejection-ofamendment-205/. Jewish organisations lobbied against this obligatory labelling: 'Shechita fears if European law changes'（http://www. thejc. com/news/uk-news/32930/shechita-fears-if-europeanlaw-changes ）; http://halalfocus. net/2010/12/07/uk-a-cautious-welcome-from-shechita-uk-to-eucouncil% E2% 80% 99s-rejection-of-205/）; 'Kosher bosses welcome EU labelling decision'（http://www. meatinfo. co. uk/news/fullstory. php/aid/11958/Kosher_ bosses_ welcome_ EU_ labelling_ decision. html）.

⑤ Resolution of MP Graus（PVV）, Kamerstukken II 2010/11 32 500 XIII, nr. 111. http://www. tweedekamer. nl/images/07 – 12 – 2010_ tcm118 – 215256. pdf, last visited 17 February 2011.

12.6 美国的犹太食品监管

美国的犹太食品认证、监管与荷兰完全不同。美国国内的犹太食品市场规模很大。在美国东北部，超市货架上近一半的产品都是经过认证的犹太食品。很多非犹太人也会购买犹太食品，因为他们认为犹太食品更健康、天然、品质好。[1]

美国犹太食品的监督，在过程上与荷兰的犹太食品认证非常相似，都是由食品制造商来启动监督、认证过程（主要是回应消费者或买方的要求）。认证机构根据其与制造商订立的合同来对食品、生产过程以及生产地点展开调查。犹太监督机构（KSA）花钱雇用一名适格的检查员对该制造商进行不间断的检查。有时需要犹太监督机构派代表亲临现场监督生产过程（如逾越节的无酵饼生产）。

与荷兰不同的是，在美国有很多家犹太监督机构，彼此之间存在竞争。据估计，4 家大型的犹太监督机构负责 90% 的犹太食品认证。这些大型机构通常是非营利性的，如美国正统犹太教会联盟（OU）的犹太教饮食教规分部。负责监督和认证犹太食品工作的都是犹太组织和犹太人。[2] 在美国，经过犹太监督机构认可而注册的犹太食品认证标志有 300 多种，法律地位相当于受保护的商标。[3] 犹太监督机构可以大致分为三类：主要负责监督大型食品公司的机构、在正规标准之外另外制定标准的个体拉比、要求较为宽松的个体拉比（如保守拉比）。[4] 大多数犹太监督机构都没有规定犹太食品通用标准的书面文件。[5]

还有一个与荷兰不同的地方是，在美国，国家法律和行政执法的参与程

---

① Sullivan（1993：201），Sigman（2004：537，544－545）。

② Sigman（2004：536）。

③ Sigman（2004：525）. Some of the most important KSAs are：the Union of Orthodox Jewish Congregations of America（OU, est. 1924），the Organized Kashrus Laboratories（OK, est. 1935），the Star-K Kosher Certification（est. 1947）and the KOF-K Kosher supervision（est. 1968）.

④ Regenstein *et al.*（2003：125）。

⑤ Sigman（2004：531－532）。

度更高。许多州都制定了针对犹太食品监管的法律。犹太食品市场吸引力很大，这诱使有些人会用非犹太食品冒充犹太食品。联邦政府以及州政府出台了相应的法律来保护消费者免遭这种欺诈行为欺骗。1922 年，纽约州通过了第一部适用于全州的《犹太食品（反）欺诈法》，意在保护消费者免受非犹太食品欺诈。① 很多其他州也接连颁布了《犹太食品（反）欺诈法》。东正教联盟是推动制定《犹太食品（反）欺诈法》的主要力量。② 大多数《犹太食品（反）欺诈法》的运作方式都十分近似，比如说若不符合国家规定的食品准备要求、处理要求，那么禁止宣传或销售标有"犹太食品"的食品。《犹太食品（反）欺诈法》对犹太食品的定义是"按照正统希伯来教的要求进行制备或加工的食品"或类似的东西。③ 一些州的《犹太食品（反）欺诈法》属于州刑法的一部分，另一些则是公共卫生、食品法或商业贸易法的一部分。若违反《犹太食品（反）欺诈法》，可能受到罚款甚至监禁的处罚。④ 有些州的《犹太食品（反）欺诈法》授权总检察长、委员会或特别机构对犹太食品进行检查。纽约州、新泽西州等州成立了犹太食品执法局，聘请拉比进行执法。⑤ 2002 年，纽约州农业市场部犹太食品执法局在纽约州开展了 7500 次检查，意在告诉消费者市场上销售的犹太食品的的确确是犹太洁食，让消费者放心。⑥ 而现在，该部门的情况发生了新的变化，因为用于犹太食品检查的各项预算费用将会被减少 95% 以上。⑦

西格曼（Sigman）对有关信誉的非法律制裁以及私法救济和消费者保护法作了分析，基于分析结果，他的结论是："目前没有证据表明国家的相关执法

---

① Rosenthal（1997：951，note 1）lists 23 kosher fraud statutes.

② This was before the OU entered the kosher supervision and certification business. Sigman（2004：552）.

③ Gutman（1999：2369）；Sigman（2004：553）.

④ Sigman（2004：554）；Gutman（1999：2369，note 144）.

⑤ Sigman（2004：554）. Division of Kosher Law Enforcement, New York State Department of Agriculture and Markets. See：http：//www. agmkt. state. ny. us/kosher.

⑥ http：//www. agmkt. state. ny. us/KO/KOHome. html.

⑦ http：//www. theyeshivaworld. com/news/General + News/65637/Do-Not-Cripple-NYS-KosherLaw-Enforcement. html. New York State Kosher-Enforcement Division wiped clean. Available at http：//newyork. grubstreet. com/2011/01/new_ york_ state_ cuts_ every_ last. html；Restore kosher division, new N. Y. Gov. Cuomo urged （3 January 2011）. Available at：http：//jta. org/news/articleprint/2011/01/03/2742388/jewish_ groups_ call_ on_ ny_ gov.

在防止犹太食品恶意欺诈方面发挥了重要作用；也没有证据表明执法能够解决当今犹太消费者面临的问题。"①

在法庭上，有人对《犹太食品（反）欺诈法》的合宪性提出了质疑。起初，法院是《犹太食品（反）欺诈法》的维护者，但是从1992年起，有几个法院宣布该法律无效，理由是该法律导致教会与州政府之间出现过多的纠纷，同时客观上起到了宣扬宗教或禁止宗教的效果。② 其中的大多数案件是由犹太教机构或犹太食品认证机构提起的，通常是因为州检查员先发现了违法行为，但是监督拉比或犹太食品认证机构则声称该行为符合犹太食品法。根据第一修正案，法院认定《犹太食品（反）欺诈法》违宪时考虑两点因素：一是该法律违反正统标准，二是有关州政府或地方政府聘请犹太教教士为国家工作人员。法院认为，第一修正案要求州政府在解释《犹太食品法》以及推进犹太食品的正统定义时须采取官方、正式的立场。对此，一些州将该州的《犹太食品（反）欺诈法》修改为《犹太食品披露法》（如新泽西州、纽约州和格鲁吉亚州）。例如，2010年新生效的《格鲁吉亚犹太食品消费者保护法》规定，个人应基于出售的目的来展示犹太食品，并应当将其主要展示在消费者容易看到的地方，犹太食品披露声明……③犹太食品披露声明应当包括以下内容：该人是否在拉比或其他犹太机构的监督下工作，负责监督的拉比或机构/个人的名称和地址，监管人员到场监督的频率。声明中还应说明，该人是仅销售、供应犹太食品，还是兼顾犹太食品和非犹太食品，是否出售、供应肉类、奶制品以及中性食品。《格鲁吉亚犹太食品消费者保护法》涵盖了许多有关信息披露的问题，例如，屠宰场内的拉比监督或犹太食品监督情况，出产的带有 Glatt 标记④的犹

---

① Sigman（2004：601）。

② *Ran Dav's County Kosher Inc* v. *State*，608 A. 2d 1353（N. J. 1992），*Barghout* v. *Mayor of Baltimore*，66 F. 3d 1337，1342 - 46（4th Cir. 1995），*Commack Self-Service Kosher Meats, Inc.* v. *Weiss*，2002 U. S. App. LEXIS 9576（2nd Cir. June 21，2002）. Ciesla（2010）；Levenson（2001）；Milne（2007）；Popovsky（2010）；Rosenthal（1997）。

③ http：//www. legis. ga. gov/legis/2009_ 10/pdf/hb1345. pdf.

④ 译注：Glatt Kosher-Glatt 是意第绪语，意思是平滑的，指的牛是按照犹太饮食习俗屠宰的牛肉，这种牛的肺部是没有病变。犹太消费者非常严格地只接受高标准的 Kosher，要求所有的 Kosher 肉类产品必须是"Glatt"。

太肉类，犹太食品、非犹太食品、犹太肉类、乳制品、犹太中性食品的独立生产区以及厨房用具的使用情况。若违反本法，政府执法人员或法院有权发布停止令或处以民事处罚。

2004 年出台的《纽约州犹太食品保护法案》规定，犹太食品的生产商和分销商"需要向行政部门登记犹太食品认证人的名称、地址和电话号码"。[①] 该法案中还规定了多项特殊要求，如需要披露犹太肉类浸泡、腌制的相关信息。

近期，一些州也颁布了类似的清真食品法。[②] 在这些法律中，清真食品的定义是"食品的准备与保存必须严格遵守伊斯兰教的法律和习惯"或"遵循伊斯兰教的要求"。[③] 尽管伊斯兰不同思想流派在这个问题上存在着重大分歧，但是美国各个州试图通过立法来明确"清真食品"这个宗教术语的含义。法律之所以要给"清真食品"下定义，目的是防止非清真食品冒充清真食品。然而，政府对"清真食品"下的这些定义是否合宪，目前还不确定。[④]

12.7 美国的宗教屠宰

作为犹太食品和清真食品的重要组成部分，宗教屠宰需要认证机构或宗教组织进行持续不断的监督。《人道屠宰法案》（HMSA）规定，屠宰动物应当人道，可采取以下两种方法：一是通过枪击、电击、化学品或其他手段将动物麻醉；二是按照犹太信仰或其他宗教信仰的要求进行屠宰。

此外，美国的法典包含以下条款："本章的立场是，反对禁止、减少或以任何方式妨碍任何个人或团体的宗教自由……"[⑤] 在监督宗教仪式屠宰方面，农业部（USDA）的检查机构发挥的作用很小。负责宗教饮食执法监督的宗教

---

① http：//public. leginfo. state. ny. us.

② E. g. the Halal Food Consumer Protection Act New Jersey （2000）. Available at：http：// www. njleg. state. nj. us/2000/Bills/a2000/1919 _ i1. htm. Also California （2005），Illinois （2005），Michigan （2005），Minnesota （2005） and Texas （2005）. See Milne （2007：63，note 9）；Regenstein *et al.* （2003：127）.

③ Milne （2007：71）.

④ Milne （2007：63）.

⑤ http：//assembler. law. cornell. edu/uscode/html/uscode07/usc _ sec _ 07 _ 00001902——000-. html. See also Milne （2007）.

官员有必要对屠宰方法进行书面核查，并确保屠宰前动物受到了人道的对待。①

霍德金（Hodkin）认为，如果动物在屠宰之前没有被打晕，犹太教要求的屠宰方法没有得到落实，那么就违反了《人道屠宰法案》的要求。霍德金主张，美国农业部检查人员需要将犹太法律的要求牢记于心，保证该法案得到遵守。得出这一结论是因为霍德金分析了有关犹太屠宰场残忍对待动物的丑闻（犹太屠宰动物的丑闻是发布在 YouTube 和其他平台上的视频，引发了巨大的抗议）。②

12.8 比较结论

荷兰和美国均允许根据宗教要求不打晕即屠宰动物。美国法律没有规定宗教屠宰，而是直接援引了《人道屠宰法案》的一项条款，该条款规定，按照宗教仪式的要求来屠宰动物是人道的做法。在荷兰，宗教屠宰则受到更多法律的限制，荷兰食品和消费品安全管理局负责监督法律的执行。不过，荷兰宗教屠宰的法律中没有涉及清真或犹太的声明问题。

在荷兰，清真食品和犹太食品的认证工作完全由私人负责，不受任何公法的管制，政府机构也不参与清真、犹太食品法规的监管与执行。荷兰的清真食品认证经宗教机构批准由商人主导，犹太食品认证主要由荷兰首席拉比负责，其是宗教人员。

而在美国，宗教当局主管清真食品和犹太食品的认证工作。有了州法律和国家执法机构的保驾护航，犹太食品或清真食品消费者不会轻易受到误导。以前，此类问题主要是由州法律和立法机构制定正统犹太标准来进行规制，而正统犹太标准如今仍对美国社会存在一定的影响。不过，现行法律侧重于信息公

---

① Hodkin（2005：146）.

② The animal rights group PETA（People for the Ethical Treatment of Animals）has filed a complaint against Agriprocessors（one of the largest kosher slaughterhouses in the world）for abusing animals. See：http：//www. peta. org/Automation/AlertItem. asp？id = 1192；http：//www. goveg. com/kosher. asp. PETcomplaint against kosher slaughterhouse. Available at：http：//www. jewfaq. org/peta. htm；Statement of rabbis and certifying agencies on recent publicity on kosher slaughter. Available at：http：//www. ou. org/other/5765/shichita2 – 65. htm. Agriprocessors is certified as kosher by the Orthodox Union. See also Gross（2005）.

开和商标保护，但具体的操作方法尚不清楚。近期新出现的诉讼多与现行法律的执行问题有关。[①]

由于美国奉行自由市场经济，因此美国人希望政府对犹太食品、清真食品产业的干预越少越好。而荷兰是一个社团主义福利国家，因此人们期望国家积极参与、主动监管。

宗教屠宰的有关规定满足了荷兰人的期待。美国人需要的是政府尽可能少的干预，保证宗教自由。而在荷兰，有关国家检查员、屠宰场内兽医守法情况的规定则更为详细具体。

然而，两国的清真食品、犹太食品认证体系体现了两种不同的模式。相比于荷兰，美国犹太食品认证以依赖政府为主，这一点出乎我们的预料。虽然美国人曾质疑《犹太食品（反）欺诈法》的合宪性，但是许多州仍然通过法律对清真食品、犹太食品标志给予保护。在几个州甚至还存在特殊的犹太法律执行机构专门负责法律监督。由于人们对于犹太食品法存在不同的解释与分歧，因此产生了大量判例法。虽然过去几十年来，政府机构在犹太食品监管方面的影响力比较有限，但是仍然发挥了重要作用。

相比之下，对于作为社团主义福利国家的荷兰而言，清真和犹太食品的认证工作完全由商业组织和宗教组织负责。在法律上，"清真食品"和"犹太食品"并没有定义，也不是受保护命名标志。荷兰政府认为这类认证不在其工作范围之内，其尽可能避免插手宗教事务。

在这一比较结论的背景下，产生了几个问题，包括荷兰的消费者保护问题，以及美国政府与宗教的关系问题等。

荷兰公法中不存在保护消费者免受由犹太、清真食品导致的标识错误或欺诈的规定。这是否会导致许多伊斯兰和犹太消费者上当受骗？在没有政府参与的情况下，犹太食品、清真食品认证如何建立信誉？

在阿姆斯特丹和另外 5 个欧洲城市的犹太消费者焦点小组表示，犹太消费

---

① Butchers file another lawsuit challenging NY State's kosher certification authority. Long Island Business News, 4 March 2005. Available at：http：//www. allbusiness. com/legal/1027321 – 1. html. New York-conservative rabbis fight orthodox kosher state laws, 30 July 2008. Available at：http：//www. vosizneias. com/post/read/18724/2008/07/30/new-york-conservative-rabbis-fight-orthodox-kosherstate-laws/print/with-images.

者完全依赖于拉比的监管。小组中大多数人信任所有的犹太证书，而少部分人只信任知名的且严格的监督者。① 然而，阿姆斯特丹和另外 5 个城市的清真消费者则对清真食品标签和证书的可靠性表示怀疑。他们认为，清真标签应该得到有公信力的宗教机构认证，并且他们倾向于肉店等更传统、更个人的肉类供应网络。荷兰焦点小组的成员信赖本国的食品供应链。②

1999 年，一名穆斯林妇女（来自巴基斯坦）在阿姆斯特丹某小吃店购买了清真小牛肉（炸肉饼）食用。后来她发现小牛肉并未采用宗教方式进行屠宰，于是她向该小吃店的经理提出索赔。经理是一位摩洛哥裔穆斯林妇女，声称小牛肉中不含猪肉，是清真食品。由于一些摩洛哥年轻人的要求，经理在产品上都贴了标签，标签上用阿拉伯语写着"清真"二字。简易程序中，法官拒绝认定"清真"肉类的具体标准。该小吃店连锁店命令经理要求其去除产品上的"清真"标签。③ 这个案例一方面说明了人们对"清真"的理解不尽相同，有人认为"清真"是指"不含猪肉"，还有人认为"清真"是指"不含猪肉，以宗教方式屠宰动物，同时引用真主的名字"。另一方面，该案例还表明，即便是一个辨别力较强的穆斯林消费者，也很难知道到底什么食品才是清真食品。

最近，存在一些投诉"未经授权"清真证书以及荷兰和德国组织发布"假清真证书"的报道。④ Van Waarden 和 Van Dalen 发现，除了荷兰清真认证机构的受访者以外，其他所有受访者都认为荷兰政府应该在制定国家清真证书方面

---

① Bergeaud-Blackler *et al.* （2010：26 – 28）.

② Bergeaud-Blackler *et al.* （2010：46 – 48）. Similar observations in Bock and Wiersum （2003：22），Bijzondere ontmoetingen over vlees （2002：7 – 9）and Bonne and Verbeke （2006）.

③ Rechter buigt zich over religieus gehalte van kroket. Het Parool, 1 September 1999；Geen straf voor foute krokketten. Het Parool, 11 September 1999；Halal-producenten wensen keurmerk voor rein voedsel. Trouw, 29 April 2000.

④ De Volkskrant, 27 November 2009；see：http：//halalfocus. net/2009/10/04/new-organization-to-sortout-rotten-apples-in-european-halal-food-market；Seada Nourhussen, Halal-label kan ook op 'onrein' toetje zitten. De Volkskrant, October 6 2003；Halal vlees blijkt vaak 'onrein'. Het Parool, 16 February 2005；Vlees van varkens in kosjere en halal kip. Het Parool, 15 June 2003；J. Siebelink, 2007. Herrie om halal. Reportage moslims weten niet wat ze eten. See：http：//www. halalpagina. nl/index. php? pagina = halal2.

发挥关键作用。① 唯一持反对意见的是荷兰最大的清真认证机构，因为其自认为是荷兰清真认证方面的最高权威。在我们采访的 11 家生产、销售清真食品的公司中，大多数公司赞成政府应该更多地参与进来。② 据说，荷兰伊斯兰社区尤其需要一个通用的清真标志，因为人们怀疑许多以清真名义食品出售的食品并非真正的清真食品。③

荷兰食品和消费品安全管理局不愿干涉宗教事务，也不参与清真食品（或犹太洁食）的认证，它们仅负责监控和执行法律的要求（卫生、强制性标签和食品安全）。荷兰农业部已采纳消费者平台的建议，力争能够在荷兰颁发一种通用清真证书，同时在法律中对"清真"进行界定。④

新成立的欧洲清真认证机构（AHC-Europe）旨在维护欧洲清真食品行业的秩序，增进团结。该机构的一位创始人表示，政府应该采取必要措施，强制认证机构按照欧洲清真认证机构的各项规定来运作。⑤ 目前，荷兰常态研究所 NEN 正在研究的问题是，若要制定欧盟清真标准，那么市场的参与度应是多少。⑥

Van Waarden 和 Van Dalen 的结论是与政府合作不可避免，同时需要对"清真"一词进行正式的注册。⑦

荷兰首席拉比的犹太饮食法专家提到了两起清真食品欺诈案件，在这两起案件中，食品上虽然有 hechsher（批准标记），但是却没有一个机构真正监管该食品。第一起案件是由以色列当局发现的，该案中所涉蘑菇罐头使用了犹太食

---

① Van Waarden and Van Dalen（2010）.

② Havinga and Gerards（2011：16 – 17）. However, respondents from firms that produced kosher products were not in favour of government involvement.

③ Smits and Van den Berg（2003：32）.

④ Smits and Van den Berg（2003）, confirmed by telephone on 19 July 2010. No concrete measures have been taken so far. The Ministry of Agriculture expects European regulation on halal certification（or on certification more generally）.

⑤ http：//halalfocus.net/2009/10/04/new-organization-to-sort-out-rotten-apples-in-european-halalfood-market.

⑥ The norm will be developed from the Austrian halal norm ONR 14200 'Halal food-Requirements for the food chain', NEN organiseert halal-norm bijeenkomst. Available at：http：//www.evmi.nl/nieuws/marketing-sales/9389/nen-organiseert-halal-norm-bijeenkomst.html；http：//www.nen.nl/web/ Normen-ontwikklen/Nieuwelopende-normtrajecten/Commissie-in-oprichting.htm.

⑦ Van Waarden and Van Dalen（2010）.

品标志，但并没有犹太机构的监督。在民事法庭审理的过程中，首席拉比提出以简易程序审理该案件，结果是制造商须支付赔偿金。另一起案件中，一家糕点厂商同意支付律师要求的全部赔偿金额。首席拉比发言人指出，如果一个厂商的食品实际上不符合犹太食品标准，但它声称其符合标准，那么不可能对其提起法律诉讼，"在美国，如果我说我的产品或生产场所符合犹太洁食标准，那么我一定是有充足的理由，包括指导做出犹太食品认证的拉比是谁，以及这位拉比是否获得认可，等等。在美国，若出现这种情况，会面临严峻的刑罚。不过在荷兰则不是这样。根据荷兰法律，即使一个厂家声称火腿三明治是犹太洁食，也不算违法"①。

在清真食品、犹太食品认证的问题上，国家立法、官员执法和法官司法的态度十分微妙，因为它涉及政教分离原则与宗教自由原则。政教分离原则要求政府对宗教事务保持中立，不偏袒、反对任何一种信仰。若减损该项原则在一般法律条款中有所体现，那么对于一种情形是否适用此项豁免则需要进行抗辩。该豁免仅适用于根据犹太教仪式进行的宗教屠宰，还是也适用于根据伊斯兰法律或其他宗教进行的宗教屠宰？豁免须基于特定的宗教要求。是否允许在持有许可证的屠宰场中未经打晕即屠宰动物？是否允许所有穆斯林为祭祀的盛典而屠宰动物？根据荷兰法律，宗教屠宰似乎是指未经打晕即被屠宰。霍德金指出，在美国，政府检查人员在犹太屠宰场监督厂商是否以人道方式屠宰动物时，需要判断某种屠宰是否符合宗教要求的详细要求。② 对政府来说，要做出这种判断往往比较困难，因为这意味着政府不得不介入宗教事务或不得不依靠宗教权威来做决定。如果宗教界没有达成共识，或将会引发社会公众的反对，那么做出这一决定就变得更加困难。美国的犹太社区还未对"犹太食品"形成统一解释，荷兰和美国的伊斯兰社区对"清真食品"也为形成唯一解释。截至目前，荷兰法律并没有规定什么是"清真食品"，什么是"犹太食品"。美国许多州曾依据犹太教正统标准来定义"犹太食品"，并写入了法律，但是却导致了国家与宗教之间矛盾的产生。

---

① Information from the Chief Rabbinate of Holland provided to the author（9 July 2010）.

② Hodkin（2005）.

12.9　两国政府立场不同的原因

相较于荷兰，为什么美国的监管更加强调政府的作用？博斯特罗姆（Boström）和克林特曼（Klintman）曾把美国与瑞典有机食品的标准化进行比较研究，我们的研究结果与他们的研究结果相似。[①] 美国有机食品市场的特点是存在多种不同的监管项目，这给消费者、生产商、零售商和进口商带来了许多问题。美国联邦政府控制有机食品标准化，将有机食品定位为用于市场营销的标签。一个瑞典知名非政府组织（KRAV）获得政府许可对有机生产进行审计，确保遵守欧盟法规。在瑞典，有机食品被定位为一种生态标签。博斯特罗姆和克林特曼认为，瑞典和美国不同的标准化模式是两国传统政治、组织和管理等特征的反映。瑞典的政治传统是公开的、建立在寻求共识性基础上的，因此政府与非政府机构能够自愿进行沟通、谈判，寻求务实的解决方案。而美国的政治文化则更加极端化，政府权威和有机行为体是对立关系，联邦政府的总体公信力较低，政府更乐于担当监管者的角色（监管文化）。另外，国家组织结构也会对实践和人们的看法产生一定程度的影响。在瑞典，非政府组织 KRAV 是一种包容性很强的组织形式，汇集了各个利益群体的成员（包括环保方面的非政府组织、农民有机组织、有机食品制造商等）。美国则缺乏这样一种具有包容性的组织平台，由此导致人们在这个问题上存在极端化的看法。最后一点是，通过研究实践中的案例，他们发现监管安排本身也会引发冲突。由于标准化过程具有集中化的特点，联邦政府规定了最低要求和最高要求，因此，有机食品运动参与者没有足够的空间来为有机食品制定更为严格的标准。相比之下，非政府组织 KRAV 则一方面在欧盟监管框架内获得了合法地位，另一方面也具备其严格的规则。

那么上述因素是否可以用来解释荷兰和美国的犹太与伊斯兰清真食品认证模式的差异？

首先，政治文化看起来是一个非常重要的因素。通过研究美国清真食品和犹

---

① Boström and Klintman（2006）.

太食品认证的案例，我们发现这些案例中反映了政府其实愿意像管理有机食品那样管理犹太食品。即使《犹太食品（反）欺诈法》被认定为违宪，现行法律已被新的法律所取代，但是执法机构在现实中仍然存在。在美国的政治文化中，由于消费者权利特别重要，因此若把这一问题与消费者权益保护联系起来，将有助于说服立法者通过犹太食品法律。

而荷兰传统的政治文化以共识性为特点，这使荷兰政府在没有取得所有利益相关者的共识前，不愿贸然对某个行业进行监管，如清真食品行业。

通过对环境监管进行比较研究之后，我们发现，美国政府和民众认为如果没有严格的执法，那么一个行业不会主动遵守法律法规，而在荷兰和其他欧洲国家，政府和公众普遍比较信任行业会主动遵守法律法规，依法办事。[①] 在此背景下，荷兰民众普遍支持行业自律。但这并不意味着政府不参与行业监管。因此，荷兰政府和欧盟也参与了有机食品的认证工作，如欧盟法律对"有机食品"的定义作了界定。此外，对于那些声称"健康油炸"的快餐店，荷兰食品和消费品安全管理局会主动进行检查。这样的声明不是一项法定要求，完全是自愿性的私人规制。[②] 然而，与此同时，由于缺乏明确的法律授权，荷兰食品和消费品安全管理局不能检查针对消费者的欺骗行为，如虚假的清真食品认证等。上述两种情况的区别是人们认为"健康油炸"似乎只是健康问题，而清真食品认证则是宗教问题。

其次，国家组织结构对于清真食品、犹太食品认证来说，似乎也很重要。荷兰的犹太食品认证主要是由首席拉比负责，这显然满足了所有犹太人的预期。第二次世界大战后荷兰的情况可能对此有促进作用（"第二次世界大战"后，荷兰仅剩余少量犹太人，他们联合起来对抗恶劣的外部环境）。但是，瑞典的非政府组织 KRAV 采取的形式则更加多样、包容。美国有大量的来自不同国家的犹太移民，缺乏起源于欧洲的上百年的犹太教传统，因此对犹太饮食习惯的

---

① Vogel（1986）；Kagan（1990）；Verweij（2000）.

② The 'Verantwoord Frituren'（Responsible Frying） campaign of the Dutch Catering Industry Association and the Public Information Office for Margarine，Fat and Oil. The VWA controls the use of liquid frying fat to protect consumers from deception. See：http：//www. vwa. nl/onderwerpen/ levensmiddelen-food/dossier/frituurvet/wat-is-er-geregeld.

监督和犹太教教义的争论尤为激烈。①

荷兰的清真食品认证缺乏一个有支配力的中心组织，许多组织彼此竞争，都想要获得更多的市场份额。这表明，不存在一个统一的协会将来自很多不同饮食习惯、宗教传统国家的移民联系起来。到目前为止，建立国家统一清真标志的举措还没有成功。

在美国，正统的犹太组织一直积极游说，推动《犹太食品（反）欺诈法》的制定。在新泽西、纽约等州，犹太人的势力较大，《犹太食品（反）欺诈法》的执法力度就更大。直到最近，一些穆斯林的组织还在美国游说制定清真食品法。据我所知，荷兰的犹太社区目前还没有发起任何运动来呼吁加强国家监管。荷兰的穆斯林社区刚来不久，内部还没有形成一致的意见。不久前，一些穆斯林的组织才开始提倡政府应当在清真食品认证领域发挥主导作用。犹太食品从未被视为一个社会问题，也没有人要求政府采取任何行动。相比之下，清真食品与非法屠宰、宗教屠宰中的动物福利以及不可靠的清真证书等"问题"紧密相关。宗教屠宰已成功被定义为动物福利问题。与此同时，由于动物权益保护组织拥有很大的话语权，因此荷兰的政治氛围也对穆斯林移民不利。

宗教团体和宗教权威组织的国家地位也可能是非常重要的。犹太食品认证的相关安排便是与此相关。美国的宗教性强，而荷兰的世俗性强。根据荷兰多元化的传统体系（近年来已经衰落），每一种宗教信仰都应拥有广播、医院、学校等服务组织（获得公共财政支持），同时宗教组织是半自治的，政府不愿干涉。

戈德斯坦（Goldstein）认为，几个世纪以来，美国都遵循着一个基本原则，那就是法院应该避免插手宗教事务。然而，自 1944 年以来，这一原则似乎已经演变为绝对禁止法院插手宗教事务。② 这可能是造成法院裁定《犹太食品（反）欺诈法》违宪的一个原因。

最后，美国对犹太食品的监管安排进一步提高了正统拉比的地位，进而排除了非正统拉比参与因由拉比负责的监管事项。

总之，美国与荷兰之所以在犹太食品和清真食品监管方面形成了两种不同

---

① Epstein and Gang（2002）.

② Goldstein（2004：316）.

的模式，一个原因是国家和宗教的分工不同。美国存在强大的犹太团体进行政治游说，因此其倾向于国家监管，将犹太和伊斯兰标签问题定义为美国的消费者权益问题，而荷兰高度信任行业自律，因此其则将犹太和伊斯兰标签定义为宗教问题。

翻译：段雨潇

参考文献

—— Bergeaud-Blackler，F.，A. Evans and A. Zivotofsky，2010. Final report-consumer and consumption issues-halal and kosher focus groups results. Available at：http：//www. dialrel. eu/publications.

—— Bijzondere ontmoetingen over vlees，2002. Impressies consumentenpanels. Available at：http：//www. minlnv. nl/portal/page？_ pageid = 116，1640321&_ dad = portal&_ schema = PORTAL&p_ file_ id = 13830.

—— Bock，B.，and J. Wiersum，2003. Trust in food and the need for more information. The relationship between foodattitude，trust in food safety and consumption behaviour. Reports on the Dutch focus-groups held in Wageningen. Florence University Press，Florence，Italy. Boström，M.，and M. Klintman，2006. State-centered versus nonstate-driven organic food standardization：a comparison of the US and Sweden. Agriculture and Human Values 23：163 – 180.

—— Bonne，K.，and W. Verbeke，2006. Muslim consumer's motivations towards meat consumption in Belgium：qualitative exploratory insights from means-end chain analysis. Anthropology of Food 5.

—— Bonne，K.，and W. Verbeke，2008. Religious values informing halal meat production and the control and delivery of halal credence quality. Agriculture and Human Values 25：35 – 47.

—— Ciesla，M.，2010. New York kosher food labeling lawsviolate the establishment clause. Available at：http：//org. law. rutgers. edu/publications/law-religion/new_ devs/RJLR_ ND_ 61. pdf. EU，1993. Council Directive 93/119/EC of 22 December 1993 on the protection of animals at the time of slaughter or killing. Official Journal of the European Union L 340，31/12/1993：21 – 34.

—— EU，2009. Council Regulation（EC）No 1099/2009 of 24 September 2009 on the protection of animals at the time of killing. Official Journal of the European Union L 303, 18/11/2009: 1 – 30.

— Epstein, G. S., and I. N. Gang, 2002. The political economy of kosher wars. Departmental Working Papers 200227, Rutgers University, Department of Economics, Rutgers, NJ, USA. Available at: http: //ideas. repec. org/e/pep1. html.

— Ferrari, S., and R. Bottoni, 2010. Legislation regarding religious slaughter in the EU, candidate and associated countries. Available at: http: //www. dialrel. eu.

— Fuchs, D., A, Kalfagianni and T. Havinga, 2011. Actors in private food governance: the legitimacy of retail standards and multistakeholder initiatives with civil society participation. Agriculture and Human Values 28 (3): 353 – 367.

— Goldstein, J. A., 2004. Is there a religious question doctrine? Judicial authority to examine religious practices and beliefs. Bepress Legal Series Working Paper 316. Available at: http: //law. bepress. com/expresso/eps/316.

— Gross, A., 2005. When kosher isn't kosher. Tikkun Magazine 20 (2): 52 – 55. Gutman, B. N., 1999. Ethical eating: applying the kosher food regulatory regime to organic food. Yale Law Journal 108: 2351 – 2384.

— Havinga, T., 2006. Private regulation of food safety by supermarkets. Law and Policy 28 (4): 515 – 533.

— Havinga, T., 2008. Ritueel slachten. Spanning tussen religieuze tolerantie en dierenbescherming. In: A. Böcker, T. Havinga, P. Minderhoud, H. van de Put, L. de Groot-van Leeuwen, B. de Hart, A. Jettinghoff and K. Zwaan (eds.), Migratierecht en rechtssociologie, gebundeld in Kees' studies. Wolf Legal Publishers, Nijmegen, the Netherlands, pp. 211 – 220.

— Havinga, T. and C. Gerards, 2011. Halal and koosjercertificering in Nederland. Een verkennend onderzoek naar deregulering van halal en koosjer voedsel in Nederland. Insitutuut voor rechtssociologie, Nijmegen, the Netherlands.

— Hodkin, M., 2005. When ritual slaughter isn't kosher: an examination of Shechita and the Humane Methods of Slaughter Act. Journal of Animal Law 1 (1): 129 – 150. Judd, R., 2003. The politics of beef: animal advocacy and the kosher butchering debates in Germany. Jewish Social Studies 10 (1): 117 – 150.

— Kagan, R. A., 1990. How much does law matter? Labor law, competition, and waterfront labor relations in Rotterdam and U. S. ports. Law and Society Review 24 (1): 35 – 69.

— Kijlstra, A., and B. Lambooij, 2008. Ritueel slachten en het welzijn van dieren. Een literatuurstudie. Animal Science Group Wageningen UR rapport 161,

Wageningen, the Netherlands.

— Koolmees, P. A., 1997. Symbolen van openbare hygiëne. Gemeentelijke slachthuizen in Nederland 1795 – 1940. Erasmus Publishing, Rotterdam, the Netherlands.

— Levenson, B. M., 2001. Not so strictly kosher. In: B. M. Levenson (ed.), Habeas codfish: reflections on food and the law. The University of Wisconsin Press, Madison, WI, USA, pp. 184 – 198.

— Levi-Faur, D., 2010. Regulation and regulatory governance. Jerusalem Papers on Regulation and Governance No. 1. Available at: http://regulation. huji. ac. il.

— Marsden, T., A. Flynn and M. Harrison, 2010. The new regulation and governance of food: beyond the food crisis? Routledge, New York, NY, USA.

— Meidinger, E., 2009. Private import safety regulation and transnational newgovernance. In: C. Coglianese, A. M. Finkel and D. Zaring (eds.), Import safety: regulatory governance in the global economy. University of Pennsylvania Press, Philadelphia, PA, USA, pp. 233 – 253.

— Milne, E. L., 2007. Protecting Islam's garden from the wilderness: halal fraud statutes and the first amendment. Journal of Food Law and Policy 2: 61 – 83.

— Oosterwijk, H. G. M., 1999. Beleidsimplementatie tussen regels en religie. De Rijksdienst voor de keuring van Vee en Vlees en het toezicht op ritueel slachten tijdens het offerfeest. Regulering en markten.

— Popovsky, M., 2010. The constitutional complexity of kosher food laws. Columbia Journal of Lawand Social Problems 44: 75 – 107.

— Raes, K., 1998. Godsdienstvrijheid en dierenleed. Slachten door middel van de halssnede tussen levensbeschouwelijke tolerantie en ethische verantwoording. Ethiek & Maatschappij 1: 91 – 104.

— Rath, J., R. Penninx, K. Groenendijk and A. Meijer, 1996. Nederland en zijn Islam. Een ontzuilende samenleving reageert op het ontstaan van een geloofsgemeenschap. Het Spinhuis, Amsterdam, the Netherlands.

— Regenstein, J. M., M. M. Chaudry and C. E. Regenstein, 2003. The kosher and halal food laws. Comprehensive Reviews in Food Science and Food Safety 2 (3): 111 – 127.

— Rosenthal, S. F., 1997. Food for thought: kosher fraud laws and the religious clauses of the first amendment. George Washington Law Review 65: 951 – 1013.

— Sigman, S. M., 2004. Kosher without law: the role of nonlegal sanctions in overcoming fraud within the kosher food industry. Florida State University Law Review 31: 509 – 601.

— Smits, M. J. W. and J. van den Berg, 2003. Diversiteitsbeleid: (h) erkennen van meerstemmigheid. LEI, The Hague, the Netherlands.

— Sullivan, C. B. , 1993. Are kosher food laws constitutionally kosher? Boston College Environmental Affairs Law Review 21: 201.

— Verweij, M. , 2000. Why is the river Rhine cleaner than the Great Lakes (Despite looser regulation)? Law and Society Review 34 (4): 1007 - 1054.

— Voedsel en Waren Autoriteit, 2007. Slachten volgens de Islamitische ritus tijdens het Offerfeest. Informatie voor slachthuizen. Available at: http://www.vwa.nl.

— Vogel, D. , 1986. National styles of regulation: environmental policy in Great Brittain and the United States. Cornell University Press, Ithaca, NY, USA.

— Van Herten, M. and F. Otten, 2007. Naar een nieuwe schatting van het aantal islamieten in Nederland. Bevolkingstrends 3. Centraal Bureau voor de Statistiek, Heerlen, the Netherlands. Available at: http://www.cbs.nl/NR/rdonlyres/ACE89E BE-0785-4664-9973-A6A00A457A55/0/2007k3b15p48art.pdf.

— Van Waarden, F. , 2006. Taste, tradition, transactions, and trust: the public and private regulation of food. In: C. Ansell and D. Vogel (eds.), What's the beef? The contested governance of European Food Safety. MIT Press, Cambridge, MA, USA, pp. 35 - 59.

— Van Waarden, F. and R. van Dalen, 2010. Hallmarking halal. The market for halalcertificates: competitive private regulation. Paper presented at the Third Biennial Conference of the ECPR Standing Group on Regulation and Governance, Dublin 17 - 19 June, 2010.

第 13 章 | 有机食品：政府接管的私人概念和私人部门的持续性主导作用

Hanspeter Schmidt

13.1　介绍

从第一个层面的分析可以看出，如今，在欧盟、美国或日本等主要市场上，监管有机食品标识的是公法，而非私人规则。然而，对私人商业行为的第二层次的分析表明，界定产品是否可以作为"有机"产品进行销售是私人部门的职能。制定规则的是私人部门，而非公共部门，以迫使有机从业者采取措施避免常规农业给有机产品带来的农药污染。

这一章提出了两种相互交织的论点。一种是有机食品规范的性质是在官方还是私人之间的转变，另一种是公共和私人规制者认定的由农药和化学品残留导致的有机产品污染。

13.2　"有机""生态"和"常规"？

2010 年 7 月，我看到一家荷兰园艺苗圃的销售经理向德国的有机农民提供了一张发票，上面的植物名称旁边标示了"Bio"的标志，我便向他询问了这一标志的意义。他说："在荷兰，我们有标记为正常（Normal）的产品、有机（Bio）的产品和生态（Eco）的产品。"他继续解释说："有机意味着没有杀虫剂和干净的基质。"生态是荷兰认证机构 SKAL 认证的。所以，显而易见的是，他为有机农民提供了幼苗，对此其自身的定义为"有机"。作为荷兰唯一一家被主管部门认可的有机生产认证机构，兹沃勒的 Stichting Skal（NL-BIO-01）没有对其进行认证。

这一"有机"市场的参与者不知道以下规则：根据欧盟的两个法令，不按照这些法律要求予以认证的食品、饲料、种子和幼苗，在销售时不得自定义为"有机"。这两个法令是第 834 /2007/EC 号法令和第 889 /2008/EC 号法令。因此，这位经理错误地认为他的产品不受欧盟有机食品认证的法定要求约束。事实上，他在以"有机"的宣称来销售草本幼苗时，有义务为该产品和他的公司寻求 SKAL 的有机认证。

13.3　有机术语的综合保护

"Bio"和"Eco"以及"organic"之间没有区别①，因为从法律的定义来看，它们只是欧盟内部的语言差异，但却都是同义词②。在德语中，以"okologische"（Landwirtschaft）和"biologischer"Landbau（"biologischer"Landbau）来形容农业，根据法定定义，这些术语是"有机"的同义词。然而，这些术语，所有表明有机农业的说明，如商标"Biobronch"③ 或"Biogarde"④，都促使欧盟制定了两个立法项目，包括农业和食品加工的操作要求，以及开展第三方认证的要求。

13.4　20 世纪 90 年代政府的友好接管

"有机食品"的概念是私人部门最初创造出来的。它定义了两个与众不同的要素，包括"有机"产品源自"有机"农业，它们所经历的不只是"有机"的食品加工。

20 世纪 70 年代，有机农民建立了种植者协会和国际有机农业运动联合会

---

① European Court of Justice，14. 07. 2005，C-107/04.

② EU，2007. Council Regulation（EC）No 834/2007 of 28 June 2007 on organic production and labelling of organic products and repealing Regulation（EEC）No 2092/91. Official Journal of the European Union L 189，20/7/2007，Article 23（1）.

③ BVerfG，30. 01. 2002，1 BvR 1542/00，NJW 2002，1486.

④ Landgericht Leipzig，20. 04. 2004，1 HK O 7140/03，GRUR-RR 2004，337.

（International Federation of Organic Agriculture Movements，IFOAM），作为他们的跨国性顶层设计。① 国际有机农业运动联合会的有机农业基本标准是在 1980 年出台的。

第 2092/91 号法令将有机标识规定确立为直接适用于所有欧盟成员国的成文法，首先适用于植物，2000 年的改进使其也适用于动物产品。② 在美国，1990 年的《国家食品生产法案》③ 规定了一项国家有机方案，此方案在很多方面与欧洲的标准相一致。由此，"有机食品"作为一种私人的营销方式，被政府友好且全面地接管了。④

13.5 污染物

存在使用农药的痕迹并没有被作为法定的区分常规和有机食品生产的参数。第 2092/91/EEC 号法令也只是提及了在有机食品生产中规定"除了环境污染这样的农业耕作所致的残留，避免有机生产的产品中含有一定合成化学物质残留"这一可能性。

1991 年的法令没有提及旨在避免有机产品中存在由农业导致的合成化学品残留物（由邻近的常规种植漂来的污染）的规定，随后也没有在公法中做出这样的规定。一直以来，关于有机食品应具有避免传统农业导致的农药污染的义务这一问题缺乏相应规定。欧盟有机食品法仍然未对有机食品做出要求源自传统农业的合成化学品残留要降至最低的规定。

---

① Current IFOAM Basic Standards for Organic Production and Processing（corrected version 2007）is available at：http：//www. ifoam. org/about＿ ifoam/standards/norms/norm＿ documents＿ library/IBS＿ V3＿ 20070817. pdf.

② EU，1991. Council Regulation（EEC）No 2092/91 of 24 June 1991 on organic production of agricultural products and indications referring thereto on agricultural products and foodstuffs. Official Journal of the European Union L 198，22/07/1991：1 - 15. Repealed by Regulation（EC）No. 834/2007.

③ US Government，1990. Public law 101 - 624，Food，Agriculture，Conservation and Trade Act：Title 21 Organic Foods Production Act.

④ A similar take-over by government occurred at the same time in the USA（Federal Organic Foods Production Act 1990）.

13.6　2011 年：同样的概念

2007 年，欧盟 1991 年的法令在修订后被分为两部分，但其概念和措辞保持不变，"有机"指的是食品生产过程，而不是农产品属性，如没有农药残留。上述的分类是为了更清楚地表明，哪些有机规则是由欧盟委员会（行政）负责的，哪些规则是由欧盟理事会（成员国）负责的。为了理解食品生产者的食品法规，需要进行"之字形阅读"。

即便是法定修订也没有提及食品需要避免存在源自传统农业的合成化学品残留物的要求。2007 年修订期间的考虑可能与 1991 年一样，不以任何方式修改欧盟针对有机农业的规则，因为修改会迫使有机农民在他们采用传统种植方式的邻居使用合成杀虫剂时，不得不阻止喷雾漂移。欧盟有机生产的立法之所以避免做出上述的规定也是为了保护传统农业的利益。有人可能会说，做出这样的规定可以让有机农民的生活变得容易，他们无须承担责任来确认其产品中的合成杀虫剂的痕迹，因为这一责任由他们采用传统种植的邻居承担。根据欧盟公法的规则，传统农业生产导致的有机食品中含有合成杀虫剂的痕迹不会影响有机食品的销售。第二个层次的分析将表明，私人商业不能存在于这样一个半完整的系统中，因为它的应用可能会损害消费者对有机食品完整性的信任。

公共法律对有机食品和传统产品的定义强调了生产过程的各个方面，就像 20 世纪 70 年代的私人规则一样。其提到了有机管理措施，例如，通过种植豆科植物、绿色肥料和每年多次轮作来维持土壤肥力。但是，除了一些"软"因素外，这些积极措施的实际实施取决于农民的技能、气候和土壤条件。没有强制要求对采用传统种植的邻居避免喷雾漂移。

此外，任何有关有机管理措施的描述性概要都没有明确规定有机食品生产和传统食品生产之间的界限。实际上，通过使用"正面清单"就可以实现有效区分。作为目录式举例，这种清单允许使用一定范围的传统植物保护物质，而所有其他的物质都禁止在有机农业生产中使用。"正面清单"仍然是欧盟有机食品标识法的关键。而且，放弃这一正面清单的做法，改为就事论事的个案决策，会模糊有机农业的特性。正是这一正面清单和法定的管理，确定了"有机农业"和它的产品定义中没有任何含糊的问题。

13.7　农业和加工的正面清单

有机农民协会对植物保护产品（合成杀虫剂）和合成氮肥实施全面禁止，并且通过正面名单的登记，落实选择性的授权计划。

此外只有很少的物质根据上述目的予以登记，例如，用铜化合物（波尔多和勃艮第的混合物）来控制葡萄上的真菌和石粉以驱除昆虫。因此，区分"传统"和"有机"是以如下机制为依据的，即农业化学投入品的一般性禁止和谨慎使用正面清单上的许可物质。在 2010 年的欧盟有机食品法中，便是由普遍禁止和选择性许可的方式明确上述界限的。[1]

正面清单也决定了有机食品的加工。有机农民协会要求，"有机"食品不仅要来自有机农民的初级生产，还要来自"有机加工"。在有机加工中，大多数主流食品加工允许使用的添加剂或加工助剂都是禁止使用的。这一双重概念是欧盟有机食品法的典范。传统食品和"有机"食品的区别不仅体现在农业投入的正面清单上，还体现在禁止添加添加剂和加工助剂的禁令上，即使是允许使用的添加剂和助剂，数量也是有限的，且必须列入正面清单。[2] 因此，就那些适用于传统食品加工的添加剂而言，只有大约 1/5 的食品添加剂被允许用于有机食品。

当下，禁止辐射、转基因生物和禁止非农业投入的禁令，以正面清单的方式选择性地允许一定数量的物质投入，是明确区分生产和加工传统食品和有机食品的标志。

---

① EU, 2008. Commission Regulation（EC）No 889/2008 of 5 September 2008 laying down detailed rules for the implementation of Council Regulation（EC）No 834/2007 on organic production and labelling of organic products with regard to organic production, labelling and control. Official Journal of the European Union L 250, 18/9/2008, Annexes I, II, V to VII.

② In Annex VIII of Regulation（EC）No 889/2008.

13.8 接管的友好程度

20 世纪 80 年代，有机种植的农户提出政府接管的要求。他们的产品在德国受到了标识误导的质疑。① 传统农业的竞争对手声称，公众认为"有机"是"原始"状态的标志，是没有任何污染痕迹的保证。当时，德国法院广泛禁止使用"自然纯粹"（nature pure）的同义词，当传统农业的竞争对手提出质疑时，德国法院也不清楚如何保障有机标签声明的公平性。②

欧洲的国际有机农业运动联合成员要求欧盟委员会在其职权内提出立法动议，以便通过立法明确有机标识的要求。欧盟委员会的兴趣也是通过法律定义一种农业的替代性选择，以便作为发放农业补贴的依据。

13.9 接管规范而非控制

政府的接管仅针对规范。设立有机认证的工作仍由成员国跟进，它们可以选择由私人机构或者公共机构，抑或是混合型机构负责有机认证。在 1991 年，除了丹麦这一例外，多数成员国都选择了私人机构负责认证工作。当有机认证一直由有机农民协会负责时，这样的改进表明认证工作已由独立的组织机构负责。

问题在于，有机认证是一项政府任务还是一项私人职能，在一些成员国内仍是一个颇有争议或模糊不清的问题。欧盟法院认为，有机认证不属于与行使官方权力有关的活动。③ 欧盟法院佐审官认为，现行法令所规定的制度，实质

---

① Max Forstmann, Sind Bezeichnungen wie'Bioland','Biodyn','biologisch-dynamisch','auf Spritzmittelfreiheit geprüft','biologisch kontrolliert'unzulässige Angaben im Sinne des § 17 Abs. 1 Ziff. 4 oder § 17 Abs. 1 Ziff. 5 LMBG, Zeitschrift für das gesamte Lebensmittelrecht 1985, 16 ff.

② General requirements for bodies operating product certification systems'（ISO/IEC Guide 65：1996 = EN 45011：1998）, available at：http：//www. beuth. de/langanzeige/DIN + EN +45011/3357759. html.

③ Articles 45, 49, and 55 EC Treaty.

是指在公共当局的监督下，由私人检查机构负责执行产品认证。[1] 德国联邦行政法院声称，有机认证显然是政府的职能。[2]

其他德国法院认为，私人检查机构的有机认证不会导致某一特定案件的判决（如德国的 Verwaltungsakt）。有机认证在这里被理解为没有约束力的质量要求。它是可以撤销的，并且是在不考虑国家法律就撤销行政行为的行政程序要求所限定的情况下。[3] 这一法律意见认为有机认证是一种无约束力的专家评估。这导致了有机产品地位的不确定性。这一切都不符合程序公平和程序正当的要求。因此，这没有很好地协调如下的两种情形，即产权保护与从有机市场上移除产地可疑产品的目标正确性。

当修订第 2092/91 号法令时，有机认证是否应该像传统产品钠盐一样接受常规食品公共检验这一问题，引起了相当大的争议。第 834/2007 号法令的条文重申了第 888/2004 号法令中有关食品检查的条款。这一做法所要表达的意思是：这些条款所规定的规则应当适用于有机认证，但是，欧盟层面没有规定是否由成员国将有机认证纳入食品的公共检查，因而，需要由成员国在它们的国家法律中加以明确。

德国已在其联邦法规（Okolandbaugesetz）中规定，私人有机认证机构有权进行有机检验。然而，在联邦层面上，这种责任的分配仅限于不属于"行政程序"的执行措施。

行政程序是由德国法律定义的，它的结果是进行行政决策。行政决策是指决定公法领域某一具体案件的行政裁决。因此，有机认证是否是一种行政行为还有待讨论。

在德国，联邦机构（Bundesanstalt fur Landwirtschaft und Ernahrung）允许私人有机认证机构开展工作，但在德国的 16 个州内，依旧由州决定私人认证机构是协助公共行政还是被授权执行官方职能的机构。

在政府友好接受有机食品的规范性标准管理后，公共食品检验与私人有机

---

[1] Opinion of Advocate General Sharpston delivered on 12 July 2007 in Case C-393/05, Commission v. Austria, and Case C-404/05, Commission v. Germany.

[2] Bundesverwaltungericht, 13. 06. 2006, 3 BN 1/06.

[3] Oberverwaltungsgericht Lüneburg, 10. 06. 2008, 13 ME 80/08.

认证之间的关系仍不明朗。在德国，许多由行政法院系统审理的案件都悬而未决，其中有一些问题，例如，国家是否可以限制私人有机认证机构就其错误行为承担的违法责任，或者政府是否只对受法律约束的私人有机认证机构进行监管，或者是另一种概念，即政府是否可以在考虑社会机会的情况下对有机认证机构进行监管。

一个完全不明确的问题是，应该由民事还是行政法院控制私人有机认证机构的行为，由此导致的问题是当私人检查机构和负责监管的公共机构共同做出一些决策时，法院便无法开展有效的司法审查。

13.10　来自非管制源头的毒素

欧盟的有机食品法未对邻近的传统产品做出规定。同样地，如下问题也未有提及，即不是将农药作为植物保护产品（在植物或其收获的产品上）使用，而是作为杀菌剂，用以控制储存设施、容器、卡车或轮船上的虫害，而这些工具在上述处理后都会用于有机产品，进而会有留下药用痕迹的风险。

虽然第 889/2008 号法令要求对产品的贮存进行管理，以避免不符合有机生产规则的产品和/或物质的污染，[1] 但在空置设施中使用生物杀灭剂以控制害虫的情况并没有正面清单。

例如，2011 年，当有机硬质小麦产品从地中海产区运抵德国时，对于发现甲嘧硫磷的问题，卖方辩称可能由漂移导致，或允许在用于有机产品前对设施进行消毒导致。因此，卖方有可能主张，任何含有比公法规定的传统硬质小麦更低的甲嘧硫磷的痕迹，都不会影响其销售产品的有机性质。

13.11　德国联邦自然食品和产品贸易商以及加工商协会的取向定值

污染源的处理由有机协会的私人规制负责，其要求尽量减少污染，并采取适当

---

① Articles 35（1），63（1）（c）of Regulation（EC）No 889/2009.

的措施改进质量。德国联邦天然食品和产品贸易商和加工商协会（Bundesverband Naturkost Naturwaren-BNN）公布了取向定值，作为处理有机产品中活性有毒物质踪迹的实用手段。[①]

欧盟主要有机食品公司的一般有机采购条件都会提及德国联邦自然食品和产品贸易商及加工商协会的取向定值，这些内容是于 2001 年发布的。作为指标，它们被用于评估少量合成植物保护剂或防腐剂是否违反禁止性的使用规定。在实践中，德国联邦自然食品和产品贸易商及加工商协会成员承诺只销售那些有机的商品，而且它们都不会超过该协会所确定的取向定值。

在欧盟市场上，有机食品公司（德国联邦自然食品和产品贸易商及加工商协会成员或非成员，而且不仅是加工婴儿配方奶粉的公司）都会使用德国联邦自然食品和产品贸易商及加工商协会取向定值作为合同要求的产品质量的"样本或模型"［1980 年《联合国国际货物买卖合同公约》第 35（2）（b）条的意义］。[②]

德国联邦自然食品和产品贸易商及加工商协会针对每种农药制剂的取向定值为 0.010 毫克/千克。对于在加工过程中被稀释或浓缩的加工产品（通过脱水、萃取、压榨或其他工艺），必须将分析结果转化为反映原始新鲜产品的结果。如果有收获后被保护剂污染的证据，或与非有机产品混合，则不允许将计算结果转换回原始产品，不允许超过两种农药药剂。

德国联邦自然食品和产品贸易商及加工商协会的取向定值可以用来区分由于污染而产生的微量残留物，以及需要调查的过量残留。德国联邦自然食品和产品贸易商及加工商协会的取向值被认为是"一种实用的、有帮助的决策支持机制"。如果超过了德国联邦自然食品和产品贸易商及加工商协会的取向值，就需要调查残留物的来源，以及有机生产的法定规范是否得到遵守。这一解释不得影响以下基础性的概念，即有机食品和产品的定义是由它们的种植情况决定的，而不是它们的残留物质数量。

2001 年的德国联邦自然食品和产品贸易商及加工商协会取向值已经发展成

---

① http：//www. n-bnn. de/html/img/pool/Orientierungswert_ EN_ 0906. pdf? sid = 7c 5ed2ee9ec 528d1 f0d8bee9324c44d6.

② United Nations Convention of Contracts for the International Sale of Goods.

为一项有机商品交易的黄金标准，也因此消除了有机生产要求在逻辑和实际之间的差距。

13.12　作为标识误导的农药痕迹

2003 年，德国食品检验公司（CVUA Stuttgart）在一项咨询服务中，提出了一种不太有区别度的方法，建议将带有有机标签声明但在植物保护产品的痕迹检测中超过 0.01 毫克/千克的产品视为标识误导，因此予以禁止。德国有机种植协会认为，这种无视特定环境的概念重新开启了在完成有机农业和传统农业分类进程中所固有的意识形态和文化之战，就像它们在 20 世纪 80 年代所经历的那样。[①] 如今，双方的立场已经非常接近：监管部门同意对有机食品中农药残留的原因进行个案审查。各方都同意，有机产品的残留痕迹应该非常低，特别是比传统产品要低得多。

有关巴登—符腾堡州有机监测项目的报告每年都在互联网上发表。在 2008 年，与往年一样，有机水果和蔬菜样品与传统样品在合成农药残留量方面有很大的不同，它们出现的频率和发现的总数量如下：

大多数有机样品中，没有发现植物保护产品的残留。在少数检测到残留的情况下，它们主要涉及一种微量活性物质（低于 0.01 毫克/千克），因此远远低于通常的浓度，这是农药处理后在植物产品中产生的。在被标记为有机种植的水果样本中检测到的总农药平均含量为 0.004 毫克/千克。如果这些样品被怀疑是非有机种植的或与传统种植的水果混在一起的，在计算中被忽略，总的平均农药用量会降低到 0.001 毫克/千克。相比之下，传统种植的水果平均含有的杀虫剂为 0.44 毫克/千克。[②]

因此，一个 100 的因子可用于区分有机食品和传统食品的农药痕迹的平均值。这是有机食品吸引消费者的一个方面。他们中的许多人怀疑，对农药化学物的检测是否可靠地解释了激素的作用以及其他有害人类健康但方式不太明显的问题。

---

　　① http：//www. bvl. bund. de/DE/07＿＿DasBundesamt/05＿＿Veranstaltungen/00＿＿doks＿＿downloads/symposium＿＿2010＿＿vortrag＿＿edelhaeuser，templateId = raw，property = publicationFile. pdf/symposium＿2010_vortrag_edelhaeuser. pdf.

　　② http：//oekomonitoring. cvuas. de/english. html.

13.13　怀疑的法定角色

欧盟有机产业也适用德国联邦自然食品和产品贸易商及加工商协会取向定值，作为优先的专家证人评估。当超过这些值时，可以怀疑产品的有机来源。这种怀疑可以触发对特定情况的强制性审查。在此次对有机产品的审查中，有机营销已经停止了。在此，德国联邦自然食品和产品贸易商及加工商协会的私人数值以一种非常特殊的方式与法定的程序规则相互作用。

第889/2008/EC 号法令规定，在涉嫌侵犯及违规行为的情况下，应采取以下措施[①]："从业员……怀疑产品不符合有机生产规则的，应当……撤销本产品所有关联有机生产方法的说明……他只能在上述疑虑消除后才能将其流通至市场……如有疑问，从业者应立即通知管制机构或当局。控制主管部门或控制机构可要求产品不能投放市场……除非从业者或其他来源获得的信息使它符合相关要求，以至于可以消除这样的怀疑。"

当超过德国联邦自然食品和产品贸易商及加工商协会取向值时，就会触发强制性自我质疑的法定规定，即在出现任何疑问时，强制将认证有机食品作为有机食品进行销售。CVUA 关于有机和传统产品中农药残留水平的巨大差距的报告，使德国联邦自然食品和产品贸易商及加工商协会的取向值成为了令人信服的专家文件，说明有机食品中可以和不可以存在残留的情形。

然而，对特定有机生产的评估可以证明，在某些特定的情况下，如由于传统种植的农民过度使用农用化学品而造成不可避免的影响，那么残留的痕迹水平会超过德国联邦自然食品和产品贸易商及加工商协会的阈值。

13.14　总结有机食品私人规制的作用

有机食品是私人规制的成功案例。过去的情况表明，政府已经充分且全面地接管了私人制定的规则。一开始，这个接管是友好的。目前需要采取一些迅速而果断的措施来保护有机产品的完整性。任何不受管制的毒素流入有机食品，都违

[①]　Article 91（1）of Regulation（EC）No. 889/2008.

背了消费者的期望。在有机食品的公法未规定严格措施时，私人规则会跟进落实这些贸易要求。德国联邦自然食品和产品贸易商及加工商协会的取向定值便是一例。

在未来，有机的私人营运可能会跟进规制一些既有的问题，如来自传统农业、纳米材料和包装的毒素。

因此，保护有机食品完整性及其创新仍然是私人部门的关键职能。

翻译：谭歌

参考文献

— EU，1991. Council Regulation（EEC）No 2092/91 of 24 June 1991 on organic production of agricultural products and indications referring thereto on agricultural products and foodstuffs. Official Journal of the European Union L 198，22/07/1991：1 – 15.

— EU，2007. Council Regulation（EC）No 834/2007 of 28 June 2007 on organic production and labelling of organic products and repealing Regulation（EEC）No 2092/91. Official Journal of the European Union L 189，20/7/2007，1 – 23.

— EU，2008. Commission Regulation（EC）No 889/2008 of 5 September 2008 laying down detailed rules for the implementation of Council Regulation（EC）No 834/2007 on organic production and labelling of organic products with regard to organic production，labelling and control. Official Journal of the European Union L 250，18/9/2008：1 – 84.

— Forstmann，M.，1985. Sind Bezeichnungen wie 'Bioland'，'Biodyn'，'biologisch-dynamisch'，'auf Spritzmittelfreiheit geprüft'，'biologisch kontrolliert' unzulsige Angaben im Sinne des § 17 Abs. 1 Ziff. 4 oder § 17 Abs. 1 Ziff. 5 LMBG，Zeitschrift für das gesamte Lebensmittelrecht 1985，16 ff.

— ISO，1998. ISO/IEC Guide 65：1996 = EN 45011：1998. General requirements for bodies operating product certification systems. Available at：http：//www. beuth. de/langanzeige/DIN + EN + 45011/3357759. html.

— UN，1980. United Nations Convention of Contracts for the International Sale of Goods（CISG）. Available at：http：//www. uncitral. org/pdf/english/texts/sales/cisg/V1056997-CISG-e-book. pdf. US Government，1990. Public law 101 – 624，Food，Agriculture，Conservation and Trade Act.

第14章

网络食品：探究食品法和民法典之间关于消费者保护的无人地带

Lomme van der Veer[①]

14.1 简介

远程合同的概念有着悠久的历史，其被定义为当事人没有面对面交流合同事宜而订立的合同。早在 1744 年，本杰明·富兰克林（Benjamin Franklin）在北美殖民地发布了一份商品目录，从中读者可以通过邮件订购科学书籍，自此第一家邮购递送公司诞生了。

显然，富兰克林认为不通过当事人面对面交流而订立的协议增加了买方的风险。供应商的匿名将使他/她有可能不履行自己的义务，买方必须从中得到保护。富兰克林的目录中涵盖了一项担保：居住在遥远地区，将订单和钱寄给富兰克林的人，可以享受到与亲临购买一样的法律权利。这个目录既被认为是第一家邮递公司的发源，同时也是使远程买家受益的初始权利。

几个世纪后，小马快递（the Pony Express）发展成为一个极度高效和完善的全球邮递系统。然而，由于互联网使卖方能够通过"数字高速公路"在店铺里展示其商品，纸质目录正在走向衰落。这些店铺签订的购买协议就是远程合同，如同富兰克林当时一样，但技术更新了。

正如往常一样，立法者紧跟技术变革。欧洲和各国的立法者们都相信，随着网络商店的推出，法律业务方面出现了一个新的局面，它在很大程度上偏离

---

① 本章是作者于瓦格宁根大学（Wageningen University）攻读博士期间，在法律与治理小组（the Law and Governance Group）做研究时写就的。

了现存的体制，修改法律势在必行。因此，立法者们实施了强制性的法律规则来干预远程卖方和买方之间的合同关系。

这项新技术扩大了远程采购食品的范围。在食品安全危机的阴影笼罩下以及在食品公法和私法相应的现代化发展背景下，一场食品市场的现代化正在悄无声息地进行着。"线上食品"的供应商自行创建他们自己的私人规则，这就像是要在女海妖斯库拉和其对面的大漩涡之间寻找一条中间路线，① 其中，前者是指在有关订立合同方式的私法下引入新立法，后者是指有关产品属性的食品公法。本章试图描述这一选择的路径。值得一提的是，本章分析都是在荷兰民法的范围内进行的。

这本关于食品"私法"的书中，重点强调了合同缔约方以私营标准相互约束的方式。本章节则是考虑在远程合同的情形中，民法立法是否有助于实现食品安全和粮食安全的食品法目标。通过数字超市进入人们的厨房的食品与日俱增。

14.2　远程合同及网上购买食品

欧盟议会和理事会第 97/7/EC 号关于远程合同的指令②的多数内容，都没有考虑到经由互联网的远程交易和富兰克林"邮购交易"之间的区别点，即数字技术，这会导致提供信息和隐私保护方面考量的差异。技术的本质在这里扮演了一个角色：

（13）通过某些电子技术传播的信息，鉴于其接受媒介并非永久存在，故而这些信息在性质上是短暂的，因此，消费者必须在适当的时候收到书面通知，以保证合同的恰当履行。

---

① 译注：斯库拉（Scylla）是希腊神话中吞吃水手的女海妖，有 6 个头，12 只手，腰间缠绕着一条由许多恶狗围成的腰环，守护着墨西拿海峡的一侧。卡律布狄斯（Caribdis）为希腊神话中座落在女妖斯库拉对面的大漩涡，会吞噬所有经过的东西，包括船只。

② EU, 1997. Directive 97/7/EC of the European Parliament and of the Council of 20 May 1997 on the protection of consumers in respect of distance contracts-Statement by the Council and the Parliament re Article 6（1）-Statement by the Commission re Article 3（1）, first indent. Official Journal of the European Union L 144, 4/6/1997: 19 – 27.

（17）鉴于 1995 年 11 月 4 日生效的《欧洲保护人权和基本自由公约》第 8 条和第 10 条规定的原则，对于消费者的隐私权，特别是免受某些特定的侵入性沟通手段打扰的权利，应当予以认可；因此对使用这些手段的具体限制，应当予以规定。成员国应当采取适当的措施来有效保护那些不希望通过上述沟通手段而被联系的消费者，使他们免受打扰；同时这些措施也不能损害那些在共同体立法条件下可供消费者选择的保障手段，这些手段也可以保护消费者的个人数据和隐私。

欧盟并不是唯一有意在监管方面采取行动的实体，其成员国也希望这样做。欧盟成员国关于远程合同的现有规定各有不同，本文从中发现了制定第 97/7/EC 号指令的一个动机。该指令旨在消除由此产生的不利影响，在共同体层面实施最低限度的通用规则，从而有利于企业之间的内部市场竞争。

（4）鉴于新技术的引入增加了消费者获取信息的方式，他们得以在共同体的任何角落下单（购买商品）；鉴于一些成员国已经采取不同的或者差异化的措施来保护涉及远程合同的消费者，这些措施对内部市场中的企业竞争有着不利的影响；因此有必要在共同体层面引入最低限度的通用规则。

在荷兰法规对欧盟 1997 年 5 月 20 日的第 97/7/EC 号《欧盟议会和理事会关于保护涉及远程合同消费者的指令的民法典调整本（7）》的解释备忘录中，这一措辞如下：

首先，一些成员国已经采取了各种措施，以期保护涉及远程销售的消费者，而这些措施对内部市场中的企业竞争有着不利影响。但是对于消费者而言，内部市场实现的一个最主要的有形结果就是跨境远程销售第 3 点和第 4 点的考虑内容。其次，1975 年 4 月 14 日的理事会决议（PbEG C 92）强调了有必要保护消费者，使其免受主动提供的商品的付款需求和高压销售方法（第 5 点考虑内容）侵害。此外，远程通信技术的应用不得减少向消费者提供的信息或提供临时性（未记录在永久性数据载体上）的信息（第 11 点和第 13 点考虑内容）。对消费者来说，在签订合同之前看到产品实物或者明确所获服务的性质也是很重要的（第 14 点考虑内容）。

最后，应该指出的是应当认可消费者对其自身隐私的保护权，特别是免受特定的侵入性沟通手段打扰的权利（第 17 点考虑内容）。

自 2001 年 2 月 1 日，荷兰的"远程合同"（荷兰《民法典》，第 7 卷，第 1 篇，第 9A 部分，第 7 条 46a 和 46j）① 是普遍实行的法律。

因此，基于合同的缔约方性质和缔约方式，立法者判断消费者在一般合同法的基础上还要求得到强制保护。需要法律修正的不是协议的对象，也不是商品，而是在（买卖双方）提供报价和接受报价时使用的技术。在数字的高速路上，还有关于消费者的附加规则。

本文认为荷兰立法者在民法典卷 7 的 9A 部分制定的这些附加规则在这个体制中是适用的。

第 46a 条

在本部分，下列词语具有以下含义：

a. 远程合同：在一个以远程售卖或提供服务为目的，有卖方或服务提供者组织的系统框架中制定的合同，包括合同的缔结，为远程沟通而独家使用一种或多种技术。

b. 远程购买：远程合同中，消费者购买……

e. 远程通信技术：一种手段，使缔约方在订立远程合同时，无须同时亲自出席……

g. 第 97/7/EC 号指令：由欧盟议会和理事会于 5 月 20 日制定的，旨在保护涉及远程合同消费者的指令（PbEG L144）……

根据立法者的设定，"远程购买"是远程合同的子集，后者除了具备合同的性质外，毕竟还是一个购买协议，合同中已经明确了缔约方的特点。毕竟，消费者购买涉及一个从事专业性或商业的卖方和一个买方，而后者是不从事专业性或商业行为的自然人。

第 46b 条

1. ……

2. 本部分不适用于远程购买：

a. 交易通过自动售货机或在自动化商铺完成；

b. 交易在拍卖会上完成。

---

① 民法典（Civil Code）（荷兰语：Burgerlijk Wetboek）在下文中被缩写为 CC。

3. 条款 46c ~ 46e 和 46f，第一段不适用于由送货员给买方住所或工作场所定期提供主要食品的远程购买。

此处的一个问题是自动售货机和自动化商铺的确切含义到底是什么。咖啡、饮料和糖果自动贩卖机，甚至还有提供新鲜水果的水果贩卖机，都必须被认定为贩卖机。在自动化商铺的案例中，人们很可能想象有"一堵墙"，他们通过这堵墙把钱放进去，并从舱门后面拉出食物。尽管这些机器不能被认为是荷兰《民法典》在第 7：46a 条所定义的远程通信技术，立法者显然是想将借助技术工具的销售方式排除在远程购买的概念之外。

同样地，也需要明确是否只有面包师和送奶工被认为是"定期送货员"，即在给定时间里按一定频率配送的供应商。在农村地区，你同样也能时不时看到奶酪和冰淇淋的小贩。显然，立法者考虑到了买卖双方不在自动贩卖车附近当面交易的可能性，即卖方可以根据便签或邮件里的私人地址将订单寄送给买方。因此，上述法律不适用于远程购买规则的频繁而准时的送货员，以及基于网店或买家的订单来送货的送货员，二者的差别在于递送的频繁性和规律性。而当买家在一段时间里频繁地从一个网店下单，卖家频繁发货时，这一差别将达到最小。两者预期的区别是，与有订单时才配送的送货员相比，供应商一般都是走常规的线路。这就导致了一个奇怪的结论，即当购买合同是由卖方发起时，远程购买的保护措施并不适用；而当买方发起购买合同时，这些措施就都适用了。

第 46c 条涉及卖方在远程合同中规定的提供信息的义务。与接下来本章将讨论的符合（产品）要求相反，该条主要不是指产品的信息。至于产品，只需要提及该产品的主要特点即可。通常，这涉及价格、成本和卖方的信息。

第 46c 条

1. 在远程购买结束前的适当时间，卖方应该通过远程通信技术等手段，提供以下信息，以明确阐明商业目的：

a. 卖方的身份，以及，若远程购买要求提前付款（部分或全部），则还需提供卖方的地址；

b. 该产品最重要的一些特点；

c. 该产品的价格，包括任何税款；

d. 运输费用，以及包含在递送过程中的费用；

e. 支付、交付或执行远程购买的方式；

f. 根据第 46d 条的第 1 款和第 46e 条规定，合同解约的备选办法；

g. 若远程通信使用的成本除了基本税率还包括其他依据——适用税率的数额；

h. 接受要约的期间，或货款兑现的期间；

i. 在适当情况下，当远程购买对象为永久或定期交付的产品时——合同的最短工期。

根据第 46c 条的第 1 款，卖家有义务提供信息意味着应在"远程购买开始之前的适当时间"便提供这些信息。因此，立法者并未规定卖方"在缔结合同之前或订立合同时"将信息提供给买方，这与荷兰《民法典》第 6：234 条第 Ia CC 款中关于一般条款的实用性和条件的规定相一致。这种差别可以用措辞解释，但也可能是与意思不太有关的原因导致了两者的差别。

第 46c 条的第 2 款则是涉及在远程购买过程中信息被提供的方式和时间，它并不是基于第 1 款的要求。

2. 在远程购买进行的适当时机（不晚于产品递送），并且不涉及提供给第三方的产品时，卖方必须以清晰易懂的方式向买方提供如下信息；或通过另一种买方可以接收的、长久耐用的媒介，将如下 a 和 c～e 款规定的信息提供给对方；若在远程售卖开始之前卖方已给出这些信息，则无须重复提供：

a. 第一款中 a～f 部分的信息；

b. 依照第 46d 的第 1 款和第 46e 条的第 2 款的规定，行使解约权的要求；

c. 卖方经营场所的来访地址，以便买方提交投诉；

d. 在适用范围内；或有关保修或在远程购买范围内包含的服务信息；

e. 如果远程售卖超过一年的持续期，或无限期——合同解约的要求。

除了收货后 7 天内的一般终止选项，远程售卖还有一个延长期的设定：若条款没有按照第 46c 条所规定的履行，那么买方也可以选择解约。

第 46d 条

1. 在收货后的 7 个工作日期间，买方有权无理由解除远程购买行为。若卖方没有充分履行第 46c 条第 2 款的规定，则无理由退货期延长为 3 个月。在第 2

款所指的期间（3个月）内卖方履行了第46c条第2款的要求，那么从卖方履行完其义务起，适用第1款的7天要求。

2. 依照第1款，如果发生货物退还，卖方不能向买方收取除退货直接费用之外的任何赔偿。

3. 依照第1款，如果发生货物退还，买方有权得到他/她支付给卖方的全额退款。卖方应该在解约发生后的30天内尽快偿还。

4. 第1~3款不适用于以下情况的远程购买：

a. 产品的价格随着金融市场而有所波动，且不受卖方控制；

b. 就下列产品而言：

（1）根据买方的特别要求所生产的；

（2）显然是个人的；

（3）由于产品的性质而不能被退还的；

（4）易受影响迅速腐烂或老化的；

c. 买方拆封后的录音、录像和计算机软件；

d. 报纸和杂志。

尽管远程购买的制度安排也同样适用于食品的远程购买，但第46d条第4款，b部分的第3点和第4点的规定似乎与第46c条相悖，但其第2款的规定使解除很多食品的合同也不会有太多危险。然而，必须指出的是，由于食品本身的性质，许多食品不能退还，或者它们可能迅速腐烂或老化。

2008年年初，欧盟委员会发布了关于消费者权利的指令提案①。在该指令中，进一步补充了撤销权的例外情况。该指令增加了交货超过30天的葡萄酒这一情形和在拍卖中缔结的售卖合约的情形。

目前，可以明确的是立法者意图保护远程买卖中的消费者，采取的方式是要求供应商提供不限于产品介绍的信息，而是也包括供应商以及合同涉及的花费。毕竟荷兰《民法典》第7：46c条第1款的1b CC部分仅以边缘化的顺序规定"该产品最重要的一些特点"。同时还必须明确，违反这一有限义务将通常

---

① EU, 2008. Proposal for a Directive of the European Parliament and Council regarding consumer rights, Brussels, 8 October 2008, COM（2008）614 def. 2008/01 96（COD）.

导致卖方不能通过第 7：46d 条第 4 款中所列出的例外来驳回买方的退货要求。

在远程购买中，基于消费者没有实地接近即将要买的商品的事实，立法者提出在不解除合同的情况下，在消费者能够实地接近产品时（即在消费者收到产品后），给予他/她可以了解产品的充足的时间。这在那些会迅速腐烂和老化的食品购买情形中是不可能的。因此，对于购买食品的情形，在购买之前提供产品信息便显得十分重要。

14.3 关于产品的信息和预期

就食品而言，欧洲和国家立法者都充分重视产品的信息，并用一种特殊的方式来具体监管有关食品的信息提供。第 2000/13/EC 号指令[①]要求协调欧盟成员国的标签立法，对此，荷兰通过《食品标签法令》落实了这一要求。荷兰已经将该指令充分纳入国家立法，所以如果一些食品的标签遵守了《食品标签法令》的规定，只要包装上的说明和通知使用的是食品销售国的语言，那么它们就能在其他欧盟成员国内自由流通。

在远程合同中，商品通过数字展示柜来呈现。一个简要的研究表明，以这种方式呈现的食品，其标签很难做到清晰易读，并且随附的文字也没有提供标签法要求的那些信息。

买方不能在购买之前或购买时检查商品标签，因此他们也无法就此满足自己对所购产品的预期。进一步的研究主题包括那些指令和法令的立法者是否打算让消费者在购买之前或购买时了解标签信息，还是在消费前或消费时了解产品标签[②]。若法律要求消费者在购买商品之前必须能够了解商品标签，

---

① EU，2000. Directive 2000/13/EC of the European Parliament and of the Council of 20 March 2000 on the approximation of the laws of the Member States relating to the labelling, presentation and advertising of foodstuffs. Official Journal of the European Union L 109, 6/5/2000: 29 – 42.

② 尽管当下的食品标识立法有所推进，且一些措辞也不是很明朗，到那时，比较明确的是前者的路径，根据欧盟《通用食品法》的第 8（1）条的规定，食品法的目标是要促使消费者可以做出知情选择，因此应当保护消费者的利益且为他们提供食品相关的信息。EU，2002. Regulation（EC）No 178/2002 of the European Parliament and of the Council of 28 January 2002 laying down the general principles and requirements of food law, establishing the European Food Safety Authority and laying down procedures in matters of food safety. Official Journal of the European Union L 31, 1/2/2002: 1 – 24.

那么几乎每个互联网食品提供商都会被迫修改其网站。此外，标签上的文字必须清晰易读，并且要使用该网点潜在消费者所在的欧盟成员国所有的语言。

在这个框架中需要详细阐述的问题不仅涉及标签的可读性，而且包括这些标签是否是示例性的，或需要人们能够记下在购买后将会递送给他们的产品的真实标签。两种可变性之间的差别可以在最佳食用日期和食品有效期的说明中窥见一斑。

可以确定，根据荷兰《民法典》第7：46c条第1款的要求，卖方有义务披露"该产品最重要的特点"信息。[①] 有关的信息要在其购买之前告知买方。假定标签上的强制信息不仅包含"该产品最重要的特点"，食品购买者必须首先利用立法者认为在食品的购买和递送之后十分必要的信息。至于那些由于自身的属性或因为迅速腐烂或老化的事实而不能退回的食品，这就意味着买方可能在不能基于远程购买的条款退货时，才能认识到该产品的属性。实践中，卖方甚至在产品的最佳食用日期或食品有效期来临之际对其进行递送，来限制消费者退货。[②]。

立法者认为，针对远程购买情形中与产品进行物理接触的不可能性，可以通过额外的解约条件来弥补。立法者还认为有关食品的信息披露必须通过标签上的强制性说明来确保信息披露的精确性和谨慎性。对许多食品而言，远程买方面临的问题是：在购买时并没有享有《民法典》中远程合同部分要求的权利，即获得标签上的信息和解约的选择。并没有任何安排声称在立法者认为有必要提供额外保护的领域内规定这样的保护。食品的远程买家有什么工具可以应对这一问题？

14.4　符合性

交付的产品必须遵照协议要求。符合性要求并不比这更复杂。事实上，它

---

① Article 7：46c，paragraph 1 b CC.

② 卖家在贴商标时可以选择日期。对于预包装的标签食品的卖家而言，其可以选择先发送那些已经仓储了最久的产品。

只是拉丁箴言"有约必守"在购买协议上的应用。关于交付的产品是否遵照协定的问题，还需要更多的阐述。荷兰立法者从另一方面回答了这一问题：

荷兰《民法典》第7：17条

1. 所提供的产品必须符合协议要求。

2. 鉴于产品的性质和卖方就此做出的声明，在下列情形中认定产品不符合协议要求：包括它不具备买方基于协议可能预期到的产品属性；买方可能预期产品具有正常使用所必需的属性和理所当然应当具有的内容；以及协议中提供的应特定用途而要求的属性。

3. 与已商定的产品有区别，或提供另一种类型的产品，都被视为不满足协议。若在数量、重量或方式上的产品交付与已商定不同，那么同样被视为不满足协议。

4. 若产品的样品或模型已经展示或给予买方，那么该产品必须与其一致。除非提供的样品或模型只是指示性的，并不意味着产品要保持一致。

5. 若在协议订立时，买方被告知或合理地可以意识到产品会与协议的要求有出路，最终不能基于这样的事实提出异议。同样地，若由于源自买方的原材料的缺陷或不适宜，买方也不能就此提出异议，除非卖方本应警告他/她这些缺陷或不适宜。

6. （……）

这部自2003年5月1日起施行的荷兰法律，执行了的是欧盟第99/44/EC号指令。[①] 在该指令中，符合性的要求包括如下表述：

第99/44/EC号指令第2条

1. 卖方必须交付给消费者符合销售合同的产品。

2. 消费品被推定为与合同相符，如果它们：

a. 与卖方的描述相符，并具有卖方向消费者展示的商品样品或模型的质量；

---

① EU，1999. Directive 1999/44/EC of the European Parliament and of the Council of 25 May 1999 on certain aspects of the sale of consumer goods and associated guarantees. Official Journal of the European Union L 171，7/7/1999：12 – 16.

b. 适用于任何由消费者要求的特定用途，这些用途在订立合同之时已由买方告知卖方，并被卖方接受；

c. 适用于同一类型商品通常被使用的用途；

d. 显示同一类型商品所具备的正常质量和性能。该商品的正常质量和性能是消费者基于如下情形可以合理预期到的，即鉴于商品的性质，以及卖方、生产者（或其代表）针对该商品特殊性质的公开声明，特别是广告和商品标签中的内容。

3. 考虑到本条款的规定，以下情形不应视为不符合本条款的符合性要求：在订立合同时，消费者意识到，或不能合理地不知道该产品不符合合同要求，或者不符合性是由于消费者提供的原材料所导致。

4. 下列情形中，卖方可不受第 2（d）款中规定的公开声明的约束：

● 表明他没有意识到且不能合理地知道公开声明有问题；

● 表明在合同订立之时，声明已经更正；

● 表明买方是否购买消费品的决定不可能被该公开声明所影响。

5. 若商品安装也包含在销售合同中，并且商品是由卖方安装或由他负责的，那么由于消费品安装不当所导致的不符合性应被视为消费品的不符合性。同样地，当产品应由消费者安装时，由于安装说明书的缺点导致消费者安装不当，由此导致的不符合性也应被视为消费品的不符合性。

在海玛（Hijma）题为《消费者法律指令提案中的购买项目》① 的文章中，其指出，立法者的自由翻译导致了两种安排之间在意思上的差异，就此可以看到一个更为特殊的安排。第 99/44/EC 号指令第 2 条第 3 款规定在订立合同时，消费者"意识到，或不可能合理地不知道（该产品）不符合合同要求，那就不存在不符合性的问题"。在执行中，荷兰立法者以一种特别的方式翻译了这一条文内容："可以意识到或者可以合理意识到"（荷兰《民法典》第 7：17 条第 5 款）。

然而，不那么自由的翻译将导致荷兰文本像英文文本一样含蓄：如果买方

---

① Hijma, J., 2009. De koopregeling in het richtlijnvoorstel consumentenrecht. In: Hesselink, M. W. and Loos, M. B. M. （eds.）, Het voorstel voor een Europese richtlijn consumentenrechten: een Nederlands perspectief. Boom Juridische uitgevers, The Hague, the Netherlands, p. 171.

意识到或者本应意识到（产品）不符合性，那么就不存在不符合性。海玛指出，正如解释性备忘录所证明的那样，荷兰的"执行文本"无意于将检查的义务附加给买方。这一遣词造句只是防止买方借着声明其不知道该缺陷，但实际上不可能不知道来逃脱责任。

在荷兰版的适用文本中，《维也纳销售公约》① 的翻译也大致相同。在英文文本中，第 35 条第 3 款描述如表 14 - 1 所示。

表 14 - 1 第 35 条第 3 款各国语言文本表述

语言	《联合国国际货物买卖合同公约》第 35 条第 3 款
英语	The seller is not liable under subparagrpaphs（a）to（d）of the preceding paragraph for any lack of conformity of the goods if at the time of the conclusion of the contract the buyer knew of could not have been unaware of such lack of conformity.
德语	Der Verkäufer haftet nach Absatz 2 Buchstabe a）bis d）nicht für eine Vertragswidrigkeit der Ware，wenn der Käufer bei Vertragsabschluss diese Vertragswidrigkeit kannte oder darüber nicht in Unkenntnis sein konnte.
荷兰语	De verkoper is niet ingevolge het in het voorgaande lid onder a）-d）bepaalde aansprakelijk voor het niet-beantwoorden van de zaken aan de overeenkomst，indien de koper op het tijdstip van het sluiten van de overeenkomst wist of had behoren te weten dat de zaken niet aan de overeenkomst beantwoorden.
中文	（3）如果买方在订立合同时知道或者不可能不知道货物不符合合同，卖方就无须按上一款（a）项至（d）项负有此种不符合合同的责任。

鉴于上述，该条款中的一个核心内容被翻译为"知道或应该知道（knew or ought to have known）"。

2008 年 10 月 8 日，欧盟委员会发布了《消费者权利指令》的提案。② 该提案设想通过一项指令来重塑欧洲有关消费者权利的条款，并一并明确"消费者规范（consumer acquis）"的所指。

该提案包括一个符合性安排，即为买方有义务检查或调查商品的声明提供更多的空间。第 24 条第 3 款表述如下：

---

① United Nations Convention on contracts for the international sales of goods（CISG）.

② EU，2008. Proposal for a Directive of the European Parliament and Council regarding consumer rights，Brussels，8 October 2008，COM（2008）614 def. 2008/0196（COD）.

鉴于本条款的目的，以下情形没有不符合问题：在订立合同时，消费者意识到，或本应合理地知道（该产品）存在不符合的问题，或者不符合性源于消费者提供的原材料。

所以，事实上，从荷兰《民法典》的第7：17条第5款看来，荷兰立法者比当下的指令更接近于该指令的提案。

14.5 符合性要求和远程合同

可以想象，荷兰或欧洲的立法者将会意识到这一事实，即消费者在远程购买时，是通过经验判断而不是真实地看到甚至是持有该产品来形成对产品的预期。毕竟，对远程消费者而言，对产品预期及其满足要求是与符合性要求相联系的，而符合性要求是由数码货架上的产品展示构成的。立法者可能会在与信息披露有关的说明中充当控制者的角色。

立法者选择了另一路径，即"无动机"的合同解约之路。毕竟，根据相关条款，远程买家可以通过收货后7天内无理由退货的方式解除购买协定，这个期限还可能被延长至收货后3个月。消费者从而有时间决定他/她对产品的预期是否得到了满足。但是根据荷兰《民法典》第7：46d条第4款规定，食品消费者通常不具有这种权利。

远程买家同时也必须在没有商品标签提供信息的情况下进行购买。一个商品标签可以调整消费者对食品的预期值。由于缺乏对商品标签的纠正行为，卖方完全有义务提供给买方其根据产品的属性和卖方声明而预期得到的东西。

荷兰《民法典》第7：17条的第5款规定了一定程度上进行产品检查或调查的义务，相较而言，第99/44号指令第2条第3款更为谨慎的措辞则对商品标签是否会修正买方预期的问题产生了相当大的影响，因为当标签提供更加准确的信息时，交付的商品通常是符合合同要求的。在远程购买中，商品标签将会扮演一个相反的角色；毕竟，消费者只能在购买并收到商品之后才能阅读该商品的标签，并且也只有在收到商品以后才知道它是否符合自己的预期。所以商品的标签对于消费者形成产品预期并没有助益，但是，对于评估产品是否没有符合预期，其还是发挥了作用的。

若消费者远程购买了易腐物品但商品的标签迫使他/她调整预期，那他们可以通过什么手段维权呢？事实上，消费者可以利用非符合性（non-conformity）的全部工具。

根据荷兰《民法典》第 7：21 条，消费者可以向卖方要求对缺失的产品进行修理或更换。当一个素食者在商品标签上读到他/她所购买的素食汉堡含有动物来源的成分时，上述修理或更换的要求并不能安抚该消费者。同样地，这对一个发现自己所购买的芝士汉堡不含真正芝士的消费者也同样适用。荷兰《民法典》第 7：22 条概述了其他权利：

荷兰《民法典》第 7：22 条

1. 在消费者销售协议达成的情况下，若交付的商品不符合协议，那么消费者拥有以下权利：

a. 协议解约权，除非已达成一致的产品偏差不能证明此次解约的合理性，以及问题的次要性也不会带来严重后果；

b. 在买卖双方对产品偏差达成一致的情况下，要求卖家根据产品偏差程度将产品价格按比例下调；

2. 消费者只有在以下情况才能享有第 1 款所赋予的权利：当产品不可能进行修理和更换，或不能指望从卖家那里获取相应服务，或者卖家未能履行第 21 条第 3 款中所指的义务。

3. 只要本部分不偏离于这一点，第 6 卷第 5 篇第 5 部分的条款涉及协议解约的内容适用于第 1b 款。

4. 消费者行使第 1 款和第 20 条及第 21 条赋予的权利和权威时，不损害他/她的任何其他权利和诉求。

似乎从荷兰《民法典》第 7：6 条看起来，第 7：22 条也包含强制性的内容，远程卖方在其提供的产品不符合标签内容时不得排除合同解约的选项，即使其提供的商品是容易腐烂或老化的食品。

食品远程销售者为他们自己制定了什么规范？关于上述问题的一个浅显的调查给出了令人好奇的答案。让我们练习一下：在以下哪种情况下名为"Albert Heijn，Etos en Gall & Gall"的网店会在其《一般条款和条件》中排除合同解约权？

网店 Albert. nl 的《一般条款和条件》

1. 网店的一般条款和条件

荷兰家庭购物组织的《一般条款和条件》是在社会经济委员会的自我规制协调小组的框架中，与消费者协会协商建立的，并于 2009 年 1 月 1 日生效。

第 2 条：商家的身份

- Albert Heijn bv 的贸易名称：Albert
- 商务及来访地址：Provincialeweg 11 1506 HA Zaandam
- 电话号码：+31 （0） 800 – 2352523
- 营业时间：8：30 ~ 22：30 （周一至周五）；8：00 ~ 14：30 （周六）
- 邮箱地址：info@ albert. nl
- 商会编号：35012085
- 增值税标识号：nl002330884b01

……

第 5 条：协议

1. 根据第 4 款规定的，当消费者接受提议并且以订立协议为目的的各种条件都得到满足时，该协议就签订了。

2. 若消费者通过电子方式接收了报价，那么商家也会立刻通过电子方式对消费者接受的报价给出确认回执。只要没有给出确认回执，那么消费者就可以选择撤回交易。

3. 若协议是通过电子方式订立的，商家要采取适当的技术和组织手段来确保数据的电子传输以及网络环境的安全性。若消费者可以选择电子支付，那商家还要遵守相应的安全措施。

4. 在法律框架内，商家可以调查消费者是否具有履行其支付义务的能力，还可以调查远程合同的订立的所有因素或重要因素是否是合理的。若商家基于此项调查，有正当理由可以不与相关消费者订立协议，那么他/她有权拒绝此次订单，但要给出原因或附上执行的附加条款。

5. 商家应以书面或类似的易于永久保存、易于访问的方式，将产品或服务的以下信息提供给消费者：

- 商家经营场所的来访地址，以便消费者提交投诉；

- 消费者可行使撤销权的条件和方式，或拒绝消费者行使撤销权的清楚通知；

- 现有的售后和保修等服务信息；

- 包含在第 4 条第 3 款中的条款和条件信息，除商家在协议执行之前已将相关信息提供给消费者处；

- 若协议的有效期超过 1 年，或是无限期的：协议解约的要求。

6. 如果商家承诺提供一系列的产品或服务，以上条款只适用于首次交付。

第 6 条：对交付产品的撤销权

1. 购买产品时，消费者有权在 14 天内无理由退货。无理由退货期从消费者本人或其代表收到产品的那天起算。

2. 在无理由退货期间，消费者应该小心对待产品及其包装。他/她只有在需要评估自己保留该产品的意愿时，才能拆封或使用该产品。如果他/她要行使撤销权（退货），那么他/她应该根据商家合理明确的指示，将产品以及其任何配件退回给商家，在可能的合理范围内，在退回时尽量使商品和包装保持原始状态。

第 7 条：退货时的费用承担

1. 若消费者要行使撤销权，产品的退回运费多数时候由消费者承担。

2. 若消费者已经支付了产品金额，那么商家应该在收到退货后 30 天内尽快将其返还给消费者。

第 8 条：撤销权的例外

1. 如果消费者无权撤销，这只可能是因为商家在订立协议之前的适当时机，已经清楚陈述过该交易的不可撤销性。

2. 只有以下产品才可能拒绝退货：

- 商家根据消费者的特别要求所生产的；

- 显然是个人性质的；

- 由于产品的性质而不能退还的；

- 可能迅速腐烂或老化的；

- 其价格在金融市场波动，而商家无法控制的；

- 每期发布的报纸和杂志；

● 消费者拆封后的用于音频、视频录制的和计算机软件。

……

与其他的远程卖方相同，Albert. nl 是根据荷兰家庭购物组织与社会经济委员会的自我规制协调小组框架下的消费者协会设立的《一般条款和条件》，来制定自身的条款和条件的。① 与其他供应商一样，Albert. nl 似乎在形成自身的《一般条款和条件》时，复制了荷兰家庭购物组织的指示，而后者则是直接复制而非"效仿"荷兰《民法典》第 7：46d 条第 4 款的内容。

第 8 条第 1 款的规定特别令人费解。若消费者不行使撤销权，那么哪一个撤销权被排除在外？在第 8 条第 2 款中，Albert. nl 没有说明其有权排除消费者撤销权的情形。对于立法者而言，相似的是他们只是概述了卖方有权排除消费者撤销权的案例，让买方不清楚立法者的意图。

14.6 结语

在数字化的远程销售中，如果第 2000/13/EC 号指令和《食品标签法令》规定的目的是在消费者购买之前告知他们食品的情况，那么它们的目的都没有达到。

第 97/7/EC 号指令中的条款以及荷兰《民法典》第 7 卷第 1 篇第 9A 部分的目的都没有达到，因为这些规定意在用充足的协议解约选择来应对消费者未能亲身接触商品导致的问题，然而在食品案例中，协议的解约还是很不足的。

最终，食品的在线消费者可能会知道，能更好地保护他们地位的是一般法（legi generali）中所规定的义务，而非消费者或食品的特别法（lex specialis）的规定。因为前者最终会为消费者提供解除协议的选项。毕竟，远程卖家不可能在其提供商品不符合合同要求情形下拒绝消费者行使协议解约权，即使他们已经恰当地起草了《一般条款和条件》。

---

① 社会经济委员会是政府以及产品委员会和工业委员会的合作框架内的最高机构的咨询委员会。对于这个系统，参见第 9 章的论述。社会经济委员会由政府、贸易工会和雇主协会各自任命三分之一的成员。详见 http：//www. SER. nl。

　　既然立法者未能提供合适的安排，期望私主体提供高度必要的规制也就变得合理了。但就对此的初步尝试来看，远未及完善的要求。

翻译：董自政

参考文献

— EU，1997. Directive 97/7/EC of the European Parliament and of the Council of 20 May 1997 on the protection of consumers in respect of distance contracts-Statement by the Council and the Parliament re Article 6（1）-Statement by the Commission re Article 3（1），first indent. Official Journal of the European Union L 144，4/6/1997：19 – 27.

— EU，1999. Directive 1999/44/EC of the European Parliament and of the Council of 25 May 1999 on certain aspects of the sale of consumer goods and associated guarantees. Official Journal of the European Union L 171，7/7/1999：12 – 16.

— EU，2000. Directive 2000/13/EC of the European Parliament and of the Council of 20 March 2000 on the approximation of the laws of the Member States relating to the labelling，presentation and advertising of foodstuffs. Official Journal of the European Union L 109，6/5/2000：29 – 42.

— EU，2002. Regulation（EC）No 178/2002 of the European Parliament and of the Council of 28 January 2002 laying down the general principles and requirements of food law，establishing the European Food Safety Authority and laying down procedures in matters of food safety. Official Journal of the European Union L 31，1/2/2002：1 – 24.

— EU，2008. Proposal for a Directive of the European Parliament and Council regarding consumer rights，Brussels，8 October 2008，COM（2008）614 def. 2008/0196（COD）. Available at：http：//eur-lex. europa. eu/LexUriServ/LexUriServ. do? uri = COM：2008：0614：FIN：EN：PDF.

— Hijma，J.，2009. De koopregeling in het richtlijnvoorstel consumentenrecht. In：Hesselink，M. W. and Loos，M. B. M.（eds.），Het voorstel voor een Europese richtlijn consumentenrechten：een Nederlands perspectief. Boom Juridische uitgevers，The Hague，the Netherlands，pp. 167 – 182.

第 15 章

国家公共领域和私营标准：
荷兰案例

Irene Scholten-Verheijen

15.1　公法和私营标准

偶尔，公法会引用私营标准。由此而来的问题是，这种援引能否使私营标准成为具有约束力的规则，这也是若干民法和行政法案件争论的主题，我们将在本章讨论一些相关的案例。此外，我们将深入研究一项与私营标准有关的，因滥用支配性经济地位而向荷兰竞争管理局提出的申诉案例。

15.1.1　荷兰民事法律诉讼程序

一个值得注意的案例是荷兰 Knooble B. V. 公司诉荷兰政府和荷兰标准化研究所（Dutch Normalisation Institute /Stichting Nederlands Normalisatie Instituut, NNI）一案。① 荷兰标准化研究所负责制定荷兰标准 NEN。荷兰标准 NEN 是"NEderlandse FNorm"的缩写。荷兰标准包含了描述产品、过程或服务性能标准的技术规范和规则。从器皿、机械、防火产品到危险物品，荷兰大约有 2000 种具体的荷兰标准。② 荷兰标准化研究所拥有荷兰标准的版权，并以平均 62 欧元的价格提供这一标准。因此，禁止进一步公开、复制或扩增荷兰标准。

荷兰《建筑物法令》（根据荷兰《住房法》第 2 条发布的行政命令）规

---

① Knooble vs. State and NNI, CoJ The Hague, 31 December 2008 (LJN：BG8465). LJN（荷兰语）是用于在 http：//www. rechtspraak. nl。

② 参见 http：//www. nen. nl and http：//www. nni. nl。

定了安全、健康、可操作性、能源效率和环境方面的结构条件。在荷兰《建筑物法令》和荷兰《建筑物条例》（根据荷兰《建筑物法令》制定的一项部级条例）中援引了具体的荷兰标准。Knooble 公司是建筑问题方面的顾问，它请求法院裁定，尽管上述法律中援引了荷兰标准，但不意味着该标准因此成为具有约束力的法律，或者应当免费提供这一标准。法院必须回答的第一个问题是，这些私营标准中的性能标准是否因荷兰《建筑物法令》和荷兰《建筑物条例》的援引而具有了普遍约束力。法院认为，"具有普遍约束力的规定"的概念包括以下 3 个要素：

- 是否普遍适用；
- 是否具有外部效力；以及
- 颁布这项规定的公共当局是否具有法定权限。

法院认为，通过在公法中的引用，荷兰标准中的性能标准取得了外部效果，就像是它们成为法律本身的一部分，因而具有了约束力。这些标准就像建筑物法令和条例本身一样适用于任何想要从事建筑活动的人。要获得建筑许可证，行为人就必须遵守荷兰《建筑物法令》和荷兰《建筑物条例》，进而理所当然地应该遵守法律中所援引的私营标准中的性能标准。立法者通过援引荷兰标准从而确定了该标准的内容对每一个人的约束力。至于该标准是由一个私营实体所起草的这一事实并不引人关切。毕竟颁布这项规定的公共当局是具有法定权限的。由此，法院回答了前文的问题，私营标准中的性能标准因其被法律援引而具有了普遍约束力。

那么，荷兰标准也就因此落入了荷兰《宪法》[①] 和荷兰《出版法》的调整范围内。荷兰《宪法》第 89 条第 3 款和第 4 款规定，法律应对行政命令和其他具有普遍约束力的规定的公布及生效做出规制；这些命令和规定只有在适当公布后才能生效。荷兰《出版法》第 3 条规定，除非在《法案、命令和法令公报》或《政府公报》中公布，否则法律条款不能生效。法院裁定，既然这些标准并没有公布而是只能通过付费的方式从荷兰标准化研究所处获得，那么就不能将其视为公法的一部分而具有约束力。"法律应当可以为每个人所知晓和利用。"

---

① 英文译文见 http://www.rijksoverheid.nl/documenten-en-publicaties/publicaties-pb51/the-constitution-of-the-kingdom-of-the-netherlands-2008.html。

简言之，法院裁定，立法援引的私营标准可以因此具有法律约束力。但是，如果没有遵守有关颁布和公共可及性的要求，则该立法中援引的私营标准部分无效。换言之，法院承认立法机构有将私营标准转化为公法的权力。但在行使这项权限时，必须要满足有关公法颁布及生效的所有要求。

双方当事人均向海牙上诉法院提出了上诉。在提交本章时，该案判决尚未做出。

15.1.2　荷兰行政法律诉讼程序

在 Knooble 案之后，一些行政法院就同样的问题做出了判决。① 乌特勒支法院遵循海牙民事法院的判决，但是斯海尔托亨博斯法院的判决有所不同。② 同 Knooble 案一样，斯海尔托亨博斯法院认为，通过在公法中引用荷兰标准使其具有了约束力。但该法院进一步裁定，虽然标准没有根据荷兰《出版法》的规定而公布，可是这一事实并不能剥夺其约束力。荷兰《住房法》第 3 条规定，在荷兰《住房法》第 2 条提及的行政命令中可引用（部分）标准和质量说明。法院认为，这一规定为在《建筑法令》中引用荷兰标准提供了明确的法律基础。法院进一步考虑到，荷兰《住房法》是议会颁布的一项法案，因此其在效力上并不低于荷兰《出版法》。仅在荷兰《住房法》中引用荷兰标准就已经使得该标准具备了具有普遍约束力的规则的性质，那么，在此种情形下，并不能适用荷兰《出版法》的有关规定。至于荷兰《住房法》与荷兰《宪法》第 89 条相抵触，法院则认为无权根据荷兰《宪法》第 120 条对议会的法令进行评估。最后，法院得出的结论是，荷兰标准应被视为具有这样的约束力。

格罗宁根法院最终裁定，在《建筑法令》中援引的荷兰标准不能被视为一项制定法的规定，因而荷兰《出版法》不能于此处适用。③ 法院认为，对普遍适用的标准和指令进行引用的情形并非不常见，这些标准和指令已经足够可用，

---

① Portaal Vastgoed Ontwikkeling vs. Mayor and Aldermen of Nieuwegein, CoJ Utrecht, 6 July 2009, SBR 09/156（LJN：BJ2496）.

② City Crash vs. Mayor and Aldermen of 's-Hertogenbosch, CoJ 's-Hertogenbosch, 5 February 2010, AWB 08/1587（LJN：BL3758）.

③ ［Applicant］vs. Mayor and Aldermen of Groningen, CoJ Groningen, 29 July 2010, AWB 10/613（LJN：BN2936）.

足以为每个人所知。对这类标准的援引不会造成与法律确定性之间的冲突。有鉴于此，（简易审理的）法官认为，荷兰标准应被视为具有约束力。

达成共识似乎还遥不可及。对斯海尔托亨博斯案的上诉将由国务委员会进行裁决，有趣的是（民事）上诉法院与（行政）国务委员会将如何处理这一问题。私法与公法的竞合会引起困惑和争议，这一点不足为奇。

15.1.3　向荷兰竞争管理局提出的申诉

2010 年 8 月 31 日，荷兰竞争管理局对一项针对荷兰标准化研究所提出的申诉做出裁决。[①] 该申诉称，荷兰标准化研究所滥用其支配性经济地位，对荷兰标准的副本收取高额费用。申诉人认为，荷兰标准化研究所提供这些副本时应免收费用或者仅收取复制费用，特别是考虑到这些标准正在被公法和立法所援引。

荷兰标准化研究所是荷兰政府以合同形式委托的全国标准化机构，其对荷兰标准的制定和公布具有合法的垄断地位。荷兰标准化研究所的活动或许可以被视为是一种经济活动。随后，荷兰竞争管理局确定，荷兰标准化研究所很可能在制定荷兰标准以及公布和销售这些标准的方面具有支配性的经济地位。然而，这并不一定意味着荷兰标准化研究所滥用了这一支配地位。现在我们应当予以关注的问题是，荷兰标准化研究所是否对法律法规中提到的那些标准征收了过高的税费。情况究竟如何，取决于与收取的税费有关的制定、公布 NEN 标准的经济价值。为了证实这一点，荷兰竞争管理局需要更多的时间进行调查，而这一调查也需要该局做出巨大的努力。

荷兰竞争管理局还提及关于荷兰标准化研究所金融结构的政治讨论。在这次讨论中，议会建议应免费提供荷兰标准，但荷兰标准化研究所的经费理应得到公共资金的支持。[②] 由于当时荷兰任职的内阁已经辞职，该决定被推迟，直到新内阁成立。荷兰竞争管理局还进一步提及正处于民事和行政法律诉讼程序中的待决案件，其中包括 Knooble 诉政府/荷兰标准化研究所一案。

①　Rechtspraktijk BAWA c. s. /Kombiplast B. V. vs. Stichting Nederlands Normalisatie-instituut, Dutch Competition Authority, 31 August 2010, 6965/7.

②　参见 Kamerstukken II（第二届议会会议文件）2008-2009, 28 325, nr. 109。

考虑到上述政治讨论以及尚未作出裁决的司法案件，再加上申诉人的经济利益相对较低，荷兰竞争管理局决定不对这项申诉进行优先处理，也不就此事做进一步的调查。

15.2 公共采购和私营标准

私营标准也在公共采购中发挥作用。在这一节中，我们将研究两个民事案件，涉及在招标程序中使用私营标准进行审查的问题。此外，我们将进一步研究欧盟委员会关于这一问题的意见。

15.2.1 荷兰民事诉讼：Douwe Egberts

这里我们将讨论两个相当类似的民事法律案件，主要的案例是 Douwe Egberts。① 格罗宁根省根据第 2004/18/EC 号指令，分别于 Den Helder 和 Alkmaar 两座城市启动了欧洲公开招标程序，针对内容为热饮机（咖啡、茶、可可、热水）的供应、维护和服务。根据《政府招标采购规则法令》，地方政府是订约当局，应该采取公共招标的方式。这次招标将根据排除标准、甄选标准和授标标准对投标书进行评审。在参考条款中，政府要求咖啡和茶应该有公平贸易标签，如 Max Havelaar 或 EKO 标签（这是作为淘汰标准建立的）。至少应符合下列具体标准：

- 从小农户合作社购买咖啡/茶/可可；
- 旨在涵盖可持续生产成本的价格（根据社会和环境标准）；
- 基于世界市场价格计算的额外公平贸易溢价；
- 预先提供信贷，使咖啡种植者能够进行必要的投资；
- 更为长期的贸易关系。

Douwe Egberts 持有由 UTZ 认证的咖啡和茶的标签。在求证 UTZ 认证标签

---

① Douwe Egberts Coffee Systems Nederland B. V. vs. Province of Groningen（and intervening party Max Havelaar Foundation）, CoJ Groningen, 23 November 2007, 97093/KG ZA 07-320（LJN: BB8575）; and Douwe Egberts Coffee Systems Nederland B. V. vs. Municipality of Den Helder/Municipality of Alkmaar（and intervening party Max Havelaar Foundation）, CoJ Alkmaar, 18 March 2010, 117231（LJN: BL7898）.

能否被视为等同于 Max Havelaar/EKO 标签时，它得到的回答是，明确提及公平贸易标签是因为这些标签所要实现的具体目标（可持续性、社会和环境标准，如旨在涵盖可持续生产成本的价格、额外的公平贸易溢价、预付信贷、更为长期的贸易关系，以及可以提供体面的劳动条件等，所有这些都是为了最大可能地实现可持续性）。只有其他符合这些要素的标签，才可以被视为与公平贸易标签相等同，而 UTZ 认证不在此列。Douwe Egberts 认为这一认定是非法的，并申请启动了临时强制令程序，请求重新考虑公开招标中的具体可持续性标准。

法院分析认为，这些要求不能被视为描述了产品或服务强制性特征的技术规格。它们只能被视为与工作落实方式有关的附加条件。根据欧洲和荷兰的采购法，对于这些条件的要求是被允许的。此外，根据法院的说辞，地方政府所规定的这些条件是可以被接受的，因为它们正在被提交给欧洲议会、欧盟委员会和荷兰政府进行批准。① 此外，因为仍然有一些投标人可以投标，所以这次公开招标并没有违反公平原则。总之，就结果来看，Douwe Egberts 没有成功地证明 UTZ 认证标签至少等同于公平贸易标签。

15.2.2　违反程序——欧盟委员会

然而，欧盟委员会持有另一种观点。2009 年 5 月 14 日，欧盟委员会在一个类似案件中向荷兰发出了违约通知，这有可能是基于 Douwe Egberts 的申诉。欧盟委员会认为，荷兰违反了欧盟公共采购规则。北荷兰省通过全欧盟公开招标程序授予了一份公共合同，是有关提供和管理咖啡机的。委员会认为，这一程序不符合欧盟公共采购规则的要求，特别是那些与技术规格、甄选标准和授标标准相关的要求。

---

① 格罗宁根法院提及了欧盟委员会以下的解释性通讯，即关于共同体法律适用于政府采购和在政府采购中整合社会考量的可能性。Brussels, 15. 10. 2001, COM（2001）566 final, p. 8; to the draft Resolution of the European Parliament on Fair Trade and Development,（2005/2245（INI）), p. 8; and to the Agenda of the Dutch cabinet 2015 regarding the realisation of the Millennium planning aims, The Hague, 29 June 2007, p. 10. 阿尔克马尔法院论及了一份由欧盟委员会提交给理事会、欧盟议会和欧洲经济和社会委员会的通讯，其目的在于助力可持续发展，即公平贸易和贸易相关的非政府可持续保证项目。Brussels, 5. 5. 2009 COM（2009）215 final, p. 6; and to the letter of the Dutch Ministers Cramer, Donner and Koenders to the Dutch Parliament with regard to the international social criteria of Sustainable Purchasing, 16 October 2009（PDI 2009037807）, p. 5.

在技术规格方面，该省要求投标人提供带有一个或两个有机产品和公平贸易产品特定标签（如 EKO 和/或 Max Havelaar）的咖啡和茶。这在公共采购规则中是不允许的，因为它是对某些投标人的歧视。该省声称将接受同等标签，却没有具体规定实质性标准来向投标人澄清：在什么情况下标签将被视为具有等同性。这种情况对相互竞争的企业来说是不透明的。

在选择投标人方面，该省要求投标人说明他们为使咖啡市场更可持续所做的工作，以及他们如何促进无害环境、社会和经济的咖啡生产。然而，设立此类标准的目的不是要确保投标人具备履行合同所必要的技术和专业能力（这正是欧盟公共采购规则框架下所要求的），而是在向订约当局通报投标人的一般业务政策。另外，不清楚该省将如何以及根据什么标准评估投标人所提供的信息，这也有损于投标程序的透明度。

该省还违反了有关授标标准的规则。根据某一标准，该省将对提供拥有特定或类似标签的配料（糖、牛奶）的投标人给予额外的分数。欧盟委员会认为，订约当局不能使用这种授标标准，因为一个类似这样的标签本身并不是一种适合于用来确定何为经济上最为有利的供货商的标准。该省在这方面没有说明任何有关的实质性标准，这对投标人来说也是不透明的。

荷兰政府不同意上述意见。据有关部门称，该省没有特别要求 Max Havelaar 标签，因此，招标对其他标签也是开放的。Max Havelaar 标签的条件可以为每个人免费获得且普遍知晓。此外，所观察到的关于可持续性和公司社会责任的条件不应视为选择标准。这些只是具体业绩标准，且当局有权这么要求。并且，该部声称，即使它是选择标准，它仍然是被允许的。总之，该部认为，有关授标标准的规则并没有被违反。订约当局（本案中的北荷兰省）被允许因为某些品质特征而选择产品，这些产品本身在价格上可能不是最优选择。由此可以看出，北荷兰省被允许优先接受包含 Max Havelaar 或 EKO 标签或类似标签的投标书，而不是其他投标书。

欧盟委员会仍然没有被说服，并向荷兰政府提出了理由充分的意见；① 欧

---

① EU press release, IP/09/1618, Brussels, 29 October 2009; Available at: http://europa.eu/rapid/pressReleasesAction. do? reference = IP/09/1618&format = HTML&aged = 0&language = EN&guiLanguage = en.

盟委员会甚至宣布要将荷兰政府起诉至欧洲法院。① 与此同时，自 2009 年 1 月 1 日，北荷兰省的公务员就已经开始从一家名为 Maas International 的公司所提供的咖啡机中饮用具有公平贸易认证的咖啡了。对于处于争议中的合同来说，通过法律途径来解决太晚了，其将于 2010 年 12 月 31 日失效。

然而，在欧盟采购法规制下，公共当局在招标时是否有权使用私营标准，这一问题仍然受到高度关注。

15.3 公共执行和私营标准②

私人基于审计的监督与官方基于官方控制的监督各自存在，但又相互联系。欧盟的官方控制框架由第 882/2004 号法令（《官方控制法令》）规定，③ 主管当局确保食品链的全部阶段都能够得到官方控制的保障。食品企业有责任满足所有条件以生产和供应安全的食品。某些条款具体规定了产品应该遵守的标准。也有其他的一些条款只与食品安全有关；而实现这一目标的最佳方式则交由企业自己来决定。一方面，这些"开放标准"使企业有机会找到自己的解决办法和工作方式；另一方面，企业必须使主管当局相信，它们所做的是正确的事情，并可以确保最终的食品安全。如果企业做不到这一点，主管当局有权（通过行政或刑法）实施惩罚或纠正措施。

第 882/2004 号法令规定：

- "官方控制"必须由主管当局执行；
- 主管当局可将与官方控制相关的具体任务委托给一个或多个控制机构；
- 应当将自我控制体系纳入考虑范围之内。

---

① EU press release，IP/10/499，Brussels，5 May 2010；Available at：http：//europa. eu/rapid/pressReleasesAction. do？reference = IP/10/499&format = HTML&aged = 0&danguage = EN&guiLangua ge = en.

② This part of the chapter is based on：Beuger，H. ，2010. Overheidstoezicht en voedselveiligheid，in：Voedselveiligheid：certificatie en overheidstoezicht. Praktijkgidsen Warenwet，Sdu，The Hague，the Netherlands.

③ Regulation （EC） No 882/2004 of the European Parliament and of the Council of 29 April 2004 on official controls performed to ensure the verification of compliance with feed and food law，animal health and animal welfare rules. Official Journal of the European Union L 165，30/4/2004，p. 1.

官方控制是在风险分析的基础上进行的，考虑的内容还包括具体的风险、一个公司过去的行为方式（例如，它通常是否遵守法律?）以及自我控制体系的可靠性。这是《官方控制法令》所允许的。如果一家公司或部门有能够适当保障食品安全的自我控制形式，主管当局就可以采取不同的监督方式。

在这里，我们将举例说明荷兰食品和消费品安全管理局是如何处理私营标准的。食品和消费品安全管理局执行官方控制，并在可能的情况下一并考虑私人控制体系。多年来，食品和消费品安全管理局的控制越来越多地从产品控制转向过程和系统控制。食品和消费品安全管理局不仅考虑到 HACCP 的要求并对其加以控制，也充分重视那些可以保证食品安全体系有效运作的私人项目。因此，这个体系至少应该是：

- 透明的；

- 以标准为基础；

- 与独立的第三方审计相联系；

- 有足够的自我校正能力。

食品和消费品安全管理局根据这些标准评估自我规制体系，并在企业中进行"现实检查"。对于这些私人体系，食品和消费品安全管理局的工作不是批准而是接受它们。通过这样的方式，食品和消费品安全管理局就有机会不断监测现有系统及其他系统。食品和消费品安全管理局的方法是建立在"合法信任"的基础上，是建立在实践得出的结果的基础上。一旦证实某个私人规制体系有助于企业遵守法律，食品和消费品安全管理局会将其监督限制在最低限度：(1) 低频率的公司检查；(2) 偶发的违法行为不会立即受到惩罚性制裁；企业将有机会采取纠正措施以遵守法律。只有当公司对人类或动物的福利造成危险时，情况才会有所不同。

一般而言，官方控制法令使大多数成员国强化了其监管力度。食品和消费品安全管理局方法带来了更多的远程监控，减轻了对企业的监管负担。这种做法是基于：(1) 工作相伴的风险；(2) 将企业的责任放在首位；(3) 协助企业遵守法律（法律越透明，企业越易遵守）；(4) 在发生错误时时采取严厉的措施。根据食品和消费品安全管理局的分类，企业被分为三类：红色、橙色和绿色；其中绿色代表最遵纪守法的企业，而红色则相反。那么，食品和消费品安全管理局监管便主要集中在红色和橙色企业身上，绿色企业将受到更为远程的监管。

据食品和消费品安全管理局称，荷兰在远程监控方面领先于其他国家。然而，其出口利益却要求欧洲以及世界其他地区的各方对荷兰产品的质量及其监督保持充分的信心。显然，在企业的完全责任和实质性的政府监督之间存在着一个紧张关系。在两者之间找到适当的平衡始终是一项挑战。

15.4 结语

本书中的其他章节展示了私营部门如何利用私营标准来表达质量和安全愿望，并将其转化为具有法律约束力的条款。本章讨论的荷兰案例表明，如果公共部门试图以同样的方式使用它们，至少是存在问题的。在目前的发展阶段，荷兰的经验没有提供确切的答案，它所做的是将重要的问题列入议程：如果在立法中提及私营标准，其私法性质会发生什么变化？如果公共当局在根据欧盟采购法进行招标时提及私营标准，会发生什么情况？最后，执法机构在多大程度上可以根据私人质量管理体系的表现确定其优先次序？

关于第一个问题，荷兰法院的解释历经了从"正常"到"这把它们变成完全成熟的——但无效的——公法"这样的变化。第二个问题，关于如何看待公共部门在招标时提及私营标准以表示其意愿，荷兰法院采取的立场与欧盟委员会相反，后者认为这种做法违反了法律。乍一看，最后一个问题似乎最不具争议性。选择将执法部门的注意力从有效的私人规制中转移出去，以便把重点放在没有应用此类自我规制的部门上，似乎有其基于自身风险控制的逻辑。

后记

海牙上诉法院于 2010 年 11 月 16 日就 Knooble 一案的上诉做出了判决。①海牙上诉法院推翻了之前海牙民事法院的判决。根据上诉法院的判决，在具有普遍约束力的条例中援引荷兰标准并不使该标准自身具有普遍约束力。根据法律，该规定必须由议会通过或根据议会法案制定，才能具有普遍约束力。那么

---

① State vs. Knooble and Knooble vs. NNI, CoA The Hague, 16 November 2010（LJN：BO4175）.

就不能将荷兰标准看作有约束力,因为它们是由那些有兴趣使用同一个通用标准的组织作为代表而订立的私人协议。监管当局没有制定标准,只是宣布了要适用荷兰标准,该标准便因此而普遍盛行;设定其成为每个人至少或以对等的方式应遵守的标准。因此,根据上诉法院的判决,荷兰标准并没有落入荷兰宪法或荷兰出版法的调整范围。荷兰标准已由荷兰标准化研究所公布并为公众所充分了解;这些标准可以在荷兰标准化研究所上进行查阅或付费获取。Knooble于 2011 年 2 月 15 日提出上诉。

与原审法院相反,上诉法院不承认立法机关有将私营标准转化为公法的权力。国务委员会于 2011 年 2 月 2 日驳回了 City Crash 针对 Mayor 和 Alderman of 's-Hertogenbosch 提起的上诉。国务委员会认为,虽然荷兰标准具有约束力,但不能将它们视为荷兰《宪法》第 89 条的意义范围内具有普遍约束力的规则;因此不能适用荷兰《出版法》。公布标准的方式已足以保证每个人都能够查询到,无论是通过支付还是通过复制便利检查。①

与此同时,《荷兰立法起草指南》也做出了调整,指出原则上,在立法中对私营标准的援引,只能以无约束力的方式进行(仅提供证据的推定)。②

然而,如果要在立法中对私营标准进行有约束力的引用,那这些标准就必须可以被公众知晓和获取。荷兰政府于 2011 年 6 月 30 日提出,其打算免费提供一些标准。③

此外,2010 年 11 月 30 日,Douwe Egberts 宣布,自 2011 年 1 月 1 日起,它们将通过公平贸易认证的产品来扩大其整个销售市场的可持续产品范围。④ 然而,仍有涉及 Douwe Egberts 反对在公共采购中进行公平贸易垄断的未决案件。

翻译:贾梦星

---

① City Crash vs. Mayor and Aldermen of's-Hertogenbosch, Council of State, 2 February 2011, Case Number 2010 02804/1/H1. See: www. raadvanstate. nl.

② Staatscourant 2011, nr. 6743, 14 April 2001.

③ See: http://www. rijksoverheid. nl/documenten-en-publicaties/kamerstukken/2011/07/01/kabinetsreactie-op-project-kenbaarheid-van-normen-en-normalisatie. html.

④ Press-release 30 November 2010, see: http://www. maxhavelaar. nl/nieuws/douwe-egberts-koffie-op-het-werk-nu-ook-fairtrade.

参考文献

— Beuger, H., 2010. Overheidstoezicht en voedselveiligheid, in: Voedselveiligheid: certificatie en overheidstoezicht. Praktijkgidsen Warenwet, Sdu, The Hague, the Netherlands.

— EU, 2001. Interpretative Communication of the Commission on the Community law applicable to public procurement and the possibilities for integrating social considerations into public procurement, Brussels, 15. 10. 2001, COM (2001) 566 final. Official Journal of the European Union C 333, 28/11/2001: 27 – 41.

— EU, 2004. Regulation (EC) No 882/2004 of the European Parliament and of the Council of 29 April 2004 on official controls performed to ensure the verification of compliance with feed and food law, animal health and animal welfare rules. Official Journal of the European Union L 165, 30/4/2004: 1 – 141.

— EU, 2006. European Parliament resolution on Fair Trade and development (2005/2245 (INI)). Official Journal of the European Union C 303E, 13/12/2006: 865 – 870.

— EU, 2009. Communication from the Commission to the Council, the European Parliament and the European Economic and Social Committee-Contributing to Sustainable Development: The role of Fair Trade and nongovernmental trade-related sustainability assurance schemes. Brussels, 5. 5. 2009COM (2009) 215 final. Available at: http://eur-lex. europa. eu/LexUriServ/LexUriServ. do? uri = COM: 2009: 0215: FIN: EN: PDF.

第16章 食品"私法"的外部:鉴于竞争法而存在于荷兰乳业中的交织型私人规则

Maria Litjens,Bernd van der Meulen and
Harry Bremmers[①]

16.1 介绍

食品安全和食品质量的规制不再仅是公共利益。自 20 世纪 90 年代以来,企业家也通过制定私人规制体系来承担责任。食品生产领域的私人体系可能会以不同的方式影响到几乎所有的企业。这些企业要么接受私人规制,使自己生产的产品质量与客户的需求相一致,要么最终被排除于市场之外。为了消除其后的这种影响,荷兰竞争管理局(Nederlandse Mededingingsautoriteit,NMa)在 2000 年的时候做出了一项决议,其暂时性地遏制了私人规制的发展。荷兰竞争管理局拒绝对一个乳制品加工商协会的私人规制体系授予卡特尔的禁令豁免。几乎荷兰市场上所有的乳制品加工企业都加入了这一质量协定。它为加入这一质量协定的供应商和奶农制定了规则,并且被认为可能会导致未加入的农民由于缺乏销路而被排斥于市场之外。荷兰竞争管理局的这一决议似乎限制了私人规制的扩张。尽管私人规制越来越多地嵌入食品供应链中,但此后荷兰竞争管理局也没有再做出类似的决议。是私人规制体系变得更符合竞争政策的要求还是荷兰竞争管理局改变了其政策或做法?

---

① 本章写作是基于以下内容的扩编:Litjens,M.,2009. Private regulation in the Dutch dairy chain. In:B. van der Meulen(ed.)Reconciling food law to competiveness,Wageningen Academic Publishers,Wageningen,the Netherlands,pp. 101 – 107。

可以提出的关键问题是：谁来制定私人规制体系，谁应该遵守这些规则要求，这些体系之间是如何相互关联的，它们在市场上的作用是什么，对于荷兰竞争管理局就这一问题做出的第一个决议，它们如何协调与该要求之间的关系？是竞争政策改变了抑或是荷兰竞争管理局重新定义了其在商业活动中所扮演的角色？

本章的第一个目标是识别不同的私人规制体系。一旦对调整食品安全和质量的规范性私人食品法律体系进行研究，我们就能解决竞争政策和竞争管理当局在新的现实中的定位问题。

本文采用的是案例研究法。除了通过对文献、网站、荷兰竞争管理局的决议和其他文件以及判例法的初步研究外，还通过对饲料和食品领域的主要参与者的访谈来收集数据。涉及主题是荷兰乳制品供应链中的私人食品安全及质量规制，包括饲料供应链的奶农。本案例研究的是基于参与者及其所适用的体系之经验总结，并特别关注不同体系所关联和相互依存的方式，从而将它们编织成一个相互连接的私人体系网。

本章其余部分的结构如下。首先，我们将提供必要的背景资料，来阐明荷兰食品安全和质量治理中所使用的概念和某些特性，并提供本章所适用的分析结构（第 16.2 节）。然后，本章的主要部分（第 16.3 节）是通过介绍这些交织的体系之间不同的要素，让读者了解饲料和乳制品链的不同阶段。随后是加工企业和它们的合作平台以及——最后但并非最不重要的一点——它们所制定的私人体系。接下来（第 16.4 节），所有的要素（私人体系以及它们之间的相互关系）都被重新组合成一幅字面意义上的"大图景"。大图景为定位公共竞争管理局在新的质量保证私人治理中的角色提供了基础，这部分由第 16.5 节来进行介绍。在第 16.6 节，本章最后总结了关于本研究目的的最终研究结果。

16.2 背景

16.2.1 术语

在本章中，我们使用"私人规制"的标签。"规制"指的是通过规则对结果进行标准化的特定活动。对于私人参与者制定的规则，我们更倾向于"私人规制"而不是"自我规制"。后一种标签可以让人产生受规制方在体系中是自愿参与的形象,并且在制定规则方面拥有主动权或者至少参与其中。根据合同法理论,参与是基于自愿的,因为各方当事人通过会议达成一致意见从而约束自己。而正如下文所示,在经济现实中它不是自愿的,因为说"不"并不是一个可行的选择。此外,一般受规制的参与者不参与或仅在有限的程度上参与规则的制定。

在分析食品质量包括食品安全和食品卫生①要求的私人规制时,我们可以区分目标企业所适用的规则以及使这些规则得以运行所必需的附加规则。前者我们称为"标准",后者称为"项目"。标准和项目一起组成了一套"体系"。标准是关于食品企业的产品、工艺和业务管理等主题的一系列规则。标准可以适用于众多的受规制的参与者。项目规定了关于体系的权限以及包括诸如认证和审计之类主题的协调与控制的执行规则。

16.2.2 私人规制与公共卫生法

虽然本次研究的对象是私人规制,但我们也会关注食品公法。根据第852/2004 号食品卫生法令的规定,欧盟和国家的公共当局有权认可私营标准作为良好操作规范指南。这种认可确认了在食品卫生公共规则中实施私营标准的准确性。② 公共当局有时会在其认可中明确排除标准中超出法定要求的某些规则。而这种排除也体现了公共当局对标准中私人规制的特定看法。项目的规则不包含在认可中。然而,这并不意味着从公法的角度来看它们无关紧要。

荷兰公共执法当局将重点从对企业和产品的公共控制转向对私人控制的监管。在这种背景下,私人项目的规则是关注的焦点。虽然没有像对标准一样给予其正式的承认,但在官方控制中认可对与之相关的私人项目,赋予了其在公法之下一定的地位。

---

① 根据第852/2004 号法令第2(1)(a)号规定,"卫生"是指控制危害和确保食品符合既定用途的消费适宜性的必要措施和条件。从这个意义上来说,对于企业而言,卫生和食品安全是一样的。Regulation(EC)No 852/2004 of the European Parliament and of the Council of 29 April 2004 on the hygiene of foodstuffs. Official Journal of the European Union L 139, 30/4/2004: 1 – 54.

② Article 8 and 9 Regulation(EC)852/2004 of the European Parliament and of the Council of 29 April 2004 on the hygiene of foodstuffs. Official Journal of the European Union L 139, 30/4/2004: 1 – 54.

16.2.3 公共或私人产品委员会

产品委员会在荷兰乳制品行业私人规制的发展方面发挥着重要作用。产品委员会是典型的荷兰式政府组织模式。① 它们是根据议会法案设立的强制性协会，因此，享有公权力机构的地位。在委员会的范围内经营产品的企业必须注册并缴纳一定的费用。② 产品委员会的管理层由相关机构的雇主和雇员协会的代表组成。管理层拥有法定权力来颁布对成员具有约束力的公法性质的规章。③ 然而，作为企业协会，产品委员会也可以依据私法基础来对其所属范围内的企业采取行动，而非行使其监管权。④ 这使产品委员会兼具公法和私法的混合属性。

16.2.4 分析结构

所有从事生产的企业都需要投入。上游企业的产出又是生产链中下游企业的投入。上游链一直延伸至其他企业的源投入。正如我们将在下面看到的，就私人规制而言，乳品链与来自于奶农源投入的动物饲料链紧密相连。因此，在我们的分析中包括了饲料部门。

产品从动物饲料的原料生产流向复合饲料生产商、奶农、乳制品加工企业、零售企业并最终向消费者转移。私人规制的要求是向上游移动的：零售商为加工商设定标准，加工商又会转而向农民提出要求，而农民又会对饲料供应商提出要求。从这个意义上来说，我们看到两条河流在向相反的方向流动。一条产品流从生产者流向零售商。当我们使用"上游"和"下游"这一表述时，它们

---

① 它们是根据荷兰《宪法》第134条设立的。英语的翻译可以参见：http://www.rijksoverheid.nl/documenten-en-publicaties/publicaties-pb51/the-constitution-of-thekingdom-of-the-netherlands-2008.html，根据第134条规定：（1）可以根据议会法案设立或解散专业型和贸易性的公共机构以及其他的公共机构。（2）这些机构的职责和组织，它们行政管理机构的组成和权力以及会议的公开性都应符合议会法案的要求。可以根据议会法案，将立法权授予它们的行政管理机构……

② 产品委员会是贸易公共机构的纵向整合组织，除该产品委员会外，还有横向性质的行业委员会，本章未予论述，有兴趣可以参见：http://www.ser.nl/sitecore/content/Internet/en/About_the_SER/Statutory_trade_organisation.aspx。

③ 关于本议题，可以参见第七章的论述。

④ Article 71 Industrial Organisation Act（Wet op de bedrijfsorganisatie：WBO）. Available at：http://wetten.overheid.nl/BWBR0002058/［In Dutch］.

指称的就是这里的产品流。在另一条河流中，要求是从零售商流向生产商。在接下来对私人规制的分析中，我们遵循了这种从生产的角度向上游流动的要求，如图 16-1 所示。

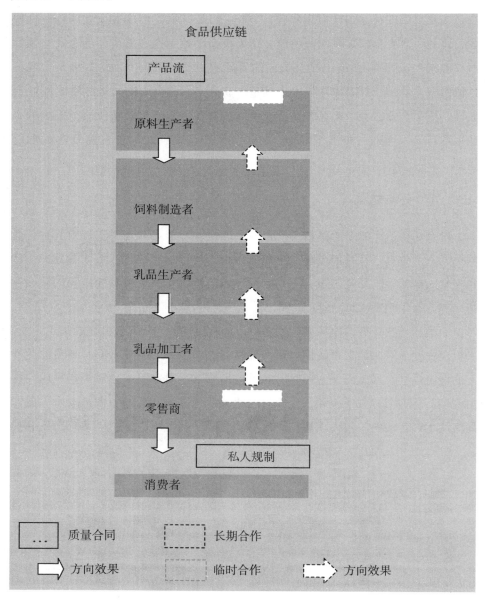

图 16-1　荷兰乳品供应链中的私人规制分析框架

16.3 食品供应链中的私人规制

16.3.1 乳制品销售

在荷兰，99% 的乳制品是在超市里销售给消费者的。① 荷兰是一个零售集中度很高的小国。三家零售连锁店的零售总量占食品零售总量的 70% 以上。②

荷兰零售商协会（Centraal Bureau Levensmiddelen，CBL）制定了零售商的卫生准则。该准则只是重申了法定要求，而准则自身没有增加其他新的要求。因此，与法律规定相比，它的要求没有更加严格。它只是一项标准，与私人项目无关。申请是由个体超市业主来自行决定的，而不对其进行审核或认证。不论是在全球还是欧洲，不存在能适用于零售商的项目。

所谓的零售商标准是由几个欧洲国家的零售商组织制定的，这些标准并不是针对零售商，而是由供应商来满足零售商提出的要求。如今，所有荷兰零售商都要求其供应商供应的零售商品符合英国零售商协会或国际卓越标准③的食品安全标准。④ 荷兰零售商以及荷兰零售商协会都是全球良好农业规范的成员。全球良好农业规范是针对初级生产部门的私人规制体系。

荷兰零售商支持全球食品安全倡议。全球食品安全倡议是零售商的国际合作组织。它制定了关于食品安全体系的基准指南。⑤ 英国零售商协会、国际卓越标准和全球良好农业规范体系以及一些其他的体系被认可，以便这些体系之

---

① www. prodzuivel. nl/pz/productschap/publicaties/sjo/sjo05_ engels/SJO_ 2005_ H4. pdf，p. 42.

② Connor，J. M.，2003. The changing structure of global food markets：dimensions，effects，and policy implications. In：OECD Conference on Changing Dimensions of the Food Economy：Exploring the Policy Issues 6 – 7 February 2003，the Hague，Netherlands，pp. 3 – 4；Dobson，P. W.，2003. Buyer power in food retailing：the European experience. In：OECD Conference on Changing Dimensions of the Food Economy：Exploring the Policy Issues，6 – 7 February 2003，The Hague，Netherlands，pp. 4 – 6.

③ BRC = Global Standard of British Retail Consortium；IFS = International Food Standard of Germanand French retailer organisations.

④ Havinga，T.，2006. Private regulation of food safety by supermarkets. Law and Policy 28（4）：515 – 533. As an example see：http：//www. frieslandcampina. com/english/responsibility/foqus-for-quality. aspx.

⑤ http：//www. mygfsi. com/information-resources/gfsiguidancedocumentssixthedition. html.

间的交互性。① 乳品企业必须采用由零售商组织制定的以全球食品安全倡议为基准的食品安全标准，以获取在荷兰超市货架上的通行准入。

16.3.2　加工乳制品

在荷兰，10 家乳品企业，其中一家很大，另外 9 家相对较小，负责加工几乎所有的牛奶。② 这一小部分企业是长期集中的结果。这些企业将生鲜乳加工成奶酪（60%）、黄油（30%）和食用牛奶（10%）。荷兰约 60% 的乳制品用于出口，主要出口到其他欧盟国家（德国、法国和比利时）。为了符合零售的要求，荷兰乳制品加工厂需要获得英国零售商协会标准或者全球食品安全倡议下的等同标准，如国际卓越标准、FSSC 2000 或荷兰 HACCP 的认证。

加工商转而又会要求其供应商遵守私营标准。在 2000 年的末期，加工商在荷兰的市场占有率为 98%，几乎所有的奶农都是其供应商，它们创建了联合质量体系——优质乳链 KKM 体系（Keten Kwaliteit Melk），并根据当时的荷兰竞争法案，向荷兰竞争管理局提交了一份豁免卡特尔禁令的申请。在 2000 年，荷兰竞争管理局拒绝了这种联合体系。优质乳链设定的要求超出了法定要求。根据法定要求而不是 KKM 体系要求生产的奶农，不应该被剥夺进入所有市场的准入资格。③ 荷兰竞争管理局判定，乳品加工商协定导致了非 KKM 体系认证的乳品无法进入市场，这与竞争法的规定相抵触。当时，每个加工商都执行自己的私人质量体系。作为购买的一般性条款和条件内容，或者是受到认可的与合作社章程中的某一条款相关联的私人项目，其是具有法律地位的。④ 所有的项目都是由同一认证机构（KKM 体系基金会的继任者）所创建，该组织目前被命名为 Qlip。唯一的例外是菲仕兰食品（Friesland Foods）的质量体系。当菲仕兰食品和坎皮纳公司（Campina）在 2008 年合并为菲仕兰坎皮纳后，新的质量标准（Foqus）取代了两者之前的标准。Foqus 是以经全球食品安全倡议认可的零

---

① 更多内容参见第 3 章和第 4 章的论述。

② 由农场或小规模加工者加工的数量非常少。http：//www. nzo. nl and http://www. prodzuivel. nl.

③ NMa 14 March 2000，case 1237：Ontheffingsaanvraag Stichting Keten Kwaliteit Melk. Available at：http：//www. nmanet. nl［in Dutch］.

④ http：//www. qlip. nl and http：//www. frieslandcampina. com.

售商项目为基础的。^① 这一合并使 80% ~85% 的荷兰原料奶市场适用了统一的质量体系。作为其他加工商使用的标准，^② Foqus 和优质乳链都受到 Qlip（其同时拥有 KKM 体系）的监控。加工商的要求进一步延伸到上游的饲料链中。所有荷兰乳制品加工商对生鲜乳的质量标准（Foqus 和基于 KKM 体系的个别体系）都要求奶农只能购买通过 GMP + 认证并符合一些更高要求的饲料。荷兰的肉类加工商采用同样的策略。这些要求在一起实际上排除了市场中用非 GMP + 认证饲料饲养的牛。

加工商对饲料的要求超出了 GMP + 认证。在 2005 年，菲仕兰食品和坎皮纳公司（当时仍然是乳品链中的两个独立加工商，两者合计占有 80% 以上的市场份额）以及一个肉制品加工商维扬（Vion，早先名为 Sovion；一家拥有荷兰80% 屠宰场容量的企业）公开要求农民只能使用具有足够责任保险的供应商提供的认证饲料。它们要求饲料供应商投保覆盖饲料污染造成的所有损失，包括加工和销售过程中造成的间接损失，如召回成本。^③ 在当时，只有 6 个荷兰饲料加工商可以满足这些要求。它们创建了一个名为 TrusQ 的新基金会，在控制原料方面进行合作，共享数据并缔结足以涵盖所有可能损害的共同保险。这种保险的成本对于单个的加工商来说都太高了。在其质量项目（Qarant）的文本中，菲仕兰食品虽然没有提及 TrusQ 的名字，但它却以 TruSQ 的成员企业才能够遵守的方式来表述对饲料的要求。作为对于 TrusQ 的回应，其他饲料加工商成立了一个名为安全饲料（Safe Feed）的基金会。在 2007 年，坎皮纳公司给安全饲料基金会写了一封信，就其与其他 6 家乳制品加工厂合作事宜进行了沟通。除了须满足安全饲料基金会当时制定的要求外，乳品加工商还需要满足质量保

---

① http：//www. frieslandcampina. com/english/responsibility/foqus-for-quality. aspx.

② 例如，http：//www. deltamilk. nl，also http：//www. Noorderlandmelk. nl.

③ http：//www. trusq. nl/nieuws_ details. php? pID = 22（no longer available，consulted 2008）andhttp：//www. frieslandfoods. com/content/zoeken/news. asp? id = 2520（no longer available，consulted 2008）. This joint press release is included in a thesis by M. Willems，2007. Productaansprakelijkheid in de agrarische sector. Thesis Juridische Hogeschool Avans-Fontys，'s Hertogenbosch，the Netherlands，Bijlage VIII. Available at：http：//hbo-kennisbank. uvt. nl/cgi/av/show. cgi? fid = 2419.

证、饲料电子监控以及饲料生产商的私人保险检查的要求。①

GMP +、TrusQ 以及 Safe Feed 将在下面的章节中予以详细讨论。

16.3.3 生鲜乳

在荷兰大约有 18,000 名奶农，每年生产 120 亿千克牛奶。为了符合加工商制定或不得不提出的要求，几乎所有农民都通过了 Foqus 或 KKM 的认证。

初级生产商的组织是由荷兰农业和园艺组织（Land-en Tuinbouw Organisatie，LTO）② 和/或荷兰奶农协会（Nederlandse Melkveehouders Vakbond，NMV）③ 组成的。荷兰农业和园艺组织与 TrusQ、安全饲料和维扬屠宰场合作起草了一份示范协议，供农民在购买饲料时使用。它符合了菲仕兰坎皮纳公司对乳制品和维扬对肉类的要求，因为它需要 GMP + 认证和额外的保险，正如在 TrusQ 和 Safe Feed 的框架内所要求的那样。④ 农民组织似乎没有为农民提出额外的要求。示范协议授权作为农民客户的乳品和肉类加工商，有权获取与产品质量和饲料加工商保单有关的信息。

荷兰奶农协会并不关注食品安全和质量，而是关注其成员的价格公平。⑤

16.3.4 复合饲料

在奶牛场中使用的最易遭受损害的产品是农场上不生产的饲料。大多数饲料（大约 75%），如草和玉米，都是在农场里生产的。剩下的 25% 是购买的饲料，这种饲料称为复合（或混合）饲料。通常，复合饲料包括约 20 种不同的成分。

在荷兰，大约有 150 家生产商向奶农供应复合饲料。在荷兰使用的混合饲

---

① Letter dated 30 – 03 – 2007 of Campina to Safe Feed（referentienr. 2007116/AS/avl）（unpublished）.

② http：//www. lto. nl.

③ http：//www. nmv. nu.

④ http：//www. gezond-ondernemen. nl/nl/25222812-Basis_ Inkoopvoorwaarden_ Varkenshouderij. html. 同样适用于奶农。

⑤ 2006 年，荷兰奶农协会成立了荷兰奶农委员会（Dutch Dairymen Board，DDB）；该协会的目的在于代表奶农的集体利益与加工商进行谈判，他们关注的问题主要是当下的地位悬殊导致了牛奶的价格是由加工商而非市场决定的（http：//www. ddb. nu）。荷兰奶农委员会向欧盟牛奶委员会提出，应实现每千克 40 分的公平奶价（http：//www. europeanmilkboard. org）。

料中，大约有 50% 来自欧盟以外的国家，25% 来自其他欧盟成员国，25% 来自荷兰本土但可能包含进口成分。

几乎所有的荷兰复合饲料生产商都通过了 GMP + 质量体系认证。GMP + 是由动物饲料产品委员会（Productschap Diervoeder，PDV）制定的。① 几年来，GMP + 成为具有公法属性但却是基于自愿性的规制。然而，产品委员会却将其更改为一项私法性体系。尽管是私法性质，由于其与产品委员会的关联使 GMP + 在一定程度上保留了其公法形象，而这有助于其顺利实施。几乎所有的混合饲料生产商都使用 GMP +。饲料生产商的分支协会 Nevidi，占荷兰饲料生产的96%，要求在其行为准则中使用 GMP +。② 在牛奶和肉类加工商的要求中，GMP + 证书已成为初级生产部门内生产商的许可证。

2009 年，参与产品委员会的部分企业协会为 GMP + 的私有化制定了下一步措施。由于产品委员会的公法定位具有太多的限制性，于是协会建立了一个名为"GMP + International"的基金会，这样 GMP + 体系的所有权就转移到这个私人组织手中。③

GMP + 的范围在不断扩大。GMP + 一开始仅作为复合饲料加工商的规范，但现在 GMP + 涵盖了不同标准，用以规范饲料链中其他分支所进行的各种活动，如生产原材料、运输、储存、复合饲料加工。然而，这种扩张并未反映在GMP + 国际委员会的组成中。并非所有的商业协会在 GMP + 国际上都拥有发言权。

GMP + 已与 OVOCOM（比利时）、QS（德国）和 AIC（英国）等其他标准相一致。任何这些体系的认证都被视为履行了 GMP + 的要求。

与欧洲饲料制造商联合会（FEFAC）④ 一起，这些体系的所有者建立了一个名为国际饲料安全联盟（IFSA）的联合协会，其目的在于——除其他以外——为复合饲料及原料建立 IFIS（国际饲料安全联盟的饲料成分标准）通用

---

① http：//www. pdv. nl.

② e：http：//www. nevedi. com/uploads/Gedragscode% 20Nevedi. pdf（no longer available，consulted 2008）.

③ http：//www. gmpplus. org.

④ http：//www. fefac. org.

标准。① 如下所述，将这些标准转变为单一标准的尝试并没有取得成功。

在实践中，并不认为单一的 GMP + 认证可以为原材料的安全供应提供充分保证。因此，混合饲料部门开展了超出私人规制之外的进一步合作。6 家复合饲料生产商创立了 TrusQ（基金会）。TrusQ 是一个合作联盟，在荷兰的市场占有率为 60% ~ 80%。② TrusQ 的目的是确保饲料（和食品）安全，同时也为安全事故提供保险。TrusQ 成员的共同保险涵盖了与法律责任相关的损害赔偿，最高额为 7500 万欧元。③ TrusQ 未对其他荷兰制造商提供服务，然而，其却欢迎外国制造商的加入。这促使了安全饲料制度的建立。④

TrusQ 和 Safe Feed 两个基金会超越了基于 GMP + 的审核和认证。它们还组建了对供应和供应商的管控。此外，它们收集和交换信息以提高该链条中的透明度。⑤ 个体企业投入资本和劳动力，基金会为了参与者的利益而对材料的输入进行监控。这些计划的参与者不允许从不符合要求的供应商那里购买原材料。⑥ 与 TrusQ 不同，Safe Feed 不为其参与者组织保险，但它要求参与者自行负责保险。⑦ 此类保险应涵盖 200 万至 500 万欧元的各类风险损失。

对 GMP + 的补充要求可以根据产品链下游初级产品加工商的需求进行调整。⑧ 2009 年 6 月，安全饲料和 TrusQ 开始探索合作的可能性。⑨ 然而，具体成效的显现还是花费了一段时间。2011 年 3 月 30 日，一份新闻稿向世界公告了自 2011 年 7 月 1 日合并的决定，并以 TRUST FEED 的名义创建了一个新的组织。这个新的组织将覆盖接近 100% 的市场占有率。

---

① http：//www. ifsa-info. net（no longer available，consulted 2009）.

② http：//www. trusq. nl.

③ http：//www. trusq. nl/nieuws_ details. php？pID = 26（no longer available，consulted 2008）.

④ http：//www. demolenaar. nl/nieuws/show-nieuws. asp？id = 596（no longer available，consulted 2008）.

⑤ http：//www. safefeed. nl/data/Feed% 20Safety% 20Data% 20Sheet% 20EN. doc，including explanation［English text，but only available on the Dutch website］.

⑥ http：//www. trusq. nl and http：//www. pdv. nl/lmbinaries/08 _ leverancierbeoordeling _ （roordink）. pdf.

⑦ http：//www. safefeed. nl.

⑧ http：//www. safefeed. nl/desktopdefault. aspx？panelid = 90&tabindex = 2&tabid = 175，and http：//www. gezond-ondernemen. nl/nl/25222812-Basis_ Inkoopvoorwaarden_ Varkenshouderij. html，also applicable for dairy farmers.

⑨ http：//www. safefeed. nl：SAFE FEED and TRUSQ examine the possibilities of cooeration（no longer available）.

16.3.5 饲料原料

复合饲料的原料包括所谓的单一饲料成分、副产物和添加剂。单一饲料的成分是大豆、谷物、玉米和木薯，副产品来自食品工业，添加剂有单一添加剂或预混剂（添加剂的组合）的形式。原料是可以互换的。混合饲料根据要求有不同的组成。在复合饲料中所用的特定原料的数量目前尚无数据可循。

欧洲的饲料原料部门由众多的生产商和销售商组成。他们中很多都参与国家、欧洲和全球层面的协会组织。十多个欧洲协会联合组建了欧洲饲料原料平台（EFIP）。① 欧洲饲料原料平台是一个鼓励使用良好实践指南的自愿性平台。它评估了这些私法部门对于执行公法要求的指南，并制定了一个基准标准来描述最低的要求。作为欧洲饲料原料平台的成员组织之一，欧洲饲料添加剂和预混合饲料质量体系（FAMI-QS）基金会为饲料添加剂和预混合物提供了行业指南，并将其与认证项目挂钩。建立欧洲饲料添加剂和预混合饲料质量体系被认为是欧洲十几家跨国公司在私人规制中对他们的产品拥有发言权的最佳途径。几乎所有欧盟的进口现在都要经过欧洲饲料添加剂和预混合饲料质量体系认证。参与欧洲饲料添加剂和预混合饲料质量体系意味着承诺使用良好实践指南，并为控制和认证提供财务支持。欧洲饲料添加剂和预混合饲料质量体系指南得到欧盟委员会的批准，并被认可为共同体良好实践指南。欧洲饲料原料平台有助于其他原料标准化的发展。欧洲饲料原料平台中饲料原料加工商的活动更优于上述国际饲料安全联盟倡议，其 IFIS 标准并没有付诸实施。

4 类国家标准的所有者继续使用各自的标准。GMP + 的拥有者已经将欧洲饲料添加剂和预混合饲料质量体系视为等同性认证。一个体系中的认证产品可以在另一个体系中获得认可。

16.4 大图景

上面讨论的结果可以用图形方式来表示，如图 16 - 2 所示。起点是第 16.2.4 节所列的图 16 - 1。

---

① http：//www.efip-ingredients.org.

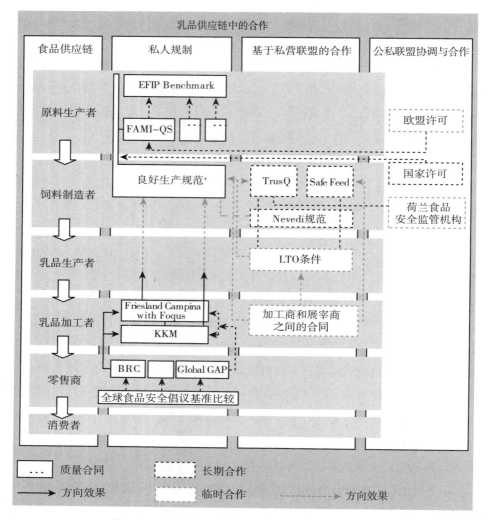

图16-2 荷兰乳品供应链中私人项目的外部关系

第一列代表产品向下游流动的饲料和食品生产。其他列则详述了在前几节中所探讨的私人规制和其他活动的流程。以上讨论中的序列在图中是向上绘制的，就像图16-1中的右列。图16-2中的第二列包含不同的私人规制体系。基于私人规则和公私活动的合作被放置在单独的序列中。

第二列表示由单一企业、企业协会或纵向一体化组织如产品委员会建立的私人食品安全协定。除了业已建立私人体系的部门之外，还显示了在其他分支中的影响。零售商协会为供应商和初级部门建立了共同体系。这些规则是纵向性的，如英国零售商协会标准和全球良好农业规范。标准的使用虽然是自愿的，但经济上的依赖性导致标准使用的必要性，因而标准的使用与否没有可选择的余地。

乳品加工商要求其供应商采用企业标准。规制者和被规制者之间的关系是纵向性的。质量体系要么是采购合同的一般条件和条款以及现有合同关系的一部分，要么是与合作社协会（菲仕兰坎皮纳）章程相挂钩，并以此形式构成成员义务的一部分。无论哪种方式，它们都具有契约约束力。这两种法律结构也可以组合形式出现。

其他企业使用由同一独立基金会创建的某种形式的 KKM 体系。毫无疑问，所有 KKM 项目都是相似的。Foqus 和 KKM 体系的标准包括农民有使用 GMP + 认证饲料的义务。横向制定的通用标准和企业标准对纵向规制有影响，而这种影响对于规制者和被规制者是不一样的。在生产链的其他部分，标准是由企业网、产品委员会或企业协会建立的。这些规制既有横向性的也有纵向性的，因而也会对供应商施加标准（GMP + ）。标准的使用是自愿的，但又受到外部因素的强烈驱动。一些质量协定具有链式特性，因为他们为不同部门制定了许多相互适用的标准（GMP + ）。

第三列阐述了利益相关者如何在食品质量安排上以私法为基础而联合起来。合作有不同的方面，TrusQ 和安全饲料是建立在个体企业的投入和产出的基础上。GMP + 就是一个有趣的例子，即使未参与制定标准的协会（Nevedi）也将其作为成员资格的先决条件。通过与供应商和客户协会的相互协议，荷兰农业和园艺组织为饲料采购合同建立了包括 GMP + 和信息要求的一般条款和条件的范本。乳品加工商和屠宰场连锁店之间达成君子协议，对农民购买的饲料提出了额外的保险要求。这些联合增加了参与私人规制体系的必要性。

公私合作位于第四列。私人规制不是脱离于公法的孤立运作。公众对质量标准予以认可，将其作为良好实践和公私契约的指南，创造了减少公共控制的可能性。食品安全管理局（Voedselen Waren Autoriteit，VWA）与标准的所有者（GMP + ）以及配合实施该标准的企业进行协商，其目的是使食品安全协定获得认可，同时也要建立起对其实施的信任。这种信任将证明食品安全管理局减少公共控制政策的合理性。第 882/2004 号法令第 3（1）条规定，食品安全控制是以风险为基础的。(前)荷兰农业部(现在是经济、农业与创新部)制定了一项监控政策,强烈主张在风险评估中纳入对是否建立可信任的私人项目的考量。①

目前的案例研究表明,私人体系并非独立存在的。它们嵌入于合作协定中并彼此相连。连接食品安全协定的过程会使这些体系的效果倍增(图表中的虚线)。连接有不同的方式,一种质量体系可以对受规制的经营者施加某种义务从而使其遵守另一个体系,例如,使用经过认证的原料(所有乳品加工商私人体系都要求农民必须使用经 GMP + 认证的饲料)。参与协会的条件也可能同样如此(Nevedi 要求的 GMP + 认证)。

独立体系的相互认可是另一种不同的连接方式。体系的所有者对彼此的体系互相认可。一种标准的认证被作为符合另一种标准要求的证明。适用于这种方式的有欧洲饲料添加剂和预混合饲料质量体系、GMP + 、GMP + 与 OVOCOM、QS 与 AIC。这个例子表明,连接产生的影响可能会远远超出荷兰饲料和食品生产的范围。在欧洲乃至全球范围内,相互认可可能在一体化的市场中产生类似的影响。

基准管理是这样一种过程,即体系等同互认不是由体系所有者在彼此之间,而是由第三方来完成的。基准管理可以以独立的指南为参照。② 零售商的全球食品安全倡议基准对诸如英国零售商协会和全球良好农业规范这样的体系提出了要求。EFIP 的基准标准《饲料成分标准部门指南》仅包括法律要求,因而成员组织的部门指南也必须包含这些要求。③ 我们甚至看到,体系可以通过企业之间的简单协议连接起来,从而对其供应商施加义务,如菲仕兰食品、坎皮纳公司和维扬公司之间。

实际上,在不符合私法要求的情况下,将饲料和乳制品投放到荷兰市场上已经变得十分困难,甚至几乎是不可能。食品质量和安全协定通过各种连接方式进行组合,将食品质量要求辐射到乳品链的各个环节。

---

① http：//english. minlnv. nl/portal/page？ _ pageid = 116，1640593&_ dad = portal&_ schema = PORTAL. On this topic see also Van der Meulen，B. M. J. and Freriks，A. A.，2006. Millefeuille. The emergence of a multi-layered controls system in the European food sector. Utrecht Law Review 2（1）：156 – 176.

② Luning，P. A.，Marcelis，W. J. and Jongen，W. M. F.，2002. Food quality management. A techno-managerial approach. Wageningen Academic Publishers，Wageningen，the Netherlands，p. 277.

③ http：//www. efip-ingredients. org.

16.5 竞争法的发展

如前几节所示，大多数体系和它们之间的连接是企业间合作的结果。对于实践路径的描述提供了反映这种密度的图示，由此观之，将出现的私人规制结构标记为"交织"是恰当的。我们所看到的是一张网，在这里私人规制如此紧密地"交织""缠绕"，或者无论你怎么表述，它似乎已经成为一个互联的结构。

最初，荷兰竞争管理局设置了限制，但在第一个决议之后发生了什么？竞争法与政策的发展及其与食品质量领域内的合作关联性将在以下各小节中进行叙述。①

16.5.1 竞争法

自 1998 年以来，荷兰《竞争法》一直与欧盟竞争法保持一致。荷兰《竞争法》对卡特尔的禁止性规定与《欧盟运行条约》第 101 条第一款（之前是《欧共体条约》第 81 条）相一致。②

荷兰《竞争法》第 6 条第（1）款规定："企业之间签订的协议、企业协会的决定和协同行为，其目标或结果会阻碍、限制、扭曲荷兰市场或部分市场竞争，则是被禁止的。"

根据《欧盟运行条约》第 101 条第 3 款（《欧共体条约》第 81（3）条）③的规定，在协议或协同行为有助于促进商品生产、销售或促进技术改进、经济发展，同时使消费者可以公平地分享由此而产生的收益，并在满足某些附加条件时，可以不适用对卡特尔的禁止性规定。最初，根据第 17/62 号法令④的规

---

① 具体内容参见第 17 章的论述。

② 英语的简要可以参见：http：//www. nma. nl/en/legal ＿ powers/dutch ＿ competition ＿ act/default. aspx。

③ EU，2010. Consolidated version of the Treaty on the functioning of the European Union（Lisbon）. Official Journal of the European Union C 83，3/3/2010：47 – 199.

④ EU，1962. EEC Council Regulation No 17 of 6 February 1962 implementing Articles 85 and 86 of the Treaty. Offical Journal of the European Union 13/204（last amended 2003 by Council Regulation（EC）No 1/2003 of 16 December 2002 on the implementation of the rules of competition laid down in articles 81 and 82 of the Treaty，Official Journal L 1/4/1/2003：1）Official Journal of the European Union L 1：1.

定，这一例外的实现需要欧盟委员会根据申请而对某项协议或行动做出豁免的决定。

荷兰国内法最初也采用相同的方式做出类似的规定。荷兰《竞争法》第6（3）条规定："在下列情况下，可以不适用第一款的规定：协议、决定、协同行为有助于促进商品生产、销售或促进技术改进、经济发展，同时使消费者可以公平地分享由此而产生的收益，并且不会（a）为实现上述目标，向经营者施加不必要的限制；（b）使上述经营者可能实质性排除相关产品和服务间的竞争。"

一直到2004年，企业必须对限制竞争的协议申请豁免，正如KKM基金会在2000年对其质量协议所做的那样。

16.5.2　与竞争法相抗衡的私人体系

乳品加工商协会和农民建立了一套完整的牛奶质量体系。这个体系被称为KKM体系。上述生产商在荷兰生鲜乳的市场占有率为98%。因此，几乎所有的奶农都是它们的供应商，并且不得不加入这一体系。所以，荷兰竞争管理局没有通过其豁免的申请。KKM体系的要求超过了法定的要求。根据法律要求而非KKM体系要求进行生产的奶农不应该被禁止进入所有的市场。荷兰竞争管理局判定，该协定导致了非KKM牛奶被完全排除在市场外，而这与《竞争法》中禁止卡特尔的规定相抵触。因此，在千禧年之际，由于陷入竞争法的困境中，私人规制结构的部署似乎遭受到了严重的挫折。

2002年，参与KKM体系的组织试图将KKM体系纳入公法的范畴，从而不再将其作为竞争法的监管内容。它们说服荷兰乳业委员会将KKM体系从私营标准转变为法律规则。但是，该规则被法院驳回，只是理由与本章论述的背景无关。但因为这一决定，加工商又重新回到了原点。

在集体性的质量体系经历了这些挫折之后，乳品加工商开始实施个别性私人质量体系。尽管这些体系彼此相似，且其与之前的KKM体系也一样，但综合来看，它们也可能与KKM体系一样，对不符合的牛奶具有相同的排除效果，但荷兰竞争管理局并没有像预期的那样根据其先前的决定而做出反应。这项决定包含了明确警告企业不要继续实施个别性的禁止协定。然而，在菲仕兰食品所请求的非正式意见中，荷兰竞争管理局表示无意审查标准的内容。在这一非正式的意见中，荷兰竞争管理局表示，即使具有支配地位，个别加工商也可以为供应商制定质量标准。即使个别性标准彼此相似，乳制品加工商的独立决策也不属于禁止卡特尔的范围。① 这一非正式意见并没有废除之前的决议。尽管如此，这一非正式意见还是为私营标准提供了更多的回旋余地。自 2000 年以来，仅有一个私人食品安全体系受到荷兰竞争管理局的调查。②

2008 年 12 月，荷兰最大的两个乳制品加工厂，菲仕兰食品和坎皮纳公司合并为菲仕兰坎皮纳。菲仕兰坎皮纳现在是世界上第三大乳品加工企业。在荷兰，它拥有 80% ~85% 的乳制品供应市场份额。欧盟委员会批准了该项合并。无论是委员会还是荷兰竞争管理局都没有对通用质量标准（现在的 Foqus）单独或与 KKM 体系一起在市场上的影响提出任何异议。

第一次决议后的非正式意见并没有对私人体系的可接受性做出说明。在竞争法领域，私人规制进一步陷入了沉寂。

16.5.3 竞争政策的变化

对于上述发展，竞争政策或法律的改变可以提供解释。最初，企业进行合作必须申请豁免。在欧盟层面，这一情况随着 2004 年 5 月 1 日第 1/2003 号法令③的生效而发生了改变。从该日期起，该例外被认为是可以直接适用的，由相关企业来决定他们是否符合此种例外的条件要求。欧盟委员会的作用仅限于执行。荷兰《竞争法》也以同样的方式进行了修改。直到 2004 年 8 月 1 日，它才采用了由

---

① NMa 14 Januari 2005, case 4258, Informele zienswijze: borgingsysteem kwaliteit productie melk. Available at: http: //www. nmanet. nl ［in Dutch］.

② NMa 25 October 2001, case 317, Algemene Voorwaarden overeenkomsten PVV/IKB Blanke Vleeskalveren 1997. NMa made one other informal opinion concerning agreements over anaesthetised castration of piglets. NMa 27 October 2008, case 6645, Informele zienswijze: verdoofd castreren van varkens. Available at: http: //www. nmanet. nl ［in Dutch］. 相关分析可以参见：Litjens, M. E. G., 2009. Kleine ingreep. een onversneden prijsafspraak en ongesneden biggen. Markt en Mededinging 12 （5）: 161 – 165。这一非正式的观点仅仅只是讨论了项目涉及的临时性价格协议，未曾考虑市场中针对质量协议的效果。

③ EU, 2003. Council regulation （EC） No 1/2003 of 16 December 2002 on the implementation of the rules on competition laid down in Articles 81 and 82 of the Treaty. Offical Journal of the European Union L 1, 4/1/2003: 1.

荷兰竞争管理局根据申请来决定对卡特尔禁令实行豁免的制度。自 2004 年 8 月 1 日起，例外情况可以直接适用。荷兰《竞争法》第 6（4）条规定："任何企业或企业协会援引第（3）条，应提供证据证明符合该款的适用条件。"

从那时起，企业必须评估自己是否符合要求，而不必再向荷兰竞争管理局报送协定。

从此以后，荷兰竞争管理局的作用仅限于监督和执行。这一过程的改变并不必然改变荷兰竞争管理局关注的焦点。事实上，荷兰竞争管理局网站显示，当局一直密切关注食品和农业产业领域。然而，自 2004 年以来，没有任何私人食品安全体系受到过荷兰竞争管理局的调查。我们不知道在竞争政策没有发生改变的情况下，如何解释现有的沉寂。是缺乏兴趣抑或是企业使荷兰竞争管理局相信其采取的行动已经超出了卡特尔禁令范围之外？最后一个似乎是最合理的解释，但要用现有的经验证据来证明这一点却不是那么容易。与此同时，市场的排他性影响不仅持续存在，而且正如前面的章节中所示的那样在急剧增强。

本节表明，竞争管理局已通过两种方式调整其政策。第一个是由于欧盟和荷兰竞争法的重大转变，对它们的整体作用必须进行重新界定。它为企业在评估协同行为的竞争效应方面提供了自主权。然而，荷兰竞争管理局保留了执行竞争法的任务。因此，政策方面的第二个变化是，荷兰竞争管理局没有对私人体系采取进一步的行动。然而，单一的安全和质量要求以及整合在一起形成的一个完整体系可能会与基本竞争规则相抵触。此外，荷兰竞争管理局对于所有具有相似甚至相同特征的体系的交织没有表露明显的意见。总而言之，我们在对私人规制的公开回应中没有看到对于这种异常情况的其他解释，而不是对我们称为"交织"的"体系的体系"缺乏兴趣或洞察力。

16.6　结论与讨论

本章的第一个目标在于介绍荷兰饲料和乳制品领域中的私人食品安全和质量规制及其关联性。实证研究结果表明，大多数私人协定超出了法定要求。换言之，它们制定的要求比公法要求更严格。[①] 这一案例研究表明，私人食品质量安全协定通常不会首先为制定它们的企业设定义务，而是为其上游的一个或多个分支机构设定义务。从这个意义上说，它们不是"自我规制"，而是外部施加的规制。这些协定之间的紧密关联性又进一步加深强化了企业的合规程度。

合作社可以利用其章程对其成员施加要求。在其他情况下，供应商的经济依赖性为客户向其施加私营标准提供了条件。随着集体性私人体系市场份额的增加，供应商不参与的可能性降低。

正如案例研究所示，私人体系并不是孤立存在的。它们嵌入合作协定中并相连。体系的所有者通过相互认可以及互为基准使体系具备了互换性。在饲料和乳制品领域，国家和国际层面同时具有了这种模式。

除了互换性的横向扩张之外，私人体系链条中的纵向联系也变得越来越紧密。虽然连接具有不同的样式，但总体效果是私人规则更具约束性。食品安全与食品质量协定的连接，增加了买方指导供应商生产过程的能力。最终，私人规制使买方不仅可以规制其供应商的活动，而且还可以规制供应链中更上游的参与者的活动。食品安全协定的连接过程使体系的影响效应倍增。私人体系的横向和纵向整合形成了我们在本章的副标题中标记为"交织"的食品供应链。如果我们要找到一个更"合法的"标签，也许可以考虑诸如"相互规制"之类的表述。

在一个相互规制的食品供应链中，对于大多数企业而言，不参与并不是一个可行的选择。从经济角度来看，不参与私人体系的企业会被排除在市场之外。如果我们更进一步考虑到许多私营标准比立法更为严格，我们就又回到了我们的出发点。对于荷兰竞争管理局来说，KKM 这一乳制品质量的私人规制已经无处不在，未授予该体系基础上的卡特尔禁令豁免，最大的动因便是其排斥市场准入。

第二个目标是描述在驳回一项私人规则体系（KKM 体系）的豁免申请后，竞争政策针对这些企业行为所做出的改变。对卡特尔禁令的豁免不再需要对申请做出明确的决定。这就将问题从行政管理问题转变为执法问题，但在我们看来，这不能从根本上改变当局行动的理由。因此，荷兰竞争管理局在一个单一

---

① Information of expert stakeholders and investigation of quality systems.

的私人体系中发现了这一问题，但此后竞争管理当局并没有针对市场上仍然具有排他性效应的其他体系采取行动。

荷兰竞争管理局没有考虑到"交织的"私人规制所产生的影响。此外，这一观察结果使人怀疑，基于欧共体条约（现在是增加了合并控制的《欧盟运行条约》第 101 条和第 102 条）模式的竞争法是否已经准备好应对相互规制的市场？回答这个问题需要进行进一步的研究。

当前的发展需要公共竞争管理当局更积极地参与私人食品安全和质量体系的治理，而这些变化的重新定位已经使它们所扮演的角色从主动变为被动。

当前缺乏当局参与的不良影响就是食品供应链的几个分支中的非参与者被排除在外以及处于供应链末段的企业权力地位的提高。

看来，值得研究的不仅是食品"私法"内部的问题，而且其外部也同样具有研究价值。内部包括各个体系的具体内容，即私人项目中的标准设定。外部则是体系的相互关联性，它将私人食品法转变为一套对企业交织的体系的体系，并且其对企业的影响可以与食品公法的影响相竞争。①

翻译：周明

参考文献

— Connor，J. M. ，2003. The changing structure of global food markets：dimensions，effects，and policy implications. In：OECD Conference on Changing Dimensions of the Food Economy：Exploring the Policy Issues 6 – 7 February 2003，the Hague，the Netherlands，pp. 3 – 4.

— Dobson，P. W. ，2003. Buyer power in food retailing：the European experience. In：OECD Conference on Changing Dimensions of the Food Economy：Exploring the Policy Issues，6 – 7 February 2003，The Hague，the Netherlands，pp. 4 – 6.

— EU，1962. EEC Council Regulation No 17 of 6 February 1962 implementing

① 致谢：非常感谢格鲁达（Geronda Klop）帮助设计了这些图表。

Articles 85 and 86 of the Treaty. Offical Journal of the European Union 13/204.

— EU, 2003. Council regulation (EC) No 1/2003 of 16 December 2002 on the implementation of the rules on competition laid down in Articles 81 and 82 of the Treaty. Offical Journal of the European Union L 1, 4/1/2003: 1.

— EC, 2004. Regulation (EC) No 852/2004 of the European Parliament and of the Council of 29 April 2004 on the hygiene of foodstuffs. Official Journal of the European Union L 139, 30/4/2004: 1 – 54.

— EU, 2010. Consolidated version of the Treaty on the functioning of the European Union (Lisbon). Official Journal of the European Union C 83, 3/3/2010: 47 – 199.

— Havinga, T., 2006. Private regulation of food safety by supermarkets. Law and Policy 28 (4): 515 – 533.

— Litjens, M., 2009. Private regulation in the Dutch dairy chain. In: B. van der Meulen (ed.) Reconciling food law to competiveness, Wageningen Academic Publishers, Wageningen, the Netherlands, pp. 101 – 107.

— Litjens, M. E. G., 2009. Kleine ingreep. een onversneden prijsafspraak en ongesneden biggen. Markt en Mededinging 12 (5): 161 – 165.

— Luning, P. A., Marcelis, W. J. and Jongen, W. M. F., 2002. Food quality management. A technomanagerial approach. Wageningen Academic Publishers, Wageningen, the Netherlands.

— Van der Meulen, B. M. J. and Freriks, A. A., 2006. Millefeuille. The emergence of a multi-layered controls system in the European food sector. Utrecht Law Review 2 (1): 156 – 176.

— Willems, M., 2007. Productaansprakelijkheid in de agrarische sector. Thesis Juridische Hogeschool Avans-Fontys, 's Hertogenbosch, the Netherlands, Bijlage VIII. Available at: http: //hbo-kennisbank. uvt. nl/cgi/av/show. cgi? fid = 2419 [in Dutch].

第17章

食品"私法"的有限性：食品部门内的竞争法

Fabian Stancke[①]

17.1 介绍

多年来，食品生产商和食品零售商经受着激烈的竞争和利润率压力。销量停滞不前，[②] 加之受当前市场结构的影响，零售商之间竞争激烈。德国食品杂货店销售价格非常低，从事食品行业的人面临着利润率压力。[③] 这种利润率压力反过来导致了食品生产商之间的激烈竞争。与此同时，竞争监管机构的多重审查程序加剧了该行业人员的压力。[④] 自 2010 年 1 月以来，德国许多场所被搜查，媒体怀疑食品行业人员达成了非法的统一限价协议。[⑤] 因此，现今的市场参与者不确定其商业行为是否合法，它们面临着许多不确定因素。德国联邦竞

---

① 本文写作感谢剑桥法学硕士雅各布（Jakob Quirin），英语文章首发于：Stancke，F.，2010. Das Kartellrecht der Lebensmittelbranche. Zeitschrift für das gesamte Lebensmittelrecht 2010：543 – 565。

② Bundesvereinigung der Deutschen Ernährungsindustrie e. V.，Kennzahlen der Ernährungsindustrie. Available at：http：//www. bve-online. de.

③ Siemes，J.，Mager，G.，Gerling，M. and Vogell，K.，2010. In：KPMG，Trends im Handel 2010，p. 51. Available at：http：//www. kpmg. de/docs/trends_ im_ handel_ 2010_ de. pdf.

④ The FCO's press release of 11/01/2010 regarding its investigation into the dairy sector；the press release of 14/01/2010 regarding the search of premises of retailers and brand producers in view of price fixing suspicions and the press release of 09/06/2010 regarding the imposition of fines against coffee roasters. Available at：http：//www. bundeskartellamt. de.

⑤ Hasse，S.，2010. Kartellrecht für Privilegierte（commentary）. LebensmittelZeitung，16/04/2010，p. 2.

争管理局（FCO）于 2010 年 4 月发布的一封非正式函件①强化了这种不确定性，其内容是权威机构总结的对某些商业惯例的意见，该函件在市场参与者及其商业协会中传播。德国联邦竞争管理局的代表还宣布其打算加强食品领域竞争法的实施。结果是许多从事食品行业的公司现在完全拒绝讨论消费者促销措施。可以预计的是，这些不确定性至少会持续到当前调查结束。在这一背景下，鉴于可能存在的违反竞争法的风险，从事食品行业的管理人员、雇员和律师应当从竞争法的角度出发，知悉哪些行为存在问题，哪些行为是被允许的。

17.2 竞争法的合规要求

违反竞争法会带来风险表明：遵守法律则更符合公司及其管理层的利益。② 即使仅是过失侵权，也可能严重威胁到公司的声誉。违反竞争法可能带来一系列后果：巨额罚款高达公司总营业额的 10% ，③ 雇员可能面临罚款、监禁，④ 公司董事及行政人员的责任保险（D&O 责任险），⑤ 客户和竞争对手的损害赔偿请求和禁令救济请求，⑥ 以及合同被认定为无效。⑦ 最后一种情形意味着已经签

---

① FCO, 2010. Vorläufige Bewertung von Verhaltensweisen in Verhandlungen zwischen Herstellern von Markenartikeln, Großhändlern und Einzelhandelsunternehmen zum Zwecke der Konkretisierung der Kooperationspflichten. Wirtschaft und Wettbewerb 2010：786 – 791.

② Competition authorities and courts generally assume that managers must ensure competition law compliance：Mitsch, W. , 2006. In：Senge, L. （ed.）Karlsruher Kommentar zum OWiG, 3rd edition, C. H. Beck Verlag, Munchen, Germany, § 17, margin number（'mn.'）56 with further information.

③ § 81 section 4 sentence 2 ARC；Article 23 section 2 of EU, 2003. Council Regulation（EC）No. 1/2003 of 16 December 2002 on the implementation of the rules on competition laid down in Articles 81 and 82 of the Treaty. Official Journal of the European Union L 1 of 4/1/2003：1 – 25.

④ § 81 section 1 in connection with § 9 OWiG；在德国，操纵投标是一种犯罪行为，根据德国刑法第 298 条和第 263 条，可以判处监禁。在其他国家，任何类型的竞争法侵权都可能构成刑事犯罪，如在奥地利、英国和美国。

⑤ Directors and Officers Liability. See e. g. § 93 section 2 German Stock Companies Act（Aktiengesetz）, § 43 section 2 Limited Liability Companies Act（GmbH-Gesetz）.

⑥ § 33 sections 1 and 3 Act against Restraints of Competition /ARC（Gesetz gegen Wettbewerbsbeschränkungen）.

⑦ Article 101 section 2 TFEU, § 1 ARC in connection with § 134 German Civil Code（Bürgerliches Gesetzbuch）.

订的合同无效，没有法律约束力。在此背景下，有关公司在与食品公司合作时，需认真评估其行为是否遵守了竞争法。

17.3　食品部门内竞争法的针对者

所有活跃于食品行业的公司，无论是生产商、批发商还是零售商，都必须遵守竞争法。这些公司的商业协会、顾问和外部研究人员也是如此。然而，属于同一企业集团的子公司之间的协议和联合行为通常不属于竞争法的范围。[1]

目前，大型食品零售商成为主要的攻击对象。最常见的指控是，它们滥用购买力，要求供应商以不合理的低价向其提供商品，并强制供应商签订不公平条款。此外，商业协会和咨询公司日益成为竞争管理局关注的焦点，主要是因为竞争管理局怀疑它们扮演着卡特尔（垄断性企业联合）的重要角色——例如，对商业行为和信息交流提出建议，以此发挥该作用。通过针对行政违法行为的德国法可以实现竞争法的严格执法，但这些法律规定没有并未区分反竞争行为的实施者及其帮助者、教唆者。[2] 欧洲竞争法也是如此，正如普通法院于2008年在 Treuhand 诉委员会案件中所澄清的那样。[3]

---

① Bechtold, R., 2010. In: Bechtold, R. (ed.) GWB, Kartellgesetz, Gesetz gegen Wettbewerbsbeschrankungen, 6th edition, C. H. Beck Verlag, Munchen, Germany, §1, mn. 23; Schroeder, D., 2008. In: Wiedemann, G. (ed.) Handbuch des Kartellrechts, 2nd edition, C. H. Beck Verlag, Munchen, Germany, §8, mn. 2 *et seq.* with further information; ECJ Case C-73/95 P Viho v Commission, ECR 1996: I-5457, mn. 16 *et seq.* and Zeitschrift für Wirtschaftsrecht 1997: 87; see also ECJ Case 15/74 Centrapharm v Sterling Drug, ECR 1974: 1147, mn. 41 and Neue Juristische Wochenschrift 1975: 516.

② Dannecker, G. and Biermann, J., 2007. In: Immenga, U. and Mestmäcker, E. J. (eds.) Wettbewerbsrecht Band 2: GWB. Kommentar zum Deutschen Kartellrecht, 4th edition, C. H. Beck Verlag, Munchen, Germany, Vor §81, mn. 69; Vollmer, C., 2008. In: Hirsch, G. Montag, F. and Säcker, F. J. (eds.) Münchener Kommentar zum Europäischen und Deutschen Wettbewerbsrecht (Kartellrecht) Band 2: Gesetz gegen Wettbewerbsbeschränkungen: GWB, 1st edition, C. H. Beck Verlag, Munchen, Germany, §81, mn. 43; Rengier, R., 2006. In: Senge, L. (ed.) Karlsruher Kommentar zum OWiG, 3rd edition, C. H. Beck Verlag, Munchen, Germany, §14, mn. 4.

③ CFI, Case T-99/04 Treuhand v Commission, ECR 2008, II-1505 and Europäisches Wirtschafts- und Steuerrecht 2008: 330.

17.4　反竞争行为的限制

　　食品公司的行为必须符合国家竞争法（如德国）和欧洲竞争法的要求，因为后者也直接适用于欧盟成员国。[①] 相关的、与此基本一致的[②]反竞争行为的禁止性规定可参见德国《反限制竞争法》（§1 ARC）和《欧盟运行条约》第101 条第 1 节的规定：[③] 禁止 "为防止、限制或扭曲竞争，或可能造成防止、限制或扭曲竞争后果的公司之间的协议，行业协会的决定，以及其他协同行为。" 欧洲法院已经裁定，在确定其市场上行为的过程中，公司须享有真正的自主权。[④] 德国《反限制竞争法》（§1 ARC）和《欧盟运作条约》第101 条第 1 节规定同时包括横向限制和纵向限制。[⑤] 竞争者之间的协议，如两个食品生产者之间可能包含横向限制；非竞争者之间的协议，如食品生产者和食品零售商之间的协议，可能包含纵向限制。限制一方当事人与第三方进行价格等谈判的余地或裁量的协议和联合行动，可能构成侵权行为。通常受到关心的问题是限制

---

　　① See（extensive）Böge，U. and Bardong，A.，2008. In：Hirsch，G. Montag，F. and Säcker，F. J.（eds.）Münchener Kommentar zum Europäischen und Deutschen Wettbewerbsrecht（Kartellrecht）Band 2：Gesetz gegen Wettbewerbsbeschränkungen：GWB，1st edition，C. H. Beck Verlag，Munchen，Germany，§22，mn. 1 et seq.；ECJ Case 127/73 BRT v SABAM，ECR 1974：51，mn. 15/17 and Gewerblicher Rechtsschutz und Urheberrecht Internationaler Tfeil 1974：342；Case 37/79 Marty v Estée Lauder，ECR 1980：2481，mn. 13 and Neue Juristische Wochenschrift 1980：2632；Case C-234/89 Delimitis v Henninger，ECR 1991：I-935，mn. 45 and Neue Juristische Wochenschrift 1991：2204；Case C-453/99 Courage v Crehan，ECR 2001：I-6297，mn. 22 et seq. and Neue Juristische Wochenschrift 2002：502.

　　② Karl，M. and Reichelt，D.，2005. Die Änderungen des Gesetzes gegen Wettbewer-bsbeschränkungen durch die 7. GWB-Novelle. Der Betrieb 2005：1436 – 1437；Stancke，F.，2005. Schadensregulierung und Kartellrecht. Versicherungrecht 2005：1324.

　　③ 在 2009 年 11 月 30 日前，为《欧共体条约》第81 条。2009 年 12 月 1 日生效的《里斯本条约》修改了欧盟条约。原有的第81 条第 1 节变更为《欧盟运行条约》的第 101 条第 1 节。

　　④ ECJ Case 43/73 et al. Société anonyme Générale Sucrière and others v Commission ECR 1975，1663，mn. 174 and Wirtschaft und Wettbewerb 1976：185 and Wirtschaft und Wettbewerb/Entscheidungssammlung EWG/MUV 347.

　　⑤ Schwintowski，H. -P. and Klaue，S.，2005. Kartellrechtliche und gesellschaftsrechtliche Konsequenzen des Systems der Legalausnahme für die Kooperationspraxis der Unternehmen. Wirtschaft und Wettbewerb 2005：370 – 378；draft bill on the 7th comprehensive amendment to the ARC，Bundestagsdrucksache15/3640：23 et seq.

一方签订协议或者第三方有关重要市场特征的决定，如最终消费价格、排他性回扣、销售、成本，营销①或协调成本。② 对于涉及这些市场特征的竞争者之间的信息交流也是如此。③ 但是，如果公司只是互相通知彼此影响范围之外的客观情况，仅涉及如一般的技术发展或新的判例法等竞争法框架内容，则不存在竞争限制。④ 此外，如果贸易活动受到明显影响，即竞争限制有显著影响，则只有德国《反限制竞争法》（§1 ARC）和《欧盟运作条约》第101条第1节才能约束该类管理。⑤ 即使其效果显著，基于德国《反限制竞争法》（§2 ARC）和《欧盟运作条约》第101条第3节的规定，根据所谓的集体豁免条例（"BER"）或针对特定案例的实体标准，可能免除对限制竞争的禁止。然而，应该记住，只有在共谋行为有特别明显的效果且消费者必须从中获利的

---

① Bunte, H. -J., 2010. Einführung zum GWB. In: Langen, E. and Bunte, H. J. （eds.） Kommentar zum deutschen und europäischen Kartellrecht Bd. 1, 11th edition, Carl Heymanns Verlag, Koln, Germany, mn. 84.

② EU, 2011. Communication from the Commission. Guidelines on the applicability of Article 101 of the Treaty on the Functioning of the European Union to horizontal co-operation agreements （Horizontal Guidelines）. Official Journal of the European Union C 11, 14/1/2011: 1 – 72. Available at: http://eur-lex. europa. eu/LexUriServ/LexUriServ. do? uri = 0J: C: 2011: 011: 0001: 0072: EN: PD', mn. 27, 33 et seq.; Wagner-von Papp, F., 2004. Marktinformationsverfahren-Grenzen der Information im Wettbewerb: Die Herstellung praktischer Konkordanz zwischen legitimen Informationsbedürfnissen and Geheimwettbewerb. Wirtschaftsrecht und Wirtschaftspolitik: Vol. 191. Nomos Verlagsgesellschaft, Baden-Baden, Germany, p. 228.

③ Stancke, F., Marktinformation, Benchmarking und Statistiken-Neue Anforderungen an Kartellrechts-Compliance. Betriebs-Berater 2009: 912 et seq. with further information; see also section 17. 6. 2 and 17. 6. 13.

④ Federal Ministry of Economic Affairs, 1976. Kooperationsfibel-Zwischenbetriebliche Zusammenarbeit im Rahmen des Gesetzes über Wettbewerbsbeschränkungen, section II section 1. 1; EU, 1968. Notice concerning agreements, decisions and concerted practices in the field of cooperation between enterprises. Official Journal of the European Union C 075, 29/07/1968: 3 – 6; Schumm, K., 2003. In: Schröter, H., Jakob, T and Mederer, W. （eds.） Kommentar zum Europäischen Wettbewerbsrecht, 1st edition, Nomos Verlagsgesellschaft, Baden-Baden, Germany, Article 81 mn. 48.

⑤ Established case-law since ECJ Case 5/69 Volk v Vervaecke, ECR 1969: 295, 302, mn. 7 and Neue Juristische Wochenschrift 1970: 399; Bechtold, R., 2010. In: Bechtold, R. （ed.） GWB, Kartellgesetz, Gesetz gegen Wettbewerbsbeschränkungen, 6th edition, C. H. Beck Verlag, Munchen, Germany, §1, mn. 37 et seq.

情况下才能适用这种豁免。①

17.5 对占市场主导地位公司的非共谋/单边行为的限制

竞争法不仅限制市场参与者之间的反竞争性共谋行为。如果这些措施构成对这种强大市场地位的"滥用"，它还会限制那些在其市场上占主导地位或具有特别强大市场地位的公司的单边措施。② 德国和欧洲的竞争法都禁止滥用市场支配地位。相关规则是德国《反限制竞争法》（§§19 et seq. ARC）和《欧盟运作条约》第 102 条。这两项条款都包含非常类似的规定，③ 但德国的法律更为严格。④

公司的经济实力通常被竞争对手和买家选择供应商的自由所限制。然而，一些公司尚未遭遇过足够的竞争压力，其结果是它们在市场中具有很宽的回旋余地。如果某公司作为某些产品的供应商或买家，没有竞争对手，或者没有经历过重大竞争，或者在特定的市场上特别强大，则公司在这种意义上占主导地

---

① Regarding the individual requirements see Kamann, H. -G. and Bergmann, E., 2003. Die neue EG-Kartellverfahrensverordnung-Auswirkungen auf die unternehmerische Vertragspraxis. Betriebs-Berater 2003: 1743, 1745 et seq.; Schwintowski, H. -P. and Klaue, 2005. Kartellrechtliche und gesellschaftsrechtliche Konsequenzen des Systems der Legalausnahme für die Kooperationspraxis der Unternehmen. Wirtschaft und Wettbewerb 2005: 370, 372 et seqq.; Roth, P. and Rose, V., 2008. Bellamy & Child: European Community Law of Competition, 6th edition, Oxford University press, Oxford, UK, 3. 020 et seqq.; Bunte, H. -J., 2010. In: Langen, E. and Bunte, H. J. (eds.) Kommentar zum deutschen und europäischen Kartellrecht Bd. 2, 11th edition, Carl Heymanns Verlag, Koln, Germany, Art. 81 EG, mn. 146 *et seq.*

② Wiedemann, G., 2008. In: Wiedemann, G. (ed.) Handbuch des Kartellrechts, 2nd edition, C. H. Beck Verlag, Munchen, Germany, §23, mn. 16; de Bronett, G. K., 2008. In: Wiedemann, G. (ed.) Handbuch des Kartellrechts, 2nd edition, C. H. Beck Verlag, Munchen, Germany, §22 mn. 7.

③ Bechtold, R., 2010. In: Bechtold, R. (ed.) GWB, Kartellgesetz, Gesetz gegen Wettbewerbsbeschrankungen, 6th edition, C. H. Beck Verlag, Munchen, Germany, §20, mn. 115.

④ Even where Article 102 TFEU and §19 et seqq. ARC are parallely applicable, a national competition authority or court may apply the stricter national law, even if the conduct in question is permissible under European law: Article 3 section 1 sentence 2 Regulation 1/2003; Bechtold, R., 2010. In: Bechtold, R. (ed.) GWB, Kartellgesetz, Gesetz gegen Wettbewerbsbeschränkungen, 6th edition, C. H. Beck Verlag, Munchen, Germany, §20, mn. 117.

位。从理论上讲，也有可能是有一些公司在特定的市场上共同占据统治地位。①

处于支配地位的公司可能滥用其市场支配地位，如拒绝供应商品，区别对待买家或供应商，忠诚度和目标回扣与买方总销售量相关联的，强加不公平的价格或条款以及其他捆绑措施。②

17.6 与食品部门竞争法相关的几组案例

根据这些初步观察结果，现在让我们更密切地审查可能与食品部门相关的一些案例。很自然，这不是相关案件的完整清单，因此在实践中，对于其他形式的共谋和非共谋/单方面行为，也应仔细评估，以确保其符合竞争法。例如，通过互联网销售产品和保证金担保。此外，鉴于共谋和非共谋行为的潜在复杂性，本章仅列出一般性的法律考虑因素。

17.6.1 竞争对手之间的定价

从竞争法的角度来看，无论是在某类产品的生产者之间，还是在批发商或零售商之间，但凡竞争对手之间通过任何直接或间接协议定价，从而阻止各方自由决定商品买卖价格的行为，都是有问题的，特别是固定统一的销售价格，③ 无论

---

① § 19 section 2 sentence 1 No. 2 ARC. See § 19 section 3 ARC for the presumptions of market dominance under German law; Bunte, H. -J., 2010. In: Langen, E. and Bunte, H. J. (eds.) Kommentar zum deutschen und europäischen Kartellrecht Bd. 2, 11th edition, Carl Heymanns Verlag, Koln, Germany, Article 82, mn. 52 et seq.

② Wiedemann, G., 2008. In: Wiedemann, G. (ed.) Handbuch des Kartellrechts, 2nd edition, C. H. Beck Verlag, Munchen, Germany, § 23, mn. 41 et seqq., 51 et seq.; for details see section 17.6.15.

③ Examples from German case law are Federal Court of Justice, Wirtschaft und Wettbewerb/Entscheidungssammlung 40, 41-Schulspeisung; Wirtschaft und Wettbewerb/Entscheidungssammlung 148, 150-Freisinger Bäckermeister; Wirtschaft und Wettbewerb/Entscheidungssammlung DE-R 711, 717-ost-Fleisch; on the European level see e. g. EU, Wirtschaft und Wettbewerb/Entscheidungssammlung EV 917 and Wirtschaft und Wettbewerb 1982: 959-Italian Flat Glass; Wirtschaft und Wettbewerb/Entscheidungssammlung EV 1173 and Wirtschaft und Wettbewerb 1987: 263-Roofing Felt (confirmed by ECJ Case C-246/86 Belasco *et al.* v Commission, ECR 1989: 2117 and Europäische Zeitschrift für Wirtschaftsrecht 1990: 323).

是毛价①、定价、净价、报价还是折扣，都是禁止的。② 统一上调或降低价格，或共谋在某一个固定时间点调整价格时间点，这些行为都是有问题的。不仅有通过签署协议定价的，与此相关的还包括固定指标，固定某类产品的价格，或固定价格的上下幅度。然而，如果商业协会只是为了定价提供技术帮助且不会导致统一价格，那么对于该协会关于如何计算价格的建议则不予禁止。③ 提及以下事项并不能证明定价的合理性：指出其他公司有倾销行为④，遭遇了来自其他公司的 "恶性" 竞争，⑤ 商品价格急剧上涨，⑥ 其他公司有不公平交易行

---

① EU, Wirtschaft und Wettbewerb/Entscheidungssammlung EV 820 and Wirtschaft und Wettbewerb 1980：770-BP Kemi-DDSF.

② Bunte, H. -J. , 2010. In：Langen, E. and Bunte, H. J. （eds.） Kommentar zum deutschen und europäischen Kartellrecht Bd. 2, 11th edition, Carl Heymanns Verlag, Koln, Germany, Art. 81 EG, Generelle Prinzipien, mn. 103.

③ Bunte, H. -J. , 2010. In：Langen, E. and Bunte, H. J. （eds.） Kommentar zum deutschen und europäischen Kartellrecht Bd. 1, 11th edition, Carl Heymanns Verlag, Koln, Germany, §1 GWB, mn. 182；for critical remarks Regional Court Munich, Neue Juristische Wochenschrift 1985：1906 and EU, Wirtschaft und Wettbewerb/Entscheidungssammlung EV 846 and Wirtschaft und Wettbewerb 1981：572-Re-rolled Steel, mn. 36；FCO, 2010. Vorläufige Bewertung von Verhaltensweisen in Verhandlungen zwischen Herstellern von Markenartikeln, Großhändlern und Einzelhandelsunternehmen zum Zwecke der Konkretisierung der Kooperationspflichten. Wirtschaft und Wettbewerb 2010：786, 790. （786 – 791）.

④ 举例：EU, Wirtschaft und Wettbewerb/Entscheidungssammlung EV 1214 and Wirtschaft und Wettbewerb 1987：430-MELDOC；EU, Wirtschaft und Wettbewerb/Entscheidungssammlung EV 1101 and Wirtschaft und Wettbewerb 1986：255-Aluminium imports from Eastern Europe。

⑤ 举例：EU, 1992. 92/204/EEC：Commission Decision of 5 February 1992 relating to a proceeding pursuant to Article 85 of the EEC Treaty （IV/31. 572 and 32. 571-Building and construction industry in the Netherlands）. Official Journal of the European Union L 92, 7. 4. 1992：1 – 30；-SPO （confirmed by CFI Case T-29/92 SPO et al. v Commission, ECR 1995：II-289, 341 mn. 146）.

⑥ EU, 1994. 94/599/EC：Commission Decision of 27 July 1994 relating to a proceeding pursuant to Article 85 of the EC Treaty （IV/31. 865-PVC）. Official Journal of the European Union L 239, 14. 9. 1994：14 – 35；PVC II, （mainly confirmed by CFI, see e. g. joined Cases T-305/94-T-335/94 Limburgse Vinyl Maatschappij, ECR 1999, II-931 and CFI, 1999. Umfang von Verteidigungsrechten. Wirtschaft und Wettbewerb 1999：623 – 631；mainly confirmed by ECJ Case C-238/99 P Limburgse Vinyl Maatschappij et al. v Commission, ECR 2002：I-8375 and ECJ. Folgen der Nichtigerklärung einer Geldbußenentsch-eidung. Wirtschaft und Wettbewerb 2002：1257 – 1266）.

为,① 或自身生产力能力过剩②。③

17. 6. 2 "中心辐射型"协议

价格不仅可以直接通过竞争对手之间予以固定,还可以间接通过第三方的介入予以固定。一个例子是,批发商销售由许多供应商提供的产品,因此作为这些供应商的"中心",批发商可能促成定价协议。④ 这种通过中介的横向定价和直接定价一样,也会引发竞争问题。⑤ 鉴于"中心辐射型"的情形可能导致横向共谋,不应得出作为枢纽的"中心"本身无须担忧竞争管理机构的干预这种假设。如果如上述例子中的批发商有意识地促进供应商达成反竞争共谋,那么它应对构成竞争法意义上的侵权负法律责任。⑥ 为避免此类风险,各方应避免披露涉及价格和相关条件的第三方信息。同时也建议,面向禁止向市场中的参与者,尤其是"辐射型"市场参与者,披露价格信息或价格相关的信息。

---

① ECJ joined Cases 43/82 and 63/82-VBVB and VBBB v Commission, ECR 1984: 19 and Neue Juristische Wochenschrift 1985: 546.

② EU, Wirtschaft und Wettbewerb/Entscheidungssammlung EV 1165 and Wirtschaft und Wettbewerb 1987: 81-Polypropylen; ECJ Case C-199/92 P Huls v Commission, ECR 1999: I-4287 and ECJ, 1999. Bestätigung der Polypropylen-Entscheidung durch den Gerichtshof. Wirtschaft und Wettbewerb 1999: 902 – 907.

③ Wägenbaur, B., 2009. In: Loewenheim, U., Meessen, K. M. and Riesenkampff, A. (eds.) Kartellrecht, 2nd edition, C. H. Beck Verlag, Munchen, Germany, Art. 81 EG, mn. 208.

④ The suppliers would correspondingly be the 'pokes'.

⑤ Higher Regional Court Düsseldorf, Wirtschaft und Wettbewerb/Entscheidungssammlung 4691, 4962-Sternvertrag; Federal Court of Justice, Gewerblicher Rechtsschutz und Urheberrecht 2003: 633-Ausrüstungsgegenstände für Feuerlöschzuge; see also FCO, Wirtschaft und Wettbewerb/ Entscheidungssammlung DE-V 1813 and FCO, 2010. Bußgeld wegen Beschränkung des Internetvertriebs. Wirtschaft und Wettbewerb 2010: 91 – 97; -CIBA Vision, mn. 45, 61 et seq.; see also FCO, 2010. Vorläufige Bewertung von Verhaltensweisen in Verhandlungen zwischen Herstellern von Markenartikeln, Großhändlern und Einzelhandelsunternehmen zum Zwecke der Konkretisierung der Kooperationspflichten. Wirtschaft und Wettbewerb 2010: 786, 788. (786 – 791).

⑥ See also the relatively recent judgement by the Court of Appeal, Argos Ltd and Another v Office of Fair Trading [2006] EWCA Civ 1318, available at: http://www.bailii.org.

17.6.3　有关营业时间、认证标志和营销的协议

竞争对手之间达成与价格无关的协议也可能构成反竞争行为。例如，就营业时间事项达成协议，直接规范了市场各方的行为，因此通常认为它们具有反竞争效果。① 在销售、分销（如通过共同的互联网平台）或消费者促销（如通过广告协会②），如果竞争对手之间就认证商标和其他营销问题达成协议，③ 可能导致竞争问题。在此，如果营销协议仅是关于价格或生产数量的框架，协议各方在彼此之间共享市场，和/或其禁止广告或非竞争条款，那么可能会产生问题。营销协议还可以促进被禁止的信息交换。④ 欧盟委员会对市场分配和营销成本的协调发表了批评意见——这可能是营销合作的结果。⑤ 尽管存在这些异议，但如果公司进入市场客观上需要进行营销合作，通过合作可节约成本，那么营销合作则不违反竞争法。此外，在某些条件下，法律规定禁止共谋行为，营销合作则可得到豁免。因此，必须在每个个案中确定是否允许营销合作，通常可以通过不令人反感的方式予以设计。

---

① 这在德国是非常流行的观点：Kammergericht, Wirtschaft und Wettbewerb 1990：945 – 'Ladenöffnungszeit'；FCO, Wirtschaft und Wettbewerb/Entscheidungssammlung 339 and Wirtschaft und Wettbewerb 1961：305 – 'Sonnabendarbeitszeit'；Rehbinder, E., 1964. Betriebs-Berater 1964：896；extensively Immenga, U., 1989. Grenzen des kartellrechtlichen Ausnahmebereichs Arbeitsmarkt. C. H. Beck Verlag, Munchen, Germany, p. 25, 39；Bunte, H. -J., 2010. In：Langen, E. and Bunte, H. J. (eds.) Kommentar zum deutschen und europäischen Kartellrecht Bd. 1, 11th edition, Carl Heymanns Verlag, Koln, Germany, §1 GWB, mn. 193 with further information；Nordemann, J. B., 2009. In：Loewenheim, U., Meessen, K. M. and Riesenkampff, A. (eds.) Kartellrecht, 2nd edition, C. H. Beck Verlag, Munchen, Germany, §1 GWB, mn. 135；with regard to collective agreements see Zimmer, D., 2007. In：Immenga, U. and Mestmäcker, E. J. (eds.) Wettbewerbsrecht Band 2：GWB. Kommentar zum Deutschen Kartellrecht, 4th edition, C. H. Beck Verlag, Munchen, Germany, §1, mn. 262。

② Bunte, H. -J., 2010. In：Langen, E. and Bunte, H. J. (eds.) Kommentar zum deutschen und europäischen Kartellrecht Bd. 1, 11th edition, Carl Heymanns Verlag, Koln, Germany, §1 GWB, mn. 189 with further information.

③ Bunte, H. -J., 2010. In：Langen, E. and Bunte, H. J. (eds.) Kommentar zum deutschen und europäischen Kartellrecht Bd. 1, 11th edition, Carl Heymanns Verlag, Koln, Germany, §1 GWB, mn. 186 with further information.

④ Horizontal Guidelines, mn. 56, 233；on information exchanges between competitors see section 17. 6. 2. and 17. 6. 13.

⑤ Horizontal Guidelines, mn. 233.

17.6.4　垂直定价协议

目前，德国联邦竞争管理局的重点是直接或间接确定供应商和买家/未来卖家之间的转售价格①。②　最近，德国联邦竞争管理局表示，食品行业价格竞争的核心要素之一是批发商和零售商可以自由决定价格，并承担决策的经济风险。③

1. 固定转售价格或最低价格的协议

特别值得关注的是口头或书面固定转售价格或就最低价格④达成共谋，不管是否就转售价格明确达成一致，也不管其是否仅是单方面给予优惠或施加压力的结果。这种合谋行为发生的典型场合是商务会议。即使仅提到订单或其他单据中的转售价格或最低价格，或者使用印有固定价格的包装⑤，也可能构成不正当竞争。仅确定最高价格，通常也是不允许的，但可根据德国《反限制竞争法》（§2 ARC，Article 2，sections 1 and 4）规定对纵向限制竞争行为的集体豁免的获得。⑥

---

①　Agreements on prices between a buyer /future seller and its supplier fall outside the pertinent prohibitions, if the buyer /future seller is a commercial agent, i. e. is simply meant to negotiate contracts on behalf of the principal and does not carry the economic risk, see Bechtold, R. , 2010. In: Bechtold, R. （ed.）GWB, Kartellgesetz, Gesetz gegen Wettbewerbsbeschränkungen, 6th edition, C. H. Beck Verlag, Munchen, Germany, §1, mn. 26.

②　FCO, 2010. Vorläufige Bewertung von Verhaltensweisen in Verhandlungen zwischen Herstellern von Markenartikeln, Großhändlern und Einzelhandelsunternehmen zum Zwecke der Konkretisierung der Kooperationspflichten. Wirtschaft und Wettbewerb 2010：786, 787 et seq.

③　FCO, 2010. Vorläufige Bewertung von Verhaltensweisen in Verhandlungen zwischen Herstellern von Markenartikeln, Großhändlern und Einzelhandelsunternehmen zum Zwecke der Konkretisierung der Kooperationspflichten. Wirtschaft und Wettbewerb 2010：786, 787.

④　FCO, 2010. Vorläufige Bewertung von Verhaltensweisen in Verhandlungen zwischen Herstellern von Markenartikeln, Großhändlern und Einzelhandelsunternehmen zum Zwecke der Konkretisierung der Kooperationspflichten. Wirtschaft und Wettbewerb 2010：786, 787, 789.

⑤　Regional Court Düsseldorf, Judgement of 18/3/2010, file number 14c O 234/09. Available at：http：//www. justiz. nrw. de.

⑥　EU, 2010. Commission Regulation （EU）No 330/2010 of 20 April 2010 on the application of Article 101 （3）of the Treaty on the Functioning of the European Union to categories of vertical agreements and concerted practices. Official Journal of the European Union L 102, 23. 4. 2010：1 −7 （'BER-Vertical'）; Kirchhain, S, 2008. Die Gestaltung von innerstaatlich wirkenden Vertriebsverträgen nach der 7. GWB-Novelle. Wirtschaft und Wettbewerb 2008：167, 172 et seq. ; Hildebrand, D. , 2004. Wettbewerb in Recht und Praxis 2004：470, 473; Bechtold, R. , 2010. In: Bechtold, R. （ed.）GWB, Kartellgesetz, Gesetz gegen Wettbewerbsbeschränkungen, 6th edition, C. H. Beck Verlag, Munchen, Germany, §1, mn. 58.

2. 建议转售价

建议转售价不一定会违反竞争法。[1] 将推荐转售价的清单发送给询问价格的买方是没有问题的。在交付清单时,供应商还可以解释价格建议的原因,以及它在产品定位和营销方面的策略。建议零售价可指导消费者购买商品,可以帮助零售商计算价格。因此,建议转售价格通常不会显著影响竞争的假设似乎是合理的。[2] 但是,竞争管理机构确实严格关注着与固定转售价格或固定最低价格具有相同效果的建议转售价,因为它们给未来卖家提供建议的方式存在问题。根据德国《反限制竞争法》的规定(§ 2 section 2 ARC, Article 4 letter a BER-vertical),应对这种建议转售价进行绝对限制。[3] 然而,应该注意的是,必须在每个个案中仔细评估转售价格是否由卖方商定或由卖方自由决定的问题。[4] 德国联邦竞争管理局澄清,超出了不具约束力的建议、试图影响未来卖家确定价格的企图都是不被允许的。[5] 根据联邦竞争管理局的质疑观点,与未来卖方联系,如卖方在议

---

① FCO, Wirtschaft und Wettbewerb/Entscheidungssammlung DE-V 1813 and Wirtschaft und Wettbewerb 2010: 91-CIBA Vision, mn. 43; Federal Supreme Court, Gewerblicher Rechtsschutz und Urheberrecht 2007: 603, 604-Zulässige Verwendung einer Abkürzung für eine Preisempfehlung; CFI Case T-208/01 Volkswagen v Commission, ECR 2003: II-5141, mn. 33 et seqq. and Wirtschaft und Wettbewerb 2004: 203; ECJ Case C-74/04 P Volkswagen v Comission, ECR 2006: I-6585, mn. 35 et seq. and Wirtschaft und Wettbewerb 2006: 1082; Kirchhain, S., 2008. Wirtschaft und Wettbewerb 2008: 167, 175 et seq.

② Baron, M., 2009. In: Loewenheim, U., Meessen, K. M. and Riesenkampff, A. (eds.) Kartellrecht, 2nd edition, C. H. Beck Verlag, Munchen, Germany, GVO-Vertikal, mn. 167; Veelken, W., 2007. In: Immenga, U. and Mestmäcker, E. J. (eds.) Wettbewerbsrecht Band 1: EG. Kommentar zum Europäischen Kartellrecht, 4th edition, C. H. Beck Verlag, Munchen, Germany, Vertikal-GVO, mn. 182; Bunte, H. -J., 2010. In: Langen, E. and Bunte, H. J. (eds.) Kommentar zum deutschen und europäischen Kartellrecht Bd. 2, 11th edition, Carl Heymanns Verlag, Koln, Germany, Art. 81 EG, Generelle Prinzipien, mn. 184.

③ EU, 2010. Guidelines on Vertical Restraints. Official Journal of the European Union C 130: 1 – 46 (Vertical Guidelines), mn. 48, 226 et seq.; FCO, 2010. Vorläufige Bewertung von Verhaltensweisen in Verhandlungen zwischen Herstellern von Markenartikeln, Großhändlern und Einzelhandelsunternehmen zum Zwecke der Konkretisierung der Kooperationspflichten. Wirtschaft und Wettbewerb 2010: 786, 788.

④ Kirchhoff, W., 2009. In: Wiedemann, G. (ed.) Handbuch des Kartellrechts, 2nd edition, C. H. Beck Verlag, Munchen, Germany, § 11, mn. 29.

⑤ FCO, Wirtschaft und Wettbewerb/Entscheidungssammlung DE-V 1813 and FCO, 2010. Bußgeld wegen Beschränkung des Internetvertriebs. Wirtschaft und Wettbewerb 2010: 91 – 97; -CIBA Vision, mn. 44; FCO, Informationsblatt des Bundeskartellamts zu den Verwaltungsgrundsätzen bei UVP für Markenwaren ', published in: Langen, E. and Bunte, H. J. (eds.), 2006. Kommentar zum deutschen und europäischen Kartellrecht Bd. 2, 9th edition, Carl Heymanns Verlag, Koln, Germany, p. 2858 et seq.

价过程中谈及建议价，特别是考虑到卖方之前的"价格政策"，那么建议价是否还具有非约束力的特点？[①] 德国联邦竞争管理局严格审视价格比较清单，和/或收据收集的创建或需求，以及计算方案的准备。除了这一点之外，德国联邦竞争管理局认为生产商的广告（"降价，现在只有9.99欧元"）可能会过度影响经销商自由决定价格。[②] 如果经销商和零售商自愿参加此类活动，它们不会被迫将价格降低到新的推荐价或被迫给回扣。据德国联邦竞争管理局所说，一种特别严厉的施压方法是，在批发商和零售商不遵守建议转售价的情况下，就会告知其具体的不利条件，例如，单方面减少付款，除名，交易条款恶化，终止合作，延期、暂停或限制供应，减少货架空间。[③] 其他例子还包括限制毛利、[④] 禁止亏本出售，[⑤] 以及如果此类规定的目的是阻止零售商采用低价政策，则其有义务以净价将货物退回给分销商。[⑥] 最后，旨在使批发商和零售商强制遵守建议转售价的激励措施引起了竞争管理机构的关注，如某些类型的回扣[⑦] 和保证金。

17.6.5 最惠客户条款

鉴于纵向定价的非法性，一个由此而来的问题是如何评估所谓的最惠客户条款。例如，这些条款要求如果食品生产商向任何一个买家提供了最优价

---

① FCO, 2010. Vorläufige Bewertung von Verhaltensweisen in Verhandlungen zwischen Herstellern von Markenartikeln, Großhändlern und Einzelhandelsunternehmen zum Zwecke der Konkretisierung der Kooperationspflichten. Wirtschaft und Wettbewerb 2010：786, 788.

② Federal Supreme Court, Wirtschaft und Wettbewerb/Entscheidungssammlung 2256-Herstellerpreiswerbung.

③ FCO, 2010. Vorläufige Bewertung von Verhaltensweisen in Verhandlungen zwischen Herstellern von Markenartikeln, Großhändlern und Einzelhandelsunternehmen zum Zwecke der Konkretisierung der Kooperationspflichten. Wirtschaft und Wettbewerb 2010：786, 789.

④ Zimmer, D., 2007. In：Immenga, U. and Mestmäcker, E. J. （eds.） Wettbewerbsrecht Band 2：GWB. Kommentar zum Deutschen Kartellrecht, 4th edition, C. H. Beck Verlag, Munchen, Germany, §1, mn. 250, 238.

⑤ Federal Supreme Court, Wirtschaft und Wettbewerb/Entscheidungssammlung 1036 and Wirtschaft und Wettbewerb 1970：80-Lockvogel.

⑥ Federal Supreme Court, Wirtschaft und Wettbewerb/Entscheidungssammlung 2479 and Wirtschaft und Wettbewerb 1990：73-Volkl.

⑦ FCO, 2004. Tätigkeitsbericht 2003/2004, p. 161. Available at：http：// www. bundeskartellamt. de.

格和条款，就要向所有买家提供相同的价格和条款。这些条款的形式很多，通常会损害供应商的利益，在个别情况下也会损害买方的利益。德国联邦竞争管理局对倾向于协调批发商或零售商的价格的这类最惠客户条款进行了特别严格的审视。① 这并不是说通常都不允许规定这一最惠客户条款。例如，根据德国《反限制竞争法》（§ 2 section 2 ARC，Article 2 BER-Vertical），如果每个参与公司的市场份额不超过 30%，则导致供应商受损的规定可以例外获得禁止豁免。

17.6.6 价格保证

必须将最惠客户条款与价格保证区分开。后者的要点是，如果买方能够以较低的价格从竞争对手那里采购相应的产品，则买方可向供应方提出索赔。尽管它们与最惠客户条款相似，但价格保证不会引起竞争问题。这是因为最惠客户条款在法律或事实上要求公司必须设置未来的价格和/或设定与第三方相关的条款，而价格保证不会产生类似的义务，它们只要求担保人对其他合同方承担义务。②

17.6.7 上架费用

针对零售商的预付款以换取服务和货物上架，既会导致一般的竞争法上的问题，也会产生更为具体的不正当竞争法的问题。上架费非常重要，上架费即所谓的付费入驻和加入零售商广告活动所需支付的费用。一方面，此类协议可以为特定供应商的利益提供"拉动力"，从而可以排除其他供应商在市场上的竞争，特别是在协议各方拥有超过 30% 的市场份额的情况下。③ 根据德国的不正当竞争法，旨在把特定竞争对手"挤出"市场是有问题的。另一方面，上架

---

① FCO, 2010. Vorläufige Bewertung von Verhaltensweisen in Verhandlungen zwischen Herstellern von Markenartikeln, Großhändlern und Einzelhandelsunternehmen zum Zwecke der Konkretisierung der Kooperationspflichten. Wirtschaft und Wettbewerb 2010：786，790.

② Zimmer, D., 2007. In：Immenga, U. and Mestmäcker, E. J. （eds.） Wettbewerbsrecht Band 2：GWB. Kommentar zum Deutschen Kartellrecht, 4th edition, C. H. Beck Verlag, Munchen, Germany, §1，mn. 401 et seq.

③ Vertical Guidelines, mn. 203 et seq.

费也可以有效分配新产品的货架空间，产生其他积极的影响。因此，在实践中，对于此类协议必须进行个案评估。

17.6.8 亏本出售

德国《反限制竞争法》（§20 section 4 sentence 2）包含一项规定，即禁止那些与中小型竞争对手而言显得特别强大的公司，在没有正当理由的情况下提供低于成本的商品或服务，[①] 甚至偶尔赔本也存在问题。[②] 在实践中，计算成本和价格往往很困难。[③] 例如，杜塞尔多夫高等法院最近裁决，在计算成本时，可以考虑计入广告费用，以评估商品是否低于成本出售。[④]

17.6.9 品类管理

近年来，品类管理已经在欧洲站稳脚跟。它是指在销售点销售某一整组货物时，仅由整组货物中的一个生产者负责销售。这个由零售商选择的"品类领队"负责规划如何在零售商的销售点销售这组货物。这种支持可强可弱，从偶尔提供建议到创建全面的营销概念。[⑤] 欧洲竞争管理机构近年来才察觉到品类

---

① Alexander, C., 2010. Privatrechtliche Durchsetzung des Verbots von Verkäufen unter Einstandspreis. Wettbewerb in Recht und Praxis 2010：727，731 et seq. with regard to selling at a loss under the German law of unfair competition（§§3 sections 1，4 Nr. 10 UWG）.

② Loewenheim, U., 2009. In：Loewenheim, U., Meessen, K. M. and Riesenkampff, A. (eds.) Kartellrecht, 2nd edition, C. H. Beck Verlag, Munchen, Germany, §20 GWB, mn. 146；See also Alexander, C., WRP 2010：727，728.

③ Extensively：Markert, K., 2007. In：Immenga, U. and Mestmacker, E. J. (eds.) Wettbewerbsrecht Band 2：GWB. Kommentar zum Deutschen Kartellrecht, 4th edition, C. H. Beck Verlag, Munchen, Germany, §20, mn. 297 et seqq.；and also FCO, Bekanntmachung zur Anwendung des §20 section 4 Satz 2 GWB. Available at：http：// www. bundeskartellamt. de/wDeutsch/download/pdf/ Merkblaetter_ deutsch/ Bekanntmachung_ Einstandspreis. pdf.

④ OLG Düsseldorf（VI-2 Kart 9/08 OWi）. Schütze, J. and Beck, R. S., 2010. Drogerie Rossmann darf pauschale Werbekostenzuschusse auf einzelne Produkte umlegen-Kein Verkauf unter Einstandspreis. Gewerblicher Rechtsschutz und Urheberrecht-Praxis：208. See also：FCO, Sektorenuntersuchung Milch-Zwischenbericht, Dezember 2009：95. Available at：http：// www. bundeskartellamt. de.

⑤ Loest, T., 2004. 'Category Captaincies' im Ordnungsrahmen des Kartellrechts. Wettbewerb in Recht und Praxis 2004：454，454 *et seq.*

管理的发展。① 品类管理相关的问题相当复杂。其中一个备受关注的问题是品类管理可作为信息交换的基础，而信息交换又可以作为共谋行为的基础。为了履行其义务，所谓的"品类领队"通常需要有关其竞争对手的市场行为的信息。从竞争法的角度来看，重要的是将信息流动限制在对于有效的品类管理而言，在客观上确有必要的程度。同样可取的做法是确保"品类领队"不能在其企业内自由获取其收到的信息，对此可以借助"中国墙"② 的保护，使其不受其他人的窥探。在零售商层面，品类管理还会导致交换禁止类信息的风险。在竞争对手选择同一个生产者作为"品类领队"时，就会出现这种信息交换的机会。最后，如果零售商通过私人品牌与"品类领队"形成竞争关系，那么零售商与其"品类领队"之间的信息交换也可能会出现问题。与品类管理相关的其他陷阱包括纵向统一定价，"品类领队"和零售商之间签订的、会损害"品类领队"竞争对手的协议，③ 以及滥用"品类领队"可能具有的主导地位。当公

---

① Apparently, the only case in which a European national competition authority considered category management is UK Office of Fair Trading, ME/1213/04 United Biscuits/Jacobs Bakery Limited, mn. 42 et seqq. (available at: http://oft. gov. uk/OFTwork/mergers/decisions/2004/united-biscuits). The FCO has, in its decision Pelikan/Herlitz (Wirtschaft und Wettbewerb/Entscheidungssammlung DE-V 1892 and FCO, 2010. Freigabe eines Zusammenschlusses in Schreibgerätemärkten. Wirtschaft und Wettbewerb 2010: 568 – 577) only pronounced its opinion on a similar method of managing products (see Besen, M. and Jorias, R., 2010. Kartellrechtliche Grenzen des Category Managements unter Berücksichtigung der neuen EU-Leitlinien für vertikale Beschränkungen. Betriebs-Berater 2010: 1099, 1100). The French Autorité de la Concurrence has been working on the topic since March 2010. On the European level should be noted: EU, 2005. Prior notification of a concentration (Case COMP/M. 3732-Procter & Gamble/Gillette). Official Journal of the European Union C 139, 08/06/2005: 35, mn. 134 et seq. in which the Commission came to a generally positive conclusion with regard to category management and the Vertical Guidelines, which dedicate mn. 209 – 213 to category management. Finally, it should be noted that the topic was discussed in the US already at the beginning of the decade; see Wiring, R., 2010. Sortimentsplanung im Supermarktregal-Welchen Spielraum lasst das Kartellrecht? Gewerblicher Rechtsschutz und Urheberrecht. Praxis 2010: 332.

② 译注：中国墙（Chinese Wall）指投资银行部与销售部或交易人员之间的隔离，以防范敏感消息外泄，构成内幕交易。

③ Besen, M. and Jorias, R., 2010. Kartellrechtliche Grenzen des Category Managements unter Berücksichtigung der neuen EU-Leitlinien fur vertikale Beschrankungen. Betriebs-Berater 2010: 1099, 1101.

司不会仅因为接管了"品类领队"一职而占据主导地位时，① 已经占据主导地位的生产商必须要小心，避免滥用市场地位而使自身等同于"品类领队"，如通过试图说服"他们的"零售商停止购买其他竞争产品。重要的是，"品类领队"可能只向零售商提供非约束性建议。后者必须有能力随时偏离其"品类领队"所建议的行动方针。②

17.6.10 独家供应/单一品牌义务

从竞争法的角度来看，排他性协议之间具有天然的相关性。通常情况下，生产商和零售商有兴趣就独家供应或单一品牌义务事项达成一致。这种纵向竞争限制③令人担忧，因为其可将市场封闭起来，进而使市场新兴者无法进入这一市场。④ 例如，独家供应义务可以使未参与的生产商难以通过某些经销商供应其产品。在批发或零售层面，如果独家供应义务导致批发商和/或零售商某些商品的供应被"切断"，那么竞争就会受到限制。最后，独家供应义务可能使最终消费者难以获取产品。尽管存在这些问题，但在某些情况下，人们普遍承认排他性协议是可允许的。如果各方的总市场份额不超过30%，那么从一个供应商那里获得少于80%的需求总量，通常不会产生问题。⑤ 短期（约1年）的

---

① Wiring, R., 2010. Sortimentsplanung im Supermarktregal-Welchen Spielraum lässt das Kartellrecht? Gewerblicher Rechtsschutz und Urheberrecht. Praxis 2010：332.

② Loest, T., 2004. 'Category Captaincies' im Ordnungsrahmen des Kartellrechts. Wettbewerb in Recht und Praxis 2004：454, 460；Besen, M. and Jorias, R., 2010. Kartellrechtliche Grenzen des Category Managements unter Berücksichtigung der neuen EU-Leitlinien für vertikale Beschränkungen. Betriebs-Berater 2010：1099.

③ 在实践中，此类协议有许多不同的形式。甚至仅是事实上的独家供应义务，（如在退税制度的基础上）也会引起关注。

④ Regional Court Mannheim, Wirtschaft und Wettbewerb/Entscheidungssammlung DE-R 298, 302-Stromversorgung；EU, Wirtschaft und Wettbewerb/Entscheidungssammlung EV 827 and Wirtschaft und Wettbewerb 1980：777-Lab（confirmed by ECJ Case 61/80 Cooperatieve Stremsel-en Kleurselfabriek v European Commission, ECR 1981：851 et seq.）.

⑤ Article 1 section 1 lit. d) in connection with Article 2 section 1 BER-Vertical；Vertical Guidelines, mn. 66, 129；Vertical Guidelines, mn. 23, 87 et seq.；Holzmüller, T. and von Köckritz C., 2009. Zur Kartellrechtswidrigkeit langfristiger Bezugsbindungen und ihrer prozessualen Geltendmachung. Betriebs-Berater 2009：1712, 1713.

独家供应义务通常不会引发问题。① 对于市场中具有强大（不一定占主导地位）地位的生产商和供应商而言，它们想迫使其合作伙伴长期向自己进货，且进货量不少于需求量的 80% 。若经销商也打算要求独家供应，它们应当在起草供应协议时特别小心。

17.6.11　采购合作社

"采购合作社" 一词形容公司为管理采购事项而进行许多不同形式的合作。② 从竞争法的角度来看，这种合作是采取简单协议的形式、合资企业还是真正的合作社模式都是不重要的。③ 采购合作社的各方通常会签订协议，以便使参与联合采购的公司（通常是中小型企业）获取或增强购买力。最近，大型经销商也越来越多地使用采购合作社模式，以便从生产那些以私人标签销售的商品生产及其规模经济中获利。④ 实践中的例子包括德国区域性的零售商合作社，以及 ALIDIS /Agenor 等国际性合作。由于购买力的增加会带来销售市场端的价格下降，通常认为采购合作社可产生积极作用。⑤ 但在个别情况下，采购合作社可能会引起竞争问题。尤其是当参与的公司在其销售市场中占据强势地

---

① Holzmüller, T. and von Köckritz, C. , 2009. Zur Kartellrechtswidrigkeit langfristiger Bezugsbindungen und ihrer prozessualen Geltendmachung. Betriebs-Berater 2009：1712, 1713；Regional Court Dortmund, Wirtschaft und Wettbewerb/Entscheidungssammlung DE-R 1175, 1176-Stadtwerke Lippstadt；CFI Case T-7/93 Langnese-Iglo v Commission, ECR 1995：II-0153, mn. 111；CFI Case T-9/93 Schöller v Commission, ECR 1999：II-1611, mn. 71 et seqq. ；but see also Article 5 section 1 lit. a) BER-Vertical；Vertical Guidelines, mn. 133.

② Bunte, H. -J. , 2010. In：Langen, E. and Bunte, H. J. （eds.) Kommentar zum deutschen und europäischen Kartellrecht Bd. 1, 11th edition, Carl Heymanns Verlag, Koln, Germany, §1 GWB, mn. 159 et seqq. ；Horizontal Guidelines, mn. 194 et seq.

③ Schroeder, D. , 2008. In：Wiedemann, G. （ed.) Handbuch des Kartellrechts, 2nd edition, C. H. Beck Verlag, Munchen, Germany, §8, mn. 86, 107.

④ EU, 2009. SEC （2009) 1449 Competition in the food supply chain, p. 9. Available at：http：// ec. europa. eu/economy_ finance/publications/publication16065_ en. pdf.

⑤ Horizontal Guidelines, mn. 194, 217；FCO, Tätigkeitsbericht 1995/1996：72；with regard to farming cooperatives see ECJ Case C-250/92 G0ttrup-Klim, ECR 1994：I-5671, mn. 32 et seq. In this case, the ECJ even accepted the prohibition of a double membership in a purchasing cooperative and a minimum duration for the membership.

位时，未将自身获得的效益回馈给消费者。① 另一个问题是，采购合作社的竞争对手可能无法从重要的供应商处获取商品。② 最后，鉴于采购合作社带来的巨大利润压力，供应商可能被迫减少所提供产品的数量或质量。③

在购买和销售市场上的总市场份额不超过 15% 的缔约方，通常不必担心竞争管理机构会干预它们的采购合作社。④ 超过这些阈值的公司应仔细评估预期的合作社是否符合竞争法规定。重要的标准是，在销售商品时通过额外购买力获得的效益是否在销售时让消费者受益，以及合作社是否附带其他协议（如市场共享协议）。此外，应避免的情形还包括不合理使用加入合作社后获取的购买力，例如，签约供应商法无法合理预期的回溯协议，或任意地延迟向供应商付款。

17.6.12　如针对私人标签产品的转包/供应协议

供应协议主要在非竞争公司（"纵向"供应协议）之间达成，如没有"附加"协议（如独家协议或转售价格），则不会引起异议。⑤ 然而，竞争公司签订供应协议以节省成本和改善其货物供应的情况并不少见。典型的例子是向经销商提供贴有私人或"白色"标签的产品，或者为不在相应国家拥有生产设施的品牌所有者生产商品。只有在这以下两种情形下，供应协议才会导致不正当竞争的问题，包括供应协议包含有关未来市场活动的竞业禁止义务，⑥ 或将供应协议作为协调成本的手段。⑦ 竞争管理机构同样会关注的问题是将供应协议作

---

① Horizontal Guidelines, mn. 201. See FCO, Wirtschaft und Wettbewerb/Entschei-dungssammlung DE-V 1607 and FCO, 2008. Kartellbehördlich angeordnete Cluster-Strategie. Wirtschaft und Wettbewerb 2008: 1119 – 1128; -EDEKA/Tfengelmann. The pertinent passages are on p. 103 et seq. of the full decision that is available at: http://www.bundeskartellamt.de.

② Horizontal Guidelines, mn. 200, 203.

③ Horizontal Guidelines, mn. 202.

④ Horizontal Guidelines, mn. 208.

⑤ 是否允许这种"附加"协议，必须进行详细审查。

⑥ EU, 1979. Commission notice of 18 December 1978 concerning its assessment of certain subcontracting agreements in relation to Article 85（1）of the EEC Treaty. Offical Journal of the European Union C 1, 3.1.1979: 2 – 3, No. 2/3 at the end; Article 5 section 1 lit. c）of EU, 2000. Commission Regulation（EC）No 2658/2000 of 29 November 2000 on the application of Article 81（3）of the Treaty to categories of specialisation agreements. Official Journal of the European Union L 304, 5.12.2000: 3 – 6.

⑦ Horizontal Guidelines, mn. 176 et seq.

为非法信息交流的 "桥梁"。① 在实践中，公司应确保仅在预期合作所必需的范围内交换信息。成本节约而来的收益应当回馈给消费者。② 总而言之，竞争对手之间有可能以无争议的方式设计供应协议。

17.6.13 市场信息、基准化、商业协会

食品部门为获取市场信息和/或进行基准化工作而开展合作，这使公司有机会确定它们在市场中的地位，并了解它们需要做些什么来改善业绩。此外，此类合作还有助于更好地为批发商、零售商和/或最终消费者提供信息。③ 一般而言，这种合作适用于改善市场参与者之间的竞争。④ 另外，竞争者之间的直接或间接的信息交换可能侵犯相关公司的信息机密。⑤ 然而，并非竞争对手之间的每次接触都会产生反竞争效果。在与参与者个人市场行为无关的客观情况下，

---

① Horizontal Guidelines, mn. 181 *et seq*.

② Horizontal Guidelines, mn. 185.

③ Stancke, F, 2009. Marktinformation, Benchmarking und Statistiken-Neue Anforderungen an Kartellrechts-Compliance. Betriebs-Berater 2009：912；Voet van Vormizeele, P., 2009. Möglichkeit und Grenzen von Benchmarking nach europäischem und deutschem Kartellrecht. Wirtschaft und Wettbewerb 2009：143 – 154；Whish, R., 2006. Information agreements. In：The pros and cons of information sharing, Swedish Competition Authority, Stockholm, Sweden, pp. 19 – 42 with further information（Available at：http：//www. kkv. se/upload/filer/trycksaker/rapporter/pros&cons/ rap_ pros_ and_ cons_ information_ sharing. pdf）；Lübbig, T., 2008. In：Wiedemann, G.（ed.）Handbuch des Kartellrechts, 2nd edition, C. H. Beck Verlag, Munchen, Germany，§ 8, mn. 240.

④ Bechtold, R., 2010. In：Bechtold, R.（ed.）GWB, Kartellgesetz, Gesetz gegen Wettbewerbsbeschränkungen, 6th edition, C. H. Beck Verlag, Munchen, Germany § 1, mn. 85；OLG Düsseldorf, Wirtschaft und Wettbewerb/Entscheidungssammlung DE-R 949, 950-TTansportbeton Sachsen；EU, VII. Bericht über die Wettbewerbspolitik 1978：19；ECJ Case C-194/99 P Thyssen v Commission ECR 2003：I-10821, mn. 84 and ECJ, 2004. Vom vorgeschriebenen zum freiwilligen Informationsaustausch. Wirtschaft und Wettbewerb 2004：75 – 80；ECJ Case C-7/95 P John Deere v Commission ECR 1998：I-3111, mn. 88 et seqq. and ECJ, 1998. Wettbewerbsbeschränkung durch Informationsaustauschsysteme. Wirtschaft und Wettbewerb 1998：747 – 752.

⑤ Federal Supreme Court, Wirtschaft und Wettbewerb/Entscheidungssammlung 2006：1337, 1342-Aluminium-Halbzeug；Federal Supreme Court, Wirtschaft und Wettbewerb/Entscheidungssammlung：2313, 2315 et seq. -Baumarkt-Statistik；Schröter, H. and Haag, M., 2003. In：Schröter, H., Jakob, T and Mederer, W.（eds.）Kommentar zum Europäischen Wettbewerbsrecht, 1st edition, Nomos Verlagsgesellschaft, Baden-Baden, Germany, Article 81, mn. 66 with further information；Wagner-von Papp, F. 2004. Marktinformationsverfahren-Grenzen der Information im Wettbewerb. Nomos Verlagsgesellschaft, Baden-Baden, Germany, p. 164 et seq. with further information.

仅交换意见和经验是允许的。① 这是因为，这种意见或实际信息的交换，例如，交换关于市场的技术、经济或法律特征，往往不具有交换应当予以保密信息的特点。② 特定信息是否与竞争过程相关，只能在每个情形下进行个案评估。③ 通常而言，应当保密的内容包括价格、产品细节或产品发布以及结算明细。④ 所谓相关性也可以是关于分销链的运作和公司的内部组织的信息。⑤ 根据德国联邦竞争管理局规定，仅有交换该种信息本身就构成了侵权行为，与所涉及的产品种类和市场结构无关。⑥

然而，众所周知，公开的、非协同性的报价本身并未违反禁止反竞争行为

---

① EU, 1968. Notice concerning agreements, decisions and concerted practices in the field of cooperation between Enterprises. Official Journal of the European Union C 075, 29/07/1968, p. 4; Federal Ministry of Economic Affairs, Kooperationsfibel 'Zwischenbetriebliche Zusammenarbeit im Rahmen des Gesetzes über Wettbewerbsbeschrankungen', section Ⅱ subsection 1. 1.

② Correspondingly: Karenfort, J., 2008. Der Informationsaustausch zwischen Wettbewerbern-kompetitiv oder konspirativ? Wirtschaft und Wettbewerb 2008: 1154, 1165. (1154 – 1166).

③ Haag, M., 2003. In: Schröter, H., Jakob, T. and Mederer, W. (eds.) Kommentar zum Europäischen Wettbewerbsrecht, 1st edition, Nomos Verlagsgesellschaft, Baden-Baden, Germany, Article 81, mn. 65; FCO, Tätigkeitsbericht 1976: 11 et seq., 217 (Annex 1); ECJ Case C-238/05 Asnef-Equifax ECR 2006: I-11125, mn. 54 and ECJ, 2007. EG-kartellrechtliche Grenzen der Zulässigkeit von Kreditinformationssystemen. Wirtschaft und Wettbewerb 2007: 539 – 544; EU, 1978. Ⅷ. Bericht über die Wettbewerbspolitik: 19; Stancke F, 2005. Schadensregulierung und Kartellrecht. Versicherungsrecht 2005: 1324, 1325.

④ Wagner-von Papp, F., 2004. Marktinformationsverfahren-Grenzen der Information im Wettbewerb. Nomos Verlagsgesellschaft, Baden-Baden, Germany, p. 219 et seq.; Gehring, S., 2006. In: Mäger, T. (ed.), 2006. Europäisches Kartellrecht. Nomos Verlagsgesellschaft, Baden-Baden, Germany, 1st edition, p. 60, mn. 78 with further information; Carle, M. and Johnsson, J., 1998. Benchmarking and E. C. Competition law. ECLR 19: 74, 78; see also FCO, press release of 20/2/2008 on information exchanges with regard to demands for rebates and separate agreements at the occasion of annual meetings – 'Drogerieartikel'. Available at: http://www. bundeskartellamt. de.

⑤ Lübbig, T., 2008. In: Wiedemann, G. (ed.) Handbuch des Kartellrechts, 2nd edition, C. H. Beck Verlag, Munchen, Germany, § 8. mn. 240; with regard to the kind of information exchanged see also Voet van Vormizeele, P., 2009. Möglichkeit und Grenzen von Benchmarking nach europäischem und deutschem Kartellrecht. Wirtschaft und Wettbewerb 2009: 143, 150 et seq. with further information.

⑥ FCO, press release of 10/7/2008 – 'Luxuskosmetik'. Available at: http://www. bundeskartellamt. de. The fining decisions are still appealable. On current developments in France and Italy which are similar see Möhlenkamp, A., 2008. Verbandskartellrecht-trittfeste Pfade in unsicherem Gelände. Wirtschaft und Wettbewerb: 428, 433, footnote 29 with further information. (428 – 440).

的规定。① 即使竞争对手意识到了有关报价，只要报价不被用来规避禁止直接定价的规定，也是有效的。

如果在市场信息或基准化工作方面的合作包含与竞争相关的信息，并且涉及公司的机密数据，只有将交换信息匿名处理后才允许交换。但在特殊情况下，即便是交换非匿名的信息可以豁免其作为反竞争协议的定性，买家进而也可以获得允许。② 是否满足这种豁免的先决条件必须由有关公司仔细评估。

17.6.14　经营者和生产者之间的信息交换

与其他行业一样，食品生产者和经营者也有兴趣在签订合同之前交换某些类型的信息。供应协议可以规定汇报销售额、库存和分配区域市场情况的义务。如果供应商和经营者活跃于同一市场中，这类协议就会带来困扰，因为供应商也会直接向消费者供应商品。在这些情况下，可以适用上述针对竞争者之间信息交换的机制。就交换的信息而言，例如，立即将交付的具体购买价格与供应协议相关联，而对于执行合同所需的信息流动，信息交换不会引起竞争问题，因为它们是合同"固有的"内容。③ 在价格和折扣、销售额，或与第三方的合同关系等方面，应避免超出必要限度的信息交换。还应注意到，交换的销售信息，不得用于迫使客户需求价与建议价或定向价格相一致，并且与价格相关信息的交换不得导致"中心辐射型"的竞争法侵权问题（参见本章前文相关内容）。④

---

① ECJ joined Cases C-89/85 *et al.* Ahlstrohm *et al.* v Commission，ECR 1993：I-1307，mn. 59 – 65 and Neue Juristische Wochenschrift 1988：3086；but see Federal Supreme Court，Wirtschaft und Wettbewerb/Entscheidungssammlung 2182-Altolpreise.

② For the specific requirements see Stancke，F.，2009. Marktinformation，Benchmarking und Statistiken-Neue Anforderungen an Kartellrechts-Compliance. Betriebs-Berater 2009：912，916 with further information.

③ Bunte，H.-J.，2010. In：Langen，E. and Bunte，H. J.（eds.）Kommentar zum deutschen und europaischen Kartellrecht Bd. 1，11th edition，Carl Heymanns Verlag，Koln，Germany，§1 GWB，mn. 134 *et seq.*

④ FCO，2010. Vorläufige Bewertung von Verhaltensweisen in Verhandlungen zwischen Herstellern von Markenartikeln，Großhändlern und Einzelhandelsunternehmen zum Zwecke der Konkretisierung der Kooperationspflichten. Wirtschaft und Wettbewerb 2010：786，790.（786 – 791）.

17.6.15　滥用行为

如上所述，竞争法对于在其市场中具有强势地位的公司尤为严格。首先应该指出的是，强大的市场地位本身并没有问题，只是禁止公司滥用其市场地位。在一些案例中，难以确定什么是"滥用"，现在本章要更详细地讨论与之最相关的案例。

1. 拒绝交易

拒绝交易或停止供货可构成滥用行为，这可能会令人感到意外，毕竟契约自由是我们经济秩序的基本支柱。但是如今人们普遍接受了严格执行契约自由原则有时会产生市场排斥效应。[1] 例如，如果占市场主导地位的生产者因为自己想要进入该产品的销售市场而拒绝供货给经营者，则可能会出现问题。[2] 在没有允许限制销售的情况下，通过中断供货的方式制裁向其他欧洲国家出口产品的买方，引起了类似的竞争问题。如果公司为对抗竞争对手任意进行差别对待，或者在买方依赖某一供应商产品的情况下，也可能会不允许拒绝交易。[3]

2. 差别对待

欧洲和德国的竞争法都将差别对待贸易伙伴作为例子，说明占主导地位的

---

[1]　Wiedemann, G., 2008. In Wiedemann, G. (ed.) Handbuch des Kartellrechts, 2nd edition, C. H. Beck Verlag, Munchen, Germany,？23, mn. 49; Federal Supreme Court, Wirtschaft und Wettbewerb/Entscheidungssammlung 886, 892-Jägermeister; ECJ Case 6/73 & 7/73 Commercial Solvents, ECR 1974: 223, mn. 25; EU, Wirtschaft und Wettbewerb/Entscheidungssammlung EV 1265 and Wirtschaft und Wettbewerb 1988: 257-Boosey & Hawkes; EU, 1996. 92/213/EEC: Commission Decision of 26 February 1992 relating to a procedure pursuant to Articles 85 and 86 of the EEC Treaty (IV/33. 544, British Midland v. Aer Lingus). Official Journal of the European Union L 96, 10. 4. 1992: 34 – 45, mn. 24 et seq. The same reasoning is at the core of the so-called 'essential facilities'-doctrine pursuant to which companies must, under narrow circumstances, afford access to infrastructure and intellectual property. See § 19 IV No. 4 ARC and Federal Supreme Court, Wirtschaft und Wettbewerb/Entscheidungssammlung DE-R 977, 982-Fährhafen Puttgarden; EU, Wirtschaft und Wettbewerb/Entscheidungssammlung EU-V 931 and Wirtschaft und Wettbewerb 2004: 673-Microsoft (mainly confirmed by CFI Case T-201/04 Microsoft v Commission, ECR 2007: II-3601 and Europäisches Wirtschafts-und Steuerrecht 2005: 75).

[2]　Federal Supreme Court, Wirtschaft und Wettbewerb/E 2479, 2483-Reparaturbetrieb; ECJ Case 6/73 & 7/73 Commercial Solvents, ECR 1974: 223, mn. 25.

[3]　Bulst, F. W., 2010. In: Langen, E. and Bunte, H. J. (eds.) Kommentar zum deutschen und europäischen Kartellrecht Bd. 2, 11th edition, Carl Heymanns Verlag, Koln, Germany, Art. 82 EG, mn. 253 *et seq.*

公司存在滥用行为。① 例如，在营销机会、价格和其他供应条款方面可能会出现这种差别对待。然而，如果它们反映的是实际存在的成本差异，即如果存在导致差异的实际原因，则不同的价格和条款是合理的。② 人们也越来越认识到，在某些情况下，只有予以区别定价，才能有效地分配资源。③

3. 忠诚度和目标回扣

复杂的判例法研究了具有支配地位的公司通过向客户提供回扣来滥用其地位这一问题。④ 回扣通常不违法。然而，有理由担心的是，某些种类的回扣可能与独家供货义务类似，也具有排除市场竞争的效果。⑤ 有一种情况是，买家只从一家特定供应商处进货，或主要从该供应商处进货，回扣与这类买家公开挂钩，那么在某种程度上，就会发生风险。⑥ 此外，"隐蔽的"忠诚度的回扣也可能引发竞争问题，例如，当超过特定销售额时会补发回扣。⑦ 目标回扣和完成与可预见的买方年度总需求相对应的销售量相关联，它也引起了类似

---

① Article 102 letter c) TFEU，§§19 section 4 No.3，20 section 1 ARC.

② Wiedemann，G.，2008. In：Wiedemann，G.（ed.）Handbuch des Kartellrechts，2nd edition，C. H. Beck Verlag，Munchen，Germany，§23，mn. 62.

③ CFI Case T-168/01 GlaxoSmithKline v Commission，ECR 2006：II-2969，mn. 271 and CFI，2007. Nichtigerklärung der Versagung der Freistellung des Preisdifferenzierungssystems eines Pharmaherstellers. Wirtschaft und Wettbewerb 2007：93－108.

④ Federal Supreme Court，Wirtschaft und Wettbewerb/Entscheidungssammlung 2755，2758-Aktionsbeiträge；ECJ Case 43/73 *et al.* Société anonyme Générale Sucrière and others v Commission，ECR 1975：1663 and Wirtschaft und Wettbewerb 1976：185；ECJ Case 85/76 Hoffmann LaRoche v Commission，ECR 1979：461，mn. 89 and Neue Juristische Wochenschrift 1979：2460；ECJ Case 322/81 Michelin Ⅰ，ECR 1983：3461，mn. 71 et seq.；CFI T-203/01 Michelin Ⅱ，ECR 2003：Ⅱ-4071，mn. 56 et seq. and CFI，2003. Rabattgewährung durch marktbeherrschendes Unternehmen. Wirtschaft und Wettbewerb 2003：1331－1346；ECJ Case C-95/04 P British Airways v Commission，ECR 2007：I-2331，mn. 61 et seq. and ECJ，2007. Missbräuchliche Pramienregelung beim Vertrieb von Flugscheinen. Wirtschaft und Wettbewerb 2007：821－823.

⑤ ECJ Case 85/76 Hoffmann LaRoche v Commission，ECR 1979：461，mn. 89 and Neue Juristische Wochenschrift 1979：2460；see also Wiedemann，G.，2008. In：Wiedemann，G.（ed.）Handbuch des Kartellrechts，2nd edition，C. H. Beck Verlag，Munchen，Germany，§23，mn. 47 *et seq.*

⑥ The European Commission fined Intel with more than 1 billion for such（and other）practices in 2009；see EU，2009.1，06 Mrd. € Geldbuße wegen schuldhaft missbräuchlicher Ausnutzung einer marktbeherrschenden Stellung. Wirtschaft und Wettbewerb 2009：1201－1216-Intel，mn. 323.

⑦ Kammergericht，Wirtschaft und Wettbewerb/Entscheidungssammlung 2403，2410-Fertigfutter；CFI T-203/01 Michelin Ⅱ，ECR 2003：II-4071，mn. 95 and CFI，2003. Rabattgewährung durch marktbeherrschendes Unternehmen. Wirtschaft und Wettbewerb 2003：1331－1346.

的麻烦。① 在现行判例法的背景下，占主导地位的公司应该以较短的期限构建回扣制度，而非根据销售总量补发回扣。

4. 掠夺性定价和类似行为

购买或出售商品时，② 占主导地位的公司强行要求不公平的高价或低价，是典型的滥用其主导地位的行为。因此，德国和欧洲的竞争法都将这种行为作为滥用行为的例子。③ 显然，某个价格是不公平的低价还是高价，往往是非常有争议的。根据现行判例法，第一步是确定在常规竞争情况下存在的价格，可通过查看具有可比性的地域市场上的相同产品的价格来确定。第二步将这一价格与实际的需求价格进行比较。对于滥用行为，德国联邦最高法院的判例法要求其与既定价格存在"重大"偏差；④ 根据欧洲法律进行的检测标准是，与既定价格相比，是否存在"不均衡地夸大"或不恰当的情况。⑤

5. 捆绑

根据《欧盟运行条约》第 102 条，滥用支配地位的另一个例子是"合同的订立须经另一方接受补充义务，而这些补充义务的性质或商业用途与该合同的主题无关"。德国《反限制竞争法》中的类似条款已经删除了。但是，这并不影响德国法律规定的某些捆绑做法的非法性。⑥ 捆绑行为的主要关注点是，一家占主导地位的公司利用其在一个市场中的地位，来获取在另一个市场中的强

---

① ECJ, Case T-228/97 Irish Sugar, ECR 1999: II-2969, mn. 212. See also European Commission, Decision of 29/3/2006: COMP/E-1/38. 113 Prokent-Tbmra, mn. 314 et seq. Available at: http://ec. europa. eu/competition/index_ en. html.

② Wiedemann, G., 2008. In: Wiedemann, G. (ed.) Handbuch des Kartellrechts, 2nd edition, C. H. Beck Verlag, Munchen, Germany, §23, mn. 52.

③ Article 102 letter a) TFEU and §19 IV No. 2 ARC.

④ Federal Supreme Court, Wirtschaft und Wettbewerb/Entscheidungssammlung 1445, 1454-Valium; Bechtold, R., 2010. In: Bechtold, R. (ed.) GWB, Kartellgesetz, Gesetz gegen Wettbewerbsbeschränkungen, 6th edition, C. H. Beck Verlag, Munchen, Germany, §19, mn. 74.

⑤ ECJ Case 27/76 United Brands, ECR 1978: 207, mn. 248/257 and Neue Juristische Wochenschrift 1978: 2439; see also EU, Wirtschaft und Wettbewerb/Entscheidungssammlung EU-V 1097 and EU, 2005. Zurückweisung eines Vorwurfs von Preismissbrauch. Wirtschaft und Wettbewerb 2005: 1179-1186-Port of Helsingborg, mn. 98 *et seq.*

⑥ Wiedemann, G., 2008. In: Wiedemann, G. (ed.) Handbuch des Kartellrechts, 2nd edition, C. H. Beck Verlag, Munchen, Germany, §23, mn. 48.

势地位甚至支配地位。[①] 微软便是一例。微软在 2004 年被欧盟委员会处以近 5
亿欧元的罚款，因微软涉嫌利用其在计算机操作系统市场上的权力，来获取在
其尚未占据主导地位的多媒体应用市场中的主导地位。[②] 另一个例子是德国案例
（Soda Club 2），在该案中，要求饮料制造商租赁气瓶，因而违反了竞争法。[③]

17.6.16　竞争对手的不正当行为

企业可以根据竞争法和更为具体的德国不正当竞争法，反对其竞争对手的
行为，前提是这些竞争对手的行为仅阻碍了竞争进程，或者做出上述声明的企
业受到不当阻碍，或者批发商和零售商被煽动抵制交易。[④] 这种行为的一个例
子是食品生产者与经营者之间就独家供货事项达成协议，与此同时，也因为回

---

① Möschel, W., 2007. In: Immenga, U. and Mestmacker, E. J. （eds.） Wettbewerbsrecht Band
2: GWB. Kommentar zum Deutschen Kartellrecht, 4th edition, C. H. Beck Verlag, Munchen, Germany,
§ 19, mn. 133.

② EU, Wirtschaft und Wettbewerb/Entscheidungssammlung EU-V 931 and EU, 2004.
Kartellrechtswidrige Ausdehnung von Marktmacht. Wirtschaft und Wettbewerb 2004: 673-Microsoft（mainly
confirmed by CFI Case T-201/04 Microsof v. Commission, ECR 2007: II-3601 and Europaisches
Wirtschafts-und Steuerrecht 2005: 75）. Microsoft then received fines worth more than 1 billion for alleged
non-compliance with the Commission's decision.

③ FCO, Wirtschaft und Wettbewerb/Entscheidungssammlung DE-V 1177 et seq. -Soda Club; Higher
Regional Court Düsseldorf, Wirtschaft und Wettbewerb/Entscheidungssammlung DE-R 1935 et seq. -Soda
Club; Federal Supreme Court, 2008. Betriebs-Berater: 970-Soda Club with case note: Zimmer, D. and
Werner, J., 2008. Marktabgrenzung und Verhältnis von Eigentums-und Kartellrecht. Entscheidung des
BGH, 4. 3. 2008-KVR 21/07. Juristenzeitung 2008: 897, 901.（897－904）.

④ § 4 No. 10 German Act against Unfair Competition（UWG）, § § 20 section 1, 21 section 1 und
§ 1 ARC, Article 102, 101 section 1 TFEU. See also Bechtold, R., 2010. In: Bechtold, R.（ed.）
GWB, Kartellgesetz, Gesetz gegen Wettbewerbsbeschränkungen, 6th edition, C. H. Beck Verlag,
Munchen, Germany, § 21, mn. 3; on boycotts see Federal Supreme Court, Wirtschaft und Wettbewerb/
Entscheidungssammlung 2372, 2379 et seq., -Importierte Fertigarzneimittel; Federal Supreme Court,
Wettbewerb in Recht und Praxis 1999: 1283, 1287-Kartenlesegerät; Federal Supreme Court, Gewerblicher
Rechtsschutz und Urheberrecht 1999: 1031, 1033-Sitzender Krankentransport and on purposeful hindrance of
competitors Federal Supreme Court, Gewerblicher Rechtsschutz und Urheberrecht 2001: 1061, 1062-
Mitwohnzentrale. de; Federal Supreme Court, Gewerblicher Rechtsschutz und Urheberrecht 2004: 877,
879-Werbeblocker; Federal Supreme Court, Wettbewerb in Recht und Praxis 2005: 881, 884-The Colour
of Elégance; Federal Supreme Court, Gewerblicher Rechtsschutz und Urheberrecht 200: 8081-ad-hoc-
Mitteilung. On price policies on the basis of an unfair intention to 'squeeze out' competitors from the market
Federal Supreme Court, Gewerblicher Rechtsschutz und Urheberrecht 199: 685, 686-Anzeigenpreis I;
Köhler, H., 2010. In: Köhler, H. and Bornkamm, J.（eds.）Gesetz gegen den unlauteren Wettbewerb
UWG. 28th edition, C. H. Beck Verlag, Munchen, Germany, § 4 UWG, mn. 10. 189.

扣、上架费或其他特殊支付金额方面的协议而撤销其他生产商的产品的供货。如果生产者以正常价格从经销商处收购其竞争对手的股票，然后采取以便宜价格出售这些产品并损害这类产品的声誉时，也属于不正当行为。①

17.7　结语

上文讨论的几组案例表明，很多形式的合作对于食品部门的日常业务特别重要，它可能成为竞争管理机构的关注焦点并被起诉。竞争法与日俱增的重要性意味着市场参与者在激烈的竞争时期不仅要向竞争对手主张自己的权利，也要向市场中的交易对方主张自己的权利。如果想要遵守竞争管理机构和法院的要求，它们在设计供应协议、合作协议时也会受到严重限制。为避免商业和法律冲突造成日常干扰，强烈建议在规划合作、经销及贸易战略阶段，一并考虑竞争法的要求。这保证了法律风险最小化，还保证了有吸引力的项目可在有充分法律确定性的环境中实施。

翻译：杜泽佳

参考文献

— Alexander，C.，2010. Privatrechtliche Durchsetzung des Verbots von Verkäufen unter Einstandspreis. WRP 2010：727 – 733.

— Bechtold，R.（ed.），2006. GWB，Kartellgesetz，Gesetz gegen Wettbewerbsbeschränkungen，6th edition，C. H. Beck Verlag，Munchen，Germany.

— Besen，M. and Jorias，R.，2010. Kartellrechtliche Grenzen des Category Managements unter Berücksichtigung der neuen EU-Leitlinien fur vertikale Beschrankungen. Betriebs-Berater 2010：1099，1100.

— Carle，M. and Johnsson，J.，1998. Benchmarking and E. C. Competition law. European Competition Law Review 19：74 – 84.

① Köhler，H.，2010. In：Köhler，H. and Bornkamm，J.（eds.）Gesetz gegen den unlauteren Wettbewerb UWG. 28th edition，C. H. Beck Verlag，Munchen，Germany，§4 UWG，mn. 10. 49.

— CFI, 1999. Umfang von Verteidigungsrechten. Wirtschaft und Wettbewerb 1999: 623 – 631.

— CFI, 2003. Rabattgewährung durch marktbeherrschendes Unternehmen. Wirtschaft und Wettbewerb 2003: 1331 – 1346.

— CFI, 2007. Nichtigerklärung der Versagung der Freistellung des Preisdifferenzierungssystems eines Pharmaherstellers. Wirtschaft und Wettbewerb 2007: 9 93 – 108.

— ECJ, 1998. Wettbewerbsbeschränkung durch Informationsaustauschsysteme. Wirtschaft und Wettbewerb 1998: 747 – 752.

— ECJ, 1999. Bestätigung der Polypropylen-Entscheidung durch den Gerichtshof. Wirtschaft und Wettbewerb 1999: 902 – 907.

— ECJ, 2002. Folgen der Nichtigerklarung einer Geldbußenentscheidung. Wirtschaft und Wettbewerb 2002: 1257 – 1266.

— ECJ, 2004. Vom vorgeschriebenen zum freiwilligen Informationsaustausch. Wirtschaft und Wettbewerb 2004: 75 – 80.

— ECJ, 2007. EG-kartellrechtliche Grenzen der Zulässigkeit von Kreditinformationssystemen. Wirtschaft und Wettbewerb 2007: 539 – 544.

— ECJ, 2007. Missbräuchliche Prämienregelung beim Vertrieb von Flugscheinen. Wirtschaft und Wettbewerb 2007: 821 – 823.

— EU, 1968. Notice concerning agreements, decisions and concerted practices in the field of cooperation between enterprises. Official Journal of the European Union C 075, 29/07/1968: 3 – 6.

— EU, 1978. VII. Bericht uber die Wettbewerbspolitik.

— EU, 1979. Commission notice of 18 December 1978 concerning its assessment of certain subcontracting agreements in relation to Article 85 (1) of the EEC Treaty. Offical Journal of the European Union C 1, 3. 1. 1979: 2 – 3.

— EU, 1992. 92/204/EEC: Commission Decision of 5 February 1992 relating to a proceeding pursuant to Article 85 of the EEC Treaty (IV/31. 572 and 32. 571-Building and construction industry in the Netherlands). Official Journal of the European Union L 92, 7. 4. 1992: 1 – 30.

— EU, 1994. 94/599/EC: Commission Decision of 27 July 1994 relating to a proceeding pursuant to Article 85 of the EC Treaty (IV/31. 865-PVC). Official Journal of the European Union L 239, 14. 9. 1994: 14 – 35.

— EU, 1996. 92/213/EEC: Commission Decision of 26 February 1992 relating to a procedure pursuant to Articles 85 and 86 of the EEC Treaty (IV/33. 544, British Midland v. Aer Lingus). Official Journal of the European Union L 96,

10. 4. 1992：34 – 45.

— EU, 2000. Commission Regulation （EC） No 2658/2000 of 29 November 2000 on the application of Article 81 （3） of the Treaty to categories of specialisation agreements. Official Journal of the European Union L 304, 5. 12. 2000：3 – 6.

— EU, 2003. Council Regulation （EC） No. 1/2003 of 16 December 2002 on the implementation of the rules on competition laid down in Articles 81 and 82 of the Treaty. Official Journal of the European Union L 1 of 4/1/2003：1 – 25.

— EU, 2005. Prior notification of a concentration （Case COMP/M. 3732-Procter& Gamble/Gillette）. Official Journal of the European Union C 139, 08/06/ 2005：35.

— EU, 2004. Kartellrechtswidrige Ausdehnung von Marktmacht. Wirtschaft und Wettbewerb 2004：673.

— EU, 2005. Zurückweisung eines Vorwurfs von Preismissbrauch. Wirtschaft und Wettbewerb 2005：1179 – 118.

— EU, 2006. Decision of 29/3/2006：COMP/E-1/38. 113 Prokent-Tomra. Available at：http：//ec. europa. eu/competition/index_ en. html.

— EU, 2009. 1, 06 Mrd. € Geldbuße wegen schuldhaft missbräuchlicher Ausnutzung einer marktbeherrschender Stellung. Wirtschaft und Wettbewerb 2009：1201 – 1216.

— EU, 2009. SEC （2009） 1449 Competition in the food supply chain. Available at：http：//ec. europa. eu/economy_ finance/publications/publication16065_ en. pdf.

— EU, 2010. Commission Regulation （EU） No 330/2010 of 20 April 2010 on the application of Article 101 （3） of the Treaty on the Functioning of the European Union to categories of vertical agreements and concerted practices. Official Journal of the European Union L 102, 23. 4. 2010：1 – 7.

— EU, 2010. Guidelines on Vertical Restraints. Official Journal of the European Union C 130：1 – 46.

— EU, 2011. Communication from the Commission. Guidelines on the applicability of Article 101 of the Treaty on the Functioning of the European Union to horizontal cooperation agreements （Horizontal Guidelines）. Official Journal of the European Union C 11, 14/1/2011：1 – 72. Available at：http：//eur-lex. europa. eu/LexUriServ/LexUriServ. do? uri = OJ：C：2011：011：0001：0072：EN：PD.

— FCO, 2008. Kartellbehördlich angeordnete Cluster-Strategie. Wirtschaft und Wettbewerb 2008：1119 – 1128.

— FCO, 2010. Bußgeld wegen Beschränkung des Internetvertriebs. Wirtschaft und Wettbewerb 2010：91 – 97.

— FCO, 2010. Freigabe eines Zusammenschlusses in Schreibgerätemärkten. Wirtschaft und Wettbewerb 2010：568 – 577.

— FCO, 2010. Vorläufige Bewertung von Verhaltensweisen in Verhandlungen zwischen Herstellern von Markenartikeln, Großhändlern und Einzelhandelsunternehmen zum Zwecke der Konkretisierung der Kooperationspflichten. Wirtschaft und Wettbewerb 2010：786 – 791.

— FCO, 2010. Vorläufige Bewertung von Verhaltensweisen in Verhandlungen zwischen Herstellern von Markenartikeln, Großhändlern und Einzelhandelsunternehmen zum Zwecke der Konkretisierung der Kooperationspflichten. Wirtschaft und Wettbewerb 2010：786 – 791.

— Hasse, S. , 2010. Kartellrecht für Privilegierte （commentary）. LebensmittelZeitung, 16/04/2010, p. 2.

— Hirsch, G. Montag, F. and Sacker, F. J. （eds. ）, 2008. Münchener Kommentar zum Europäischen und Deutschen Wettbewerbsrecht （Kartellrecht） Band 2：Gesetz gegen Wettbewerbsbeschränkungen：GWB, 1st edition, C. H. Beck Verlag, Munchen, Germany.

— Holzmüller, T. and von Köckritz C. , 2009. Zur Kartellrechtswidrigkeit langfristiger Bezugsbindungen und ihrer prozessualen Geltendmachung. Betriebs-Berater 2009：1712, 1713.

— Immenga, U. and Mestmäcker, E. J. （eds. ）, 2007. Wettbewerbsrecht Band 1：EG. Kommentar zum Europäischen Kartellrecht, 4th edition, C. H. Beck Verlag, Munchen, Germany.

— Immenga, U. and Mestmäcker, E. J. （eds. ）, 2007. Wettbewerbsrecht Band 2：GWB. Kommentar zum Deutschen Kartellrecht, 4th edition, C. H. Beck Verlag, Munchen, Germany.

— Immenga, U. ,1989. Grenzen des kartellrechtlichen Ausnahmebereichs Arbeitsmarkt. C. H. Beck Verlag, Munchen, Germany.

— Kamann, H. -G. and Bergmann, E. , 2003. Die neue EG-Kartellverfahrensverordnung-Auswirkungen auf die unternehmerische Vertragspraxis. Betriebs-Berater 2003：1743, 1745 et seq.

— Karenfort, J. ,2008. Der Informationsaustausch zwischen Wettbewerbern-kompetitivoder konspirativ? Wirtschaft und Wettbewerb 2008：1154 – 1166.

— Karl, M. and Reichelt, D. , 2005. Die Änderungen des Gesetzes gegen Wettbewerbsbeschränkungen durch die 7. GWB-Novelle. Der Betrieb 2005：1436 – 1437.

— Kirchhain, S, 2008. Die Gestaltung von innerstaatlich wirkenden Vertriebsverträgen nach der 7. GWB-Novelle. Wirtschaft und Wettbewerb 2008：167 – 178.

— Köhler, H. and Bornkamm, J. (eds.), 2010. Gesetz gegen den unlauteren Wettbewerb UWG. 28th edition, C. H. Beck Verlag, Munchen, Germany.

— Langen, E. and Bunte, H. J. (eds.), 2010. Kommentar zum deutschen und europäischen Kartellrecht Bd. 1, 11th edition, Carl Heymanns Verlag, Koln, Germany.

— Langen, E. and Bunte, H. J. (eds.), 2010. Kommentar zum deutschen und europäischen Kartellrecht Bd. 2, 11th edition, Carl Heymanns Verlag, Koln, Germany.

— Loest, T., 2004. 'Category Captaincies' im Ordnungsrahmen des Kartellrechts. Wettbewerb in Recht und Praxis 2004: 454 – 460.

— Loewenheim, U., Meessen, K. M. and Riesenkampff, A. (eds.), 2009. Kartellrecht, 2nd edition, C. H. Beck Verlag, Munchen, Germany.

— Mäger, T. (ed.), 2006. Europäisches Kartellrecht. 1st edition, Nomos Verlagsgesellschaft, Baden-Baden, Germany.

— Möhlenkamp, A., 2008. Verbandskartellrecht-trittfeste Pfade in unsicherem Gelände. Wirtschaft und Wettbewerb: 428 – 440.

— Roth, P. and Rose, V., 2008. Bellamy& Child: European Community Law of Competition, 6th edition, Oxford University press, Oxford, UK.

— Schröter, H., Jakob, T. and Mederer, W. (eds.), 2003. Kommentar zum Europäischen Wettbewerbsrecht, 1st edition, Nomos Verlagsgesellschaft, Baden-Baden, Germany.

— Schütze, J. and Beck, R. S., 2010. Drogerie Rossmann darf pauschale Werbekostenzuschüsse auf einzelne Produkte umlegen-Kein Verkauf unter Einstandspreis. Gewerblicher Rechtsschutz und Urheberrecht-Praxis 2010: 208.

—Schwintowski, H. -P. and Klaue, S., 2005. Kartellrechtliche und gesellschaftsrechtliche Konsequenzen des Systems der Legalausnahme für die Kooperationspraxis der Unternehmen. Wirtschaft und Wettbewerb 2005: 370 – 378.

— Senge, L. (ed.), 2006. Karlsruher Kommentar zum OWiG, 3rd edition, C. H. Beck Verlag, Munchen, Germany.

— Siemes, J., Mager, G., Gerling, M. and Vogell, K., 2010. KPMG, Trends im Handel 2010, p. 51. Available at: http://www. kpmg. de/docs/trends_ im_ handel_ 2010_ de. pdf.

— Stancke F., 2005. Schadensregulierung und Kartellrecht. Versicherungsrecht 2005: 1324, 1325. Stancke, F, 2009. Marktinformation, Benchmarking und Statistiken-Neue Anforderungen an Kartellrechts-Compliance. Betriebs-Berater 2009: 912.

— Stancke, F, 2010. Das Kartellrecht der Lebensmittelbranche. Zeitschrift fur das gesamte Lebensmittelrecht 2010：543 – 565.

—— Voet van Vormizeele，P.，2009. Möglichkeit und Grenzen von Benchmarking nach europäischem und deutschem Kartellrecht. Wirtschaft und Wettbewerb 2009：143 – 154.

—— Wagner-von Papp，F，2004. Marktinformationsverfahren-Grenzen der Information im Wettbewerb：Die Herstellung praktischer Konkordanz zwischen legitimen Informationsbedurfnissen and Geheimwettbewerb. Wirtschaftsrecht und Wirtschaftspolitik：Vol. 191. Nomos Verlagsgesellschaft，Baden-Baden，Germany.

—— Whish，R.，2006. Information agreements. In：The pros and cons of information sharing，Swedish Competition Authority，Stockholm，Sweden. Available at：http：//www. kkv. se/upload/filer/ trycksaker/rapporter/pros&cons/rap＿ pros＿ and＿ cons＿ information＿ sharing. pdf. Wiedemann，G. （ed.)，2008. Handbuch des Kartellrechts，2nd edition，C. H. Beck Verlag，Munchen，Germany.

—— Wiring，R.，2010. Sortimentsplanung im Supermarktregal-Welchen Spielraum lässt das Kartellrecht? Gewerblicher Rechtsschutz und Urheberrecht. Praxis 2010：332.

—— Zimmer，D. and Werner，J.，2008. Marktabgrenzung und Verhältnis von Eigentums- und Kartellrecht. Entscheidung des BGH，4. 3. 2008-KVR 21/07. Juristenzeitung 2008：897 – 904.

第18章

同样适用于食品法的欧盟"新方法"

Nicole Coutrelis

18.1 何为"新方法"

所谓"新方法",是欧盟在20世纪80年代适用的立法技术,以便协调成员国有关产品的立法。对于实现共同市场以便促进商品自由流通这一基本目标而言,这一新方法是非常有必要的。

如果不了解一些历史背景,是很难理解这一方法以及适用该方法的原因。概要来说,该历史关联的是欧盟法院的一个裁决和欧盟委员会的政策,且两者彼此促进,共同强化了商品自由流通的原则(原第30~36条,《阿姆斯特丹条约》的第28~30条,现行《里斯本条约》中的第34~36条)。确实,我们应当时刻牢记欧盟法律的一个目标,无论是一开始还是当下,该目标一直存在,即在欧盟内部实现没有边界的内部市场。

18.1.1 历史概要

鉴于成员国内不同的产品定义和规制方式,要建立内部市场和保障产品的自由流通,可供选择的路径有两条:一是协调所有成员国内的这些规制,以便使其完全一致,或者至少是相互兼容;二是即便存在不同,也明确产品可以自由流通。欧盟食品规制的整个历史便是平衡上述的两种选择,又或者综合这两种选择。

直到20世纪70年代(当时还仅有6个成员国),主要的协调工具还是针对产品的指令,如对巧克力、果汁等的指令,即所谓的"菜单法律"。显然,要协调欧盟内部每个食品产品的定义和规则是不可能完成的任务。鉴于此,便有了著名的"第戎判决"。① 其间，法院指出在没有协调的情形下，成员国可以在其领域内自由设定产品的国家规则，并可以禁止进口不符合这些国家规则的产品，但前提是这些国家规则都是基于"强制性要求"，如为了保护消费者或者公平贸易。相反，如果这些国家规则并没有"强制性要求"的依据，它们便不能禁止进口在其他成员国内合法生产和销售的产品。

根据该判决，欧盟委员会于 1980 年 10 月 3 日发布了一个通讯，其内容是鉴于第戎案件的结果，强调成员国内合法生产和销售的产品可以自由流通的原则。在欧盟委员会看来，对于"贸易技术壁垒"，即那些由于成员国内的产品规则和规格差异导致的障碍而言，这是基本的救济手段。因此，欧盟委员会也指出了其意图在于将协调工作限制在实现单一市场的必要范围内，但仅落实商品自由流通的原则是不够的，因为"强制性要求"依旧可以合理化国家的措施，进而容易形成贸易壁垒。

除了上述的第一个通讯外，1985 年发布的一个通讯为实现单一市场带来了实质性的发展，且于 1992 年最终实现了这一目标。根据这一由欧盟委员会发布的通讯（白皮书），理事会发布了一项有关"新方法"的决议，② 其适用于除食品以外的所有产品。就食品而言，欧盟委员会在同一年发布了另一个具体的通讯，即所谓的"另一份白皮书"。

18.1.2 何为"新方法"

这一规制产品规格的"新方法"是基于以下的原则：

• 欧盟立法应当以采取必要的要求为限，尤其是关于安全和共同利益的要求。

• 制定产品技术性规格的工作应符合立法中规定的必要要求，但这一工作由标准化领域内可以胜任的组织负责。

• 技术规格并不是强制性的。

---

① ECJ, 1979. Case 120/78, February 20, 1979. Rewe-Zentral AG v Bundesmonopo lverwaltung für Branntwein (Cassis de Dijon) . ECR 1979: 649.

② EU, 1985. Council Resolution of 7 May 1985 on a new approach to technical harmonization and standards. Official Journal of the European Union C 136, 04/06/1985: 1 – 9.

● 然而，符合标准的产品便推定其与必要要求相一致。

这意味着可以通过符合标准这一其他方式来确保产品符合必要要求，进而为个体行动和创新提供空间。很多工业领域都应用了这一立法技术，包括玩具、电力、汽车等。

18.1.3 食品新方法的范围和限制

1985 年发布的"另一份白皮书"是特别针对食品的，其采用的方法类似于前面所述的新方法，目的也是实现单一市场。然而，当考虑到食品的特殊性时，其采用的方法也稍有不同。主要的一个差异便是当针对食品时，其并没有提及标准化。

尽管存在这样的差别，我们依旧可以认为 1985 年针对食品的策略也采用了这一"新方法"，因为放弃了通过菜单法律的深入协调，而仅将协调的程度限于产品规格方面的必要要求，也就是根据欧盟法院有关产品自由流通的案例法，成员国可以将这些必要要求作为贸易壁垒。至于产品的其他规格要求，则不是必要要求，对此可以适用互认国家规则的方法。

1989 年，欧盟委员会在其有关《共同体内食品自由流通》的通讯[①]中重申了这一立场，并明确了两个支柱性的安排，包括最低限度的协调和互认。至于标准化，该通讯并没有提及这一内容。

这是否意味着欧盟的食品法并不了解上述的"新方法"？

18.2 欧盟食品法是否不了解"新方法"

食品法中的许多法令都提及参照私人规制或者标准，但这一参照的要求与上述针对工业品的"新方法"并不完全一致，因为它并不符合上述的 4 个原则。例如：

● 符合地理标志要求的产品规格以及具体要求是非常专业的规则。然而，符合这些要求的做法并不是选择性的，强制的意义在于使得产品可以从受保护

---

① EU, 1989. Communication on the free movement of foodstuffs within the Community. Official Journal of the European Union C 271, 24/10/1989: 3.

的命名中获得更多经济利益。

• 根据"标识指令（第 2000/13 号）"①，产品销售时如果没有法律或者法令规定的法定名称，可以采用习惯名称，其设置可以依据私人的或者专业的标准。然而，在这样的情形下，某一成员国内由私人机构确立的名称在其他成员国内可能无效。

与真正的"新方法"技术相近的情形是针对认可实验室和一些分析方法的规定，其通常是由标准化机构制定的。此外，卫生的法令中也规定了参照良好生产规范可以推定其符合规则要求。然而，这些规定都不能说明其执行了"新方法"，因为后者并不仅是参照标准。一如上文所说明的，"新方法"是一个完整的法律体系，其中的必要要求是强制性的，诚然，符合标准的要求不是强制性的，但是符合标准可以推定其符合必要要求。因此，符合必要要求可以通过其他方式，诸如符合标准予以实现，然而，在一些特定情形下，可以推翻这一推定结论。

极为相近的情形便是食品领域内的一个体系并不是欧盟的，而是国际的，即在世界贸易组织由《实施动植物卫生检疫措施协议》和《贸易技术壁垒协议》构成的框架下，这些协议规定了参照国际食品法典委员会的标准。国际食品法典委员会的标准并不是强制性的，但是符合这些标准要求可以推定其符合上述协议的原则要求，而这些可以合理化的国家措施就非常类似于欧盟的体系，即所谓的"强制要求"。然而，这一情形下的法律后果是非常明确的，即限于世界贸易组织的范围和目标。也就是说，在国际贸易中，符合法典委员会的规则是成员国可以为其采取的贸易壁垒措施提供合理说明，因为它们的国家规则被推定为符合《实施动植物卫生检疫措施协议》和《贸易技术壁垒协议》中认可的可以作为贸易壁垒的规则。然而，这一机制仅限于国际贸易，并不试图取代国家规则。

而且，在任何情形中，法典委员会的规则是由政府的代表方制定的，而不是诸如欧盟"新方法"中所提到的负责标准化的私人机构。

---

① EU, 2000. Directive 2000/13/EC of the European Parliament and of the Council of 20 March 2000 on the approximation of the laws of the Member States relating to the labelling, presentation and advertising of foodstuffs. Official Journal of the European Union L 109, 6/5/2000: 29 – 42.

18.3　公共/私人—法令/标准：当下的情形和问题

在回答或试图回答本部分所聚焦的问题主题前，有必要牢记一些重要的问题。我们所审视的基本问题是公共机构（规制者）的利益和目标是否和私人机构（可以设立各种标准）相重合？有的时候是很可能重合的，但肯定仅限于部分目标。诚然，由于两者性质差异，它们所制定的规则在本质上还是有差异的。"新方法"也只是将技术规则的制定权放权给私人机构，而这些立法技术的目的在于实现公共规则的合规性。

另外，私营标准是由私人机构发起的，或者和它们的倡议相关，且符合这些私人机构的利益诉求。从性质上来说是一种合同关系。同时，不能忘记的一点是私营标准也会导致竞争法方面的问题。如果制定标准的协会意在或者努力的目标是限制市场准入，那么对它们的相关决策就要根据《欧盟运行条约》第101条的要求加以审视。① 同样地，一个企业和企业团体凭借其市场上的主导地位要求合作伙伴遵循某些标准时，也可能是第102条所要规范的不能滥用市场主导地位的行为。

鉴于上述的背景，也需要根据下述的情形指出如以下具体的问题。

● 国家法律在规定参照私营标准或行为守则时，要评定这些产品是否符合国家标准，可能与成员国之间适用的意在促进单一市场的互认原则相左。

● 许多的选择性标准都附加一些针对产品或者过程的要求（如生态标签或者针对公平贸易的标签），这些往往都是纯私人的标准，对此，消费者不应被它们所要说明的信息误导，相应地，透明要求显然有助于保障公共利益。

● 一些纯技术的标准（如物流方面的考虑）可能与法定要求毫无关系，但是可能因为构成准入的壁垒或者具有事实上的强制性而导致公平竞争问题。保险公司的要求也会带来类似的问题。

欧盟委员会已经意识到上述的这些问题，因而于 2010 年 12 月 16 日发布了

---

① EU，2010. Consolidated versions of the Treaty on European Union and the Treaty on the Functioning of the European Union. Official Journal of the European Union C 83，30/03/2010：1 - 388.

一份详细的通讯，其内容是值得认真考虑的。① 在该通讯的介绍部分，欧盟委员会强调：显然，私人的认证没有必要去符合法定要求。任何针对食用农产品和食品的私人认证项目都是自愿性的。当从业者使用认证来确认基本要求的合规性，以便利与食品供应链中的其他成员的交易时，应当明确的一点是这样的实践不得区别对待市场上的产品。

在这样的背景下，对于欧盟食品法，所谓的"新方法"是否也具有适用可能性或者是其所诉求的？

18.4 对于欧盟食品法，"新方法"是否也具有可能性或者诉求性

显然，即便食品部门适用"新方法"，也不可能解决上述所有的问题。然而，借助这一"新方法"，至少可以解决部分的问题，而且自 1985 年以来的一些新变化也要加以考虑。事实上，自 1985 年以来，很多情形都发生了变化。当下的预期与当时的已经不一样了，同时，也已经落实了很多不同的新程序。

就预期而言，主要的伤害来自于 1996 年爆发的"疯牛病"危机，其改变了政策的优先安排。随后发布于 1997 年的《食品法绿皮书》通讯②以及后续的一些安排都强调优先考虑安全性而不是内部市场的自由流通，当然，即便如此，对于欧盟层面的监管而言，内部市场也是必要的法律基础。与此同时，机构改革中的变革也是说明上述转变的鲜明例子，即整个食品法的负责主管部门从负责企业的总司（当时的第三总司，同时负责工业和内部市场的发展）转到了名为 DG SANCO 的总司（负责健康和消费者保护）。③

同时段，与这一优先转变共同发生的还有制定欧盟食品法的程序要求。与

---

① Commission Communication, 2010. EU best practice guidelines for voluntary certification schemesfor agricultural products and foodstuffs. Official Journal of the European Union C 341, 16/12/2010, p. 5. 参见附录 1。

② The General Principles of Food JLaw in the European Union. Commission Green Paper. COM (97) 176 final, 30 April 1997.

③ 译注：该机构已于 2015 年起更名为健康总局，对应 DG SANTE，其中，SANTE 为法语，意思是健康。

过去相比，协调变得更为容易，因为理事会的决策不再根据《罗马条约》第100条所要求的一致同意程序。相反，理事会针对基础文本的决策采用多数票制。但同时，决策的过程变得更为复杂，因为共同决策程序赋予了议会的参与权。同样地，欧盟委员会也有了很多的权力，因为很多文本的决策可以采用"委员会体系（comitology）"。但是，议会可以通过审查的程序对其进行监督。经验表明：针对这些问题，议会在保护消费者利益方面发挥着关键性的作用，尤其是保障食品安全方面。

自1985年以来，欧盟法律中也规定了辅助原则，但是，食品法中的决策权却不再属于成员国。同时，指令（directive）的立法方式也被法令（regualtion）所取代，后者便利了法律执行的一致性，进而更有助于实现单一市场。此外，国家主管机构的危机管理权力也越来越少，并向欧盟层面集中，如快速预警体系的作用和由此而来的成员国义务。

最后，但也同样重要的是，食品法的法律框架也因为《通用食品法》（第178/2002号法令）的落实而发生了根本性的转变。在该法令规定的体系中，风险评估者（欧盟食品安全局）与风险管理者（欧盟各机构）共同享有权限，这边是所谓的风险分析原则。这一权限的共享与上述的"新方法"毫无关联，但其也强调必要要求和技术标准的分离。在该框架下，似乎不再有适用"新方法"的余地。

然而，并不是完全没有可能性。一如我们上文提到的，一些基本的安全要求规定食品从业者可以通过标准合规的方式履行义务，如卫生法令中有关执行良好生产规范的要求。因此，一些具体领域中适用私营标准的可能性还是存在的，如道德规范，或者广告领域内的"自我规制"，或者一些特殊的食品（如犹太食品、清真食品等）。这是否意味着我们可以设想"新方法"落实的可能性，如果确实可以落实，又有何种程度的限制？

我们不太明白的是，为了实现法令中规定的必要要求，借助向标准化机构的授权及其制定的技术要求可以解决一些问题，却不能解决另一些问题。一个实践中的例子是，当我们要确认酸奶的定义时，法国的做法是采用法国标准集团（AFNOR）的标准。为什么不能把如下的一些议题授权给欧洲标准委员会（CEN），例如，针对添加剂的纯度指标，或"药品"声明这样的定义，或营养成分表，又或者是一些尚未协调过的声明。而且，如果这真是行之有效的，包括授权定义诸如"自然"这样的声称。一旦法令本身明确了不得误导消费者这样的必要要求以及安全性的规定，将这些原则的实际执行规则授权给标准化机构就不存在理论上的障碍。同样可以想象到的是，在一些情形中，符合这些标准也是选择性的，且仅作为推定，确认其符合了法定要求。

当然，我们也知道上述考虑的一些案例是有争议的，因为在我们了解的范围内，如何将想法付诸实际的方法还未仔细检验过。然而，结合一些具体的案例，探讨上述的可能性还是有意义的。

一如前文所述，我们的结论并不是落脚于探讨这一"新方法"已经可以适用于整个食品法。而且，我们也清楚，无论何种情形，都不能质疑也不应该质疑欧盟食品安全局的角色。我们也不是主张将欧盟食品安全局的权能授权给标准制定机构。不同于其他适用"新方法"以便确保产品底线安全的工业部门，食品领域与健康息息相关，这使其要求不只是食品安全，还包括独立科学专家参与的必要性。而且，同样重要的是，技术规格也不能仅是选择性的。

此外，无论何时都不能忘却的一点是，欧盟食品法以及欧盟法律的一个核心目标是确保市场准入和自由贸易，并同时通过安全和准确的信息保障消费者，其中信息的正确性和关联性有助于防止消费者被误导。为了实现这些目标，广泛地适用"新方法"的技术可以更好地监测日益扩张的私营标准，并为这些值得借鉴的私营标准提供合法性。

因此，作为总结，在回答"欧盟新方法是否也适用于食品法"这一问题时，我们给出的答案是：为什么不？自这一概念形成也有25年了，这一问题更值得认真探讨。在一些情形中，其作用是非常有益的……但在另一些情形中，其可能并无帮助，甚至不现实，精髓在于讲求实用主义。但是，至少值得指出的是，"新方法"作为工具，其是规制者不能无视的，尤其是在面对新的或者无法解决的问题时，可以加以利用。

翻译：孙娟娟

参考文献

— EU, 1985. Council Resolution of 7 May 1985 on a new approach to technical harmonization and standards. Official Journal of the European Union C 136, 04/06/1985: 1 – 9.

— EU, 1997. The General Principles of Food Law in the European Union. Commission Green Paper. COM (97) 176 final, 30 April 1997.

— EU, 1989. Communication on the free movement of foodstuffs within the Community. Official Journal of the European Union C 271, 24/10/1989: 3.

— EU, 2000. Directive 2000/13/EC of the European Parliament and of the Council of 20 March 2000 on the approximation of the laws of the Member States relating to the labelling, presentation and advertising of foodstuffs. Official Journal of the European Union L 109, 6/5/2000: 29 – 42.

— EU, 2002. Regulation (EC) No 178/2002 of the European Parliament and of the Council of 28 January 2002 laying down the general principles andrequirements of food law, establishing the European Food Safety Authority and laying down procedures in matters of food safety. Official Journal of the European Union L 31, 1/2/2002: 1 – 24.

— EU, 2010. Commission Communication-EU best practice guidelines for voluntary certification schemes for agricultural products and foodstuffs. Official Journal of the European Union C 341, 16/12/2010: 5 – 11.

— EU, 2010. Consolidated versions of the Treaty on European Union and the Treaty on the Functioning of the European Union. Official Journal of the European Union C 83, 30/03/2010: 1 – 388.

— EUJ, 1979. Case 120/78, February 20, 1979. Rewe-Zentral AG v Bundesmono-polverwaltung für Branntwein (Cassis de Dijon). ECR 1979: 649.

— WTO, undated. Agreement on Technical Barriers to Trade (WTO). Available at: http://www. wto. org/english/docs_ e/legal_ e/17-tbt. pdf.

— WTO, undated. Agreement on the application of Sanitary and Phytosanitary Measures (WTO). Available at: http://www. wto. org/english/docs _ e/legal_ e/15-sps. pdf.

欧盟委员会通讯：《农产品自愿认证项目的最佳实务指南》

（2010/C 341/04）

目　　录

1. 介绍

这些年，针对农产品和食品的自愿性认证项目的增长速度非常快。在 2010 年欧盟委员会的总结中，总共列出了 440 项不同的项目，且多数是在过去的 10 年里确立起来的。

通过认证机制，针对农产品和食品的认证项目为产品所具有的一些特征抑或其生产方式和体系提供了保证，即它们符合了一些具体的技术要求。这些认证项目涉及范围非常广，覆盖了不同的食品供应链环节，如农业前后、供应链的全部或部分环节、影响所有的领域或者只是一个分类市场等。就运行而言，它们可以针对企业与企业（B2B）的交易，其中，超市或者加工企业是既定的最终信息接收者，又或者针对企业与消费者（B2C）的交易。这些项目可以使用标志，但事实上，很多项目都不使用认证标志，尤其是 B2B 的项目。

根据定义，认证是基于第三方的证明，但是，市场上的很多认证项目仅基于一个标签或者标志（通常注册为商标），且不涉及任何的认证机制。参与这些项目，往往是借助自我声明或者项目所有者的甄选。根据第二节给出的定义，这些项目被视为"自我声明项目"。当操作非常复杂时，认证被认为是最适宜的选择，为此，有具体的技术要求，且需要开展定期检查。对于直观的主张，如某一个单一的问题，则更适宜采用自我声明项目。

认证项目的发展主要是基于以下两个因素：一方面，对于产品的一些特性或者生产过程有一些社会要求，主要是存在于 B2C 的项目中；另一方面，从业者希望可以确保它们的供应商符合特定的要求，这主要是 B2B 的项目。在食品安全领域，第 178/2002 号有关食品法基本原则和要求的法令明确了确保食品和饲料安全符合食品法要求的首要责任，且食品和饲料的从业者有义务确认它们符合了这些法律要求。食品供应链中的大型企业都特别依赖认证项目，以便证实它们自己采取了措施来确保产品的合规性，以及在发生食品安全事件时，来保护它们的声誉和免于问责。

显然，私人的认证没有必要去符合法定要求。任何针对食用农产品和食品的私人认证项目都是自愿性的。当从业者使用认证来确认基本要求的合规性，以便利与食品供应链中的其他成员的交易时，应当明确的一点是这样的实务不得区别对待市场上的产品。

认证项目可以通过以下方式给不同的利益相关者带来收益：对于食品供应链中的媒介而言，可以确认标准的合规性，以及由此而来的保护产品及标签声明的声誉和免于法律问责；对于生产者而言，可以提高认证产品的市场准入、市场占有率和产品边际效益，同样，在提高效率和降低交易成本方面也具有潜在意义；对于消费者而言，针对产品和过程特点，提供可靠的信息。

一些利益相关者也指出了认证项目所具有的问题，包括对于单一市场的威胁（一些认证要求可能成为跨境贸易的壁垒）；有关项目要求透明性和声明可信度的问题，尤其是那些针对基本要求的合规性展开的认证项目；潜在的可能是误导消费者；增加了农民的成本和负担，尤其是当它们需要通过几个不同的认证项目来满足商家的要求时；没有参与重点认证项目的生产者具有被市场拒绝进入的风险；对国际贸易的影响，尤其是发展中国家。

欧盟委员会已经意识到，由于项目不同而目标相似的私人认证所导致的消费者混淆问题，而这些私人投入都意在针对社会环境领域内的标准制定机构制定一些"良好操作规范"。此外，既有项目的一些支持者也开始尝试协调要求相似的项目，且一些既有的认证项目（主要是 B2B 类）已经基于诸多不同的标准开始一体化的进程。

1.1 项目类型

根据范围、目标、结构和运行方法，这些认证项目的类型非常多元化。一如上文所述，这些项目的一个主要区别是它们是否借助第三方的证明程序，并由此将它们分类为"自我声明项目"和"认证项目"，后者又可以进一步分为 B2B 的认证和 B2C 的认证。

另一个重要的分类指标是这些项目是否评估产品和过程（多数是 B2C）或

者评估管理体系（多数是 B2B）。就具体要求而言，认证项目可以用于证实是否符合政府当局的法定要求（底线要求），或者是增加一些高于法定要求的标准（高于底线要求）。这两者的区别往往很难区分：一方面，认证项目经常在某些方面整合底线要求和其他方面的高要求；另一方面，一些关联环境和农业的底线要求也会要求从业者使用良好和最佳实务规范，并就注意义务做出价值判断。正因为如此，一些参与者或者成员国也会采取不同的具体行动。事实上，从业者会使用一些认证项目的技术要求来解释和细化一般性的义务要求。表 1说明了这些分类。

表 1　认证项目的分类

证明分类	自我声明	认证（第三方证明）	
受众	B2C	B2C	B2B
具体要求的目标	产品和过程	大多数产品（包括服务）和过程	大多数管理体系
要求内容	多数是高于底线要求	多数高于底线要求	底线要求和高于底线的要求

本指南主要聚焦于本分类表格右边的内容。

1.2 指南目标

在针对农产品质量的通讯中，欧盟委员会指出，鉴于私人领域内的发展和活动，立法活动并不想在这个阶段探讨认证项目中的问题。相反，根据利益相关者的评议，欧盟委员会在咨询质量咨询小组后，制定了针对农产品和食品认证项目的指南。

这些指南的初衷是介绍既有的法律框架，并帮助改善自愿性认证项目的透明度、可信度和有效性，进而确保它们不会与规制要求相冲突。它们强调了这些项目执行中的最佳实务，进而通过指南来明确下列内容：

- 如何避免消费者混淆和提升认证要求的透明度和可信度；
- 降低农民和生产者的行政和财政负担，包括那些发展中国家的农民和生产者；
- 确保符合欧盟的内部市场规则和认证原则。

• 这些指南主要是针对项目的制定者和执行者。

适用这些指南是义务性的。遵循这些指南并不意味着欧盟委员会为这些项目的要求进行了背书。目前的这些指南在欧盟内并不具有法律效力，也不试图改变欧盟的法律要求。

最后，这些指南不应该被视为欧盟立法的法律解释，因为这一法律解释是欧盟法院的独有权能。

2. 范围和定义

2.1 范围

指南适用于自愿性的认证项目，包括：

• 农产品，无论是否用于人类消费（包括饲料）；

• 第 178/2002 号法令所规范的食品；

• 有关农产品和食品的生产和加工的过程及管理体系。

本指南不适用于公共机构开展的官方控制。

2.2 术语的定义

（1）具体要求：明确的需求或者预期。

（2）合格评定：说明满足了有关产品、过程、体系、个人或机构的具体要求。

（3）评估：针对与满足具体要求相关的挑选和决定活动的适宜性、充足性和有效性，以及这些活动的结果进行查验。

（4）证明：根据评估的决定做出一个说明，表明满足了具体要求。

（5）声明：第一方的证明。鉴于本指南的目标，"自我声明项目"的术语用于那些无须认证的集体项目和标签声明，它们是基于生产者自我声明。

（6）认证：有关产品、过程、体系或个人的第三方证明。

（7）认可：针对一个机构的第三方证明，证实说明该机构的能力足以完成某一具体工作。在欧盟，认可意味着一个国家认可机构的证明，说明一个合格评定机构满足了统一的标准进而可以开展具体的合格评定项目，适宜时，一些额外的要求还包括那些某一部门项目的要求。

（8）检查：针对某产品设计、产品、过程或设备的检查，并确认它们符合具体要求，又或者根据专业判断，确认它们符合一般要求。

（9）审计：针对记录获取、事实陈述或者其他相关信息的系统性、独立性和记录过程，并客观地评估它们，以确认具体要求达标的程度。

3. 欧盟层面既有的法律要求

3.1 有关项目执行的规则

欧盟运行的认证项目应符合以下基本的欧盟要求。

• 有关内部市场的规则：《欧盟运行条约》的第49条和第56条以及服务指令的相关要求规定的设立自由和服务自由，都会使认证服务的提供者受益。在其他成员国设立时，不得加设不合理的限制要求。同样地，也不得针对它们提供的跨境服务设置不合理的限制。认证项目不得成为内部市场商品流通的事实壁垒。

• 有关成员国参与项目的规则。公共机构可以支持认证项目，如地区或国家机构。但是，这些认证项目不得因为本国的生产者而成为贸易限制或者阻碍单一市场的发展。任何成员国所赋予的认证项目或者借助《欧盟运行条约》第107条所明确的国家资源，应当符合国家援助规则。

• 竞争规则。认证项目不得演变为反竞争的行为，尤其是基于以下未能穷尽的一些因素，包括限制竞争的横向或纵向条约，通过具有重大市场影响力的一个或多个活动排斥竞争行为（如防止有竞争力的买家和供应商之间的合作或者防止有竞争力的供应商进入流通渠道），能够满足先决条件的市场参与者防止其他人接受认证项目，防止其他参与者接受认证项目或者防止第三方研发、生产和销售具有替代性但并未符合认证项目具体标准的商品。

• 消费者信息和标识要求。食品的标识、广告和说明不得误导购买者，尤其是产生以下的问题，包括有关产品性质方面的误导，尤其是关联其性质、身份、特点、成分、数量、适用时间、原产地、生产方法的信息；导致误会食品具有了事实上不存在的效果或特点；暗示食品具有某一特点，但实际上所有类似的食品都具有这样的特点。

当认证表明符合法律要求时，不意味着认证的产品具有那些与类似产品不同的特点。且认证效果也不意味着贬低或者试图贬低市场上的其他产品，也不可以贬低官方检查的可信度。

而且，根据有关非公平商业活动的指令规定，食品的标识、广告和说明也不得误导消费者。

欧盟立法在规定合格评定程序时，应当考虑国际义务，尤其是世界贸易组织《贸易技术壁垒协议》中的规定。

3.2 有关认证内容的规则

此外，认证项目要求所涉及的许多内容，已有具体的立法。例如，针对以下内容的规制要求，包括食品安全和卫生、有机农业、动物福利、环境保护、具体食品的市场标准。

当存在相关的标准或立法时，声明应当考虑这些标准或立法并与它们保持一致性。而且，在具体要求中也应援用这些标准或立法要求。如某一项目针对有机农业做出声明，其应当符合第 834/2007 号有关有机生产和有机食品标识的法令，针对营养和健康声明的项目应当符合第 1924/2006 号法令的规定，并通过欧盟食品安全局的科学评估。

尤其是在食品安全和卫生方面：

• 项目不得违背既有的官方标准或要求，抑或试图替代这些内容，也不应该取代由主管部门意在确认官方要求合规性的官方控制；

• 产品在选择那些安全和卫生要求高于立法要求的项目时，其广告和促销不得采用以下方式，即贬低或者试图贬低市场上其他产品的安全性，又或者贬低官方控制可信度。

3.3 有关合格评定、认证和认可的规则

第 765/2008 号法令针对合格评定活动机构的认可组织和运作做出了规定。

当这一法令没有涉及如何认可合格评定机构的规定时，相关的要求散见在欧盟的其他立法中。

此外，国际公认的针对产品/过程或体系的认证项目执行规则，则由国际标准化组织 ISO 指南 65（EN 45011）或 ISO 17021 分别予以了规定。当这些产品/过程或系统的认证项目基于自愿性时，在认证、认可机构的监督下开展这些认证需要根据 EN 54011/ISO 65 or ISO 17021 加以认可。

然而，上述的内容都不得违反所有适用中的欧盟食品法律要求，包括第 178/2002 号法令中第 5（1）条的规定：针对高水平的生命和健康保护和消费者的利益保障，食品法应该确立一个或多个基本目标，包括食品贸易的公平交易和在适宜的条件下考虑动物健康和福利、植物健康和环境。

在这一框架下，第 882/2004 号关于执行官方控制以确保落实饲料和食品法以及动物健康和动物福利规则的法令也做出了如下规定：主管部门向独立的第三方机构（包括认可和报告义务）授权开展官方控制的工作。

官方控制工作保障的是基本要求的合规性，一些高要求可以由具体的认证项目基于自愿性开展，但需要记住的是，任何违规行为都要根据食品法承担责任。根据基本要求并借助认证项目开展的合格评定，并没有免除官方控制活动的职责。

4. 针对项目参与和发展的建议

（1）基于透明和非歧视的标准，项目对于所有参与者的意愿和符合具体要求的能力而言，都应当是公开的。

（2）项目应当有一个监管架构，使食品供应链中的所有利益相关者都可以借助有代表参与、利益得到平衡的方式参与项目的发展和决策过程，包括农民和其组织，农产品和食用农产品的贸易商、食品企业、批发商和零售商等。利益相关者的参与机制和关联的组织应当记录在案，并对外公开。

（3）对于在不同国家和地区开展的项目管理者而言，其应当便利所有来自该地区的利益相关者参与项目的发展。

（4）项目要求的制定应当由专家技术委员会负责，并提交给由广泛的利益相关者参与的小组予以完善。

（5）项目的管理者应当确保相关利益者参与检查标准和检查表的制定，以及处罚阈值的设计和确认。

（6）当定期评估规则和参与要求具有反馈机制时，项目管理者应当采取持续性的发展方法。尤其是项目的后续发展应当为参与者提供参与机会。

（7）仅根据正当理由变更项目要求，以避免给项目参与者造成不必要的适应成本。项目要求的任一变更，都应当以适宜的方式告知项目参与者。

（8）项目应当包括所有关联项目的文档的联系方式（包括网站地址）和设定一个可以接受和回复项目评论的程序。

5. 有关项目要求和关联声明的建议

5.1 项目要求和声明的明确性和透明性

（1）项目应当明确说明其所具有的社会、环境、经济和/或法律目标。

（2）声明和要求应当与项目的目标有明确的关联性。

（3）就产品和/或过程的项目范围而言，应当确保规定的明确性。

（4）项目的具体要求，包括公共总结，应当可以免费获取，如通过网站。

（5）当潜在的参与者和认证机构提出合理理由时，在不同国家开展的认证应当提供具体要求的翻译内容。

（6）项目的具体要求应当是明确的、详细的且易于理解。

（7）项目使用的标志或者标签，应当提供消费者可以获取更多项目详细信息的方式，如网站信息，或者产品的包装上，又或者最后的销售端。

（8）项目应当明确说明（如其网站上）如下内容：它们应独立的机构要求开展了认证，并提供开展这一认证的机构的详细联系方式。

5.2 有证据支持的项目声明和要求

（1）所有的声明应当基于客观且可证实的证据，并有充分的记录。这些文档应当可以通过网站之类的方式免费获取。

（2）在不同国家和地区开展的项目应当根据当地相关的农业生态、社会经济和法律条件以及农业实务予以调整，但同时，也应当确保不同背景下开展的活动结果一致性。

（3）项目应当明确说明是否、哪里以及何种程度上，它们的具体要求超越了相关的法定要求，包括报告、具体要求方面的内容。

6. 有关认证和检查的建议

6.1 认证的公正性和独立性

（1）针对项目要求合规性的认证应当由独立的且获得认可的机构开展：

• 由成员国根据第765/2008号法令，以及与机构开展产品认证体系相关的欧洲和国际标准和指南设立的国家认可机构开展；

• 由签署国际认可论坛之产品认证的互认协议的认可机构开展。

（2）项目对于任何符合要求和获得认可的认证机构而言，都应当是开放的，不得设置基于地域考量的限制。

6.2 检查

作为一项基本原则，检查应当是有效、明确、透明，且根据记录在案的程序和认证项目所做的声明及其考察指标。对于不令人满意的检查结果，应当采取进一步的适宜行动。

（1）应对项目的参与者开展定期的检查。就检查而言，也应当明确其程序，并记录在案，包括检查的频率、针对认证项目范围指标的抽样和实验室分析。

（2）检查的频率应当考虑既有的检查结果、产品或者过程抑或管理体系的内在风险，以及生产者集体组织开展的内部审计，后者可以充实第三方检查。项目的检查人员应当明确针对所有项目参与者的最低检查频率。

（3）应当针对检查结果开展系统性的评估。

（4）未事先告知的检查和短时间内通知的检查（如48个小时）应当被作为基本的规则。

（5）检查和审计应当基于公开的指南、检查表和计划。检查标准应当与项目的要求和相应的声明密切相关。

（6）针对违规的处理，应当有明确和记录在案的程序，并确保其实施的有效性。淘汰标准应当明确，并由此导致如下结果：

- 不签发认证书或者撤销认证书；
- 撤销成员资格；
- 向相关的官方执法机构报告。

这些淘汰标准至少应当包括认证中涉及的违反基本法令要求的事项。有害健康保护的违规案例应当根据规制要求告知相关的机构。

（7）检查应当聚焦于分析那些说明认证项目声明的指标，并予以验证。

6.3 成本

（1）项目管理者应当公开成员的收费，并要求它们的认证机构公开针对不同项目参与者类型的认证和检查成本。

（2）针对项目不同参与者的差异性收费，应当说明理由，且具有比例性。它们的存在不得阻碍潜在的参与者，如不利于其他国家的成员参与相关的项目。

（3）通过互认和基准化所节约的成本应当归于接受检查和审计的从业者。

6.4 审计人员和检查人员的合格评定

作为一项基本原则，审计人员和检查人员应当公正、符合要求且具有胜任能力。

开展认证审计的审计人员应当具有特定领域的相关知识，且工作的认证机构应当是根据有关产品认证项目和体系认证项目的欧洲或者国际标准和指南获得认可的机构。所要求的审计人员技能应当在项目具体要求中加以明确。

6.5 针对小规模生产者的要求

项目应当包括促进小规模生产参与的要求，尤其是发展中国家的参与。

7. 有关互认和基准/与其他项目重合的建议

（1）当项目进入一个新的领域或者扩张其范围，项目的必要性应当加以说明。可能时，项目的管理者应当就同领域、政策和地域范围内的相关项目的参考情况做出说明，并明确采取的方式在哪些方面有所重合和获得同意。管理者应当积极地就项目要求的部分或者全部内容，探索互认的可能性。

（2）在哪些项目与其他项目要求具有部分或者全部重合的领域，项目应当部分或者全部互认或接受既有项目业已开展的检查和审计结果，以避免就相同的要求进行重复审计。

（3）如果无法实现互认的接受性，项目管理者应当就审计表的审计事宜提倡审计合并，也就是说，针对两个或多个不同项目，一是合并审计表，二是合并审计。

（4）项目管理者针对重复的要求，应当尽可能地在实务和法律要求方面协调它们的审计议定书和文件要求。

翻译：孙娟娟

| 附录2 | **欧盟理事会、议会和欧洲经济和社会委员会的通讯** |

致力于可持续发展：公平贸易的作用和

关联贸易的非政府可持续保证项目

［COM（2009）215 final］

目　　录

1. 介绍

　　本通讯检视了当下公平贸易和其他贸易关联的非政府（即私人的）可持续保证项目。一直以来，欧盟委员会都认为消费者的购买决策可以支持可持续发展的目标。政治层面的关切以及欧盟消费者日益增长的购买力都使可持续这一主题受到更多关注，本通讯便是为了回应这一现象。在政治层面，欧盟议会于2006年采纳了针对公平贸易和发展的报告。① 该报告指出提高消费者有关公平贸易意识的必要性，以及企业滥用公平贸易声明的风险，后者是指企业进入公平贸易市场却不遵循相关的认证要求。此外，报告也指出公平贸易是存在于私人部门的自愿性现象，对其发展而言，过重的规制负担是破坏性而非有益的。

2005年，欧洲经济和社会委员会针对"消费者保证项目"提出了解释性的观点。关键性的结论是针对消费者保证项目，确认开展权威性质量评估和明确核心定义的必要性。在2006年6月，欧盟理事会采纳了新的可持续发展战略，并鼓励成员国促进可持续性产品，包括公平贸易。②

每年，欧盟消费者都会购买具有公平贸易认证的产品，消费投入高达近15亿欧元。与1999年相比，这是70倍的增长，而那年，欧盟委员会发布了公平贸易的通讯。以上成功强调了消费者、公共机构和其他利益相关者对于公平贸易的诉求，包括发展中国家的生产组织可以权衡公平贸易的真实影响力。

本通讯中，"公平贸易"这一术语符合国际可持续标准联盟（ISEAL）成员确认的标准，它们都是国际标准制定和合格评定组织，且公平贸易组织也适用这样的标准。"其他私人的可持续保证项目"这一术语用于描述其他的标识项目，它们的目的是告知消费者有关产品生产可持续性的信息。

鉴于1999年发布的欧盟委员会有关公平贸易的通讯，③ 本通讯介绍了自1999年以来公平贸易的进展，并建议首要的关注内容聚焦于公平贸易领域内的公共机构和利益相关者及其他的私人性可持续保证项目。涉及的问题与一些欧盟的政策领域相关，如消费者保护、经济和社会发展、贸易、企业社会责任、环境和欧盟的内部市场。适宜时，本通讯也可能论及更多在某一领域或多个领域内发起的关联性项目。

本通讯不包括公共机构确定的可持续和标识项目，如欧盟的生态标签。

---

① European Parliament Report on Fair Trade and Development（2005/2245（INI）"The Schmidt Report".

② http：//register. consilium. europa. eu/pdf/en/06/st10/st10117. en06. pdf，page 13.

③ COM（1999）619 of 29 - 11 - 1999. Information on the 1999 Commission Communication is appended inAnnex Ⅱ.

2. 自 1999 年以来的公平贸易发展

自 1999 年以来，最令人印象深刻的发展便是成员国的市场内出现了经公平贸易认证的产品。其间，"公平贸易认证标志"的成功落实回应了 1999 年通讯中有关单一标识和开展独立核查和控制的诉求。

就英国消费者对于公平贸易标志的认识度而言，2006 年这一数据只有12%，到了 2008 年已经上升至 70%。在法国，这一认识度在 2000 年仅有 9%，到了 2005 年便已达到 74%。① 截至 2007 年年底，全球范围内的公平贸易认证产品的销售额就超过了 23 亿欧元，但已经落后于有机食品的市场规模，且贸易总额的占比也不到 1%。② 欧洲是公平贸易的归宿地，全球 60%～70% 的销售是在欧洲市场，但国家之间的差异也很大，瑞典的市场增长最快，对于一些新兴市场的成员国而言，这一概念依旧比较新鲜。

公平贸易在启发如何承担责任和增进团结问题方面发挥着先锋作用，而这些责任和团结影响着其他从业者的行为，也促进了其他可持续的发展。私人与贸易相关的可持续项目应用了不同的社会或环境标准，且开展相应审计，③ 这样的项目越来越多，市场份额也越来越广。也许最为知名的社会标准是由社会问责国际组织于 1997 年设立的 SA 8000 标准。保证内容的范围也越来越广泛，包括社会和环境标准，如针对咖啡的 UTZ 认证，或者雨林认证。

欧洲各地跨国企业的可持续性贸易项目也包括很多类型，如国家针对汇总社会审计结果的制度安排由政府支持的跨国性项目，较为典型的是道德贸易组织（Ethical Trading Initiative）。④ 从业者落实和审计标准执行情况的工作无须通过认证和标识的手段告知消费者，这些工作可以作为企业落实企业社会责任的

---

① OECD, Trade Policy Working Paper No. 47. Part 1；Jan 10, 2007.

② Land, P. & Andersen, M, "What is the world market for certified products", Commodities and TradeTechnical Paper, OECD.

③ Portal for Responsible Supply-Chain Management, established as part of the European Alliance on CSR；www. csr-supplychain. org.

④ 译注：英国道德贸易组织（Ethical Trading Initiative，ETI），旨在通过设立针对在发展中国家采购公司社会责任的论坛以改善全球工人的工作条件，通过比较改善工人权益的不同方案来改善系统。

方式，而这并不总是通过产品来展示的。企业对一些标准或目标的认可及其承诺可以强化与企业社会责任相关的活动，如联合国"全球契约"提出的标准。①

私人标识标志可以做如下分类：

（1）公平贸易本身。

（2）一些针对基尼市场的认证产品，虽然并不是证实的公平贸易，但也有助于提升消费者的可持续性意识（雨林认证、针对咖啡的 UTZ 认证）。

（3）符合底线标准要求的产品，但适用于整个行业（如咖啡社区内的守则、道德茶叶合作联盟）。

（4）其他的（供应的商品没有名称）。

一个生产者可以销售上述的所有 4 类产品。对于消费者而言，要评估不同可持续性项目的意义就比较棘手了。鉴于这样的复杂性和不断变化的背景，有必要评估政治和制度的发展情形。

3. 适用的可持续指标

贸易相关的私人可持续项目使用了许多指标来评估或者保障产品的可持续性。通常，指标是根据可持续发展的 3 个支柱制定的，即经济、环境和社会发展 3 个支柱。此外，有的时候也会关联国际标准和协议。一些项目关注的焦点是某一具体的问题和目标，如针对减少气候变化的碳足迹，也有其他针对可持续发展且关注内容更为广泛的项目。

本部分内容是针对上述第一个分类的，即聚焦于公平贸易，其在推广的市场中已经获得很高的消费者认知度。在这个方面，就对公平贸易问题的理解，已经开展了非常成功的评测。除了针对那些影响发展中国家生产者的问题和条件外，公平贸易适用的指标和标准还包括生产者的最低价格和向生产者社区支付的额外费用。

根据公平贸易运动的定义以及 2006 年欧盟议会报告的回顾，公平贸易的指标包括以下几个方面。

---

① 译注：联合国全球契约"全球契约"是由联合国发起的计划，旨在将全世界的企业与联合国各组织机构、劳工和非政府组织联合起来，采用一套共同的环境和社会准则。

- 生产者获得公平的价格：确保公平的工资，收入包括可持续生产的成本和生活成本。这样的价格在最低程度上应高于公平贸易所倡导的最低价格和由国际公平贸易协会定义的额外费用。

- 提前支付部分费用：根据生产者的请求提前支付部分费用。

- 长期和稳定的关系：和生产者保持长期且稳定的关系，并使其可以参与公平贸易标准制定过程。

- 透明和可追溯：在整个供应链中确保透明度和可追溯性，以保障消费者的知情权。

- 生产条件：尊重 8 个国际劳工组织的核心公约。

- 尊重环境、保护人权，尤其是妇女和儿童的权利，以及传统的有利于经济和社会发展的生产方法。

- 能力建设和赋权生产者，尤其是发展中国家的小规模和边缘化的生产者和工作人员，此外也包括其所在的组织以及社区，以便确保公平贸易的可持续性。

- 针对生产者组织，支持其生产和市场准入。

- 意识提升活动：促进认识公平贸易生产和贸易伙伴关系，公平贸易的任务和目标以及国际贸易规则中日渐增多的不公平性。

- 监测和核查公平贸易指标的合规性：在这一过程中，一些南方组织的作用日益增长，并在减少认证成本和促进本地参与中发挥了先锋作用。

4. 政策考量

4.1 为可持续发展做出贡献

一个公平贸易和其他私人的可持续保证项目的特点是一个自愿性、动态性的机制，且其发展回应着社会和消费者意识及其诉求。因为了解可持续发展所面临的挑战及其日益艰巨性，所以私人性的关联贸易的可持续保证项目试图应对这样的挑战。在一些情形中，它们在应对上述问题时非常具有前瞻性，并针对新出现的可持续发展挑战唤起公众意识，提升消费者兴趣和理解力。基尼市场和项目也能影响主流的商业模式和政府政策规划。

欧盟委员会认为这些私人的关联贸易的可持续保证项目与可持续发展的目标是相关的，因此，它不会通过设定标准来规制或者排序这些私人项目。而且，规制性的指标和标准会限制私人的主动性，进而阻碍公平贸易抑或其他私人项目及其标准的发展。

实现可持续发展可以借助那些优先考虑环境、社会或经济要素的项目。对于保持市场良好运行而言，一个很重要的内容便是确保消费者可以获取这些项目的可靠信息。在此，可以指出一些评估良好操作的关联要素，以便执行者可以根据欧盟委员会的提议开展行动。

标准和指标应当是客观的且非歧视性的，以避免带来任何预期外的负面影响，尤其是避免给发展中国家的生产者带来不利影响。欧盟委员会非常欢迎那些致力于定义明确的私人项目，一如公平贸易宪章的作用。为了鼓励消费者可以做出其知情选择，标准和指标的适用应当是透明的。对于一些消费者和生产者都有所诉求的且有利于保持市场信心的信息，需要支付额外的价格，这些应当支付给生产者。①

理想来说，应当借助独立的监测来保障生产者按照具体的指标进行生产，而这些指标权衡了生态的、经济和社会的综合考量，并且可以针对审计过程的性质和结果进行检查。因此，欧盟委员会鼓励相关的当事方提升它们的评估方法，以便使消费者可以做出知情选择。

需要进一步明确了解的内容是这些可持续的私人项目在发展中国家产生的实质性影响，包括更为广泛的环境影响。理想状态是消费者也可以获取这些项目影响的客观评估因素。在这个方面，欧盟委员会希望可以改善既有的工作并希望获得更多的进展，以便为未来的政策规划提供依据。

针对一份由欧洲经济和社会委员会确认的有关消费者保证项目的进程问题

---

① The U. K. House of Commons report "Fair Trade and Development", June 2007, suggested a label toinidiciate the percentage of the price received by the producer.

清单,① 欧盟委员会鼓励开展更多的工作，以便就这些基本的过程要求达成共识，因为要继续避免针对私人项目界定适宜的可持续标准，有必要将这些项目放在一起讨论。

最大化私人贸易关联可持续保证项目的影响力的原则：
- 在欧盟范围内保持这些私人项目的非政府性质；
- 探索可以整合各类项目的范围和改进针对消费者和生产者的确定性；
- 就合理且基本的过程要求达成共识；
- 针对不同私人贸易关联可持续认证项目的影响力及其关联性确定客观的事实依据。

4.2 贸易关联的私人可持续保证项目和世界贸易组织

贸易自由化能带来经济增长和可持续发展的机遇。发展中国家的发展和融入全球经济是世界贸易组织和欧盟贸易政策的关键目标，尤其是最不发达国家的参与。

通过世界贸易组织体系实现的多边贸易自由化是扩大和管理世界贸易的最有效方式，且其也可能创造有利于经济增长和可持续发展的机会。然而，仅有贸易自由化还是不够的，很多其他领域内的监管和政策也会影响经济增长和可持续发展，它们也会影响贸易政策及其对于增长、发展和可持续的影响。

通过自愿性参与开展的私人倡议与非歧视性的多边贸易体系是一致的。任何针对标识项目的政府干预或者规制机制即便本身没有问题，也需要考虑世界贸易组织提出的义务要求，尤其是确保这些干预的透明性和非歧视性。

4.3 公共采购

公共采购是一个取得重大发展的领域。公共机构的花费占欧盟国民生产总值的16%，因此，其也构成一个关键的战略性市场。

---

① 欧洲经济和社会委员会确认的有关消费者保证项目的过程问题范围：（1）项目治理：项目的最终控制在哪？（2）项目目标：确定的目标是否明确？（3）项目范围：项目所应对的问题是否一如既往地明确？（4）项目标准或术语：项目中设定的标准和监测工作是否与目标一致？（5）影响评估：是否根据项目目标评估项目影响，且评估是否可信？（6）成本收益分析：针对实现目标的进展，是否由供应商、贸易商和消费者开展针对项目成本的监测和评估工作？（7）公开声明：被认证企业或者供应商的公开声明是否符合项目的目标、标准和成果？

为了更好地回应作为合同方的主管机构针对可持续公共采购的需求，欧盟委员会制定了《公共采购——为了更好的环境》的通讯，① 作为欧盟委员会有关绿色采购指南的补充。与此同时，欧盟委员会也正在准备一份针对社会采购的指南。就可持续的公共采购而言，这些指南提供了全面的指导。

许多主管部门都号召投标者在其采购政策中纳入可持续目标或者公平贸易。一些成员国的要求更进一步，即对公平贸易或者类似的项目做出明确要求。根据欧洲的公共采购规则，作为合同方的主管部门在意图购买具有公平贸易认证的产品时，不能要求具体的标识内容，因为这会限制那些即便没有同类认证但依旧具有可持续性产品的投标准入。

如果作为合同方的主管部门试图购买经公平贸易认证的产品，其可以结合相关的可持续性指标明确产品的技术规格，这会关联到合同的议题和符合其他欧盟有关共同采购的规则，包括同等待遇和透明的基本原则。上述提到的指标应当与产品的特性相关，如来源于回收材料的玻璃杯；或者与产品的生产过程相关，如有机种植的产品。

作为合作方的主管部门在试图购买获得可持续性保证的产品时，不能仅采纳某一特定的标签，且不能在技术规格中纳入这一标签要求。它们应当通过一些强调诸如公平贸易标签的具体指标和与购买之间相关的议题来提出采购要求。主管部门应当允许投标者通过公平贸易标签或者其他的证明手段来证实自己的合规性。

执行条款中也应当规定一些环境和社会指标，要求执行合同应当符合这些指标的内容，如合同执行中涉及人员的最低工资，以及符合上文提及的与技术规格相关的修订内容。

4.4 欧盟支持

通过合作项目，欧盟委员会为公平贸易和其他贸易相关的可持续行动提供了财政支持，如与一些非政府组织的共同资助行动。从 2007 年到 2008 年，为非政府组织的执行和共同资助行动提供了总计 19,466,000 欧元的财政支持。这

---

① Commission Communication on public procurement for a better environment: COM（2008）400 of 16 July 2008.

些行动主要是为了提高欧盟内部对于这些主题的认知。

通过多年国家战略文件和指示性项目资助的行动涉及农业和农村部分，包括那些便利公平贸易发展的活动。《援助非加太集团中香蕉传统供应商的特殊框架》和《糖议定书的配套措施》也为参与公平贸易市场的农户提供了帮助。在食品供应链的另一端，针对贸易和私人部门发展的项目支持也有助于便利贸易活动，包括公平贸易。

就 2008 年和 2009 年的财政预算而言，每年都针对一些关联公平贸易的行动提供 100 万欧元的额外贷款。这些贷款都会结合合作项目提供经费。

欧盟针对公平贸易相关的项目支持主要是根据诉求提供的，以回应该领域内非政府组织对于共同资助的申请，而如上文所述，很多项目是关于意识提升的。欧盟委员会认为应当对下列内容给予更多的支持，包括影响评估、项目执行中的市场透明度和困境问题，以及获取认证。欧盟成员国也可以通过类似的项目进一步为公平贸易的影响研究提供经费。

一项由联合国贸易和发展会议开展的欧盟委员会项目制定了一个针对可持续声明的互联网门户。该项目的目的在于为既有的项目的内容和过程比较提供信息，进而让消费者和生产者同时受益。同时，这也能提升透明度，以了解不同的项目如何处理各类相关的指标以及促使利益相关者就这些内容开展交流。

5. 结论：公共机构在公平贸易和其他贸易关联的私人可持续保证项目中的作用

考虑到公平贸易和其他贸易关联的私人可持续保证项目在推进可持续发展中的潜在贡献，欧盟委员会会持续致力于支持这些项目的发展。适宜时，可以在本通讯发布后在一个或者更多的政策领域内开展额外的项目。就目前来说，欧盟委员会：

● 重申在欧盟内保持公平贸易和其他类似项目的非政府性质。针对私人项目的动态发展，可以采取公共干预。

● 既有的观察表明：公平贸易在欧盟市场中占有了重要份额，且消费者对于该项目的发展、标准透明度和其所强调的原则的认识度很高。

● 既有的观察表明许多不同类型的私人项目都可以促进实现可持续发展的目标，但是，这样的多样性也会导致消费者混淆。欧盟委员会确定了那些有助于最大化关联贸易的私人可持续保证项目的影响力的原则范围，同时，也要避免为这些私人项目制定其应当遵循的可持续标准要求，然而，这一前提不得违背公共机构确认的与可持续相关的标准和法律要求。

鉴于上述背景，欧盟委员会：

● 认为私人可持续项目的标准透明性和消费者获取信息的充分性是关键性内容，且对基本过程要求的共识可以促进上述的内容，因此，可以合理预期诸如独立监测等活动的发展。

● 进一步开展私人可持续项目的影响评估也是非常关键的内容。

● 意在探索进一步开展对话、合作和针对不同私人标识项目的整合范围，进而促进可行的协同和提高消费者的确定性。

就公共采购而言，欧盟委员会：

● 强调为公共采购机构提供指南的兴趣可以提升其决策对于可持续发展的潜在贡献。

● 强调作为合同方的主管部门在采购可持续保证产品时，仅能使用与采购主题相关的指标和符合欧盟针对公共采购的规则要求。作为合同方的主管部门应当确保投标者可通过公平贸易标签或者其他证据手段来证实其符合要求的合规性。

在财政支持方面，欧盟委员会：

● 意图持续性地支持那些依旧实行的与公平贸易或者其他关联贸易的可持续活动。这并不排除对支持那些以既定优先事项为目标的活动。

● 认为根据可持续发展参数分析私人可持续保证项目的影响时，有必要就分析结果进行评估，包括其对生产国的经济、社会和发展指标的启发。考虑到私人可持续保证项目的焦点是发展中国家生产者的工作和生活条件，欧盟委员会认为应当特别关注这些内容。上述的分析应比较不同私人项目的影响力，以便为这一领域内的其他项目提供依据。